职业教育校企联合编写化学化工类专业系列教材

Analytical Chemistry

分析化学

景中建　师兆忠　主编

化学工业出版社
·北京·

内容简介

《分析化学》包括：分析化学概论、定量分析的一般步骤、误差与分析数据的统计处理、滴定分析、酸碱滴定法、配位滴定法、氧化还原滴定法、沉淀滴定法、重量分析法、分析化学中的分离与富集方法共十章。各章附有习题，扫描二维码可查看参考答案和详细的解题过程。每章都配有教学课件，登录 www. cipedu. com. cn 即可下载。

本书可作为高等职业院校资源与环境大类、生物与化工大类、食品药品与粮食大类等专业的教材，也可以作为化学分析人员的职业技能培训教材，还可以作为本科高等院校师生和从事分析化验工作人员的参考书。

图书在版编目（CIP）数据

分析化学 / 景中建，师兆忠主编. —北京：化学工业出版社，2024. 1

ISBN 978-7-122-44521-6

Ⅰ. ①分… Ⅱ. ①景… ②师… Ⅲ. ①分析化学-高等职业教育-教材 Ⅳ. ①O65

中国国家版本馆 CIP 数据核字（2023）第 229162 号

责任编辑：张雨璐 迟 蕾 李植峰　　文字编辑：苏红梅 师明远
责任校对：李 爽　　装帧设计：王晓宇

出版发行：化学工业出版社
（北京市东城区青年湖南街 13 号 邮政编码 100011）
印 装：北京科印技术咨询服务有限公司数码印刷分部
787mm×1092mm 1/16 印张 17½ 字数 424 千字
2024 年 6 月北京第 1 版第 1 次印刷

购书咨询：010-64518888　　售后服务：010-64518899
网 址：http://www. cip. com. cn
凡购买本书，如有缺损质量问题，本社销售中心负责调换。

定 价：48. 00 元　

《分析化学》编写人员

主　　编：景中建　师兆忠

副 主 编：王　丽　周永恒　魏言真

编写人员：王卫东（陕西尚远水务有限公司）

王　丽（开封大学）

师兆忠（开封大学）

周永恒（开封大学）

周　华（开封大学）

娄童芳（开封大学）

康江波（开封工业智能节水减排工程技术研究中心）

景中建（开封大学）

魏言真（开封大学）

前　言

高等职业教育经过多年的发展已取得了可喜的成绩，为社会的发展培养了大批急需的各类专门人才。随着社会各方面尤其是数字化技术的飞速发展，以及2014年国务院提出《大众创业万众创新》创新型社会发展理念，还有2019年国家颁布《国家职业教育改革实施措施》的落实等，对高职高专的发展提出了新的内涵要求，总结起来是：“与时俱进，产教融合，守正创新。”根据新内涵的要求，迫切需要一本合适的教材，将一切改革发展的教学相关环节联系起来。

本书在编写过程中采用传统章节和企业实际工作融合模式，深耕基础，力求内容合适有用，通过实际案例引入教学内容，对原理讲解力求通俗易懂，同时通过讲解例题，加深学生对基本原理的理解，熟悉企业应用实际并且拓展应用视野，避免简单记忆而不能灵活应用，增加学习的趣味性。以此培养学生的独立思考能力，以及善于联想的多向思维和创新性解决问题的能力，将强基、创新、独思和工匠毅力始终融合在教材中。

本书是开封大学和陕西尚远水务有限公司、开封工业智能节水减排工程技术研究中心共同合作编写的，具体编写分工是：景中建负责拟定本书编写方案和通篇整理，并编写第五章；师兆忠拟定编写方案，并编写第六章；王丽编写第三、九章和附录；周永恒编写第二、四、十章；魏言真编写第七、八章；周华、娄童芳、王卫东和康江波编写第一章。

本书于2015年11月份完稿，在开封大学试用至今，学生和校内外同行老师感觉良好。在化学工业出版社的帮助下正式出版，在此谨表感谢。限于编者业务水平和教学及实践经验的偏狭，编写过程中肯定有纰漏和欠妥之处，恳请广大读者和同行专家不吝批评指正，编者将不胜感激。

编者

2023年10月27日

目　录

第一章
分析化学概论

一、分析化学的任务和作用

分析化学是化学学科的一个重要组成部分，它起源于人类的生产实践，在早期化学发展中一直处于前沿和主要地位，被称为“现代化学之母”。分析化学是研究物质化学组成、含量、结构的分析方法及有关理论的一门学科。随着科学技术的发展，分析化学的内涵和外延在不断深入和扩展，逐渐从一门技术上升为一门学科，又被称为分析科学。国家自然科学基金委员会发布的分析化学学科发展战略调研报告中，称“分析化学是人们获得物质化学组成和结构信息的科学”。

分析化学主要分为定性分析、定量分析和结构分析三个部分。定性分析的任务是鉴定物质由哪些元素、原子团或化合物所组成，对有机物还需要确定其官能团及分子结构；定量分析的任务是测定物质中各有关组分的相对含量；结构分析的任务是研究物质的分子结构、晶体结构或综合形态。

分析化学在促进经济繁荣、科技进步和社会发展中有很重要的地位和作用，是进行科学研究的基础，被称为“科学技术的眼睛”。当前，众多社会热点问题使得 $PM_{2.5}$、PM_{10}、氮氧化物、二氧化硫、总磷-总氮、COD、BOD、TOC、TVOC、三聚氰胺、瘦肉精、塑化剂、甲醛、化学品暴露、新冠病毒核酸检测等专业名词迅速大众化和口语化。这表明人们不仅关注名茶、名烟、名酒及真药、假药的鉴别问题，也关注果蔬粮食的农药残留问题；不仅关注装修建材的污染超标问题，也关注非法超标使用激素和添加剂所带来的食品安全问题；不仅关注水体富营养化、重金属污染和可生化性下降的水污染问题，也关注不合理的工业布局、管理粗放裸露的建筑工地、总量快速增长的汽车尾气排放等所造成的空气污染问题。这些问题无一不与分析化学的社会责任密切相关。

分析化学是高等学校化学、应用化学、材料科学、生命科学、生物学、环境科学、医学、药学、农学和粮油食品等专业的基础课，是培养各类专业工程技术人才的整体知识结构的重要组成部分。通过本课程的学习，学生可以掌握分析化学的基本理论、基础知识和实验方法，培养实事求是的科学态度和严谨、细致的工作作风，初步掌握科学研究的技能，并提高从事科学研究的综合素质与创新能力，为后继课程的学习和参加社会实践打下良好的基础。

二、分析方法的分类

分析化学的应用领域非常广泛，采用的方法也多种多样。除上述按任务分为定性分析、定量分析和结构分析外，还可按分析对象、样品用量和测定原理等的不同分为不同的分析方法。

1. 无机分析和有机分析

根据分析对象的化学属性可分为无机分析和有机分析两类。

无机分析的对象是无机物，即对无机物样品进行定性和定量分析，有时也进行晶体结构的测定。

有机分析的对象是有机物，即对有机物样品进行定性和定量分析，除元素分析外还需进行官能团分析与结构分析及某些物理常数的测定。针对不同的分析对象，还可以进一步分类，如材料分析、环境分析、药物分析、生物分析、食品分析、水质分析、毒物分析、冶金分析和地质分析等。

2. 常量分析、半微量分析、微量分析和痕量分析

根据分析过程中所用试样量的不同，分析方法又分为常量分析、半微量分析、微量分析和痕量分析，如表 1-1 所示。

表 1-1　按试样用量分类的分析方法

方法名称	试样用量/g	试液用量/mL
常量分析	＞0.1	＞10
半微量分析	0.01～0.1	1～10
微量分析	0.0001～0.01	0.01～1
痕量分析	＜0.0001	＜0.01

3. 常量组分分析、微量组分分析和痕量组分分析

根据被测组分在样品中的相对含量可将分析方法分为常量组分分析、微量组分分析、痕量组分分析和超痕量组分分析，如表 1-2 所示。

表 1-2　按被测组分中的相对含量分类的分析方法

方法名称	相对含量/%
常量组分分析	＞1
微量组分分析	0.01～1
痕量组分分析	＜0.01
超痕量组分分析	＜0.0001

4. 化学分析和仪器分析

根据分析方法的测定原理，分析方法可分为化学分析和仪器分析。

以物质的化学反应及其计量关系为基础的分析方法称为化学分析法，化学分析是分析化学的基础，主要有滴定分析法和重量分析法。

通过滴定对被测组分含量进行测定的方法称为滴定分析法。通过称量物质的质量进行被测组分含量测定的方法称为重量分析法。

化学分析法历史悠久，又称为经典化学分析法。它们的共同特点是测定结果可靠，准确度好，分析结果的相对误差为千分之几或更小，所使用仪器设备简单，应用范围较广。其中滴定分析比重量分析速度快，因此应用更广泛。化学分析法所使用试样量较大，多用于常量组分的测定。

以物质的物理和物理化学性质为基础的分析方法称为物理分析法和物理化学分析法，因为这类方法通常通过测量物质的物理或物理化学参数来进行，需要一些特殊的仪器，故常称为仪器分析法。仪器分析法主要包括光学分析法、电化学分析法、色谱分析法、质谱分析法和核磁共振法、放射化学分析法、流动注射分析法、生物传感器分析法及各种联用技术等。

随着科学技术的迅速发展，各种新的仪器分析方法还在不断出现。与经典的化学分析方法相比，仪器分析方法大多具有灵敏度高、选择性好、试样用量少、分析速度快、自动化程度高等特点。但是，仪器分析法多有仪器价格高、需专业人员操作和维护修理，且分析结果相对误差较大（通常为1%～5%）的不足。

化学分析法和仪器分析法是分析化学的两大支柱。化学分析是分析化学的基础，进行仪器分析前对样品的前处理离不开化学分析的支持，仪器分析代表了分析化学的发展方向，两者唇齿相依，相辅相成，相得益彰，共同构成分析科学。

5. 例行分析和仲裁分析

根据分析工作的作用与性质，将分析方法分为例行分析和仲裁分析。

例行分析是指一般化验室在日常生产中对原材料、中间产品和最终产品质量进行的分析，又叫常规分析。为了控制生产，要求短时间内报出结果的例行分析，称为快速分析。快速分析一般对误差要求不严格。

仲裁分析是指当不同单位对某一产品质量分析结果有争议时，由权威的分析测试部门用公认的标准方法进行准确的分析，以裁决原分析结果的准确与否，也可用于确认质量事故及其责任者。显然，仲裁分析的结果具有较高的准确性和法律责任。

三、分析化学的发展与趋势

分析化学的萌芽和起源可以追溯到古代炼金术，有着悠久的历史，在20世纪初成为一门独立的学科。一般认为，近代分析化学学科的发展经历了三次重大的变革。第一个阶段在20世纪20～30年代，在溶液中四大平衡理论基础上，建立了以化学分析为主的经典分析化学。第二个阶段发生在20世纪40～60年代，由于物理学和半导体技术等的发展，以热力学和化学动力学理论为基础，建立的仪器分析。第三个阶段发生在20世纪70年代及以后，随着以计算机的应用为主要标志的信息时代的到来，各学科之间的相互交叉、促进和渗透，以及各种新仪器、新方法的不断产生与发展，促使分析化学各分析方法得以不断发展。现代分析化学完全可能为各种物质提供组成、含量、结构、分布、形态等全面的信息，使得微区分析、逐层分析、薄层分析、无损分析、瞬时追踪、在线、实时甚至是活体内原位监测及过程控制等过去的难题都迎刃而解。分析化学广泛吸取了当代科学技术的最新成就，成为当代最富活力的学科之一。

随着现代科学技术的不断发展，分析化学进入了新的蓬勃发展阶段，向着“准（确）、快（速）、灵（敏）、自（动）、经（济）”方向发展。分析化学将主要在化学、生物、医学、药物、农学、食品、环境、能源、材料、安全和反恐等前沿领域解决更多、更新、更复杂的课题，分析化学将在促进经济繁荣、科技进步和社会发展中发挥更大的作用。

分析化学是一门化学相关专业的重要基础课，是以定量为主、注重应用、重视实验的一门课程。通过本课程的学习，要求把无机化学的理论应用到分析化学中来，掌握分析化学的基本原理和测定方法，正确运用“量”的概念，明确分析化学的基本过程和方法。最重要的是要树立准确的“量”的概念，加强实验训练，着重培养严格认真、实事求是的科学态度，观察分析和判断问题的能力，精密细致进行实验的技能，提高综合素质和解决有关分析化学中实际问题的能力。

四、定量分析步骤

定量分析大致包括以下几个步骤：

确定分析对象→采样→制样→溶样→分离富集→分析测试→数据处理→制作分析报告（详见第二章）

根据分析实验数据所得的定量分析结果一般用下面几种方法来表示。

1. 待测组分的化学表示形式

分析结果常以待测组分实际存在形式的含量表示。例如，测得试样中的含磷量后，根据实际情况以 P、P_2O_5、PO_4^{3-}、HPO_4^{2-}、$H_2PO_4^-$ 等形式的含量来表示分析结果。

如果待测组分的实际存在形式不清楚，则分析结果最好以氧化物或元素形式的含量表示。例如，各种元素的含量在矿石分析中常以其氧化物形式（如 K_2O、CaO、MgO、Fe_2O_3、Al_2O_3、P_2O_5 和 SiO_2 等）的含量表示，在金属材料和有机分析中常以元素形式（Fe、Al、Cu、Zn、Sn、Cr、W 和 C、H、O、N、S 等）的含量表示。

电解质溶液的分析结果常以所存在的离子的含量表示。

2. 待测组分含量的表示方法

不同状态的试样，其待测组分含量的表示方法也有所不同。

（1）固体试样

固体试样中待测组分的含量通常以质量分数表示。若试样中含待测组分的质量以 m_B［或 $m(B)$］表示，试样质量以 m_s 表示，它们的比称为物质 B 的质量分数，以符号 w_B［或 $w(B)$］表示，即：

$$w_B=\frac{m_B}{m_s}\times 100\% \text{或} w(B)=\frac{m(B)}{m_s}\times 100\% \tag{1-1}$$

例如，测得某水泥试样中 CaO 的质量分数表示为：$w(CaO)=58.82\%$ 或 $w_{CaO}=58.82\%$。若待测组分含量很低，可采用 μg/g（或 10^{-6}）、ng/g（或 10^{-9}）和 pg/g（或 10^{-12}）来表示。

（2）液体试样

液体试样中待测组分的含量通常有如下表示方式。

① 物质的量浓度表示待测组分的物质的量 n_B［或 $n(B)$］除以试液的体积 V_s，以符号 c_B［或 $c(B)$］表示。常用单位为 mol/L 或 $mol\cdot L^{-1}$。

$$c_B=\frac{n_B}{V_s}或 c(B)=\frac{n(B)}{V_s} \tag{1-2}$$

② 质量分数表示待测组分的质量 m_B［或 $m(B)$］除以试液的质量 m_s，以符号 w_B［或 $w(B)$］表示。见固体试样的质量分数表示法。

③ 体积分数表示待测组分的体积 V_B［或 $V(B)$］除以试液的体积 V_s，以符号 φ_B［或 $\varphi(B)$］表示。

$$\varphi_B=\frac{V_B}{V_s}\times 100\%或 \varphi(B)=\frac{V(B)}{V_s}\times 100\% \tag{1-3}$$

④ 质量浓度表示单位体积试液中被测组分 B 的质量，以符号 ρ_B［或 $\rho(B)$］表示。单位为 g/L 或 $g \cdot L^{-1}$，mg/L 或 $mg \cdot L^{-1}$，μg/mL 或 $\mu g \cdot mL^{-1}$，ng/mL 或 $ng \cdot mL^{-1}$，pg/mL 或 $pg \cdot mL^{-1}$ 等。

$$\rho_B=\frac{m_B}{V_s}或 \rho(B)=\frac{m(B)}{V_s} \tag{1-4}$$

(3) 气体试样

气体试样中的常量或微量组分的含量常以体积分数 φ_B［或 $\varphi(B)$］表示。表示方法见液体体积分数。

第二章
定量分析的一般步骤

分析化学研究的对象是物质。绝大多数物质都是由多种组分组成的，即使是一些比较纯的化合物往往也含有多种杂质，使分析测定复杂化。定量分析主要包括下列步骤：试样的采集和制备、试样的分解、干扰组分的掩蔽和分离、定量测定和分析结果的计算和评价等。本章仅就试样的采集和处理、分析试样的制备和分解、测定方法的选择，以及分析结果准确度的保证和评价进行讨论。

第一节 试样的采集

一、概述

分析过程中，将采样之后、测定之前的步骤统称为前处理。包括样品的保存和试样的制备、试样的分解、待测组分的分离与富集这些前处理方法。

定量化学分析的目的是获取物质的“量”，而“量”的价值所在是准确。如何获取待测物质准确的“量”是分析化学的主要内容。初学者往往更多地关注于分析测试的方法、步骤和结果的计算，对取样、制样、分离等环节重视不够。

如果采集的样品没有代表性，就有“以点带面”之嫌，此时追求测试结果的准确性意义不大。在样品的前处理过程中损失了待测试样组分或是引入了干扰及污染物质，同样也会造成定量的不准确。以上这些影响远远大于分析方法本身所带来的误差。

对于绝大多数实际样品，如食品、土壤、建材等，若不经过适当的前处理，是无法直接进行滴定分析或重量分析的，必须经过适当的前处理过程，将待测组分转化进入待测试样（一般是液体试样）后才能进行分析。

另外，前处理在整个分析过程中所占工作量的比重往往也是最大的。图 2-1 是分析过程中各个步骤的工作量在整个分析过程中所占的比例统计结果。

很多已经学过分析化学的人，当真正面对实际样品时却感到无从下手，究其原因还是对样品前处理的知识和手段缺乏足够的了解。样品的采集和前处理是分析过程中首先面临的，而且是非常重要的环节。基于这一观点，本书将相关内容单独列在本章讲解，以突出分析试样采集和前处理的重要性及实用性。

分析过程的第一步是试样的采集，即从大量待测对象中抽取具有代表性的少量样本。根据分析对象是固体、液体或气体，采用不同的取样方法。在取样过程中，最重要的一点是要分析试样是否具有代表性，否则分析工作将毫无意义，甚至可能导致得出错误的结论。

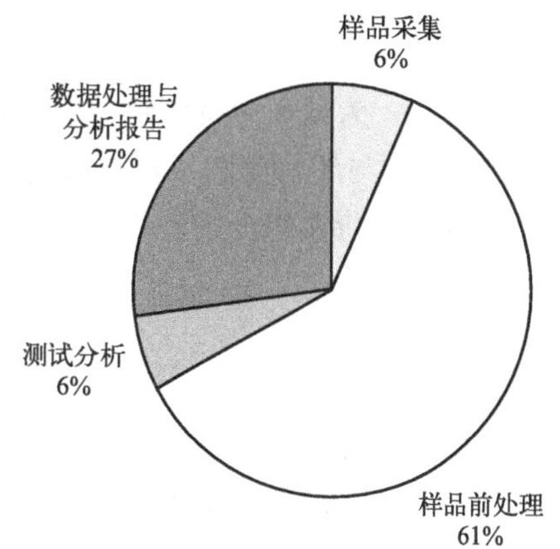

图 2-1　分析过程中各个步骤的工作量在整个分析过程中所占的比例

1. 采样中常用的定义

① 物料指分析对象。形态可以是固体、液体或气体，其量可从几克至成千上万吨。

② 子样也称试样物料，指按照试样采集的要求和规范所采集到的具有代表性的物料。子样可用于制备试样。

③ 子样数目指在一个物料中应布采集试样物料点的个数。通常子样数目应根据物料本身的颗粒大小、均匀程度、杂质含量的高低及物料总量的多少等因素来决定。

④ 原始平均试样物料指将所采集的子样合并在一起混匀所得的物料。

⑤ 试样指将所采集的试样物料按照规定的操作过程处理后，取一定质量的可直接用于分析测定的物料。

2. 采样时应遵循的原则

① 物料总体的各部分被采集的概率应相同。

② 根据物料的性质与准确度的要求，确定适宜的采样量。

③ 采样技术不能对物料待测性质有任何影响。

④ 在达到采样预期要求的前提下，采样费用尽可能降低。

根据以上原则，不同形态的物料应有不同的采样方法。

二、固体试样的采集

根据固体物料试样的形式、均匀度和所处环境的不同，可设置不同的采样点，用不同的方式进行采样，以保证所采试样具有代表性。

常见的固体试样包括粉末或颗粒物（如土壤、水泥、化肥、药物、谷物、矿物等）、片状和棒状材料（如聚合物薄膜、金属线材和板材等）。物料形式不同，自身的均匀度不同，采样方法也各异。若物料为粉末或颗粒物，且分布较均匀，则采样操作较简单。例如，物料包装为物料袋时，可用图 2-2 所示的固体采样器沿对角线插入袋中，旋转 180°抽出，所得物料即为一份子样。如果固体物料的颗粒大小不均匀（如原料矿石），甚至相差较大，则需根据采样准确度的要求与物料的均匀度，确定子样数目。

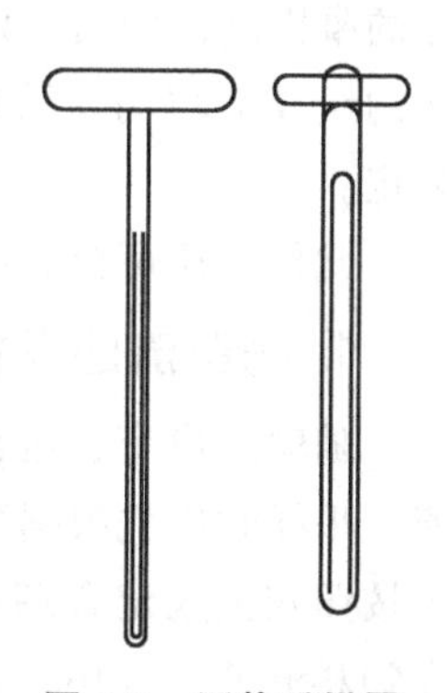

图 2-2　固体采样器

设整批物料中待测组分的平均含量为 $\bar{x}$，且测定误差主要来源于采样，则包含总体平均值的置信区间为：

$$\mu=\bar{x}\pm\frac{t\sigma}{\sqrt{n}} \tag{2-1}$$

式中，$\bar{x}$ 为试样中待测组分的平均含量；n 为子样数目；σ 为试样中待测组分含量的标准偏差；t 为与置信度和子样数目相关的统计量。

设试样中待测组分的平均含量与整批物料中该组分的平均含量差值为 E，则

$$E=\bar{x}-\mu$$

$$n=\left(\frac{t\sigma}{E}\right)^2 \tag{2-2}$$

由此可见，对分析结果的准确度要求越高，即 E 越小，子样数目 n 就越大；物料均匀程度越差，σ 越大，子样数目也越大；此外，若置信度高，相应统计量 t 值增大，子样数目也需增加。

取样时除了需要确定子样的数目，根据物料粒度的大小和均匀度不同，还需确定试样的采样量。设最小采样量为 Q，单位 kg。Q 值可按照切乔特公式（Qeqott formula）计算：

$$Q\geqslant Kd^2 \tag{2-3}$$

式中，d 为物料中最大颗粒的直径，mm；K 为反映物料特性的缩分系数，因物料种类和性质不同而异，由各行业部门根据经验拟订，通常在 0.05～1 之间。

【例 2-1】 有试样 20kg，粗碎后最大颗粒直径约 6mm，设 K 值为 0.2，问可缩分几次？如缩分后再破碎至全部通过 10 号筛（见表 2-2），还需再缩分几次？

解： $Q\geqslant Kd^2=0.2\times6^2=7.2$（kg）

缩分一次剩余量为 $\frac{1}{2}$，所以只能缩分 1 次，留下试样 10kg。

过 10 号筛后，最大粒径 d 为 2mm，则

$$Q\geqslant0.2\times2^2=0.8(\text{kg})$$

$$10\times\left(\frac{1}{2}\right)^n\geqslant0.8$$

解之得 $n=3$，故还需缩分 3 次。

可见，物料的粒径较小时，可以减小最低采样质量。

对于质地非常均匀的金属片、板材或丝状物料试样，剪一部分即可作为子样进行分析。但对钢锭或铸铁等物料试样，虽然也经过熔融、冶炼处理，但是在冷却凝固的过程中，纯组分的凝固点比较高，杂质的凝固点较低，在冷却凝固过程中会向内部移动，造成其表面和内部的组成不均匀。采样时应采用钢钻钻取不同深度、不同部位的碎屑混合后进行处理和测定。

此外，还可根据物料所处环境的不同，采取不同的方法进行采样。

1. 物料流的采样

随输送皮带、运输机械等运送工具运转的物料，称为物料流。采样时应先根据物料流的相关性质及大小确定子样数目后，再按照相关规定合理布点采样。人工采集物料流的样品时，应在物料流的左、中、右位置分别布点，使用图 2-3 所示的采样铲，在多个采样点同时采取规定量的物料。采样时应注意将采

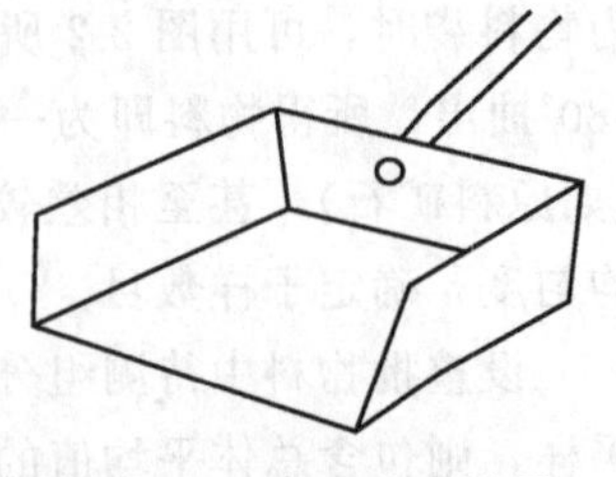

图 2-3 人工固体采样器

样铲紧贴传送带，不能抬高铲子仅取物料流表面的物料。

2. 运输工具中物料的采样

对于在火车、斗车等运输工具中的物料，可根据车厢容量大小的不同，在车厢对角线上按照布点数目平均设点采样。具体布点数与车厢容量的关系如图 2-4 所示。

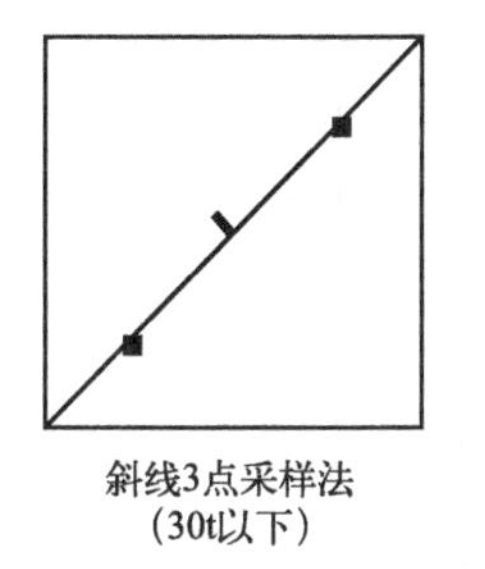

斜线3点采样法
（30t以下）

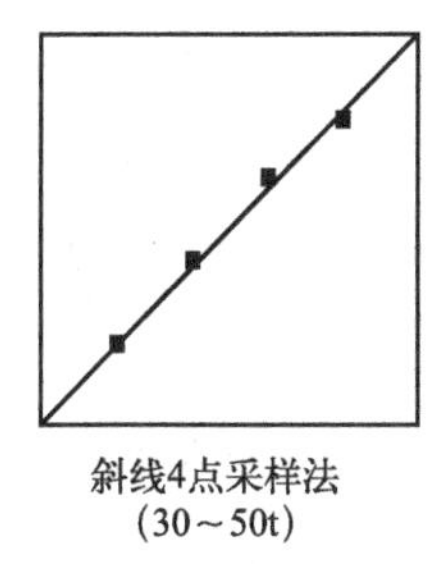

斜线4点采样法
（30～50t）

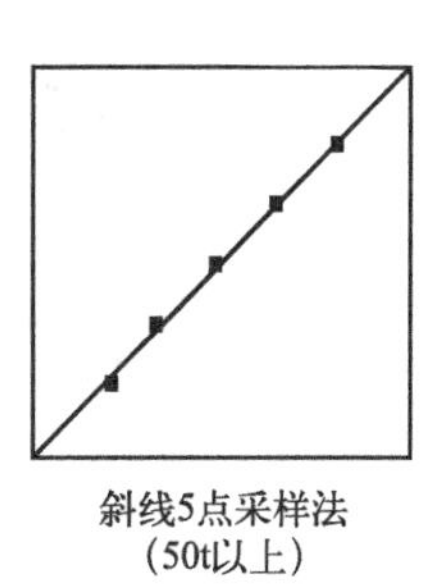

斜线5点采样法
（50t以上）

图 2-4　车厢采样布点示意图

在采样过程中还需注意，如果在所布的采样点处恰好有直径大于 150mm 的块状物，且质量占所取物料总量均在 5%以上时，应将块状物粉碎，再按照四分法（详见本章第二节）取样作为子样。

3. 物料堆的采样

物料堆积呈现为物料堆的形式，这种情况最为常见，如煤炭、谷物等。物料堆的质量从几克到成千上万吨不等，为了能在物料堆中采集有代表性的试样，首先应根据物料堆颗粒的大小及均匀程度，计算应采集的子样数目和最小采集物料的质量，然后根据相关标准布点采样。图 2-5 是固体物料堆采样布点的方式。

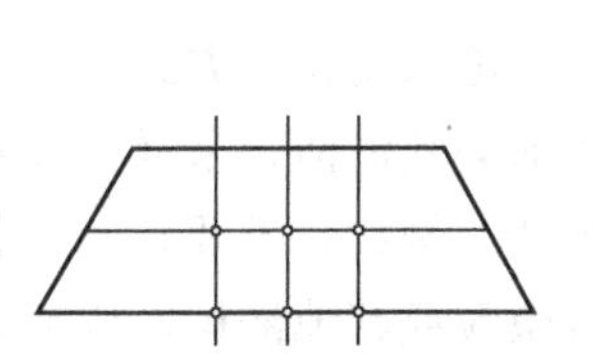

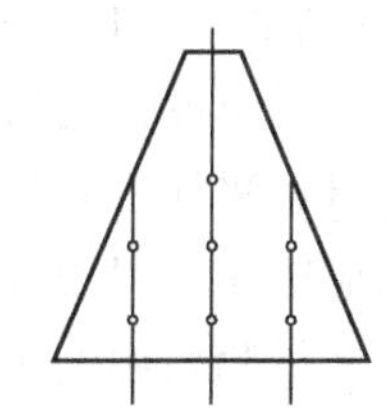

图 2-5　固体物料堆采样布点

为了避免采集到的固体试样受到外界污染，所采试样应保存在适当的容器中。对于易被氧化的固体试样应作密封处理以隔绝氧气。

三、液体试样的采集

液态物料形式多样，如液体状口服制剂、酒、饮料、天然水、工业水等。对于较均匀的液体物料，可直接用虹吸管或注射器抽取。大多数的液体物料并非完全均匀，根据其存在形式及状态的不同，应采取不同的采样方式。

1. 流动状态液体物料的采集

若流动液体物料为天然的江河流水，应先按照地表水采样技术与规范进行布点，再进行水样的采集。若物料在输送管道中，应先根据单位时间内的总流量确定子样数目、采集子样的间隔时间和采集量，然后通过在管道不同部位安装采样阀（见图 2-6）采集子样。为了保证所采子样具有代表性，在采样时应先将采样阀口及初流物料弃去，再进行正式采样。

2. 总量较大且呈静止状态的液体物料的采集

该类物料常见形式有湖泊水、工业废水池等。由于总量很大，故应采用分点、分时的采

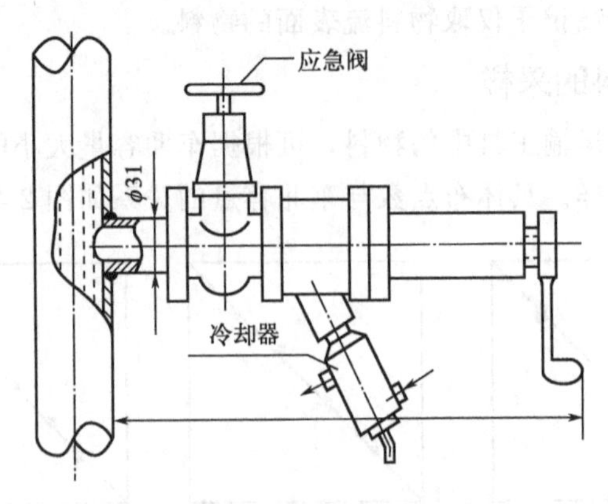

图 2-6 液体物料管道采样阀

样方法。例如，分析某水体的重金属污染情况，应在水体的不同深度、不同区域进行采样。所采集的子样可以单独处理成试样进行测定，以了解水体重金属污染的空间分布情况。也可将所采集的子样混合均匀，制备成原始平均试样物料，再吸取一定量试样进行分析测定。

3. 贮罐（瓶）中液体物料的采集

这类液体物料一般组成均匀，采样也容易。对于一般样品，可搅拌均匀后直接取样分析。如果是不易搅拌均匀的样品，可采用液体物料采样器（见图 2-7）进行采样。

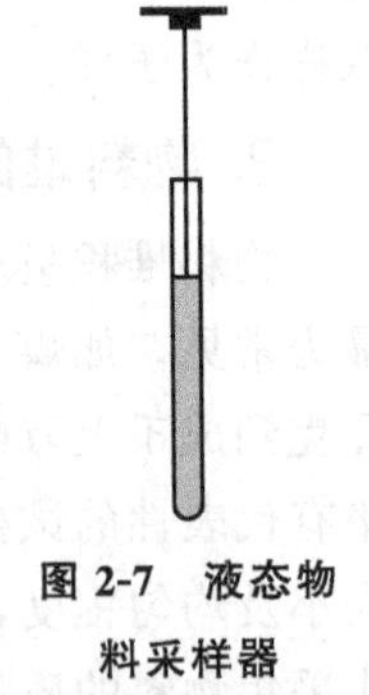

图 2-7 液态物料采样器

对于液体物料，无论采用哪种方式进行采样，都应注意两点：①采样容器和采样工具使用前必须清洁，采样前需用被测物进行冲洗；②在采样中应防止物料组成改变。例如，不要让挥发性组分、气体逸出；对于包含于液体物料中的不溶微粒或其他液体，应搅拌均匀后一同采集入试样中。

容器的材质在采集液体物料时需特别注意。例如，分析有机物、杀虫剂和油污时，由于这些物质常与塑料表面相互作用，故应选用玻璃容器；而在分析痕量金属离子时，由于玻璃容器对金属离子有吸附作用，故应选用塑料容器。

液体物料采集后所得样品，其化学组分还可能受化学、物理等环境因素变化的影响。因而，在样品采集后，要合理控制试样的 pH 和温度，应密封并避光保存，必要时还需加入防腐剂。液体样品的保存时间和条件因样品不同而异，表 2-1 列出了常见水质分析中部分分析物的保存方法及保存时间。

表 2-1 常见水质分析中样品的保存方法及保存时间

分析物	保存方法	保存时间/d
氨	4℃；pH<2(H_2SO_4)	28
氨(易释放或离子化)	−20℃冷冻	28
金属 Cr(Ⅵ)	4℃	1
金属 Hg	pH<2(HNO_3)	28
其他金属离子	pH<2(HNO_3)	180
硝酸根	无须特殊保存条件	2
待测 pH 的样品溶液	无须特殊保存条件	立即测定

续表

分析物	保存方法	保存时间/d
有机氯	1mL,10mg/mL $HgCl_2$ 或加入溶液萃取	7(无萃取剂) 40(有萃取剂)

四、气体试样的采集

典型的气体物料试样包括大气、工业废气、汽车尾气和压缩气等。由于气体具有很好的扩散性、流动性和均匀性，所以对于一般气体物料，最简单的采集方法是用气泵将气体充入密闭容器中。这种方法简单快速，但所采集试样的浓度较低，且易混入杂质。因此，为了保证采样的浓度与纯度，应根据气体物料性质及状态的不同，选用相应的方法，并注意采样操作安全。气体物料采样方法主要有以下几种。

1. 液体吸收法

此法主要用于采集低浓度的气体物料，吸收溶剂多采用水溶液或有机溶剂。根据气体物料的性质及后续所采用的测定方法不同，选择的吸收溶剂也不同。例如，大气中二氧化硫气体的采集可采用甲醛溶液吸收，因为两者反应可生成稳定的羟基甲基磺酸，该产物在碱性条件下与盐酸副玫瑰苯胺作用，生成紫红色化合物，用分光光度法定量分析。对吸收溶剂的选择，要求其不仅能与被采集物质快速作用，保证高吸收率，而且反应后的产物应易于后续的分析测定。

2. 固体吸附剂法

此法主要用于采集气溶胶物料，吸附剂的作用主要是物理性阻留。常用的固体吸附剂有两类：一类为颗粒状吸附剂，如硅胶、素陶瓷、氧化铝等。其中硅胶又分为粗孔及中孔硅胶，这两种硅胶均有物理和化学吸附作用。素陶瓷在使用前需用酸或碱除去杂质，并在110～120℃烘干。由于素陶瓷不是多孔性物质，被吸附的物质仅停留在粗糙表面，所以取样后比较容易洗脱。另一类固体吸附剂为纤维状，如滤纸、滤膜、脱脂棉、玻璃棉等。若采用滤纸、滤膜，要求致密均匀，否则取样效率较低。

3. 真空瓶法

此法主要用于采集高浓度的气态物料或不易被液体或固体吸附剂吸收的物料。具体操作方法是先将具有活塞的密闭容器抽空，在取样点打开活塞，被测气态物料立即充满容器，再向采集容器中加入吸收液，使气态物料与吸收液长时间接触，以利于被测物质的吸收。

若采样时没有抽气泵，也可采取液体置换法。对于选用的液体，要求气态物料在液体中的溶解度小，且不与被测物质反应。取样时先将液体注满取样器，在取样点放出液体，被测气态物料即可充满取样器。

4. 静电沉降法

此法常用于采集气溶胶状物质。将气态物料通过12000～20000V的电场，气态分子在电场中电离成气态离子，并附着在气溶胶粒子上，带电荷的气溶胶粒子在电场作用下沉降聚集在电极表面，再将电极表面沉降的物质洗下，进行分析测定。与固体吸附剂法比较，此法取样效率高、速度快，但若有易爆炸性气体、蒸气或粉尘存在时，不能使用。

此外，如果采集的气态物料为负压气体，需连接抽气泵，如机械真空泵和流水真空泵。对于高压气体，可用预先抽真空的容器抽取试样。

气体试样一般比较稳定，无须特殊保存。对于用吸附剂采集的试样，可通过加热或用适当的溶剂萃取后用于分析。对于贮存在大容器（如贮气柜或贮气槽）内的气体，因上下密度和均匀性可能不同，应在上、中、下等不同部位采集部分试样后混匀。

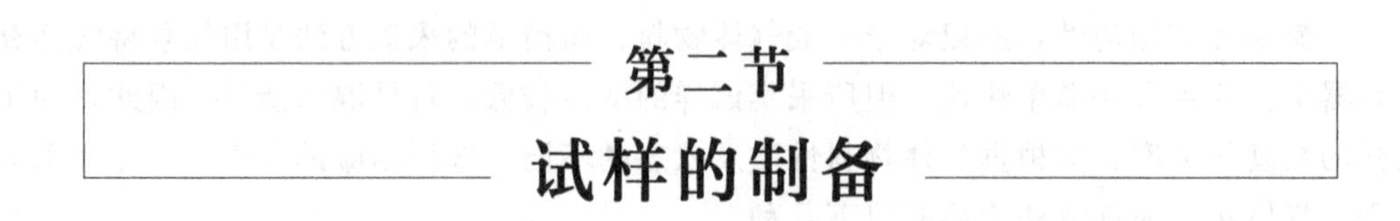

第二节 试样的制备

由于液体与气体物料较均匀，将所采集的多个试样分取一部分，经过充分混合，即可直接进行分析。但固体物料采样量大，粒径不一，均匀度较差，不能直接进行分析。为了能从大量原始平均物料中取出一部分具有代表性的试样用于分析测定，必须对原始平均物料进行试样制备处理。

固体试样的制备，包括破碎、过筛、混合、缩分四步。为了达到分析测试的要求，有时需要反复进行。

一、破碎

破碎是将大块固体物料通过机械或手工方法分散成粒径较小的物料的过程。机械破碎是指使用颚式破碎机（图 2-8）、锥式轧碎机、圆盘式粉碎机等机械工具对物料进行粉碎。手工破碎是指用手锤、压磨锤、研钵等将物料粉碎。工具的选择，应根据物料性质和测定要求。例如性质较脆的煤、焦炭，可用手锤、压磨锤等工具，而大量块状矿石，可选用颚式破碎机。

图 2-8 颚式破碎机

根据破碎的程度和物料的粒径大小，整个破碎过程可分为三个阶段。

① 粗碎：用颚式破碎机将物料破碎至通过 3～6 号筛（见表 2-2）。

表 2-2 标准筛的筛号

筛号(网目)/号	3	6	10	20	40	60	80	100	120	140	200
筛孔直径/mm	6.72	3.36	2.00	0.83	0.42	0.25	0.177	0.149	0.125	0.105	0.074

② 中碎：用圆盘式粉碎机将物料破碎至通过 20 号筛（见表 2-2）。

③ 细碎：用圆盘式粉碎机进一步将物料破碎，必要时用压磨锤、研钵研磨至通过 100～200 号筛。破碎过程的目的是使制备试样的组成更均匀，易被试剂分解。如果制备试样未达到要求，可不断破碎，甚至反复进行。但如果已满足要求，则不必研磨过细，否则可能会引

起试样组成的改变。引起组分改变的可能情况有以下几种：a. 粉碎试样过细引起试样中水含量的改变；b. 由于破碎机械的磨损引入某些杂质；c. 破碎研磨发热引起的升温导致某些挥发性组分逸去；d. 粉碎后表面积增大，导致某些组分易被空气氧化；e. 破碎中的锤击使物料飞溅而导致损失。

二、过筛

破碎过程完成后，为了保证试样颗粒的均匀性，需进行筛分。在筛分前，首先应根据物料情况决定是否需要烘干，以免过筛时黏结，将筛孔堵塞。过筛所用的筛子，材质通常为铜合金网或不锈钢网（见图 2-9）。根据筛孔直径大小不同，筛子可分为不同型号的标准筛。表 2-2 列出我国现用的标准筛孔径。在物料破碎后应根据物料颗粒大小，选择合适的筛子进行筛分。

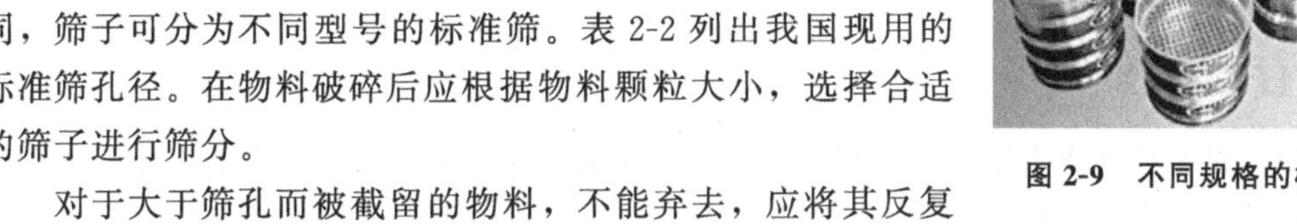

图 2-9　不同规格的标准筛

对于大于筛孔而被截留的物料，不能弃去，应将其反复破碎，最终保证物料全部通过筛孔。

三、混合

混合试样的方法，通常采用堆锥法。把破碎过筛后的物料，用铁铲堆成一个圆锥体。然后围绕物料堆，由圆锥体底部开始一铲一铲将物料铲起，在距圆锥体一定距离处的另一中心重新堆成一个圆锥体。注意每一铲物料都应由锥体顶部自然滑落，这样操作反复三次后，即可认为混合均匀。

如果试样量较小，也可将试样放在光滑的油光纸或塑料膜上，按照对角线方向依次反复提起，使试样不断滚动，也可达到混合的目的。

如果物料量较大，可将其倒入机械搅拌器中进行混匀。

四、缩分

由于所采集的原始平均试样量较大，没有必要全部将其制备成分析试样，因此需要将破碎混合后的样品进行多次缩分，逐步减少试样量，直至达到测定所需量。常用的缩分法有两种。

1. 分样器二分法

此法是利用分样器（也称二分器，见图 2-10）缩分试样。具体操作如下：用一个宽度与分样器进料口相吻合的铲子，将物料缓缓倾倒入分样器中，二分器能自动地把相间格槽中的试样收集起来，平均分成两份，顺着出口两侧流出。将其中一份弃去，另一份保留。如果试样量仍然较大，可继续进行再破碎、过筛、混合、缩分。这种方法简便快捷，劳动强度小。分样器也有不同规格，可根据试样量和测定要求进行选择。

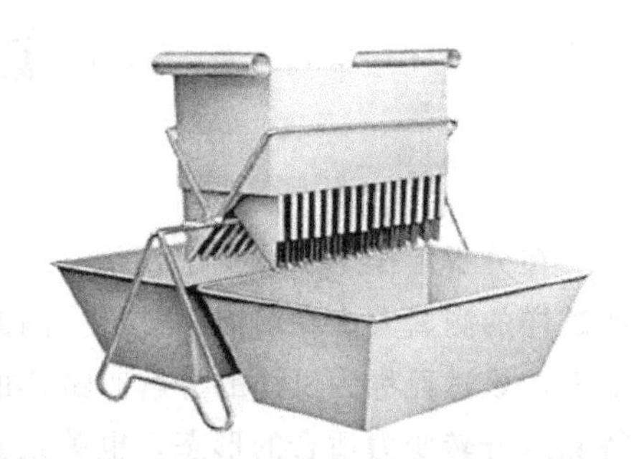

图 2-10　分样器（二分器缩样机）

2. 四分法

当没有分样器时，最常用的手工缩分方法是四分法（见图2-11）。具体操作方法是：首先将混匀的圆锥体物料堆的锥顶压平，然后通过圆心按十字形将试样堆平分为四等份。保留其中任意对角线的两份，弃去其余的两份。经过一次四分法处理，试样量缩减为一半。反复用四分法缩分，直至试样量达到分析测定要求。

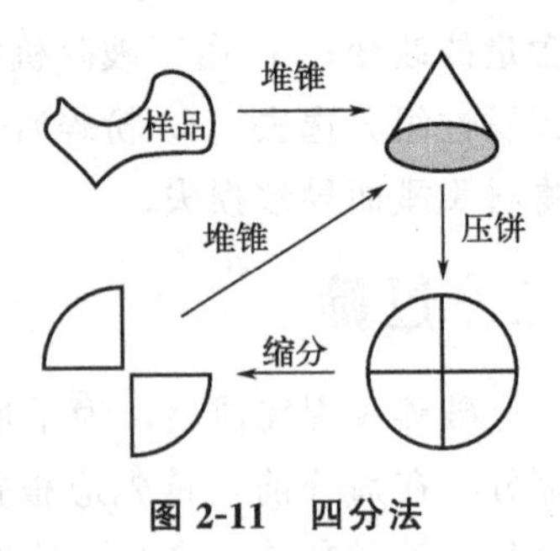

图 2-11　四分法

将缩分后得到的物料装入密封袋或磨砂广口试剂瓶中，同时贴上标签，标明该物料的基本信息，如采集地点、时间、制样时间、试样性状、试样量等，供分析测定时参考。

五、湿存水的处理

一般固体试样往往含有湿存水。湿存水是试样表面及孔隙中吸附空气中的水分，其含量随试样的粉碎程度和放置时间而改变，因而试样各组分的相对含量也随湿存水的多少而变化。为了便于比较，试样各组分相对含量的高低常用干基表示。干基是不含湿存水的试样的质量。因此在进行分析之前，必须先将试样烘干（对于受热易分解的物质采用风干或真空干燥的方法干燥）。湿存水的含量，根据烘干前后试样的质量即可计算。

【例 2-2】 称取 10.000g 工业用煤试样，于 100～105℃烘 1h 后，称得其质量为 9.460g，此煤样含湿存水为多少？如另取一份试样测得含硫量为 1.20%，用干基表示的含硫量为多少？

解： 湿存水

$$w_{湿存水}=\frac{10.000-9.460}{10.000}\times100\%=5.40\%$$

干基含硫量

$$w_{硫}=\frac{1.20\%\times10.000}{10.000-10.000\times5.40\%}\times100\%=1.27\%\ （以干基表示）$$

湿存水的含量也是决定原料的质量或价格的指标之一。

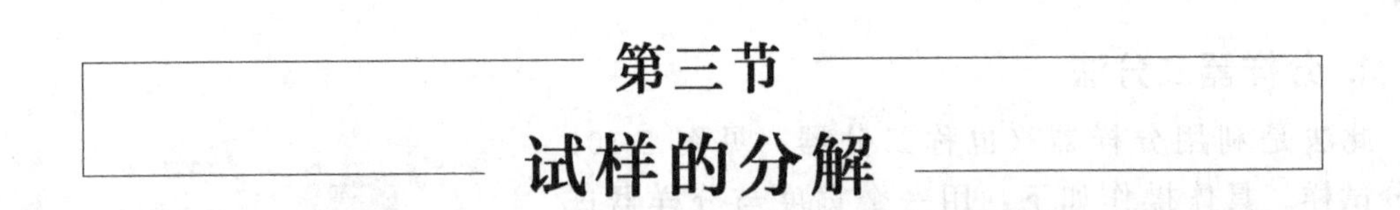

第三节　试样的分解

在分析工作中，较少采用干法分析（如光谱分析、差热分析等），通常采用湿法分析，即试样的测试大多在溶液中进行。因此，若试样为非溶液状态，应通过适当方法将其转化成溶液，该过程称为试样的分解。试样的分解是分析工作的重要组成部分，它关系到是否能将待测组分转变为适合的形态，也关系到后续的分离和测定。

试样的性质不同，分解方法亦不同。总之，在分解试样时要注意下列几点：①试样的分解要完全。②试样分解过程中待测组分不应损失。③不应引入待测组分和干扰物质。④分解试样最好与分离干扰元素相结合。分解试样的方法较多，可根据试样的组成和特性、待测组分性质及分析目的，选择合适的方法进行分解。

一、分解试样的常用方法

常用的分解方法有三种，即溶解法、熔融法和烧结法，下面分别进行讨论。

1. 溶解法

溶解法是指采用适当的溶剂将试样溶解，制成溶液，方法比较简单、快速。常用的溶剂有水、酸和碱等。溶于水的试样一般为可溶性盐类，如硝酸盐、醋酸盐、铵盐、绝大部分的碱金属化合物和大部分的氯化物、硫酸盐等。对于不溶于水的试样，则采用酸或碱作溶剂的酸溶法或碱溶法进行溶解，以制备分析试液。

（1）水溶法

水溶法是将可溶性的无机盐直接溶于水制成试液。

（2）酸溶法

酸溶法是利用酸的酸性、氧化还原性和形成配合物的作用，使试样溶解。钢铁、合金、部分氧化物、硫化物、碳酸盐矿物和磷酸盐矿物等常采用此法溶解。常用的酸溶剂如下。

① 盐酸（HCl）：利用酸中 H^+ 和 Cl^- 的还原性及 Cl^- 与某些金属离子的配位作用，主要用于弱酸盐（如碳酸盐、磷酸盐等）、一些氧化物（如 Fe_2O_3、MnO_2 等）、某些硫化物（如 FeS、Sb_2S_3 等）及电位次序在氢以前的金属（如 Fe、Zn 等）或其合金的溶解，还可溶解灼烧过的 Al_2O_3、BeO 及某些硅酸盐。

盐酸和 Br_2 的混合溶剂具有很强的氧化性，可有效地分解大多数硫化矿物。盐酸和 H_2O_2 的混合溶剂可以溶解钢、铝、钨、铜及其合金等。用盐酸溶解砷、锑、硒、锗的试样，生成的氯化物在加热时易挥发而造成损失，应加以注意。

② 硝酸（HNO_3）：硝酸兼有酸性和氧化性双重作用，溶解能力强且速度快。除铂族金属、金和某些稀有金属外，浓硝酸能溶解几乎所有的金属试样及其合金、大多数的氧化物、氢氧化物和几乎所有的硫化物。但金属铝、铬、铁等被氧化后，在金属表面形成一层致密的氧化物薄膜，产生钝化现象，阻碍金属继续溶解。为了溶去氧化物薄膜，必须加入非氧化性的酸，如盐酸，才能达到溶解的目的。

③ 硫酸（H_2SO_4）：热浓硫酸具有强氧化性，除 Ba、Sr、Ca、Pb 外，其他金属的硫酸盐一般都溶于水。因此用硫酸可溶解 Fe、Co、Ni、Zn 等金属及其合金。硫酸沸点高（338℃），可在高温下分解矿石，或用以除去挥发性的酸（如 HCl、HNO_3、HF 等）和水分。在加热蒸发过程中要注意在溶液中冒出 SO_3 白烟时即应停止加热，以免生成硫酸盐。浓硫酸又是一种强脱水剂，有强烈吸收水分的能力，可吸收有机物中的水分而使之析出碳，以破坏有机物。

④ 磷酸（H_3PO_4）：磷酸为中强酸，PO_4^{3-} 具有很强的配位能力，能溶解很多其他酸不能溶解的矿石，如铬铁矿、钛铁矿、铝矾土、金红石（TiO_2）和许多硅酸盐矿物（如高岭土、云母、长石等）。在钢铁分析中，含高碳、高铬、高钨的合金钢等，用磷酸溶解效果较好，但需注意的是加热溶解过程中温度不宜过高，时间不宜过长，以免析出难溶性焦磷酸盐。一般应控制在 500～600℃，时间在 5min 以内。

⑤ 高氯酸（$HClO_4$）：浓热的高氯酸是一种强氧化剂。可使多种铁合金（包括不锈钢）

溶解。它在分解试样的同时，可将组分氧化为高价状态。如可将铬氧化为 $Cr_2O_7^{2-}$，钒氧化为 VO_3^-，硫氧化为 SO_4^{2-} 等。由于高氯酸的沸点较高（203℃），加热蒸发至冒烟时也可以除去低沸点酸，这时的残渣加水后很容易溶解。

浓高氯酸与有机物或某些无机还原剂（如三价锑等）一起加热会发生剧烈爆炸，所以在使用高氯酸时应注意安全。对于含有机物的试样必须预先在500℃灼烧以破坏有机物，然后再用高氯酸分解。使用高氯酸分解试样时，一般需要加入硝酸，才比较安全。

⑥ 氢氟酸（HF）：氢氟酸是较弱的酸，但具有强的配位能力。在与高价的离子（如 Zr^{4+}、Ti^{4+}、Al^{3+}、Fe^{3+} 等）配位时，氟离子参与配位的数目可达阳离子的最高配位数。氢氟酸主要用来分解硅酸盐，可生成挥发性的四氟化硅。在分解硅酸盐和含硅化合物时，常与硫酸混合使用。因为氟离子与硫酸能生成 HF，HF 在加热时容易因挥发而除掉，从而消除 F^- 对某些组分测定时的干扰。分解时应在铂坩埚或聚四氟乙烯器皿中，在通风橱内进行。氢氟酸对人体有害，应避免氢氟酸与皮肤接触，以免灼伤溃烂。

⑦ 混合酸：实际工作中，除用一种酸作溶剂外，常使用具有更强或特殊溶解能力的混合酸作溶剂。常用的混合酸有：$HCl+HNO_3$，$H_2SO_4+H_3PO_4$，H_2SO_4+HF 和 $H_2SO_4+HClO_4$ 等。由三份浓盐酸与一份浓硝酸混合而成的混合酸叫王水（有时也使用逆王水，它由三份浓硝酸与一份浓盐酸混合而成）。由于硝酸的氧化作用及盐酸的配位能力，其溶解能力更强，可溶解铂、金等贵金属及硫化汞等。

（3）碱溶法

碱溶法的溶剂主要为 NaOH 和 KOH。碱溶法常用来溶解两性金属铝、锌及其合金，以及它们的氧化物、氢氧化物等。分解多在银或聚四氟乙烯器皿中进行。测定铝合金中的硅时，用碱溶解使 Si 以 SiO_3^{2-} 形式转到溶液中。若用酸溶解则 Si 可能以 SiH_4 的形式挥发损失，影响测定结果。

2. 熔融法

不溶于水、酸或碱的无机试样一般可采用熔融法分解。该法是指将试样与酸性或碱性固体熔剂混合，在高温下让其进行复分解反应，使待测组分转变为可溶于水或酸的化合物，如钠盐、钾盐、硫酸盐或氯化物等。熔融法分解能力强，但熔融时要加入大量熔剂（一般为试样量的6～12倍），故会带入熔剂本身的离子和其中的杂质。熔融时坩埚材料的腐蚀，也会引入杂质。因此，如果试样的大部分组分可溶于酸等溶剂，则先用酸等使试样的大部分组分溶解，将不溶于酸的部分过滤，然后再用较少量的熔剂进行熔融，将熔融物的溶液与溶于酸的溶液合并，制成分析试液。

根据熔剂的性质可分为酸熔法和碱熔法两种。酸熔法适合于分解碱性试样，碱性熔剂宜用于熔融酸性试样，如酸性矿渣、酸性炉渣和酸不溶解试样，使它们转化为易溶于酸的氧化物或碳酸盐。

（1）酸熔法

碱性试样宜采用酸性熔剂。常用的酸性熔剂有 $K_2S_2O_7$（熔点315℃）和 $KHSO_4$（熔点214℃），后者经灼烧后亦生成 $K_2S_2O_7$，两者的作用是一样的。这类熔剂可与碱或中性氧化物在300℃以上作用，生成可溶性的硫酸盐。

这种方法常用于分解 Al_2O_3、Cr_2O_3、Fe_3O_4、ZrO_2、钛铁矿、铬矿、中性耐火材料

（如铝砂、高铝砖）及磁性耐火材料（如镁砂、镁砖）等。

用 $K_2S_2O_7$ 熔剂进行熔融时，温度不要超过 500℃，以防止生成 SO_3，使熔剂过多、过早地被损失掉。熔融物冷却后用水溶解时，应加入少量酸，以免有些元素（如 Ti、Zr）发生水解而产生沉淀。

（2）碱熔法

酸性试样宜采用碱熔法，常用的碱性熔剂有 Na_2CO_3（熔点 851℃）、K_2CO_3（熔点 891℃）、NaOH（熔点 681℃）、Na_2O_2（熔点 460℃）和它们的混合熔剂等。这些熔剂除具碱性外，在高温下均可起氧化作用（本身的氧化性或空气氧化），可以把一些元素氧化成高价［Cr^{3+}、Mn^{2+} 可以氧化成 Cr(Ⅵ)、Mn(Ⅶ)］，从而增强了试样的分解作用。有时为了增强氧化作用还可加入 KNO_3 或 $KClO_3$，使氧化作用更为完全。

① Na_2CO_3 或 K_2CO_3 常用来分解硅酸盐和硫酸盐等。熔融时发生复分解反应，使试样中的阳离子转变为可溶于酸的碳酸盐或氧化物，阴离子则转变为可溶性的钠盐。例如，熔融重晶石（$BaSO_4$）的反应为

$$BaSO_4 + Na_2CO_3 \xlongequal{} BaCO_3 + Na_2SO_4$$

② Na_2O_2 为强氧化性、强碱性熔剂。它能分解难溶于酸的铁、铬、镍、铂、钨的合金和各种铂合金，以及难分解的矿石，如铬矿石、钛铁矿、绿柱石、铌-钽矿石、锆英石和电气石等。由于 Na_2O_2 的强氧化性，矿石中的元素可被转变为高价状态。例如铬铁矿的分解反应为

$$2FeO \cdot Cr_2O_3 + 7Na_2O_2 \xlongequal{} 2NaFeO_2 + 4Na_2CrO_4 + 2Na_2O$$

熔块用水处理，溶出 Na_2CrO_4，同时 $NaFeO_2$ 水解而生成 $Fe(OH)_3$ 沉淀：

$$NaFeO_2 + 2H_2O \xlongequal{} NaOH + Fe(OH)_3 \downarrow$$

然后利用 Na_2CrO_4 溶液和 $Fe(OH)_3$ 沉淀分别测定铬和铁的含量。

③ NaOH 或 KOH：常用来分解硅酸盐、磷酸盐矿物、钼矿和耐火材料等。用 NaOH 或 KOH 分解黏土的反应如下：

$$Fe_2O_3 \cdot 2SiO_2 \cdot H_2O + 6NaOH \xlongequal{} 2NaFeO_2 + 2Na_2SiO_3 + 4H_2O$$

氢氧化物熔剂的优点是熔融速度快、熔块易溶解，而且熔点低。因此，氢氧化物熔融法得到广泛应用。

3. 烧结法

烧结法又称为半熔法，即在低于熔点的温度下，使试样与熔剂发生反应。常用 MgO 或 ZnO 与一定比例的 Na_2CO_3 混合物作为熔剂，用来分解铁矿及煤中的硫。与熔融法相比，烧结法的温度较低，加热时间较长，不易损坏坩埚，通常可以使用瓷坩埚，不需用贵金属器皿。其中 MgO、ZnO 的作用在于其熔点高，可以预防 Na_2CO_3 在灼烧时熔合，保持其松散状态，使矿石氧化得更快、更完全，反应产生的气体容易逸出。

如用 $CaCO_3 + NH_4Cl$ 可分解硅酸盐，测定 K^+、Na^+。如用它们分解钾长石：

$$2KAlSi_3O_8 + 6CaCO_3 + 2NH_4Cl \xlongequal{} 6CaSiO_3 + Al_2O_3 + 2KCl + 6CO_2 + 2NH_3 + H_2O$$

烧结温度为 750～800℃，反应产物仍为粉末状，但 K^+、Na^+ 已转变为氯化物，可用水浸取后进行测定。

二、有机物的分解

有机物试样的分解一般有溶解法和分解法两种。

1. 溶解法

溶解有机样品时，选择有机溶剂应根据“相似相溶”原理：极性有机化合物用极性溶剂溶解；非极性有机化合物用非极性有机溶剂溶解；能溶于水的醇、糖、氨基酸、有机酸的碱金属盐等，均可用水溶解；酸性样品用碱性溶剂溶解，碱性样品用酸性溶剂溶解。

2. 分解法

本章仅对测定有机化合物中无机元素的试样分解作简要介绍，其分解法通常有湿法和干法两种方式。

(1) 湿法分解

该法通常将硝酸和硫酸混合物与试样一起置于凯氏烧瓶内，在一定温度下进行煮解，硝酸能破坏大部分有机物。在煮解过程中，由于沸点较低，硝酸被蒸发，最后剩余硫酸，当开始冒出浓厚的SO_3白烟时，在烧瓶内进行回流，直到溶液变为透明为止。在消化过程中，硝酸将有机物氧化为二氧化碳、水及其他挥发性产物，余下无机酸或盐。使用体积比为3∶1∶1的硝酸、高氯酸和硫酸的混合物进行消化，能收到更好的效果。高氯酸在脱水和受热时，是一种强氧化剂，能破坏微量的有机物。欲使这种混合酸的消化效果更佳，缩短消化时间，可加入少量的钼（Ⅵ）盐作催化剂。定量测定硒时，必须有高氯酸存在，才能防止低氧化态硒的挥发性化合物的形成，这是因为高氯酸能维持消化过程中的氧化状态并防止炭化。有时也使用硝酸和高氯酸的混合酸进行消化。应当注意，为了防止高氯酸的爆炸，高氯酸不能直接加入有机或生物试样中，而应先加入过量的硝酸。

如用凯氏定氮法测定有机物中氮含量。该法是将试样置于凯氏烧瓶中，加入浓硫酸和硫酸钾，然后进行加热消化，使有机物氧化，可将有机物中的氮都转变为硫酸铵，再用甲醛法测定其中铵离子含量，进而求出氮含量。

湿法分解适合于测定有机化合物中的金属、硫、卤素、氮等元素。

(2) 干法分解

适用于分解有机物，以测定其中的金属元素、硫及卤族元素的含量。该法是将试样置于马弗炉中加热燃烧（一般为400～700℃）分解，大气中的氧起氧化剂的作用，燃烧后留下无机残余物。残余物通常用少量浓盐酸或热的浓硝酸浸取，然后定量转移到玻璃容器中。在干式分解过程中，根据需要可加入少量的某种氧化性物质（俗称为助剂）于试样中以提高分解效率。硝酸镁是常用的助剂之一。对于液态或湿的动、植物细胞组织，在进行分解前应先通过蒸汽浴或轻度加热的方法干燥。马弗炉不能快速加热，而应逐渐加热到所需温度，以防止着火或起泡沫。

干法分解有机物分为氧瓶燃烧法和定温灰化法。

① 氧瓶燃烧法：氧瓶燃烧法是在充满氧气的密闭瓶内，燃烧有机试样（瓶内可盛适当的吸收剂以吸收燃烧产物），然后用适当方法测定。可广泛用于有机物中卤素、硫、磷、硼等元素的测定。也可用于许多有机物中部分金属元素如Hg、Zn、Mg、Co、Ni等的测定。

② 定温灰化法：定温灰化法是将试样置于坩埚中加热到500～550℃，使试样分解灰化，所得残渣用适当溶剂溶解后进行测定。灰化前若加入一些添加剂如CaO、MgO、Na_2CO_3等，可使灰化更加有效。此法常用于测定有机物和生物试样中的元素，如Sb、Cr、Fe、Sr、Zn等。

三、试样分解方法的选择

选择试样分解方法的一般原则如下。

1. 根据试样的化学组成、结构及有关性质来选择适当的分解方法

能溶于水的样品最好用水溶解。电位次序在氢以前的金属，可采用非氧化性的强酸来分解。电位次序在氢以后的金属，可用氧化性的酸或混合酸来溶解。如样品为不溶于水、酸或碱的无机试样化合物，则酸性样品用碱溶（熔）法，碱性样品用酸溶（熔）法；对还原性样品采用氧化性的溶（熔）剂来分解。

2. 根据待测组分的性质来选择试样的分解方法

通常一个试样经分解后可测定其中多种组分，但有时同一样品中的几种待测组分必须采用不同的分解方法。如测定钢铁中磷时必须用氧化性酸，如硝酸来溶解，将磷氧化成 H_3PO_4 后进行测定。若使用非氧化性的酸来溶解，则会使一部分磷生成 PH_3 而挥发损失，而在测定钢铁中其他元素时，则可用盐酸或硫酸溶解。

3. 根据测定方法来选择试样的分解方法

有时测定同一组分，由于测定方法不同，选择分解试样的方法也不同。如用重量法测定 SiO_2，一般用 Na_2CO_3 熔融后以 HCl 浸取，使 H_2SiO_3 沉淀析出。若用滴定法测定 SiO_2，则要防止沉淀析出，否则测定结果偏低，应改用 KOH 熔融，用水浸出后趁热加硝酸，得到清亮溶液，然后进行滴定分析。

4. 考虑引入的离子对后续的测定有无影响

在试样分解过程中，常会引入某些阴离子或阳离子。例如，测定某物料中的 Mn，常将 Mn 氧化为 MnO_4^- 进行测定；此方法中采用 Ag^+ 作催化制，因此分解此物料时要避免引入 Cl^-，以防止以后分析过程中形成 AgCl 沉淀，从而影响测定。

以上为试样分解方法及其基本选择原则，在实际工作中，还需要根据具体情况，全面考虑，综合运用。

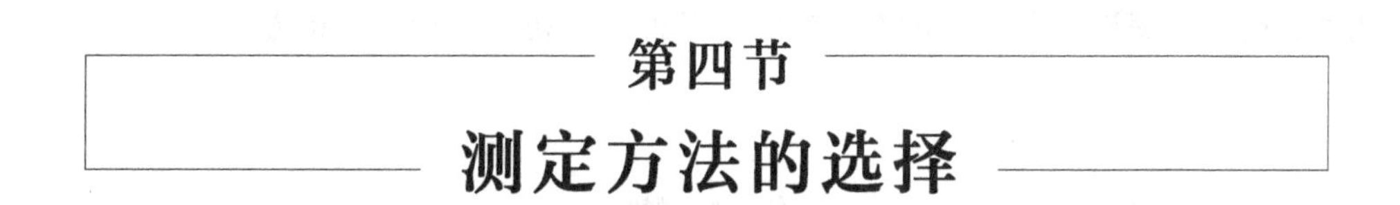

第四节 测定方法的选择

一种组分可用多种分析方法测定。例如，测定铁的含量，可以选用的方法有氧化还原滴定法、配位滴定法、重量分析法，以及仪器分析法如电位滴定法、分光光度法等。而分光光度法又有硫氰酸盐法、磺基水杨酸法和邻二氮杂菲法等。分析方法虽多，但每种方法均有其优点和不足之处，一个完美无缺，适宜于任何试样、任何组分的方法是不存在的。因此，我们必须根据试样的组成、组分的性质和含量、测定的要求、存在的干扰组分和实际情况出发，选用合适的测定方法。

究竟选用何种分析方法进行测定，应视具体情况考虑。具体原则如下。

一、测定的具体要求

当遇到分析测定任务时，首先要明确分析目的和要求，确定测定组分、准确度及要求完成

的时间。如原子量的测定、标样分析和成品分析，准确度是主要的。高纯物质的有机微量组分的分析，灵敏度是主要的。而生产过程中的控制分析，速度便成了主要的问题。所以应根据分析目的，选择适宜的分析方法。例如，测定标准钢样中硫的含量时，一般采用准确度较高的重量法。而炼钢炉前控制硫含量的分析，采用1～2min即可完成的燃烧容量法。

二、被测组分的性质

了解待测组分的性质，常有助于测定方法的选择。例如，酸碱性物质首选用酸碱滴定法测定，大多数金属离子可用EDTA配位滴定法进行测定，氧化剂或还原剂含量的测定可选用氧化还原滴定法，对于碱金属，特别是Na^+具有焰色反应，可用火焰光度法测定。

三、被测组分的含量

在选择分析方法时，应考虑欲测组分的含量范围。重量法和滴定法的误差为0.1%左右，适用于常量组分的测定，当两者均可应用时，选择简便、快速的滴定法较为合适。但滴定法需要配制标准溶液，若测定次数不多，又无现成的标准溶液时，则选用重量法可能更方便些。

用滴定法和重量法测定微量组分有困难，对微量组分的测定应选用灵敏度较高的仪器分析方法。例如，某试样中含杂质铜0.001mg，如用碘量法，析出的碘用0.05000mol/L $Na_2S_2O_3$标准溶液滴定，仅消耗0.003mL，无法从滴定管中读数；如采用比色法，其测定结果为0.0009～0.0011mg，令人满意。

四、共存组分的影响

在选择分析方法时，必须考虑其他组分对测定的影响，尽量选择特效性较好的分析方法。如果没有适宜的方法，则应改变测定条件，加入掩蔽剂以消除干扰，或通过分离除去干扰组分之后，再进行测定。

此外，还应根据设备条件、试剂纯度等，考虑选择切实可行的分析方法。

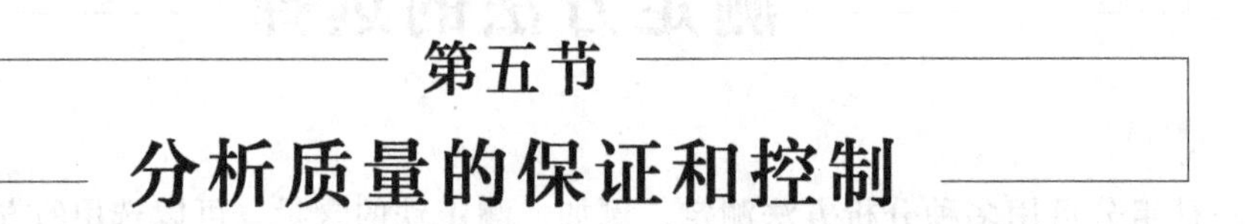

第五节 分析质量的保证和控制

当采集的有代表性的试样送达实验室进行分析时，为取得满足质量要求的分析数据，必须在分析过程中严格实施各项质量保证、质量控制的技术方法、措施和管理规定。由这些方法、措施、技术和管理规定组成的程序就是实验室质量保证与质量控制程序。

众所周知，任何测定都会存在误差，要使分析的准确度得到保证，必须使所有的误差，包括系统误差、偶然误差，甚至过失误差，减小到预期的水平。因此，一方面要采取一系列减小误差的措施，对整个分析过程进行质量控制；另一方面要采用行之有效的方法对分析结果进行评价，及时发现分析过程中的问题，确保分析结果的可靠性。

一、分析质量的保证

1. 分析测定人员的技术能力

实验室分析测定人员的能力和经验是保证分析质量的首要条件，实验室应不断地对技术人员进行业务技术培训。

2. 仪器设备管理与定期检查

应根据分析测定任务的需要，选择适当的仪器设备。此外，实验室相关人员还需认真地进行仪器设备检定、标识、校准，使仪器设备产生误差的因素处于控制之下，确保得到符合质量要求的分析数据。

3. 实验室应具备的基础条件

① 技术管理与质量管理制度：实验室应建立完整的技术管理与质量管理制度。

② 实验室环境：实验室应通风良好，布局合理。保持整洁、安全的操作环境，对可产生刺激性、腐蚀性、有毒气体的实验操作应在通风橱内进行。分析天平应做到避光、防震、防尘、防腐蚀性气体和避免对流空气。不在同一实验室内操作相互干扰的分析项目。化学试剂储藏室应防潮、防火、防爆、防毒、避光和通风。

③ 实验用水：实验用水按有关规定检验合格后使用。为保持容器清洁，盛水容器应定期清洗，以防止因玷污影响实验用水的质量。

④ 实验器皿：器皿的选择应根据实验需要，使用后应及时清洗、晾干，防止灰尘等玷污。

⑤ 化学试剂：化学试剂应采用符合分析方法所规定的等级。配制一般试液，应不低于分析纯级。固体试剂与液体试剂或试液应分别储放。取用时，应遵循“量用为出，只出不进”的原则，取用后及时密封，分类保存，避免试剂被玷污。经常检查试剂质量，对变质、失效的试剂应及时废弃。

⑥ 试液的配制和标准溶液的标定：应根据使用情况配制适量试液。选用合适材质和容积的试剂瓶盛装，并注意瓶塞的密合性。试剂瓶上应贴有标签，写明试剂名称、浓度、配制日期和配制人。试液瓶中试液倒出后，不得返回。保存于冰箱内的试液，取用时应放置室温使达到温度平衡后再进行量取。

⑦ 技术资料：实验室应妥善保存的技术资料包括：测试分析方法汇编，原始数据记录本及数据处理，测试报告的复印件，实验室的各种规章制度，质量控制图，考核试样的分析结果报告，标准物质、盲样鉴定或审查报告、鉴定证书，质量保证手册、质量控制程序文件，实验室人员的技术业务档案。

二、分析质量的控制

实施质量控制的目的在于把分析误差控制在一定的可接受限度之内，保证分析结果的精密度和准确度在给定的置信水平内，达到规定的质量要求。

通常使用的质量控制方法有平行样分析、加标回收分析、密码加标样分析、标准物比对分析、方法对照分析及质量控制图等。这些技术各有其特点和适用范围。

1. 平行样分析

平行样分析反映的是分析结果的精密度。平行样分析，即将同一试样的两份或多份子样在完全相同的条件下进行同步分析，一般是做双份平行。现场平行双样要以密码方式分散在整个分析过程，不得集中分析平行双样。应根据试样的复杂程度、所用方法、仪器精密度和操作技术水平，随机抽取10%～20%的试样进行平行双样的测定。试样数量较少时，应增加分析率，保证每批试样至少测定一份平行双样。平行双样测定结果的精密度应符合方法给定的标准偏差的要求，或按方法允许差判断。

2. 加标回收分析

加标回收分析反映分析结果的准确度。按照平行加标进行回收率测定时，所得结果既可以反映分析结果的准确度，也可以判断其精密度。加标回收率的测定可以和平行样的测定率相同，即按随机抽取10%～20%的试样量作加标回收率分析，所得结果可按方法规定的水平进行判断，或在质量控制图中检验。两者都无依据时，可按回收率为95%～105%的范围作为分析结果准确度的判断。

3. 密码加标样分析

密码加标样分析是一种他控方式的质量控制技术，即由质控人员在随机抽取的常规试样中加入适量标准物质（或标准溶液），与试样同时交与分析人员进行分析，由质控人员计算加标回收率，以控制分析结果的精密度和准确度。

4. 标准物比对分析

标准物比对分析即在进行试样分析的同时，平行对权威部门制备的标准物质或标准合成试样进行分析，并将此分析结果与已知浓度进行对照，以控制分析结果的准确度。除了使用标准物质或标准合成样外，还可将平行样或加标样的一部分或全部由他人编号作为密码样，混在试样中交分析人员进行测定，最后由编码人按平行双样加标回收率的合格要求核查其分析结果，以检查其分析质量。

需要指出，由于标准物质的品种、规格所限，选用标准物质的基体和浓度水平常难以与试样中待测物浓度的未知性及同批试样的多样性等相匹配，所以使用标准物质作比对分析以控制分析质量时，也存在着明显的局限性。

5. 方法对照分析

方法对照分析即采用具有可比性的不同分析方法，对同一试样进行分析，将所得测定值互相比较，根据其符合程度估计测定的准确度。在比较实验中，由于采用的分析方法不同，甚至操作人员也不同，误差不能抵消，故比采用加标回收率实验判断测定的准确度更为可靠。比较实验常常用于难度较大且不易掌握的分析，或对测定结果有争议的试样分析中。必要时还可实行交换操作者、交换仪器设备，或两者都进行交换，将所得结果加以比较，以检查操作稳定性和发现问题。

6. 质控图

分析质量控制图简称质控图（图2-12），它是保证分析质量的有效措施之一，质控图有三个作用。

① 质控图是测量系统性能的系统图表记录，可证实测量系统是否处于统计控制状态之中。

② 质控图能直观地描述数据质量的变化情况，监视分析过程，及时发现分析误差的异常变化或变化趋势，判断分析结果的质量是否异常，从而采取必要的措施加以纠正。

③ 质控图可累积大量的数据，从而得到比较可靠的置信限。

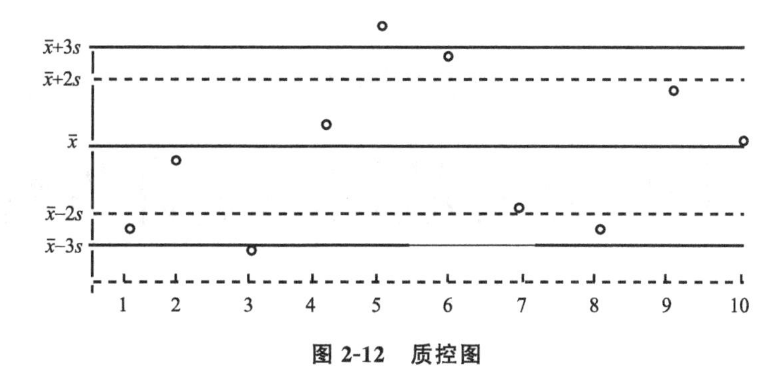

图 2-12　质控图

质控图建立在实验数据分布接近于正态分布（高斯分布）的基础上，把分析数据用图表形式表现出来。在理想条件下，一组连续的分析结果，从概率意义上来说，有 99.7%的概率落在 $\bar{x}\pm 3s$（上、下控制限-UCL、LCL）内；95.5%应在 $\bar{x}\pm 2s$（上、下警告限-UWL、LWL）内；68.3%应在 $\bar{x}\pm s$（上、下辅助线-UAL、LAL）内。以测定结果为纵坐标，测定顺序为横坐标；预期值为中心线；$\pm 3s$ 为控制限，表示测定结果的可接受范围；$\pm 2s$ 为警告限，表示测定结果目标值区域，超过此范围给予警告，应引起注意；$\pm s$ 则为检查测定结果质量的辅助指标所在区间。

例如，某室每天测定组成大体一致的试样中的组分（A），在分析的同时可插入一个或几个标准样，然后将标准样的测定值按时间顺序点在图上，图中用一条中心（实）线代表标准样中 A 的平均值（面），在此中心的上下分别画出 $\pm 2s$ 的虚线作为上下警告限，$\pm 3s$ 的实线作为上下控制限。图中的点表明落在 $\pm 3s$ 控制限外的测定值出现的机会为 0.3%。显然，在第三天和第五天两天出现了较大的偏差，这表明精密度已失控，就是说这两次的分析结果不可靠，可能存在过失误差或仪器失灵、试剂变质和环境异常等，应查明原因后重新测定。

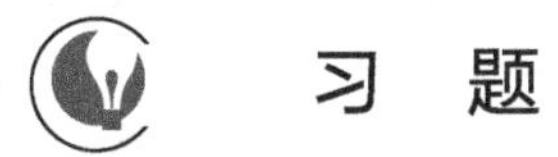

习　题

1. 某种物料，各个采样单元间的标准偏差的估计值为 0.5%，允许的误差为 0.35%，测定 10 次，置信水平选定为 90%，则采样单元数应为多少？

2. 一批物料总共 500 捆，各捆间标准偏差的估计值为 0.40%，允许的误差为 0.50%，假定测定的置信水平为 90%，试计算采样时的基本单元数。

3. 已知铅锌矿的 K 值为 0.2，若矿石的最大颗粒直径为 15mm，问最少应采取试样多少千克才有代表性？

4. 采取锰矿试样 15kg，经粉碎后矿石的最大颗粒直径为 2mm，设 K 值为 0.3，问可缩分至多少克？

参考答案

第三章
误差与分析数据的统计处理

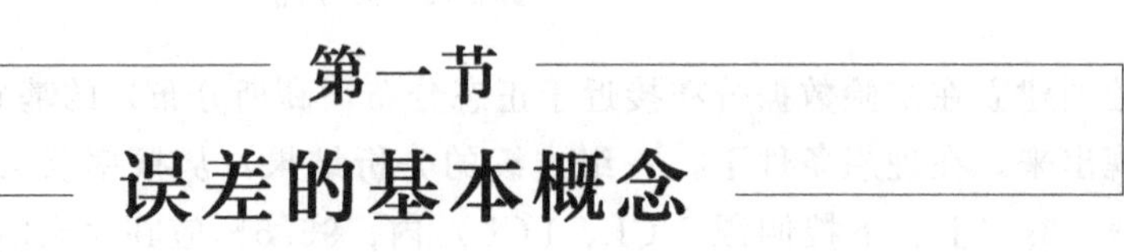

第一节 误差的基本概念

测量是人类认识和改造客观世界的一种必不可少的重要手段。定量分析是对化学体系的某个性质（如质量、体积、酸碱度、电学性质、光学性质等）进行测量的方法学。定量分析的目的是通过实验准确测定试样中被测组分的量。

由于受分析方法、测量仪器、所用试剂和分析工作者主观条件等方面的限制，测定结果不可能与真实含量完全一致；同时，一个定量分析往往需要经过一系列的步骤，其中每个步骤的误差都对最终结果会有影响。因此，即使非常娴熟的分析工作者，采用最可靠的分析方法和最精密的分析仪器，在相同条件下对同一样品进行多次测定，所得结果也不尽相同。所以，分析结果中的误差是客观存在的。

了解误差的概念，估算分析结果的误差并进行合理的评价，找出产生误差的原因，采取减小误差的有效措施，从而不断改善分析结果，使其尽量接近真值，这是从事分析化学工作的人员必须具备的能力。

一、有关测定数值的介绍

1. 真值（x_T）

由于误差是客观存在的，因此在实际分析工作中不可能得到绝对的真值，只能获得一定条件下的“真值”，常用的有三种：理论真值、约定真值和相对真值。举例说明如下。

（1）理论真值

来源于理论数据，或依据公认的量值可以计算得出，如 NaCl 中 Cl 的含量。

（2）约定真值

由最高计量标准复现而赋予该特定量的值，或采用权威组织推荐的该量的值。例如，由国际科技数据委员会推荐的真空光速、阿伏伽德罗常数等特定量的最新值。

（3）相对真值

常用标准试样证书上所给出的含量作为相对真值。

标准试样是经公认的权威机构鉴定并给予证书的物质。这种具有法定意义的标准试样是分析工作的标准参考物质，如标准品或对照品等。

若以上三种真值都不知道，则建议采用可靠的分析方法，在不同实验室，由不同分析人员对同一试样进行反复多次测定，然后将大量测定数据进行统计处理而得到的最终测定结果作为真值的替代值。

2. 平均值（$\overline{x}$）

设一组测量值为：x_1，x_2，x_3，…，x_n，其算术平均值（$\overline{x}$）为

$$\overline{x}=\frac{x_1+x_2+\cdots+x_n}{n}=\frac{1}{n}\sum_{i=1}^{n}x_i \tag{3-1}$$

当测量次数无限多时，所得的平均值为总体平均值，是表示总体分布集中趋势的特征值，用 μ 表示：

$$\lim_{x\to\infty}\overline{x}=\mu \tag{3-2}$$

平均值虽然不是真值，但此测量结果更接近真值。因而在日常工作中，总是重复测定多次，然后求得平均值。经数理统计证明，在没有系统误差时，一组测量数据的算术平均值为最佳值。

3. 中位数（x_M）

将一组测量数据按大小排列，中间一个数据即为中位数。当测量的次数为偶数时，中位数为中间相邻的两个测量值的平均值。它的优点是能简便、直观地说明一组测量数据的结果，且不受两端有过大误差的数据的影响，缺点是不能充分利用数据。

二、评价测定结果的两个主要指标——准确度和精密度

准确度表示测量值与真值接近的程度。

精密度表示各测量值相互接近的程度。

关于准确度和精密度的关系，可以用靶面上弹着点的分布来形象地说明。靶心相当于真值，每一个弹着点相当于一次测量值。如图 3-1。

图 3-1　靶面弹着点的不同分布

A 靶上弹着点较接近，精密度好；但离靶心较远，准确度差。

C 靶上弹着点较分散，精密度和准确度都差。

B 靶上弹着点较接近，且均在靶心附近，精密度和准确度都好。

A 靶的情况是射击水平较高，很稳定，但枪的调校不好，如果把枪调校好了则有可能得到很好的结果。C 靶的情况是射击技术不行，稳定性差，即使射中靶心也只能是偶然为之，不能保证下一枪或每一枪都准。B 靶的情况则是一位射击高手用了一支好枪。

可见，精密度是保证准确度的先决条件，精密度差，所得结果不可靠。高精密度并不能完全保证高准确度，因此，精密度高是准确度高的必要但非充分条件。在分析化学中，有时用重复性

和再现性表示不同情况下分析结果的精密度，前者表示同一分析人员在同一条件下所得分析结果的精密度，后者表示不同分析人员或不同实验室之间在各自条件下所得分析结果的精密度。

三、误差的表征

1. 误差

分析结果与真值之差称为误差。常用绝对误差和相对误差表示。

(1) 绝对误差（E_a）

测量值 x_i 与真值 x_T 之差称为绝对误差，用 E_a 表示。

$$E_a = x_i - x_T \tag{3-3}$$

绝对误差可正可负，绝对值越小，表明测量值越接近真值，测量的准确度越高。

(2) 相对误差（E_r）

绝对误差 E_a 在真值 x_T 中所占的比例称为相对误差，用 E_r 表示。

$$E_r = \frac{E_a}{x_T} \times 100\% = \frac{x_i - x_T}{x_T} \times 100\% \tag{3-4}$$

绝对误差和相对误差都有正值和负值。当误差为正值时，表示测定结果偏高；误差为负值时，表示测定结果偏低。相对误差能反映误差在真实结果中所占的比例，这对于比较在各种情况下测定结果的准确度更为方便，因此最常用。但应注意，有时为了说明一些仪器测量的准确度，用绝对误差更清楚。例如，分析天平的称量误差是±0.0002g，常量滴定管的读数误差是±0.02mL 等，这些都是用绝对误差来说明的。

2. 偏差

在实际分析中，一般要对试样进行多次平行测定以求得分析结果的算术平均值。这时常用偏差（d）来衡量测定结果精密度。精密度是在相同条件下多次测定结果相互吻合的程度。它反映了测定结果的再现性，平均值反映了测定结果的集中性趋势，各测定值与平均值之差体现了精密度的高低。与误差相似，偏差也有绝对偏差和相对偏差之分。

(1) 绝对偏差（d_i）

测定结果和平均值之差为绝对偏差 d_i，即

$$d_i = x_i - \bar{x} \tag{3-5}$$

(2) 相对偏差（d_r）

绝对偏差在平均值 $\bar{x}$ 中所占的百分率

$$d_r = \frac{d_i}{\bar{x}} \times 100\% \tag{3-6}$$

一组测量数据的偏差，必然有正有负，还有一些偏差可能为零。如果将单次测量值的偏差相加，其和为 $\sum_{i=1}^{n} d_i = 0$。

(3) 平均偏差（$\bar{d}$）

单次测量偏差的绝对值的平均值，称为单次测定的平均差值（$\bar{d}$），又称算术平均偏差，即

$$\bar{d} = \frac{1}{n}\sum_{i=1}^{n} |d_i| = \frac{1}{n}\sum_{i=1}^{n} |x_i - \bar{x}| \tag{3-7}$$

(4) 相对平均偏差 ($\bar{d}_r$)

平均偏差 $\bar{d}$ 在平均值 $\bar{x}$ 中所占的百分率

$$\bar{d}_r=\frac{\bar{d}}{\bar{x}}\times100\% \tag{3-8}$$

(5) 标准偏差 (σ)

标准偏差又称均方根偏差，当测定次数趋于无限多时，称为总体标准偏差，用 σ 表示。其中 μ 为测定次数无限多时，所得的总体平均值 $\lim\limits_{n\to\infty}\bar{x}=\mu$

$$\sigma=\sqrt{\frac{\sum\limits_{i=1}^{n}(x_i-\mu)^2}{n}} \tag{3-9}$$

在一般的分析工作中，测定次数是有限的，这时的标准偏差称为样本标准偏差，以 s 表示，用标准偏差来衡量数据的分散程度：

$$s=\sqrt{\frac{\sum\limits_{i=1}^{n}(x_i-\bar{x})^2}{n-1}}=\sqrt{\frac{\sum\limits_{i=1}^{n}d_i^2}{n-1}} \tag{3-10}$$

式中，$n-1$ 表示 n 个测量数据中具有独立组分的数目，又称自由度。

(6) 变异系数 CV

s 与平均值之比又称相对标准偏差，以 s_r 表示，也可以写为 RSD，即

$$\text{RSD}=\frac{s}{\bar{x}}\times100\%\text{或 CV}=\frac{s}{\bar{x}}\times100\% \tag{3-11}$$

【例 3-1】 用酸碱滴定法测定某混合物中乙酸含量，得到下列结果。计算分析结果的平均偏差、相对平均偏差、标准偏差。

x	$\lvert d_i \rvert$	d_i^2
10.48%	0.05%	2.5×10^{-7}
10.37%	0.06%	3.6×10^{-7}
10.47%	0.04%	1.6×10^{-7}
10.43%	0.00%	0
10.40%	0.03%	0.9×10^{-7}
$\bar{x}=10.43\%$	$\sum\lvert d_i\rvert=0.18\%$	$\sum d_i^2=8.6\times10^{-7}$

解： 平均偏差 $\bar{d}=\frac{1}{n}\sum\limits_{i=1}^{n}\lvert d_i\rvert=\frac{0.18\%}{5}=0.036\%$

相对平均偏差 $\bar{d}_r=\frac{\bar{d}}{\bar{x}}\times100\%=\frac{0.036\%}{10.43\%}\times100\%=0.35\%$

标准偏差 $s=\sqrt{\frac{\sum\limits_{i=1}^{n}d_i^2}{n-1}}=\sqrt{\frac{8.6\times10^{-7}}{5-1}}=0.046\%$

这组数据的平均偏差为 0.036%，相对平均偏差为 0.35%，标准偏差为 0.046%。这道

题似乎看不出标准偏差有什么好处。

对于下列两组测量数据来说，要很恰当地衡量数据的分散程度，标准偏差就显示了它的优点。两组数据其平均偏差值均为0.24。

但是第二组数据包含有两个较大的偏差（−0.7和+0.5），分散程度明显大于第一组数据。若用标准偏差来表示，则可将它们的分散程度区分开来。

1#	d_i	+0.3，−0.2，−0.4，+0.2，+0.1，+0.4，0.0，−0.3，+0.2，−0.3
2#	d_i	0.0，+0.1，−0.7，+0.2，−0.1，−0.2，+0.5，−0.2，+0.3，+0.1

$$s_1=\sqrt{\frac{\sum_{i=1}^{n}d_i^2}{n-1}}=\sqrt{\frac{(+0.3)^2+(-0.2)^2+\cdots+(-0.3)^2}{10-1}}=0.28$$

$$s_2=\sqrt{\frac{\sum_{i=1}^{n}d_i^2}{n-1}}=\sqrt{\frac{(0.0)^2+(+0.1)^2+\cdots+(+0.1)^2}{10-1}}=0.33$$

因为 $s_2>s_1$，显然第二组数据比较分散，不好。

因为计算标准偏差时，对单次测量偏差加以平方，这样做不仅能避免单次测量偏差相加时正负抵消，更重要的是大的偏差能更显著地反映出来，因而可以更好地说明数据的分散程度。

（7）平均值的标准偏差（$s_{\bar{x}}$）

$$s_{\bar{x}}=\frac{s}{\sqrt{n}} \tag{3-12}$$

由此可见平均值的标准偏差与测定次数的平方根成反比，次数越少平均值的标准偏差越大，次数越多平均值的标准偏差越小（图3-2）。当 $n>10$ 时变化就很小了。所以在分析化学工作中一般要求测定3～4次就够了，对较高要求的分析可测5～9次。

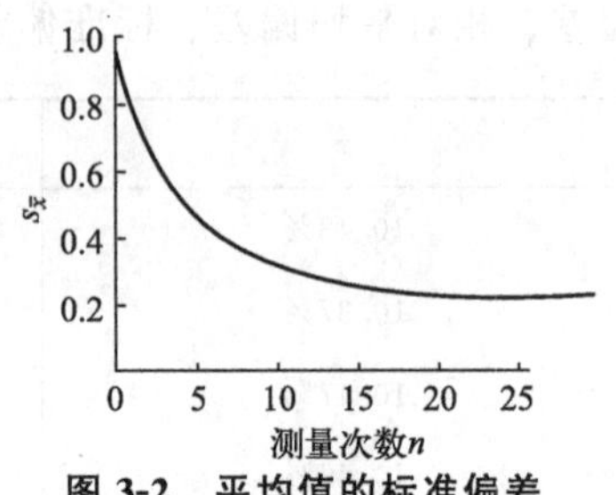

图3-2　平均值的标准偏差与测量次数的关系

分析结果只要计算出 $\bar{x}$、s、n，即可表示出数据的集中趋势与分散程度，就可以进一步对总体平均值可能存在的空间作出估计。

3. 极差（R）

一组测量数据中，最大值（x_{max}）与最小值（x_{min}）之差称为极差，又称全距或范围误差。用 R 表示。

$$R=x_{max}-x_{min}$$

用该法表示误差十分简单，适用于少数几次测定中估计误差的范围。它的不足之处是没有利用全部测量数据。

测量结果的相对极差为

$$相对极差=\frac{R}{\bar{x}}\times100\% \tag{3-13}$$

四、误差的分类及减免

在定量分析中，对于各种原因导致的误差，根据其性质的不同，可分为系统误差和随机误差两大类（在杜绝过失误差的前提下）。

1. 系统误差

系统误差是由某种固定的原因造成的，具有重复性、单向性。系统误差的大小、符号（正、负）在理论上是可以测定的，所以又称为可测误差。

依据系统误差的性质和产生的原因，可将其分为以下几类。

（1）方法误差

由于分析方法本身的缺陷引起的误差。例如，在重量分析中，沉淀的溶解、共沉淀、灼烧时沉淀的分解或挥发等；在滴定分析中，反应不完全、干扰离子影响、化学计量点和滴定终点不符合及发生副反应等，错误选用凯氏定氮法测牛奶中的蛋白质含量等。

（2）仪器误差

仪器、量器不精确或精度下降，或未调到最佳状态而引起的误差称为仪器误差。例如，移液管的刻度不准确、分析天平所用的砝码未经校正等。

（3）试剂误差

试剂误差来源于试剂或蒸馏水。例如试剂不纯、蒸馏水中含微量待测组分等。

（4）操作误差

操作误差是由分析人员所掌握的分析操作与正确分析操作有差别所引起的。例如，分析人员在称取试样时未注意防止试样吸潮，洗涤沉淀时洗涤过分或不充分，灼烧沉淀时温度过高或过低，称量沉淀时坩埚及沉淀未完全冷却等。

（5）主观误差

主观误差又称个人误差。这种误差是由分析人员的一些主观因素造成的。例如，分析人员在辨别滴定终点颜色时，有人偏深，有人偏浅；在读刻度值时有时偏高，有时偏低等。在实际工作中有的人还有一种“先入为主”的习惯，即在得到第一次测量值后，再读取第二个测量值时，主观上尽量使其与第一个测量值相符，这样也容易引起主观误差。

2. 系统误差的减免方法

（1）选择合适的分析方法

应选择被测物质的标准方法，若无标准方法，应选择与被测物组成相适应的方法和最佳反应条件。

（2）校正仪器

在对分析准确度要求较高的测定中，应对所使用的仪器设备进行校正，如对天平砝码、滴定管、移液管、容量瓶及分光光度计的波长等进行校正，找出校正值，在计算结果中采用。

（3）空白试验

由试剂和器皿带进杂质所造成的系统误差，一般可做空白试验来扣除。所谓空白试验就是在不加试样的情况下，按照试样分析同样的操作步骤和条件进行试验。试验所得结果称为空白值。从试样分析结果中扣除空白值后，就得到比较可靠的分析结果。

(4) 对照试验

选择一种标准方法与所采用的方法对试样分别进行检测，或选择与试样组成接近的标准试样，用所采用的方法进行检测，看所采用的方法与标准方法有无显著性差异或测定的标准试样结果是否与标准值一致。

实际工作中，为了检验分析人员之间的操作是否存在系统误差，常将一部分试样安排给同单位内不同分析人员进行重复测定，通过 F 检验法来判断两者是否存在系统误差，称为“内检”。有时为了确定试样分析结果的可靠性，可以将部分试样送交其他测试单位进行检测，称为“外检”。

(5) 加标回收试验

加标回收试验是在测定试样某组分的基础上，加入已知量的该组分，再次测定其组分的含量。通过计算回收率来判断有无系统误差。

$$\text{回收率}=\frac{\text{加标试样测定值}-\text{试样测定值}}{\text{加标量}}\times 100\% \tag{3-14}$$

常量组分回收率在99%以上，微量组分在85%～110%。

3. 随机误差

随机误差也称偶然误差或不可测误差，是由于某些难以控制、无法避免的偶然因素引起的，如环境温度、压力、湿度、仪器的微小变化，分析人员对各份试样处理时的微小差别等，这些不确定的因素都会引起随机误差。随机误差是不可避免的，即使是一个优秀的分析人员，很仔细地对同一试样进行多次测定，也不可能得到完全一致的分析结果，而是有高有低。随机误差的产生不易找出确定的原因，似乎没有规律性，但如果进行多次测定，就会发现测定数据的分布符合一般的统计规律。

随机误差的大小决定分析结果的精密度。在消除了系统误差的前提下，如果严格操作，增加测定次数，分析结果的算术平均值就更趋近于真实值。也就是说，采用多次测定，“取平均值”的方法可以减小随机误差。

(1) 随机误差服从正态分布

如测定次数较多，在系统误差已经排除的情况下，随机误差的分布也有一定的规律，如以横坐标表示随机误差的值，纵坐标表示误差出现的概率大小，当测定次数无限多时，则得随机误差正态分布曲线，引入一个数学变量 u，即

定义：
$$u=\frac{x-\mu}{\sigma}\qquad (x=\mu+u\sigma) \tag{3-15}$$

随机误差分布具有以下性质。

① 对称性：大小相近的正误差和负误差出现的概率相等，误差分布曲线是对称的。

② 单峰性：小误差出现的概率大，大误差出现的概率小，很大误差出现的概率非常小。误差分布曲线只有一个峰值。误差有明显的集中趋势。

③ 有界性：仅仅由于偶然误差造成的误差不可能很大，即大误差出现的概率很小。如果发现误差很大的测定值出现，往往是由于其他过失误差造成的，此时，对这种数据应作相应的处理。

④ 抵偿性：误差的算术平均值的极限为零。

$$\lim_{n\to\infty}\sum_{i=1}^{n}\frac{d_i}{n}=0 \tag{3-16}$$

在标准正态分布曲线上，如把曲线与横坐标从$-\infty$至$+\infty$之间所包围的面积（代表所有随机误差出现的概率的总和）定为100%，通过计算发现误差范围与出现的概率有如下关系（见表3-1和图3-3）。

表3-1　误差在某些区间出现的概率

随机误差出现的区间 u	$x-\mu$	分析结果 x 出现的范围	概率 P/%
[−1,+1]	$[-\sigma,+\sigma]$	$x=\mu\pm1.0\sigma$	68.3
[−1.96,+1.96]	$[-1.96\sigma,+1.96\sigma]$	$x=\mu\pm1.96\sigma$	95.0
[−2,+2]	$[-2\sigma,+2\sigma]$	$x=\mu\pm2.0\sigma$	95.5
[−3,+3]	$[-3\sigma,+3\sigma]$	$x=\mu\pm3.0\sigma$	99.7

测定值或误差出现的概率称为置信度或置信水平，图3-3中68.3%、95.5%，99.7%即为置信度，其意义可以理解为某一定范围的测定值（或误差值）出现的概率。$\mu\pm1$、$\mu\pm2$、$\mu\pm3$等称为置信区间，其意义为真实值在指定概率下，分布在某一个区间。置信度选得高，置信区间就宽。

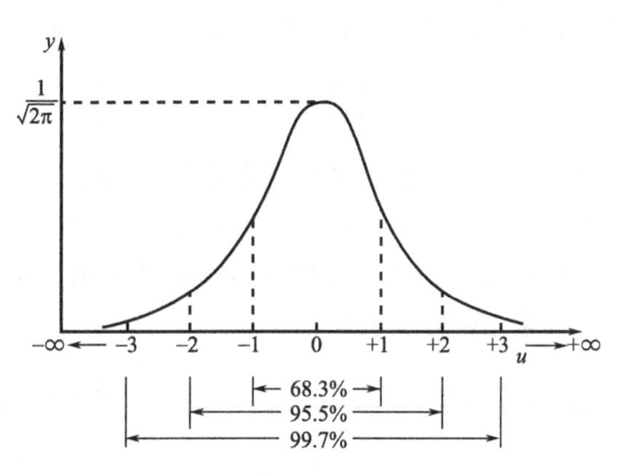

图3-3　标准正态分布曲线

由上可知，误差大于±3.0的数据出现的概率<0.3%，说明在多次重复测定中，特别大的误差的概率是很小的。若在多次测定中出现绝对值大于3的误差，很可能是由过失误差引起的，往往可以舍去（见后面$4\bar{d}$法）。

（2）有限次测定中随机误差服从t分布

在实际分析测定中，测量数据一般不多，总体平均值μ和总体偏差σ是不知道的，用s代替σ不符合正态分布，将引起误差，这时可用t分布来处理修正其偏离。

t分布曲线是英国统计学家兼化学家威廉·戈塞于1908年提出来的。他当时用“Student”笔名发表论文，故称为t分布。

t值的定义是

$$t=\frac{|\bar{x}-\mu|}{s_{\bar{x}}} \tag{3-17}$$

式中，$\bar{x}$为样本平均值；$s_{\bar{x}}$为平均值标准偏差。s和$s_{\bar{x}}$的关系为

$$s_{\bar{x}}=\frac{s}{\sqrt{n}} \tag{3-18}$$

把式(3-18)代入式(3-17)，则得

$$t=\frac{|\bar{x}-\mu|}{s}\sqrt{n} \tag{3-19}$$

t 分布曲线如图 3-4 所示。

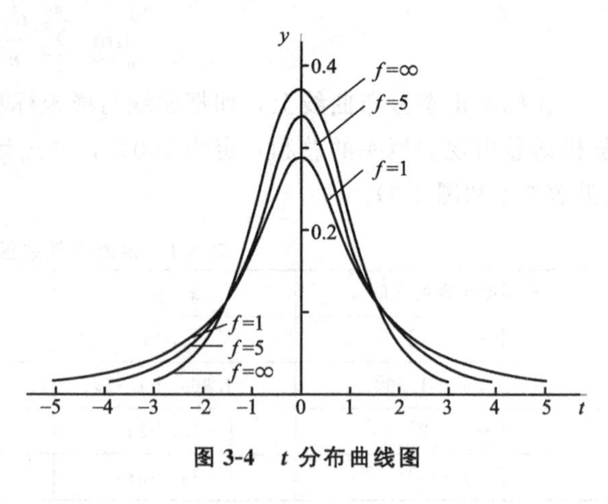

图 3-4　t 分布曲线图

t 分布曲线的纵坐标为概率密度 y，横坐标为统计量 t，t 分布曲线与正态分布曲线相似，呈左右对称，只是 t 分布曲线随自由度而改变。当测量次数少，数据的集中程度较小、分散程度较大，t 分布曲线 f（$f=n-1$）趋近于∞时，t 分布就趋近于标准正态分布。与正态分布一样，曲线下面的面积就是相应平均值出现的概率，不同的是，对于正态分布曲线，u 值一定，概率就一定；但对于 t 分布曲线，t 值一定时，f 值不同，相应的概率就不同，即 t 分布曲线的面积不仅随 t 值改变，还与 f 值有关。

（3）分析结果的规范表达——平均值置信区间

① 置信度 P 与显著性水平。置信度又称置信水平或置信概率。它表示在某一 t 值时，分析结果在某一范围内出现的概率。显然分析结果出现在此范围之外的概率为 $1-P$，称为显著性水平，用 α 表示。由于 t 与 α、f 有关，故引用时要加脚注 $t_{\alpha,f}$ 表示。例如，$t_{0.05,8}$ 表示置信度为 95%、自由度为 8 时的 t 值。不同置信度和自由度的 t 值已由数学家计算出来，其常用数据见表 3-2。

表 3-2　$t_{\alpha,f}$ 值表

测量次数 n（自由度 $f=n-1$）	置信度与显著性水平				
	$P=50\%$ $\alpha=0.50$	$P=90\%$ $\alpha=0.10$	$P=95\%$ $\alpha=0.05$	$P=99\%$ $\alpha=0.010$	$P=99.5\%$ $\alpha=0.005$
2	1.00	6.314	12.706	63.657	127.32
3	0.815	2.920	4.303	9.925	14.089
4	0.765	2.353	3.182	5.841	7.453
5	0.741	2.132	2.776	4.604	5.598
6	0.727	2.015	2.571	4.032	4.773
7	0.728	1.943	2.447	3.707	4.317
8	0.711	1.895	2.365	3.500	4.029
9	0.706	1.860	2.306	3.355	3.832
10	0.703	1.833	2.262	3.250	3.690
11	0.700	1.812	2.228	3.169	3.581
20	0.687	1.725	2.086	2.845	3.153
21	0.686	1.721	2.808	2.831	3.080
∞	0.674	1.645	1.960	2.576	2.807

② 分析结果的规范表达

$$\mu=\bar{x}\pm ts_{\bar{x}}=\bar{x}\pm\frac{ts}{\sqrt{n}} \tag{3-20}$$

该式所表达的范围就是置信区间，即在一定置信度下，以 n 次测量值为中心的包含真值（或总体平均值）μ 的范围。当由一组少量实验数据求得 $\bar{x}$、s 和 n 值后，再根据选定的置信度和自由度由 t 值表查得 $t_{\alpha,f}$，就可以计算出平均值的置信区间。对于置信度的概念必须正确理解，如 $\mu=47.50\pm0.10$（置信度为 95%），应当理解为在 47.50 ± 0.10 的区间范围内包括总体平均值（或实验结果的“真值”）μ 出现的概率为 95%。

【例 3-2】 要使置信度 95%时平均值的置信区间不超过 $\pm s$，至少应平行几次测定？

解： $\mu=\bar{x}\pm\frac{ts}{\sqrt{n}}$ 要满足题目要求则必须满足 $\frac{ts}{\sqrt{n}}\leqslant s$，即 $\frac{t}{\sqrt{n}}\leqslant1$。

用尝试法，由表 3-2 查出 $t_{\alpha,f}$ 值进行计算：

当 $\alpha=0.05$，$f=6$ 时，$t_{0.05,6}=2.45$，此时 $n=f+1=7$，$\frac{t}{\sqrt{n}}=\frac{2.45}{\sqrt{7}}=0.93<1$。

当 $\alpha=0.05$，$f=5$ 时，$t_{0.05,5}=2.57$，此时 $n=f+1=6$，$\frac{t}{\sqrt{n}}=\frac{2.57}{\sqrt{6}}=1.05>1$。

故至少要做 7 次平行测定。

【例 3-3】 测定 SiO_2 的质量分数，得到下列数据（%）：28.62，28.59，28.51，28.48，28.52，28.63。求平均值、标准偏差及置信度分别为 90%、95% 和 99% 时平均值的置信区间。

解： $\bar{x}=\frac{1}{n}\sum_{i=1}^{n}x_i=\frac{28.62+28.59+28.51+28.48+28.52+28.63}{6}\%=28.56\%$

$$s=\sqrt{\frac{\sum_{i=1}^{n}d_i^2}{n-1}}=\sqrt{\frac{(+0.06)^2+(+0.03)^2+(-0.05)^2+(-0.08)^2+(-0.04)^2+(+0.07)^2}{6-1}}\%$$

$$=0.06\%$$

查表 3-2，置信度 90%时，$t_{0.10,5}=2.015$，

$$\mu=\bar{x}\pm\frac{ts}{\sqrt{n}}=\left(28.56\pm\frac{2.015\times0.06}{\sqrt{6}}\right)\%=(28.56\pm0.05)\%$$

置信度 95%时，$t_{0.05,5}=2.571$，

$$\mu=\bar{x}\pm\frac{ts}{\sqrt{n}}=\left(28.56\pm\frac{2.571\times0.06}{\sqrt{6}}\right)\%=(28.56\pm0.06)\%$$

置信度 99%时，$t_{0.010,5}=4.032$，

$$\mu=\bar{x}\pm\frac{ts}{\sqrt{n}}=\left(28.56\pm\frac{4.032\times0.06}{\sqrt{6}}\right)\%=(28.56\pm0.10)\%$$

上述计算说明，若平均值的置信区间取 $(28.56\pm0.05)\%$，则真值在其中出现的概率为 90%；而若使真值出现的概率提高为 95%，则其平均值的置信区间将扩大为 $(28.56\pm0.06)\%$；真值出现的概率提高为 99%，则为 $(28.56\pm0.10)\%$。

在实际工作中，如果置信度过高，使置信区间过宽，以致失去意义；如果置信度太窄，

则判断可靠性就不能保证。在分析化学中，一般将置信度定在95%或90%。

【例3-4】 测定钢中含铬量时，先测定两次，测得的质量分数为1.12%和1.15%；再测定三次，测得的数据为1.11%，1.16%和1.12%。试分别按两次测定和按五次测定的数据来计算平均值的置信区间（95%置信度）。

解： 两次测定时

$$\bar{x}=\frac{1}{n}\sum_{i=1}^{n}x_i=\frac{1.12\%+1.15\%}{2}=1.135\%$$

$$s=\sqrt{\frac{\sum_{i=1}^{n}d_i^2}{n-1}}=\sqrt{\frac{(-0.015)^2+(+0.015)^2}{2-1}}\%=0.021\%$$

查表3-2，置信度95%时，$t_{0.05,1}=12.706$，

$$\mu=\bar{x}\pm\frac{ts}{\sqrt{n}}=\left(1.14\pm\frac{12.706\times0.021}{\sqrt{2}}\right)\%=(1.14\pm0.19)\%$$

五次测定时

$$\bar{x}=\frac{1}{n}\sum_{i=1}^{n}x_i=\frac{1.12+1.15+1.11+1.16+1.12}{5}\%=1.13\%$$

$$s=\sqrt{\frac{\sum_{i=1}^{n}d_i^2}{n-1}}=0.022\%$$

查表3-2，置信度95%时，$t_{0.05,4}=2.776$，

$$\mu=\bar{x}\pm\frac{ts}{\sqrt{n}}=\left(1.13\pm\frac{2.776\times0.022}{\sqrt{5}}\right)\%=(1.13\pm0.03)\%$$

由上例可见，在一定测定次数范围内，适当增加测定次数，可使置信区间显著缩小，即可使测定的平均值与总体平均值μ接近。所以分析工作中一般要求测定3～4次，要求较高的分析，可测定5～9次。

4. 公差

“公差”是生产部门对于分析结果允许误差的一种表示方法。如果分析结果超出允许的公差范围，称为“超差”，该项分析工作应该重做。公差的确定与很多因素有关，首先是根据实际情况对分析结果准确度的要求。例如，一般工业分析，允许相对误差在百分之几到千分之几，而原子量的测定，要求相对误差很小。其次，允许公差常根据试样的组成、待测组分的含量和分析方法的准确度来确定。对组成较复杂（如天然矿石）的分析，允许公差范围宽一些。工业分析中待测组分含量与公差范围关系如表3-3。

表3-3　待测组分含量与公差范围关系

待测组分质量分数/%	90	80	40	20	10	5	1.0	0.1	0.01	0.001
公差(相对误差)/%	0.3	0.4	0.6	1.0	1.2	1.6	5.0	20	50	100

此外有关主管部门对于每一项具体的分析工作规定了具体的公差范围，往往以绝对误差表示。例如，对钢中的硫含量分析的允许公差范围如表3-4。

表 3-4 对钢中的硫含量分析的允许公差范围

硫质量分数/%	≤0.020	0.020～0.050	0.050～0.100	0.100～0.200	≥0.200
公差(绝对误差)/%	±0.002	±0.004	±0.006	±0.010	±0.015

第二节 有效数字及运算

在定量分析中，分析结果所表达的不仅仅是试样中的待测组分的含量，还反映了测定的准确度，因此在实验数据的记录和结果计算中，保留几位数字不是任意的，要根据测量仪器、分析方法的准确度来决定。这就涉及有效数字的概念。

一、有效数字

有效数字是指能够测量到的具有实际意义的数字。具体地说，把通过直读获得的准确数字叫作可靠数字，把通过估读得到的那部分数字（有±1 的误差）叫作可疑数字，把测量结果中能够反映被测量值大小的加带有一位可疑数字的全部数字叫作有效数字。例如，在滴定实验中，滴定管的最终读数为 20.32mL，由于其最小分度为 0.1mL，显然 20.32 这个数值中，前三位是从滴定管的刻度上直接读取的可靠数字，而最后一位是实验者根据滴定剂凹液面的位置进行的一个估读，这个数字就是可疑数字，会有±0.01 的误差，所以真实的数据可能是（20.32±0.01)mL。

有效数字位数是从第一个非零数字开始的所有数字的位数（包括所有可靠数字和一位可疑数字)。例如：

20.4567 第一个非零数字 2，其后还有五位数字，有效数字为六位；

0.00378 第一个非零数字 3，其后还有两位数字，有效数字为三位；

0.23400 第一个非零数字 2，其后还有四位数字，有效数字为五位。

但对于 3600 和 100，这些数据有效数字的位数就不能确定了，就要根据实际情况写为：3.6×10^3，两位有效数字；3.60×10^3，三位有效数字；3.600×10^3，四位有效数字。

在计算有效数字位数的过程中应注意以下几点：

① 在 0～9 中，只有 0 既是有效数字，又是定位数字。

例如，在 0.06050 中，第一个非零数字前面的两个“0”仅起定位作用，而最后面的两个“0”均是实验测得的数字，0.06050 有四位有效数字。

② 单位变换不影响有效数字的位数。

例如，用分析天平称得试样质量 0.6700g，是四位有效数字。当用千克（kg）为单位时，结果应记为 0.0006700kg，此时数字前面的 4 个“0”起的是定位作用，仍为四位有效数字。当用毫克（mg）为单位时，结果应记为 67.00mg。若记为 67mg，则成了两位有效数字，测量精度上与原始记录不符。

③ pH，pM，lg$k$，lg$c$ 等对数值，有效数字的位数取决于小数部分（尾数）的位数，而整数部分只代表该数值的次方。

例如，在以下 pH 和对应的氢离子平衡浓度 $[H^+]$/(mol/L) 中，有

pH=11.20	$[H^+]=6.3\times10^{-12}$	pH=11.02	$[H^+]=9.5\times10^{-12}$
pH=10.20	$[H^+]=6.3\times10^{-11}$	pH=10.02	$[H^+]=9.5\times10^{-11}$
pH=9.20	$[H^+]=6.3\times10^{-10}$	pH=9.02	$[H^+]=9.5\times10^{-10}$

可见 pH 的小数部分“20”和“02”的具体大小决定了浓度值中“6.3”和“9.5”的具体大小，而 pH 的整数部分“11”“10”和“9”只决定了浓度值的次方或小数点的定位。因而左边的一列 pH 均为两位有效数字。一个需要注意的细节是：“02”中的“0”在此处并不只是起定位的作用，而是直接决定了浓度数据的具体大小，是有实际意义的有效数字。类似在分光光度法中，吸光度 $A=0.002$ 应为三位有效数字而不是一位有效数字。处理相关问题时需注意。

对于 10^x，e^x 等幂指数，有效数字的位数只与指数 x 中小数点后的位数相同。例如，$10^{0.058}$ 有效数字是三位而不是两位；$10^{5.76}$ 有效数字是两位而不是三位。在数值计算时需格外注意。例如，$10^{0.058}=1.14$，而 $10^{5.76}=5.8\times10^5$。

在定量分析中有效数字位数确定通常是根据含量来确定的。对于测定高含量组分(>10%)，一般要求 4 位有效数字；中等含量组分（1%～10%），要求 3 位；微含量组分(<1%)，只要求 2 位。表示误差时，通常要求 1～2 位有效数字。

④ 分数、倍数或常数，如 π、e 等，可视为有效数字是无限制，即可根据需要确定其有效数字的位数。

⑤ 首位为 9 的数字的有效数字位数可多算一位，例如，9.00，9.83 可当作四位有效数字。

二、有效数字的修约规则

在分析测量过程中，因使用不同规格的仪器，会造成测定数据的有效数字位数不同。因此在数据处理（计算）前，需按统一的规则，确定合理的有效数字位数。各测量值的有效数字位数确定后，舍去某些数据后部多余的数字，尽管这些舍去的数值在单次测量中有其确定的意义。舍弃多余数字的过程称为有效数字的修约。目前国标（GB 3101—1993）采用“四舍六入五成双”规则。口诀是“四舍六入五成双；五后非零就进一，五后皆零视奇偶，五前为偶应舍去，五前为奇则进一”。

例如，把下列数据修约为两位有效数字。

1.43426 → 1.4　第三位≤4，舍去。

1.4631 → 1.5　第三位≥6，进 1。

1.4507 → 1.5　第三位是 5，但其后不全为零，五后非零，应进 1。

1.4500 → 1.4　第三位是 5 且其后全为零，其前为 4 是偶数，应舍去。

1.3500 → 1.4　第三位是 5 且其后全为零，其前为 3 是奇数，应进 1。

注意，若拟舍弃的数字为两位以上，应按规则一次修约，不能分次修约。例如，将 7.5491 修约为两位有效数字，不能先修约为 7.55，再修约为 7.6，而应一次修约到位，即 7.5。在用计算器（或计算机）处理数据时，对于运算结果，亦应按照有效数字的计算规则

进行修约。

三、有效数字运算规则

在分析测定过程中，往往要经过几个不同的测量环节，如先用减量法称取试样，试样经过处理后进行滴定。在此过程中有多个测量数据，如试样质量，滴定管初、终读数等，在分析结果的计算中每个测量值的误差都要传递到结果里。因此，在进行结果运算时，应遵循下列规则。

(1) 加减法

有效数字的保留取决于绝对误差最大的数，即以小数点后位数最少的数据为根据。例如：$0.0121+25.64+1.05782=?$

因为每一个数据中最后一位有±1 的绝对误差，即 0.0121 ± 0.0001；26.64 ± 0.01；1.05782 ± 0.00001，其中以 25.64 的绝对误差最大，在加和的结果中，总的绝对误差取决于该数，故有效数字应根据它来修约，都取小数点后两位。则

$$\begin{array}{r} 0.0121 \\ 25.64 \\ +\quad 1.05782 \\ \hline \end{array} \xrightarrow{\text{以 25.64 基准进行修约}} \begin{array}{r} 0.01 \\ 25.64 \\ +\quad 1.06 \\ \hline 26.71 \end{array}$$

$$0.0121+25.64+1.05782\approx0.01+25.64+1.06=26.71$$

(2) 乘除法

有效数字的保留取决于几个数中相对误差最大的数，通常是根据有效数字位数最少者来进行修约。例如：$0.0121\times25.64\times1.05782=?$

$$\pm\frac{1}{121}\times100\%=\pm0.8\%$$

$$\pm\frac{1}{2564}\times100\%=\pm0.4\%$$

$$\pm\frac{1}{105782}\times100\%=\pm0.009\%$$

可见 0.0121 的相对误差最大，应以它为标准将其他各数修约为三位有效数字，然后相乘。即

$$0.0121\times25.64\times1.05782\approx0.0121\times25.6\times1.06=0.328$$

如果按题中所给数值计算，得到 0.3281823，最后又不取舍，那是错误的。

对乘方和开方，所得结果的有效数字的位数保留应与原数据相同。如

$$6.72^2=45.1584\approx45.2\ \text{(三位有效数字)}$$

$$\sqrt{9.65}=3.10644\cdots\approx3.11\ \text{(三位有效数字)}$$

在乘除法的运算过程中，经常会遇到 9 以上的大数，如 9.83 等。它们的相对误差约 0.1%，与 10.08 和 12.10 这些四位有效数字的数值相对误差接近，所以通常将它们当作四位有效数字的数值处理。

第三节 分析结果的数据处理

一、可疑值的取舍

在定量分析中，得到一组数据后，往往有个别数据与其他数据相差较远，这一数据称为异常值，又称为可疑值或离群值。对测定次数较少的结果，可疑值的取舍对平均值和精密度往往会造成很大的影响，因此必须对可疑值进行合理的取舍。首先，要查明造成可疑值的原因，发现是过失引起的，如在溶解样品时有溶液溅出、滴定时不慎加入过量滴定剂等，这次测定值必须舍去。若是测定并无过失而结果又与其他值差异较大，则对于该异常值是保留还是舍去，应按一定的统计学方法进行处理。统计学处理异常值的方法有好几种，下面重点介绍 Q 检验法、格鲁布斯（Grubbs）检验法及 $4\bar{d}$ 法。

1. Q 检验法

适用于 3～5 次的测定。

Q 检验法常用于检验一组测定值的一致性，剔除可疑值。其具体步骤如下。

① 将测定结果按从小到大的顺序排列：x_1，x_2，x_3，…，x_n。

② 求极距：$x_n - x_1$。

③ 求出可疑值与其邻近数据之间的差：$x_n - x_{n-1}$，$x_2 - x_1$。

④ 计算统计量或舍弃商（$Q_{计}$）：$Q_{计} = \dfrac{x_n - x_{n-1}}{x_n - x_1}$ 或 $Q_{计} = \dfrac{x_2 - x_1}{x_n - x_1}$。

⑤ 根据测定次数 n 和要求置信度从 Q 值表 3-5 中查出 $Q_{表}$。

⑥ 将 $Q_{计}$ 与 $Q_{表}$ 比较，若 $Q_{计} > Q_{表}$ 舍弃可疑值，若 $Q_{计} < Q_{表}$ 应予保留。

表 3-5 Q 值表

测定次数 n	$Q_{0.90}$	$Q_{0.95}$	$Q_{0.99}$
3	0.94	0.97	0.99
4	0.76	0.84	0.93
5	0.64	0.73	0.82
6	0.56	0.64	0.74
7	0.51	0.59	0.68
8	0.47	0.54	0.63
9	0.44	0.51	0.60
10	0.41	0.48	0.57

Q 检验法具有直观、简便的优点。缺点是：$Q_{计}$ 值的分母 $x_n - x_1$ 体现了数据的离散性。

数据的离散性越大，$x_n - x_1$ 越大，则异常数据越不易被舍去，尤其两个相近的离群值更不易被舍去。

【例 3-5】 监测某厂烟道气中 SO_2 的质量分数，得到下列数据：4.88%，4.92%，4.90%，4.88%，4.86%，4.85%，4.71%，4.86%，4.87%，4.99%。用 Q 检验法判断有无异常值需舍去（置信度为 99%）。

解：将数据升序排列：4.71%，4.85%，4.86%，4.86%，4.87%，4.88%，4.88%，4.90%，4.92%，4.99%

4.71%为可疑值，$Q_{计} = \frac{x_2 - x_1}{x_n - x_1} = \frac{4.85\% - 4.71\%}{4.99\% - 4.71\%} = 0.5$

查表 3-5，得 $Q_{0.99,10} = 0.57$，则

$$Q_{计} < Q_{0.99,10}$$

故 4.71%应保留。

2. 格鲁布斯检验法

格鲁布斯检验法也称为 G 检验法。首先把数据按升序排列（如表 3-6）（从小到大的顺序排列）x_1，x_2，x_3，…，x_{n-1}，x_n，其中 x_1 或 x_n 可能是异常值。计算该组数据的平均值 $\bar{x}$ 和标准偏差 s，再计算统计量 $G_{计算}$。

表 3-6　$G(P,n)$值表

测定次数 n	$P=95\%$ $\alpha=0.05$	$P=97.5\%$ $\alpha=0.025$	$P=99\%$ $\alpha=0.01$
3	1.15	1.15	1.15
4	1.46	1.48	1.49
5	1.67	1.71	1.75
6	1.82	1.89	1.94
7	1.94	2.02	2.10
8	2.03	2.13	2.22
9	2.11	2.21	2.32
10	2.18	2.29	2.41
11	2.23	2.36	2.48
12	2.29	2.41	2.55
13	2.33	2.46	2.61
14	2.37	2.51	2.63
15	2.41	2.55	2.71
20	2.56	2.71	2.88

若 x_1 为可疑值

$$G_{计算} = \frac{\bar{x} - x_1}{s} \tag{3-21}$$

若 x_n 为可疑值

$$G_{计算}=\frac{x_n-\bar{x}}{s} \tag{3-22}$$

然后把$G_{计算}$值与G值表值比较（一般选95%的置信度），如果$G_{计算}>G$，则x_1或x_n应舍去，否则应保留。

格鲁布斯检验法最大的优点是引入了两个重要的参数$\bar{x}$和s，故方法的准确性较好。缺点是计算麻烦。

【例3-6】 平行测定某样品中铜的质量分数分别为：10.05%，10.18%，10.14%，10.12%。问10.05%这个数据应否舍去（置信度95%）？

解：

$$\bar{x}=\frac{1}{n}\sum_{i=1}^{n}x_i=\frac{10.05+10.12+10.14+10.18}{4}\%=10.12\%$$

$$s=\sqrt{\frac{\sum_{i=1}^{n}d_i^2}{n-1}}\%=0.055\%$$

$$G_{计算}=\frac{\bar{x}-x_1}{s}=\frac{10.12-10.05}{0.055}=1.27$$

表3-6 $G(P, n)$值表查得$G_{0.05,4}=1.46$，可见$G_{计算}<G_{0.05,4}$，所以数据10.05应予保留。如果可疑值不止一个，应逐一进行检验，在后检验中不应包括前面已舍弃的数据。

3. $4\bar{d}$法

在手头无G或Q值表时。首先求出可疑值以外的其余数值的平均值$\bar{x}$和平均偏差$\bar{d}$，然后求出可疑值与平均值之间的绝对值$|x_{可疑}-\bar{x}|$，如绝对值大于或等于$4\bar{d}$，则可疑值舍去，否则保留。公式为

$$\frac{|x_{可疑}-\bar{x}|}{\bar{d}}\geqslant 4 \tag{3-23}$$

该方法依据为：根据正态分布规律，概率为99.7%时误差不大于$\pm3\sigma$，故这一测量值可以舍去，又依据$\delta=0.7979\sigma=0.8\sigma$（$\delta$为无限多次测定时的平均值），得$3\sigma\approx4\delta$，即偏差超过$4\delta$的测定值可以舍去。对于少量实验数据，可以用$s$代替$\sigma$，用$\bar{d}$代替$\delta$，故可粗略地认为偏差大于$4\bar{d}$的测定可以舍去。

该方法的特点为简单，不必查表，但误差较大，用于处理一些要求不高的数据。

用$4\bar{d}$法解例3-6：

$$\bar{x}=10.15\%$$

$$\bar{d}=\frac{|d_1|+|d_2|+|d_3|}{n}=\frac{|-0.03|+|-0.01|+|+0.03|}{3}\%=0.023\%$$

$$\frac{|x_{可疑}-\bar{x}|}{\bar{d}}=\frac{|10.05-10.15|}{0.023}=4.3>4$$

因此，应舍去10.05%这个数据。很明显这个结论和前面的格鲁布斯判断不同。在这种情况下，一般取格鲁布斯检验法的结论，因格鲁布斯法可靠性高。

二、显著性检验（准确度检验）

在实际分析工作中，往往会遇到对标准试样或纯物质进行测定时，所得到的平均值与标

准值不会完全一致；或者采用两种不同的分析方法或不同的分析人员对同一试样进行分析时，两组分析结果的平均值一定有差异。这种差异是由偶然因素引起的，还是系统误差引起的？这类问题在统计学属于“假设检验”。如果分析结果之间存在“显著性差异”，就认为它们之间有明显的系统误差；否则就认为没有系统误差，纯属偶然误差引起的，认为是正常的。分析化学中最常用的显著性检验方法是 t 检验法和 F 检验法。

1. t 检验法

(1) 平均值与标准值的比较

为了检查分析数据是否存在较大的系统误差，可对标准试样进行若干次分析，再利用 t 检验法比较分析结果的平均值和标准试样的标准值之间是否存在显著性差异。

进行 t 检验时，首先按式(3-24) 计算出 t 值：

$$\mu=\bar{x}\pm\frac{ts}{\sqrt{n}}$$

$$t=\frac{|\bar{x}-\mu|}{s}\sqrt{n} \tag{3-24}$$

如果 t 值大于表 3-2 中的 t 值，则认为存在显著性差异，否则不存在显著性差异。分析化学中通常以 95%的置信度为检验标准，即显著性水准为 5%。

【例 3-7】 用一新分析方法对某含铁标准物质进行分析，已知该铁标准试样的标准值为 1.06%，对其 10 次测定的平均值为 1.054%，标准偏差为 0.009%，取置信度 95%时，判断此新分析方法是否存在较大的系统误差。

解：

$$\mu=1.06,\ \bar{x}=1.054\%,\ s=0.009\%$$

$$t_{计}=\frac{|\bar{x}-\mu|}{s}\sqrt{n}=\frac{|1.054-1.06|}{0.009}\sqrt{10}=2.11$$

由 $\alpha=0.05$，$f=n-1=10-1=9$，查 t 表（表 3-2）得 $t_{0.05,9}=2.26$。

因为 $t_{计}<t_{0.05,9}$，故该新方法无较大的系统误差。

(2) 两组平均值的比较

不同分析人员或同一分析人员采用不同的方法分析同一试样，所得的平均值，经常不相等。要判断这两个平均值之间是否存在显著性差异，亦可以采用 t 检验法。

设两组分析数据为

$$n_1, s_1, \bar{x}_1$$

$$n_2, s_2, \bar{x}_2$$

s_1 和 s_2 分别表示第一组和第二组分析数据的精密度，它们之间是否有显著性差异，可以采用后面介绍的 F 检验法判断。如证明它们之间没有显著性差异，则可认为 $s_1\approx s_2$，用下式求得合并标准偏差 s_R：

$$s_R=\sqrt{\frac{(n_1-1)s_1^2+(n_2-1)s_2^2}{n_1+n_2-2}} \tag{3-25}$$

$$t_{计}=\frac{|\bar{x}_1-\bar{x}_2|}{s_R}\sqrt{\frac{n_1n_2}{n_1+n_2}} \tag{3-26}$$

在一定置信度时，查出 $t_{表}$，总自由度 $f=n_1+n_2-2$。若 $t_{计}>t_{表}$时，两组平均值存在显著性差异。若 $t_{计}<t_{表}$时，则不存在显著性差异。

【例 3-8】甲、乙两个分析人员用同一分析方法测定合金中的 Al 含量，他们测定的次数、所得结果的平均值及各自的标准偏差分别为

甲：$n_1=4$，$s_1=0.41$，$\bar{x}_1=15.1$

乙：$n_2=3$，$s_2=0.31$，$\bar{x}_2=14.9$

解：$$s_R=\sqrt{\frac{(n_1-1)s_1^2+(n_2-1)s_2^2}{n_1+n_2-2}}=\sqrt{\frac{(4-1)\times 0.41^2+(3-1)\times 0.31^2}{4+3-2}}=0.37$$

$$t_{计}=\frac{|\bar{x}_1-\bar{x}_2|}{s_R}\sqrt{\frac{n_1n_2}{n_1+n_2}}=\frac{|15.1-14.9|}{0.37}\times\sqrt{\frac{3\times 4}{3+4}}=0.71$$

由 $\alpha=0.05$，$f=3+4-2=5$，查表 3-2 得 $t_{0.05,5}=2.57$。

因为 $t_{计}<t_{0.05,9}$，所以两人测定结果无显著性差异。

2. F 检验法

F 检验法是通过比较两组数据的方差 s^2，以确定它们精密度是否存在显著性差异的方法。统计量 F 的定义为：两组数据的方差的比值，大的方差为分子，小的方差为分母，即

$$F_{计}=\frac{s_{大}^2}{s_{小}^2} \tag{3-27}$$

如果两组数据精密度相差不大，则 F 值趋近于 1；如果两者之间存在显著性差异，F 值就较大。在一定置信度时，$F_{计}>F_{表}$，则认为它们之间存在显著性差异（置信度 95%），方差大的数据精密度低，准确度值得怀疑，就不必进行 t 检验了。若 $F_{计}<F_{表}$，则认为两组数据不存在显著性差异，可再继续用 t 检验法判断两组数据平均值是否存在显著性差异。表 3-7 列出 F 单边值，引用时加以注意。

表 3-7　置信度 95%时的 F 值(单边)

$f_{小}$	$f_{大}$									
	2	3	4	5	6	7	8	9	10	∞
2	19.00	19.16	19.25	19.30	19.33	19.36	19.37	19.38	19.39	19.50
3	9.55	9.28	9.12	9.01	8.94	8.88	8.84	8.81	8.78	8.53
4	6.94	6.59	6.39	6.26	6.16	6.09	6.04	6.00	5.96	5.63
5	5.79	5.41	5.19	5.05	4.95	4.88	4.82	4.78	4.74	4.36
6	5.14	4.76	4.53	4.39	4.28	4.21	4.15	4.10	4.06	3.67
7	4.74	4.35	4.12	3.97	3.87	3.79	3.73	3.68	3.63	3.23
8	4.46	4.07	3.84	3.69	3.58	3.50	3.44	3.39	3.34	2.93
9	4.26	3.86	3.63	3.48	3.37	3.29	3.23	3.18	3.13	2.71
10	4.10	3.71	3.48	3.33	3.22	3.14	3.07	3.02	2.97	2.54
∞	3.00	2.60	2.37	2.21	2.10	2.01	1.94	1.88	1.83	1.00

注：$f_{大}$，大方差数据自由度；$f_{小}$，小方差数据自由度。

【例 3-9】分别用硼砂和碳酸钠两种基准物质标定 HCl 溶液的浓度，所得结果分别为

用硼酸标定：$n_1=4$，$s_1=3.8\times 10^{-4}$，$\bar{x}_1=0.1007$mol/L

用碳酸钠标定：$n_2=5$，$s_2=2.3\times 10^{-4}$，$\bar{x}_2=0.1010$mol/L

解：首先用 F 检验法检验两组数据精密度是否存在显著性差异，如不存在显著性差异，

再进行 t 检验法以判断两组数据平均值之间是否存在显著性系统误差。

$$F_{计}=\frac{s_{大}^2}{s_{小}^2}=\frac{(3.8\times10^{-4})^2}{(2.3\times10^{-4})^2}=2.72$$

查表 $F_{表}=6.59>F_{计}$，所以两组数据精密度不存在显著性差异，进行 t 检验

$$s_R=\sqrt{\frac{(n_1-1)s_1^2+(n_2-1)s_2^2}{n_1+n_2-2}}=\sqrt{\frac{(4-1)\times(3.8\times10^{-4})^2+(5-1)\times(2.3\times10^{-4})^2}{4+5-2}}$$

$$=3.03\times10^{-4}$$

$$t_{计}=\frac{|\bar{x}_1-\bar{x}_2|}{s_R}\sqrt{\frac{n_1n_2}{n_1+n_2}}=\frac{|0.1007-0.1010|}{3.03\times10^{-4}}\times\sqrt{\frac{4\times5}{4+5}}=1.48$$

由 $\alpha=0.05$，$f=5+4-2=7$，查表得 $t_{0.05,7}=2.36$。

因为 $t_{计}<t_{0.05,9}$，所以两组数据平均值之间无显著性差异，即两组分析方法之间不存在系统误差。

第四节　标准曲线的回归分析

为什么要进行回归分析？

分析化学中经常使用标准曲线法来确定未知溶液的浓度。通过实验所做的标准曲线各数据点对直线有偏离，这就要用数理统计的方法，找出一条最接近于各个数据点、误差最小的直线，即最佳标准曲线——回归直线。研究如何求出回归曲线，并检验回归曲线是否有意义，即回归分析研究的内容。简单的单一组分的曲线回归校正模式可用一元线性回归方程。

一、一元线性回归方程

设对于每一个自变量 x_i，都有一个因变量 y_i；设共有 n 个数据，则其线性回归方程可表示为：

$$y_i=a+bx_i$$

式中，a 为回归曲线的截距；b 为回归曲线的斜率或回归系数。为了找出一条直线，使各数据点到直线的距离最短（误差最小），可用最小二乘法关系计算出 a 和 b，然后绘出相应的回归直线。

任意一个数据点（x_i，y_i）偏离回归直线的距离，称为离差，用 E 表示：

$$E=y_i-Y_i=y_i-(a+bx_i) \tag{3-28}$$

则各实验点离差的平方和（方差和）设为 Q_E，那么

$$Q_E=\sum(y_i-Y_i)^2=\sum(y_i-a-bx_i)^2 \tag{3-29}$$

不同的直线有不同的 a 和 b，要使 Q_E 最小，即得到回归直线，就要求 Q_E 对 a、b 的偏微商分别为 0。

$$\frac{\partial Q_E}{\partial_a}=-2\sum(y_i-a-bx_i)=0 \tag{3-30}$$

$$\frac{\partial Q_E}{\partial_a}=-2\sum(y_i-a-bx_i)x_i=0 \tag{3-31}$$

由式(3-28) 和式(3-29) 得

$$a=\frac{\sum y_i-b\sum x_i}{n}=\overline{y}-b\overline{x} \tag{3-32}$$

$$b=\frac{\sum(x_i-\overline{x})(y_i-\overline{y})}{\sum(x_i-\overline{x})^2} \tag{3-33}$$

式中，$\overline{x}$ 和 $\overline{y}$ 分别为 x 和 y 的平均值。a 和 b 确定后回归曲线就确定了。

二、相关系数

1. 相关系数概述

当两个变量之间关系不够严格，数据的偏离较严重时，虽然也可以求得一条回归直线，但是没有实际意义。只有当两个变量之间存在某种线性关系时，这条回归直线才有意义。判断回归直线是否有实际意义，需要做进一步的检验。一方面，可根据专业知识加以判断；另一方面，可以利用数学方法加以检验，常用相关系数（γ）检验法。其值可用下式进行计算：

$$\gamma=b\sqrt{\frac{\sum(x_i-\overline{x})^2}{\sum(y_i-\overline{y})^2}}=\frac{\sum(x_i-\overline{x})(y_i-\overline{y})}{\sqrt{\sum(x_i-\overline{x})^2\sum(y_i-\overline{y})^2}} \tag{3-34}$$

2. 相关系数的意义

① 当所有的 y_i 值都在回归线上时，$\gamma=1$。

② 当 y 与 x 之间完全不存在线性关系时，$\gamma=0$。从求 γ 公式看出，这时 $b=0$，说明所确定的回归线是一条平行于 x 轴的直线，y 的变化与 x 无关，即无线性相关关系。

③ 当 $0<|\gamma|<1$ 时，表示 x 与 y 之间存在一定的线性相关关系，$|\gamma|$ 值越接近 1，线性关系越好。$\gamma>0$ 时，即 $b>0$，y 随 x 增大而增大，称之为 y 与 x 正相关。$\gamma<0$ 时，即 $b<0$，y 随 x 增大而减小，称为 y 与 x 负相关。γ 的绝对值越大，则线性关系越好。γ 的绝对值足够大时，求得的回归曲线才有意义，此时的 γ 值称为临界值。

判断相关系数好与不好，还应考虑测量次数与置信水平。不同置信度下及自由度时的相关系数的临界值见表 3-8。

表 3-8　相关系数的临界值

$f=n-2$		1	2	3	4	5	6	7	8	9	10
置信度	90%	0.988	0.900	0.805	0.729	0.669	0.622	0.582	0.549	0.521	0.497
	95%	0.997	0.950	0.878	0.811	0.754	0.707	0.666	0.632	0.602	0.576
	99%	0.9998	0.990	0.959	0.917	0.874	0.834	0.798	0.765	0.735	0.708
	99.9%	0.99999	0.999	0.991	0.974	0.951	0.925	0.898	0.872	0.847	0.823

三、线性相关关系的检验

如果按实验数据计算得到的相关系数大于表3-8中的数值，则认为x与y之间存在线性相关关系，所求的回归直线才有意义；反之，则认为x与y之间不存在线性相关关系，所求得的回归直线无意义。

【例3-10】 用分光光度法测定SiO_2含量时，得到如下数据：

x（$SiO_2/\mu g$）	20.0	40.0	60.0	80.0	100.0	未知液
y（吸光度）	0.068	0.094	0.134	0.180	0.218	0.121

求：(1) 标准曲线的回归方程。

(2) 判断回归曲线的回归效果（置信度95%）。

(3) 计算未知液中SiO_2的含量。

解：(1)

$$\bar{x}=\frac{20.0+40.0+60.0+80.0+100.0}{5}=60.0\ (\mu g)$$

$$\bar{y}=\frac{0.068+0.094+0.134+0.180+0.218}{5}=0.139$$

$$b=\frac{\sum(x_i-\bar{x})(y_i-\bar{y})}{\sum(x_i-\bar{x})^2}=\frac{7.72}{4000}=0.00193$$

$$a=\bar{y}-b\bar{x}=0.139-0.00193\times60.0=0.0232$$

回归方程为

$$y=0.0232+0.00193x$$

(2) $$\gamma=b\sqrt{\frac{\sum(x_i-\bar{x})^2}{\sum(y_i-\bar{y})^2}}=0.00193\times\sqrt{\frac{4000}{0.0150}}=0.00193\times516.4=0.9967$$

查表3-8，$\gamma_{表}=0.878$，可见$\gamma>\gamma_{表}$，说明标准曲线有很好的线性关系。

(3) 由$y=a+bx$得

$$x_1=\frac{y_i-a}{b}=\frac{0.121-0.0232}{0.00193}=50.7\ (\mu g)$$

第五节 提高分析结果准确度的方法

前面讨论了误差的产生及其有关的基本理论。在此基础上，结合实际情况，简要地讨论如何减小分析过程中的误差。

一、选择合适的分析方法

为了使测定结果达到一定的准确度，满足实际分析工作的需要，先要选择合适的分析方法。各种分析方法的准确度和灵敏度是不相同的。例如，重量分析和滴定分析，灵敏度虽不高，但对于高含量组分的测定能获得比较准确的结果，相对误差一般是千分之几。例如，用 $K_2Cr_2O_7$ 滴定法测得铁的含量为 40.20%，若方法的相对误差为 0.2%，则铁的含量范围是 40.12%～40.28%。这一试样如果用光度法进行测定，按其相对误差约 2%计，可测得的铁的含量范围将在 39.4%～41.0%，显然这样的测定准确度太差。如果是含铁为 0.50%的试样，尽管 2%的相对误差大了，但由于含量低，其绝对误差小，仅为 0.02×0.50%＝0.01%，这样的结果是满足要求的。相反，含量这么低的样品，若用重量法或滴定法，则又是无法测量的。此外，在选择分析方法时还要考虑分析试样的组成。

二、减小测量误差

在测定方法选定后，为了保证分析结果的准确度，必须尽量减小测量误差。例如，在重量分析中，测量步骤是称量，这就应设法减少称量误差。一般分析天平的称量误差是 ±0.0001g，用减量法称量两次，可能引起的最大误差是±0.0002g，为了使称量时的相对误差在 0.1% 以下，试样质量就不能太小。从相对误差的计算中可得到：

$$\text{相对误差} \leqslant \frac{\text{绝对误差}}{\text{试样质量}} \tag{3-35}$$

因此

$$\text{试样质量} \geqslant \frac{\text{绝对误差}}{\text{相对误差}} = \frac{0.0002\text{g}}{0.001} = 0.2\text{g}$$

可见，试样质量必须在 0.2g 以上才能保证称量的相对误差在 0.1%以内。

在滴定分析中，滴定管读数常有±0.01mL 的误差。在一次滴定中，需要读数两次，这样可能造成±0.02mL 的误差。所以，为了使测量时的相对误差小于 0.1%，消耗滴定剂体积必须在 20mL 以上。一般常控制在 30～40mL，以保证相对误差小于 0.1%。

应该指出，对不同测定方法，测量的准确度只要与该方法的准确度相适就可以了。例如，用光度法测定微量组分，要求相对误差为±2%，若称取试样 0.5g，则试样的称量误差小于 0.5×2%＝±0.01(g) 就行了，没有必要像重量法和滴定分析法那样，强调称准至 ±0.0002g。不过实际工作中，为了使称量误差可以忽略不计，一般将称量的准确度提高约 1 个数量级。如在上例中，宜称准至±0.001g。

三、增加平行测定次数，减小随机误差

如前所述，在消除系统误差的前提下，平行测定次数越多，平均值越接近真实值。因此，增加测定次数可以减小随机误差。测定次数过多意义不大，一般分析测定，平行测定 4～6 次即可。

四、消除测量过程中的系统误差

由于造成系统误差有多方面的原因，因此应根据具体情况，采用不同的方法来检验和消除系统误差。

1. 对照试验

对照试验是检验系统误差的有效方法。进行对照试验时，常用已知准确结果的标准试样与被测试样一起进行对照试验，或用其他可靠的分析方法进行对照试验，也可由不同人员、

不同单位进行对照试验。

用标样进行对照试验时，应尽量选择与试样组成相近的标准试样进行对照分析。根据标准试样的分析结果，采用统计检验方法确定是否存在系统误差。

由于标准试样的数量和品种有限，所以有些单位又自制一些所谓“管理样”，以此代替标准试样进行对照分析。管理样事先经过反复多次分析，其中各组分的含量也是比较可靠的。

如果没有适当的标准试样和管理样，有时可以自己制备“人工合成试样”来进行对照分析。人工合成试样是根据试样的大致成分由纯化合物配制而成，配制时要注意称量准确，混合均匀，以保证被测组分的含量是准确的。

进行对照试验时，如果对试样的组成不完全清楚，则可以采用“加入回收法”进行试验，这种方法是向试样中加入已知量的被测组分，然后进行对照试验，以加入的被测组分是否能定量回收来判断分析过程是否存在系统误差。

国家颁布的标准分析方法和所选的方法同时测定某一试样进行对照试验也是经常采用的一种办法。

在许多生产单位中，为了检查分析人员之间是否存在系统误差和其他问题，常在安排试样分析任务时将一部分试样重复安排在不同分析人员之间，相互进行对照试验，这种方法称为“内检”。有时又将部分试样送交其他单位进行对照分析，这种方法称为“外检”。

2. 空白试验

由试剂和器皿带进杂质所造成的系统误差，一般可做空白试验来扣除。所谓空白试验就是在不加试样的情况下，按照试样分析同样的操作步骤和条件进行试验。试验所得结果称为空白值。从试样分析结果中扣除空白值后，就得到比较可靠的分析结果。

空白值一般不应很大，否则扣除空白时会引起较大的误差。当空白值较大时，就只好从提纯试剂和改用其他适当的器皿来解决问题。

3. 校准仪器

仪器不准确引起的系统误差，可以通过校准仪器来减小。例如，砝码、移液管和滴定管等，在精确的分析中必须进行校准，并在计算结果时采用校正值。在日常分析工作中，因仪器出厂时已进行过校准，只要仪器保管妥善，通常可以不再进行校准。

4. 分析结果的校正

分析过程中的系统误差有时可采用适当的方法进行校正。例如，用硫氰酸盐比色法测定钢铁中的钨时，钒的存在引起正的系统误差。为了扣除钒的影响，可采用校正系数法。根据实验结果，1%钒相当于0.2%钨，即钒的校正系数为0.2（校正系数随实验条件略有变化）。因此，在测得试样中钒的含量后，利用校正系数即可由钨的测定结果中扣除钒的结果，从而得到钨的正确结果。

习　题

1. 用十万分之一的分析天平能称到0.01mg，用微量滴定管能读到0.002mL。

为达到0.2%的准确度，至少应称量多少试样和取用多少溶液？

2. 某标准试样中含铝质量分数为21.24%，经5次测定得到如下结果：21.30%，21.28%，21.27%，21.25%，21.31%。求测定结果的平均值、绝对误差和相对误差。

3. 测定某标准溶液的浓度，得到如下4个数据（mol/L）：0.1049，0.1052，0.1050，0.1045。试求分析结果的平均值、平均偏差、相对平均偏差、标准偏差和变异系数。

4. 某试样中含Fe的质量分数的测定值分别为36.41%，36.46%，36.39%和36.45%。求置信度为90%和95%时平均值的置信区间。

5. 9次测定某试样中蛋白质的质量分数，测定结果的 $\overline{x}_i=0.3500$，$s=0.0018$。求：

① 以平均值表示的置信区间（$P=0.95$）。

② 测定值出现在0.3480～0.3520的概率有多大？

6. 测定某水样中As的浓度（mg/L），得到如下数据：0.36，0.29，0.19，0.34，0.61和0.32。分别使用格鲁布斯法、Q 检验法和 $4\overline{d}$ 法进行检验，写出合理平均值的置信区间（置信度95%）。

7. 按有效数字运算规则，计算下列各式：

① $7.9936\div0.9967-5.02$

② $(1.276\times4.17)+1.7\times10^{-4}-(0.0021764\times0.012)$

③ $\dfrac{9.827\times50.62}{0.005164\times136.6}$

④ $\sqrt{\dfrac{1.5\times10^{-8}\times6.1\times10^{-8}}{3.3\times10^{-6}}}$

8. 用巯基乙酸进行亚铁离子的分光光度法测定，在波长605nm测定试液的吸光度，所得数据如下：

x(Fe含量/mg)	0.20	0.40	0.60	0.80	1.00	未知
y(吸光度)	0.077	0.126	0.176	0.230	0.280	0.205

① 试确定标准曲线的回归方程。

② 求出相关系数并检验回归直线的回归效果。

③ 求未知溶液中Fe的含量。

参考答案

第四章

滴定分析

第一节 概　述

一、滴定分析的基本术语

滴定分析是将已知准确浓度的标准溶液滴加到被测物质的溶液中，直至所加溶液物质的量按化学计量关系恰好反应完全，然后根据所加标准溶液的浓度和所消耗的体积计算出被测物质含量的分析方法。由于这种测定方法是以测量溶液体积为基础，故又称为容量分析。

在进行滴定分析过程中，用标准物质标定或直接配制的已知准确浓度的试剂溶液称为标准滴定溶液（又称标准溶液）。滴定时，将标准滴定溶液装在滴定管中（因而又常称为滴定剂），通过滴定管逐滴加入盛有一定量被测物溶液（称为被滴定剂）的锥形瓶（或烧杯）中进行测定，这一操作过程称为滴定。当加入的标准滴定溶液的物质的量与待测定组分的物质的量恰好符合化学反应式所表示的化学计量关系时，称反应到达化学计量点（简称计量点，以 sp 表示）。在化学计量点时，反应往往没有易被人察觉的外部特征，因此通常是加入某种试剂，利用该试剂的颜色突变来判断。这种能改变颜色的试剂称为指示剂。滴定时，指示剂改变颜色的那一点称为滴定终点（简称终点，以 ep 表示）。滴定终点往往与理论上的化学计量点不一致，它们之间存在有很小的差别，由此造成的误差称为终点误差。终点误差是滴定分析误差的主要来源之一，其大小决定于化学反应的完全程度和指示剂的选择。另外也可以采用仪器分析法来确定终点。

滴定分析的特点：该法仪器设备简单、操作简便、适用范围广，仅有滴定管、移液管和容量瓶等容量仪器，就可准确测量溶液的体积和进行滴定，可用于多种化学反应类型；计算方便，当加入的标准溶液与待测组分完全反应时，二者基本单元的物质的量一定相等，因此可以建立等量关系进行计算；适用于常量组分的测定，有时也可以测定微量组分；分析速度比较快，测定结果准确度较高，一般情况下相对误差小于±0.1%。因而滴定分析在实践中得到了广泛应用。

二、滴定分析法的分类

滴定分析法以化学反应为基础，根据所利用的化学反应的不同，滴定分析一般可分为四大类。

1. 酸碱滴定法

酸碱滴定法是以酸、碱之间的质子传递反应为基础的一种滴定分析法。可用于测定酸、碱和两性物质。其基本反应为

$$H^+ + OH^- \longrightarrow H_2O$$

等量关系：

$$n(H^+) = n(OH^-)$$

2. 配位滴定法

配位滴定法是以配位反应为基础的一种滴定分析法。可用于对金属离子进行测定。通常用乙二胺四乙酸（EDTA）作配位剂，其反应为

$$M^{n+} + Y^{4-} \longrightarrow MY^{(4-n)-}$$

等量关系：

$$n(EDTA) = n(M)$$

式中，M^{n+}表示金属离子；Y^{4-}表示 EDTA 的阴离子。

3. 氧化还原滴定法

氧化还原滴定法是以氧化还原反应为基础的一种滴定分析法。可用于对具有氧化或还原性质的物质进行测定。如重铬酸钾法测定铁，其反应如下：

$$Cr_2O_7^{2-} + 6Fe^{2+} + 14H^+ \longrightarrow 2Cr^{3+} + 6Fe^{3+} + 7H_2O$$

等量关系：

$$n(Ox) = n(Red)$$

$$n\left(\frac{1}{6}K_2Cr_2O_7\right) = n(Fe)$$

4. 沉淀滴定法

沉淀滴定法是以沉淀生成反应为基础的一种滴定分析法。可用于对 Ag^+、CN^-、SCN^-及类卤素等离子进行测定。如银量法，其反应如下：

$$Ag^+ + Cl^- \longrightarrow AgCl\downarrow$$

等量关系：

$$n(Ag^+) = n(Cl^-)$$

三、滴定分析法对滴定反应的要求和滴定方式

1. 滴定分析法对滴定反应的要求

滴定分析虽然能利用各种类型的反应，但不是所有反应都可以用于滴定分析。适用于滴定分析的化学反应必须具备下列条件。

① 反应要按一定的化学反应式进行，即反应应具有确定的化学计量关系，不发生副反应。

② 反应必须定量进行，通常要求反应完全程度≥99.9%。

③ 反应速率要快，速率较慢的反应可以通过加热、增加反应物浓度、加入催化剂等措施来加快。

④ 有适当的方法确定滴定的终点。

凡能满足上述要求的反应都可采用直接滴定法。

2. 滴定方式

在进行滴定分析时，滴定的方式主要有如下几种。

（1）直接滴定法

凡能满足滴定分析要求的反应都可用标准滴定溶液直接滴定被测物质。例如，用 NaOH 标准滴定溶液可直接滴定 HAc、HCl、H_2SO_4 等试样；用 $KMnO_4$ 标准滴定溶液可直接滴定 $C_2O_4^{2-}$ 等；用 EDTA 标准滴定溶液可直接滴定 Ca^{2+}、Mg^{2+}、Zn^{2+} 等；用 $AgNO_3$ 标准滴定溶液可直接滴定 Cl^- 等。直接滴定法是最常用和最基本的滴定方式，简便、快速，引入的误差较小。

如果反应不能完全符合上述要求，则可选择采用下述方式进行滴定。

（2）返滴定法

返滴定法，又称回滴法，是在待测试液中准确加入适当过量的标准溶液，待反应完全后，再用另一种标准溶液返滴定剩余的第一种标准溶液，从而测定待测组分的含量。这种滴定方式主要用于滴定反应速率较慢或反应物是固体，加入符合计量关系的标准滴定溶液后反应常常不能立即完成的情况。例如，Al^{3+} 与 EDTA 溶液反应速率慢，不能直接滴定，可采用返滴定法。即在一定的 pH 条件下，于待测的 Al^{3+} 试液中加入过量的 EDTA 溶液，加热至 50～60℃，促使反应完全，溶液冷却后加入二甲酚橙指示剂，用标准锌溶液返滴剩余的 EDTA 溶液，从而计算出试样中铝的含量。

有时返滴定法也可以用于没有合适的指示剂的情况，如用 $AgNO_3$ 标准溶液滴定 Cl^-，缺乏合适的指示剂。此时，可加一定量过量的标准 $AgNO_3$ 溶液使沉淀完全，再用 NH_4SCN 标准滴定溶液返滴定过量的 Ag^+，以 Fe^{3+} 为指示剂，出现血红色为终点。

（3）置换滴定法

置换滴定法是先加入适当的试剂与待测组分定量反应，生成另一种可滴定的物质，再用标准溶液滴定反应产物，然后由滴定剂的消耗量、反应生成的物质与待测组分的关系计算出待测组分的含量。这种滴定方式主要用于因滴定反应没有定量关系或伴有副反应而无法直接滴定的测定。例如，用 $K_2Cr_2O_7$ 标定 $Na_2S_2O_3$ 溶液的浓度时，是以一定量的 $K_2Cr_2O_7$ 固体基准试剂在酸性溶液中与过量的 KI 作用，析出相当量的 I_2，以淀粉为指示剂，用 $Na_2S_2O_3$ 溶液滴定析出的 I_2，进而求得 $Na_2S_2O_3$ 溶液的浓度。

（4）间接滴定法

某些待测组分不能直接与滴定剂发生反应，但可通过其他化学反应间接测定其含量。例如，Ca^{2+} 不能与 $KMnO_4$ 反应，所以用 $KMnO_4$ 不能直接滴定 Ca^{2+}。此时可以先将 Ca^{2+} 定量地沉淀为 CaC_2O_4 沉淀，过滤后，加入 H_2SO_4 使沉淀物溶解，即可用 $KMnO_4$ 标准溶液滴定 $C_2O_4^{2-}$，间接测定 Ca^{2+} 的含量。

返滴定法、置换滴定法和间接滴定法的应用，扩展了滴定分析的应用范围。

第二节 基准物质和标准溶液

一、化学试剂的规格

化学试剂是具有一定纯度标准的各种单质和化合物，对于某些用途来说，也可能是混合物。按照性质不同化学试剂可以分为无机化学试剂和有机化学试剂两大类。根据不同纯度和用途，化学试剂可划分为不同化学试剂的规格，实际应用中，可根据实验要求选用不同等级的化学试剂。化学试剂的纯度级别及其类别和性质，一般在标签的左上方用符号注明，规格则在标签的右端，并用不同颜色的标签加以区分。表 4-1 列出了通用化学试剂的规格和标志。

表 4-1　通用化学试剂的规格和标志

我国等级	G. R.（一级、优级纯）	A. R.（二级、分析纯）	C. P.（三级、化学纯）	L. R.（四级、实验试剂）
英文标记	guaranteed reagent	analytical reagent	chemical pure	laboratory reagent
瓶标颜色	绿色	红色	蓝色	中黄色

通常，一级品试剂适用于精密的分析工作和研究工作，其纯度高，杂质少；二级品试剂适用于较精密的分析研究工作；三级品试剂适用于一般的化学制品以及配制分析实验室中的普通试剂等，其质量略低于分析纯；四级品试剂适用于一般的定性分析，质量较低。

随着科学技术的发展，对化学试剂的纯度要求也愈加严格，愈加专门化，出现了具有特殊用途的专用试剂，如高纯试剂［超纯（UP）、特纯（EP）和光谱纯（SP）等］、色谱纯试剂（GC）、微量分析试剂（MAR）、有机分析标准试剂（OAS）、生化试剂（BC）、生物试剂（BR）、生物染色剂（BS）、闪烁纯试剂（Scint）、层析试剂（FCP）、测折光试剂（RI）等。

在实际工作中，分析工作者必须了解化学试剂的分类、规格、标准、性质和使用时的注意事项等，做到合理地使用化学试剂，既不超规格造成浪费，又不随意降低规格而影响分析结果的准确度。

二、基准物质

能用于直接配制或标定标准溶液的物质，称为基准物质。基准物质应符合下列要求。

① 组成应与化学式精确相符（包括结晶水等）。

② 纯度要足够高。要求≥99.9%，通常用基准试剂或优级纯物质。

③ 性质稳定。例如，不易吸收空气中的水分和 CO_2，不分解，不易被空气氧化。

④ 有较大的摩尔质量，以减小称量时的相对误差。

⑤ 滴定时，应严格按照化学反应式定量进行，没有副反应。

在分析化学中，常用的基准物质有纯金属和纯化合物。有些纯试剂和光谱纯试剂的纯度很高，但只说明其中的金属杂质含量低而已，并不表明其主要成分的质量分数在 99.9%以上，有时候因为其中含有不定水分和气体杂质，以及试剂本身组成不固定等，使主要成分的质量分数达不到 99.9%，这时候就不能作基准物质了，所以不可以随意认定基准物质。基准物质必须以适宜方法进行干燥处理并妥善保存。常用基准物质的干燥条件和应用范围见表 4-2。

表 4-2　常用基准物质的干燥条件和应用范围

标定对象	基准物质		干燥后组成	干燥条件/℃
	名称	化学式		
酸	碳酸氢钠	$NaHCO_3$	Na_2CO_3	270～300
	十水碳酸钠	$Na_2CO_3 \cdot 10H_2O$	Na_2CO_3	270～300
	无水碳酸钠	Na_2CO_3	Na_2CO_3	270～300
	碳酸氢钾	$KHCO_3$	K_2CO_3	270～300
	硼砂	$Na_2B_4O_7 \cdot 10H_2O$	$Na_2B_4O_7 \cdot 10H_2O$	放在装有 NaCl 和蔗糖饱和溶液的干燥器中
碱或 $KMnO_4$	二水合草酸	$H_2C_2O_4 \cdot 2H_2O$	$H_2C_2O_4 \cdot 2H_2O$	室温空气干燥
	邻苯二甲酸氢钾	$KHC_8H_4O_4$	$KHC_8H_4O_4$	105～110
还原剂	重铬酸钾	$K_2Cr_2O_7$	$K_2Cr_2O_7$	140～150
	溴酸钾	$KBrO_3$	$KBrO_3$	150
	碘酸钾	KIO_3	KIO_3	130
	铜	Cu	Cu	室温干燥器中保存
氧化剂	三氧化二砷	As_2O_3	As_2O_3	硫酸干燥器中保存
	草酸钠	$Na_2C_2O_4$	$Na_2C_2O_4$	130
EDTA	碳酸钙	$CaCO_3$	$CaCO_3$	110
	锌	Zn	Zn	室温干燥器中保存
	氧化锌	ZnO	ZnO	800
$AgNO_3$	氯化钠	NaCl	NaCl	500～600
	氯化钾	KCl	KCl	500～600
氯化物	硝酸银	$AgNO_3$	$AgNO_3$	硫酸干燥器中保存

三、标准溶液的配制

标准溶液指的是已知其准确浓度的一种溶液。标准溶液的配制方法有直接法和标定法两种。

1. 直接法

准确称取一定量的基准物质，溶解后定量转移于一定体积的容量瓶中，加蒸馏水稀释至刻度，充分摇匀。根据称取基准物质的质量和容量瓶的体积，可计算出该标准溶液的准确浓度。

$$n_B=\frac{m_B}{M_B} \quad c_B=\frac{n_B}{V_B} \tag{4-1}$$

注意：M_B 为配制标准溶液基准物质基本单元的摩尔质量，g/mol。

2. 标定法

用来配制标准滴定溶液的物质大多数是不能满足基准物质条件的，如 HCl、NaOH、$KMnO_4$、$Na_2S_2O_3$ 等试剂，都不能用来直接配制成标准溶液，需要采用标定法（又称间接法)。即先配制近似于所需浓度的溶液，然后用基准物质或另一种标准溶液来标定它的准确浓度。例如，HCl易挥发且纯度不高，只能粗略配制成近似浓度的溶液，然后以无水碳酸钠为基准物质，标定HCl溶液的准确浓度。

$$(cV)_{基准物}=(cV)_{待标液}或(cV)_{待标液}=\frac{m_{基准物}}{M_{基准物}} \tag{4-2}$$

第三节 活　度

一、活度与活度系数

在强电解质溶液中由于正负离子之间的相互吸引，致使真正发挥作用（如导电性、依数性等）的离子浓度总是比完全解离时的离子浓度低，也就是说溶液中有效离子的浓度小于溶液的浓度。我们把电解质溶液中有效离子的浓度称为活度，用α表示。显然，活度比浓度要低，两者之间的关系一般表示为：

$$\alpha=\gamma c \tag{4-3}$$

式中，γ称为离子的活度系数，是衡量实际溶液和理想溶液之间偏差大小的尺度。通常情况下$\gamma<1$，γ数值的大小表示电解质溶液中离子间相互牵制作用的大小。一般来说，对于强电解质溶液，溶液的浓度越大，单位体积内离子数目越多，离子间相互吸引而引起的牵制作用越强，活度与浓度在数值上的差别越大；相反，溶液浓度越小，单位体积溶液中的离子数越少，离子间的距离越大，相互作用越弱，活度与浓度在数值上的差别越小。当溶液很稀时，可以近似地看作活度系数$\gamma=1$，即$\alpha=c$。

二、离子强度

电解质溶液体系一般有多种离子同时存在，离子间的相互作用不仅与溶液总的离子浓度有关，更与离子的电荷数有关。离子浓度越大，电荷越高，其相互作用也越大。为了更好地说明离子浓度及其电荷数对活度系数的作用，路易斯于1921年提出了离子强度的概念，其计算式为：

$$I=\frac{1}{2}\sum_i b_i z_i^2 \tag{4-4}$$

式中，I为离子强度；b_i表示溶液中i种离子的质量摩尔浓度，mol/kg；z_i表示溶液中i种离子的电荷数。

当溶液较稀时可直接用物质的量浓度c代替质量摩尔浓度进行计算。

当离子强度较小（稀溶液，$b\leqslant 0.01$mol/kg）时，不需要考虑离子的大小，活度系数可按德拜-休克尔极限定律（DHLL）计算：

$$-\lg\gamma_i=0.5z_i^2\sqrt{I} \tag{4-5}$$

对于稀溶液（$b\leqslant 0.1$mol/kg），活度系数可按扩展的德拜-休克尔方程式(EDHE）计算：

$$-\lg\gamma_i = 0.5z_i^2 \frac{\sqrt{I}}{1+\sqrt{I}} \tag{4-6}$$

【例 4-1】 计算 0.050mol/L $AlCl_3$ 溶液中的离子强度。

解： 0.050mol/L $AlCl_3$ 溶液中的离子强度为

$$I = \frac{1}{2}\sum_i b_i z_i^2 = \frac{1}{2}\sum_i c_i z_i^2 = \frac{1}{2} \times (0.050 \times 3^2 + 0.050 \times 3 \times 1^2) = 0.300$$

第四节 滴定分析结果的计算

一、标准滴定溶液的浓度的表示方法

1. 基本单元的选择

引入基本单元的概念可以使定量化学分析计算变得很方便，很容易掌握。为此本书所有的测量计算都以首先选定基本单元为出发点。

基本单元一般可根据标准溶液在滴定反应中的质子转移数（酸碱反应）、电子得失数（氧化还原反应）或反应的计量关系来确定。

① 酸碱滴定反应中转移或接受 1mol 质子，其基本单元就是其本身；如果物质 B 转移 $Z_B$mol 质子，其基本单元就是其本身化学式的 $1/Z_B$，如用 NaOH 分别滴定 HCl 和 H_2SO_4，HCl 和 NaOH 都可以转移 1mol 质子，但 H_2SO_4 转移 2mol 质子，所以它们的基本单元分别是 HCl、NaOH 和$\frac{1}{2}H_2SO_4$；如果用 HCl 滴定 Na_2CO_3 分别选用酚酞（产物为 HCO_3^-）和甲基橙（产物为 CO_3^{2-}）为指示剂，基本单元分别为 Na_2CO_3、$\frac{1}{2}Na_2CO_3$。

② 氧化还原滴定反应中转移 1mol 电子，其基本单元就是其本身；如果物质 B 转移 $Z_B$mol 电子，其基本单元就是其本身化学式的 $1/Z_B$，如在酸性溶液中用 $K_2Cr_2O_7$ 滴定 Fe^{2+}，1mol $K_2Cr_2O_7$ 可以得到 6mol 电子变为 $2Cr^{3+}$，所以 $K_2Cr_2O_7$ 的基本单元为$\frac{1}{6}K_2Cr_2O_7$，而 1mol Fe^{2+}变为 1mol Fe^{3+}，仅失去 1mol 电子，其基本单元为 Fe^{2+}。

③ 配位滴定反应中大多数金属离子 M 和 EDTA 都是形成 1∶1 的配合物，所以规定配位滴定反应中，凡可以结合或释放 1mol EDTA 的物质，其基本单元就是其本身。如 CaY 中基本单元为 Ca、EDTA。

④ 沉淀滴定反应中，基本都是物质直接或间接和 Ag^+进行 1∶1 反应，其基本单元都是其本身。

⑤ 重量分析中主要原子（原子团）个数在被测组分化学式和称量形式化学式中始终为“1”，就是其基本单元。如以 AgCl 为称量形式测定 Cl^-，其基本单元分别为 Cl、AgCl；以 Fe_2O_3 为称量形式测定 Fe 和 Fe_3O_4，其基本单元分别为$\frac{1}{2}Fe_2O_3$、Fe、$\frac{1}{3}Fe_3O_4$。

2. 物质的量浓度

标准滴定溶液的浓度常用物质的量浓度表示。物质B的物质的量浓度是指单位体积溶液中所含溶质B的基本单元的物质的量，用 c_B 或 $c(B)$ 表示，单位 $mol \cdot L^{-1}$ 或 mol/L。即

$$n_B=\frac{m}{M_B} \quad c_B=\frac{n_B}{V}$$

如：$c_{HCl}=0.1012mol/L$ 或 $c(HCl)=0.1012mol \cdot L^{-1}$

$c_{\frac{1}{6}K_2Cr_2O_7}=0.1042mol/L$ 或 $c\left(\frac{1}{6}K_2Cr_2O_7\right)=0.1042mol \cdot L^{-1}$

3. 滴定度

在生产部门的常规分析中，由于测定对象比较固定，常用同一种标准溶液测定同种物质，因此有时采用“滴定度”表示标准滴定溶液的浓度会使结果的计算简便快速。滴定度是指每毫升标准滴定溶液相当于被测物质的质量（g）或质量分数，用 $T_{被测物/滴定剂}$ 或 T（被测物/滴定剂）表示。例如，若每毫升 $KMnO_4$ 标准滴定溶液恰好能与 0.005585g Fe^{2+} 反应，则该 $KMnO_4$ 标准滴定溶液的滴定度可表示为 $T_{Fe/KMnO_4}=0.005585g/mL$。如果滴定中消耗 $KMnO_4$ 标准溶液 21.50mL，则被滴定溶液中铁的质量为

$$m(Fe)=0.005585g/mL\times21.50mL=0.1201g$$

滴定度和物质的量的换算

$$T_{B/A}=\frac{c\left(\frac{1}{Z_A}A\right)M\left(\frac{1}{Z_B}B\right)}{1000} \tag{4-7}$$

或

$$c\left(\frac{1}{Z_A}A\right)=\frac{T_{B/A}\times1000}{M\left(\frac{1}{Z_B}B\right)}$$

上例中滴定度换算成物质的量浓度为

$$c\left(\frac{1}{5}KMnO_4\right)=\frac{T_{Fe/KMnO_4}\times1000}{M(Fe)}=\frac{0.005585\times1000}{55.85}mol/L=0.1000mol/L$$

二、滴定分析结果的计算

1. 等物质的量规则

等物质的量规则是指对于一定的化学反应，如选定适当的基本单元，那么在任何时刻所消耗的反应物的物质的量均相等。在滴定分析中，若根据滴定反应选取适当的基本单元，则滴定到达化学计量点时被测组分的物质的量就等于所消耗的标准滴定溶液的物质的量。

2. 滴定分析结果的计算步骤

① 认真分析题意并写出相关的化学反应方程式。

② 根据化学方程式和反应机理写出相关物质的基本单元。

③ 根据等物质的量规则和题意要求列出等量关系。

④ 根据等量关系和题意要求列出计算式并代入数值计算出结果。

如设滴定剂A与被测组分B发生下列反应：

$$aA + bB \longrightarrow cC + dD$$

则被测组分 B 的基本单元为 $\frac{1}{Z_B}B$，其物质的量为：$n\left(\frac{1}{Z_B}B\right)$；

滴定剂 A 的基本单元为 $\frac{1}{Z_A}A$，其物质的量为：$n\left(\frac{1}{Z_A}A\right)$。

等量关系

$$n\left(\frac{1}{Z_A}A\right)=n\left(\frac{1}{Z_B}B\right) \tag{4-8}$$

注意：有些教科书按化学计量关系计算，本书不提倡。

3. 计算示例

【例 4-2】 准确称取基准物质 $K_2Cr_2O_7$ 1.471g，溶解后定量转移至 500.0mL 容量瓶中。已知 $M(K_2Cr_2O_7)=294.2g/mol$，计算此 $K_2Cr_2O_7$ 溶液的浓度 $c(K_2Cr_2O_7)$ 及 $c\left(\frac{1}{6}K_2Cr_2O_7\right)$。

解：根据题意可知 $M(K_2Cr_2O_7)=294.2g/mol$。

$$M\left(\frac{1}{6}K_2Cr_2O_7\right)=\frac{1}{6}M(K_2Cr_2O_7)=\frac{1}{6}\times 294.2g/mol=49.03g/mol$$

$$n(K_2Cr_2O_7)=\frac{m}{M(K_2Cr_2O_7)}=\frac{1.471g}{294.2g/mol}=0.0050mol$$

$$c(K_2Cr_2O_7)=\frac{n(K_2Cr_2O_7)}{V}=\frac{0.0050mol}{0.50L}=0.0100mol/L$$

也可以直接代入公式计算

$$c\left(\frac{1}{6}K_2Cr_2O_7\right)=\frac{n\left(\frac{1}{6}K_2Cr_2O_7\right)}{V}=\frac{\frac{m}{M\left(\frac{1}{6}K_2Cr_2O_7\right)}}{V}$$

$$=\frac{m}{M\left(\frac{1}{6}K_2Cr_2O_7\right)V}=\frac{1.471g}{49.03g/mol\times 0.50L}=0.0600mol/L$$

答：此 $K_2Cr_2O_7$ 溶液的浓度 $c(K_2Cr_2O_7)$ 为 0.0100mol/L，$c\left(\frac{1}{6}K_2Cr_2O_7\right)$ 为 0.0600mol/L。

由此得出：

$$c\left(\frac{1}{Z_B}B\right)=Z_B c(B) \tag{4-9}$$

【例 4-3】 称取基准物质草酸（$H_2C_2O_4 \cdot 2H_2O$）0.2002g 溶于水中，用 NaOH 溶液滴定，消耗了 NaOH 溶液 28.52mL，计算 NaOH 溶液的浓度。已知 $M(H_2C_2O_4 \cdot 2H_2O)$ 为 126.1g/mol。

解：按题意滴定反应为：$2NaOH + H_2C_2O_4 \longrightarrow Na_2C_2O_4 + 2H_2O$

基本单元：NaOH　$\frac{1}{2}H_2C_2O_4 \cdot 2H_2O$

等量关系：$n(NaOH)=n\left(\frac{1}{2}H_2C_2O_4 \cdot 2H_2O\right)$

$$c(NaOH)V(NaOH)=\frac{m(H_2C_2O_4 \cdot 2H_2O)}{M\left(\frac{1}{2}H_2C_2O_4 \cdot 2H_2O\right)}$$

$$c(\mathrm{NaOH})=\frac{1000m(\mathrm{H_2C_2O_4}\cdot 2\mathrm{H_2O})}{M\left(\frac{1}{2}\mathrm{H_2C_2O_4}\cdot 2\mathrm{H_2O}\right)V(\mathrm{NaOH})}=\frac{1000\times 0.2002}{\frac{1}{2}\times 126.1\times 28.52}\mathrm{mol/L}$$

$$=0.1113\mathrm{mol/L}$$

答： 该 NaOH 溶液的浓度为 0.1113mol/L。

【例 4-4】 配制 0.1mol/L HCl 溶液，用基准试剂 Na_2CO_3 标定其浓度，试计算 Na_2CO_3 的称量范围。已知 $M(Na_2CO_3)=106.0g/mol$。

解： 用 Na_2CO_3 标定 HCl 溶液浓度的反应为

$$2HCl+Na_2CO_3 \longrightarrow 2NaCl+CO_2\uparrow+2H_2O$$

基本单元：HCl　$\frac{1}{2}Na_2CO_3$

等量关系：$n(HCl)=n\left(\frac{1}{2}Na_2CO_3\right)$

$$\frac{m(Na_2CO_3)}{M\left(\frac{1}{2}Na_2CO_3\right)}=\frac{c(HCl)V(HCl)}{1000}$$

$$m(Na_2CO_3)=\frac{c(HCl)V(HCl)M\left(\frac{1}{2}Na_2CO_3\right)}{1000}$$

为保证标定的准确度，HCl 溶液的消耗体积一般在 30～40mL。

$$m_1=0.1\times 30.00\times 10^{-3}\times \frac{1}{2}\times 106.0g=0.16g$$

$$m_2=0.1\times 40.00\times 10^{-3}\times \frac{1}{2}\times 106.0g=0.21g$$

可见，为保证标定的准确度，基准试剂 Na_2CO_3 的称量范围应在 0.16～0.21g。

【例 4-5】 计算 $c(HCl)$ 为 0.1015mol/L 的 HCl 溶液对 Na_2CO_3 的滴定度。已知 $M(Na_2CO_3)=106.0g/mol$。

解： 滴定反应式为　$2HCl+Na_2CO_3 \longrightarrow 2NaCl+CO_2\uparrow+2H_2O$

基本单元　HCl　$\frac{1}{2}Na_2CO_3$

等量关系　$n(HCl)=n\left(\frac{1}{2}Na_2CO_3\right)$

$$T_{Na_2CO_3/HCl}=\frac{c(HCl)M\left(\frac{1}{2}Na_2CO_3\right)}{1000}=\frac{0.1015\times\frac{1}{2}\times 106.0}{1000}g/mL=0.005380g/mL$$

答： $c(HCl)$ 为 0.1015mol/L 的 HCl 溶液对 Na_2CO_3 的滴定度为 0.005380g/mL。

【例 4-6】 称取铁矿石试样 0.3143g，溶于酸，并将 Fe^{3+} 还原为 Fe^{2+}。用 $c\left(\frac{1}{6}K_2Cr_2O_7\right)$ 为 0.1200mol/L 的 $K_2Cr_2O_7$ 标准滴定溶液滴定，消耗 $K_2Cr_2O_7$ 溶液 21.30mL。计算试样中 Fe_2O_3 的质量分数。已知 $M(Fe_2O_3)=159.7g/mol$。

解： 滴定反应式为

$$Cr_2O_7^{2-}+6Fe^{2+}+14H^+ \longrightarrow 2Cr^{3+}+6Fe^{3+}+7H_2O$$

分析　因为　$Cr_2O_7^{2-} \xrightarrow{+6e^-} 2Cr^{3+}$　$\frac{1}{2}Fe_2O_3 \longrightarrow Fe^{2+} \xrightarrow{-e^-} Fe^{3+}$

所以　　基本单元　$\frac{1}{6}K_2Cr_2O_7$　$\frac{1}{2}Fe_2O_3$

等量关系　$n\left(\frac{1}{6}K_2Cr_2O_7\right)=n\left(\frac{1}{2}Fe_2O_3\right)$

$$w(Fe_2O_3)=\frac{c\left(\frac{1}{6}K_2Cr_2O_7\right)V(K_2Cr_2O_7)M\left(\frac{1}{2}Fe_2O_3\right)}{m_s\times 1000}\times 100\%$$

$$=\frac{0.1200\times 21.30\times \frac{1}{2}\times 159.7}{0.3143\times 1000}\times 100\%=64.94\%$$

答：试样中 Fe_2O_3 的质量分数为 64.94%。

【例 4-7】 将 0.2497g CaO 试样溶于 25.00mL $c(HCl)=0.2803mol/L$ 的 HCl 溶液中，剩余的盐酸用 $c(NaOH)=0.2786mol/L$ 的 NaOH 标准溶液返滴定，消耗 NaOH 溶液 11.64mL。求试样中 CaO 的质量分数。已知 $M(CaO)=56.08g/mol$。

解：滴定中涉及的反应式为

$$CaO+2HCl \longrightarrow CaCl_2+H_2O$$
$$NaOH+HCl \longrightarrow NaCl+H_2O$$

得质子物质基本单元　NaOH　$\frac{1}{2}CaO$

失质子物质基本单元　HCl

等量关系　$n\left(\frac{1}{2}CaO\right)+n(NaOH)=n(HCl)$

$$w(CaO)=\frac{m(CaO)}{m_s}\times 100\%$$

$$=\frac{[c(HCl)\times V(HCl)-c(NaOH)\times V(NaOH)]\times M\left(\frac{1}{2}CaO\right)}{m_s\times 1000}\times 100\%$$

$$=\frac{(0.2803\times 25.00\times 10^{-3}-0.2786\times 11.64\times 10^{-3})\times \frac{1}{2}\times 56.08}{0.2497}\times 100\%$$

$$=42.27\%$$

答：试样中 CaO 的质量分数为 42.27%。

【例 4-8】 检验某病人血液中的钙含量，取 2.00mL 血液稀释后，用 $(NH_4)_2C_2O_4$ 溶液处理，使 Ca^{2+} 生成 CaC_2O_4 沉淀，沉淀经过滤、洗涤后，溶解于强酸中，然后用 $c\left(\frac{1}{5}KMnO_4\right)=0.0500mol/L$ 的 $KMnO_4$ 溶液滴定，用去 1.20mL，试计算此血液中钙的含量。已知 $M(Ca)=40.08g/mol$。

解：此题采用间接法对被测组分进行滴定，因此应从几个反应中寻找被测物的量与滴定剂之间的关系。按题意，测定经如下几步。

$$Ca^{2+} + C_2O_4^{2-} \longrightarrow CaC_2O_4 \downarrow$$

$$CaC_2O_4 + 2H^+ \longrightarrow Ca^{2+} + H_2C_2O_4$$

$$2MnO_4^- + 5H_2C_2O_4 + 6H^+ \longrightarrow 2Mn^{2+} + 10CO_2 \uparrow + 8H_2O$$

标准 $KMnO_4$ 溶液滴定的反应为主要反应，以此反应确定基本单元。

分析　因为 $MnO_4^- \xrightarrow{+5e^-} Mn^{2+}$　$C_2O_4^{2-} \xrightarrow{-2e^-} 2CO_2\uparrow$

基本单元：$\frac{1}{5}KMnO_4$　$\frac{1}{2}H_2C_2O_4$

又因为反应中 Ca^{2+} 与 $C_2O_4^{2-}$ 的计量关系为 1∶1，所以 Ca 和 $H_2C_2O_4$ 基本单元应一致，即 $\frac{1}{2}Ca$。

$$n\left(\frac{1}{2}Ca\right) = n\left(\frac{1}{2}H_2C_2O_4\right) = n\left(\frac{1}{5}KMnO_4\right)$$

$$\rho_{Ca} = \frac{c\left(\frac{1}{5}KMnO_4\right)V(KMnO_4)M\left(\frac{1}{2}Ca\right)}{V} = \frac{0.0500 \times 1.20 \times 10^{-3} \times \frac{1}{2} \times 40.08}{2.00 \times 10^{-3}} g/L$$

$$= 0.6012 g/L$$

答:此血液中钙的含量为 0.6012g/L。

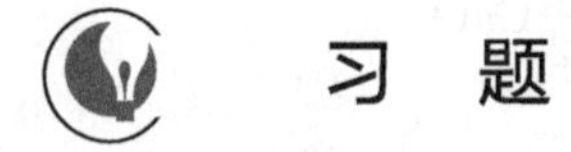

习　题

1. 已知浓硫酸的相对密度为 1.84，其中 H_2SO_4 含量约为 96%。欲配制 1L 0.1mol/L H_2SO_4 溶液，应取这种浓硫酸多少毫升？(若为盐酸分别是：1.18，37%)

2. 标定 KOH 溶液时，欲消耗 0.1mol/L KOH 溶液 30～40mL，应称取邻苯二甲酸氢钾基准物质的范围是多少？

3. 假如有一邻苯二甲酸氢钾试样，其中邻苯二甲酸氢钾含量约为 90%，其余为不与碱作用的杂质，今用酸碱滴定法测定其含量。若采用浓度为 2.000mol/L 的 NaOH 标准溶液滴定之，欲控制滴定时碱溶液的体积在 20mL 左右，则需称取上述试样多少克？

4. 称取混合碱试样 0.6839g，以酚酞为指示剂，用 0.2000mol/L HCl 溶液滴定至终点，用去酸溶液 23.10mL；再加甲基橙指示剂，滴定至终点又用去酸 26.81mL。求试样中各组分的含量。

5. 计算下列溶液的滴定度，以 g/mL 表示。

(1) 以 0.2015mol/L HCl 溶液来测定 Na_2CO_3、NH_3。

(2) 以 0.1896mol/L NaOH 溶液来测定 HNO_3、CH_3COOH。

6. 计算 0.02270mol/L HCl 溶液对 CaO 的滴定度。

7. 分析不纯的 $CaCO_3$（其中不含干扰物质）时，称取试样 0.3000g，加入浓度为 0.2500mol/L 的 HCl 标准溶液 25.00mL。煮沸除去 CO_2，用浓度为 0.2012mol/L 的 NaOH 溶液返滴定过量的酸，消耗了 5.84mL。计算试样中 $CaCO_3$ 的质量分数。

8. 欲配制 $Na_2C_2O_4$ 溶液用于酸性介质中标定 0.020mol/L 的 $KMnO_4$ 溶液，若要使标定时，两种溶液消耗的体积相近。应配制多大浓度的 $Na_2C_2O_4$ 溶液？配制 100mL 这种溶液应称取 $Na_2C_2O_4$ 多少克？[已知 $M(Na_2C_2O_4)=134.00$g/mL]

9. 将 50.00mL 0.1000mol/L $Ca(NO_3)_2$ 溶液加入 1.000g NaF 的试样溶液中，过滤，洗涤。滤液及洗涤液中剩余的 Ca^{2+} 用 0.05000mol/L EDTA 滴定，消耗 24.20mL。计算试样中 NaF 的质量分数。[已知 $M(NaF)=41.99$g/mol]

10. 称取大理石试样 0.1303g，溶于酸中，调节酸度后加入过量 $(NH_4)_2C_2O_4$ 溶液，使 Ca^{2+} 沉淀为 CaC_2O_4。过滤，洗涤，将沉淀溶于稀 H_2SO_4 中。溶解后的溶液用 0.02012mol/L $KMnO_4$ 标准溶液滴定，消耗 22.30mL。计算大理石中 $CaCO_3$ 的质量分数。

11. 已知 $KMnO_4$ 标准溶液的浓度为 0.02010mol/L，求 $T_{Fe/KMnO_4}$ 和 $T_{Fe_2O_3/KMnO_4}$。如果称取试样 0.2718g 溶解后将溶液中的 Fe^{3+} 还原为 Fe^{2+}，然后用 $KMnO_4$ 标准溶液滴定，用去 26.30mL，求试样中 Fe 和 Fe_2O_3 的质量分数。

参考答案

第五章
酸碱滴定法

酸碱是日常生活和生产及科研中的常见物质，如盐酸、硫酸、纯碱、氨水等大宗化工原料，氨基酸、乳酸、季铵盐杀菌剂等与生活密切相关的有机化合物，生物碱、固体酸催化剂等。这些呈现出多样性的物质也属于酸碱。其中像盐酸、氢氧化钠这些酸碱物质本身就是分析实验室里的常用试剂，在试样前处理以及定性、定量分析中具有难以替代的重要作用。酸碱物质及其分析应用是分析化学知识结构中非常重要的一环。

酸碱滴定法是基于酸碱反应的滴定分析方法，可以直接测定常量或半微量的酸碱组分，也可以测定那些经过适当前处理后可以定量地转化为某种酸碱组分的物质，如醛、酮、尿素、蛋白质、三聚氰胺、二氧化硅等，应用非常广泛。

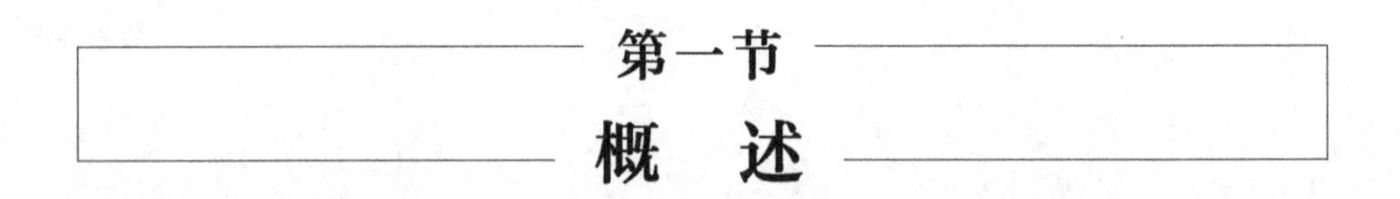

第一节 概 述

一、酸碱平衡的理论

从不同的视角研究酸碱平衡，对酸碱给出的定义也不同。目前得到认可的定义主要有三种。分别是电离理论、质子理论和电子理论，每种理论都各有自己的优缺点和适用范围。在分析化学中广泛采用的是布朗斯特-劳里的酸碱质子理论。

酸碱电离理论是19世纪80年代瑞典化学家阿伦尼乌斯提出的。根据酸碱电离理论，电解质解离时所生成的阳离子全部是H^+的是酸，电解质解离时所生成的阴离子全部是OH^-的是碱。所谓酸碱反应的实质是，在水溶液中，酸电离出的H^+和碱电离出的OH^-的反应。例如：

$$\text{酸}\quad HAc \rightleftharpoons H^+ + Ac^-$$

$$\text{碱}\quad NaOH = Na^+ + OH^-$$

酸碱发生中和反应生成盐和水：

$$NaOH + HAc = NaAc + H_2O$$

该理论对处理水溶液中的酸碱反应有着十分重要的意义。酸碱电离理论从物质的组成上揭示了酸碱的本质，但这一理论有一定的局限性，它只适用于水溶液，不适用于非水溶液，而且也不能解释有的物质（如 NH_3 等）不含 OH^-，但却呈碱性的事实。为了进一步认识酸碱反应的本质和便于对水溶液和非水溶液的酸碱平衡问题统一加以考虑，现引入酸碱质子理论。

1. 酸碱质子理论

1923 年布朗斯特和劳里（Bronsted-Lowry）在实验的基础上，提出酸碱质子理论，更新了酸碱的定义，扩大了酸和碱的范围。根据酸碱质子理论，凡是能提供质子（H^+）的物质是酸，凡是能接受质子（H^+）的物质是碱，既能提供质子又能接受质子的物质为两性物质。

如 HCl、H_3BO_3、H_3PO_4、$H_2PO_4^-$、HPO_4^{2-}、HAc、NH_4^+、H_2CO_3、HCO_3^-、$H_2N—CH_2COOH$ 在一定介质中可以提供质子，均是酸；NaOH、$Na_2B_4O_7$、PO_4^{3-}、HPO_4^{2-}、$H_2PO_4^-$、Ac^-、NH_3、HCO_3^-、CO_3^{2-} 在一定介质中可以接受质子，均是碱。其中 $H_2PO_4^-$、HPO_4^{2-}、HCO_3^-、$H_2N—CH_2COOH$ 既可以提供质子，也可以接受质子，是两性物质。可见酸碱可以是阳离子、阴离子，也可以是中性分子。

它们的关系可以用下式表示：

$$酸 \rightleftharpoons 质子 + 碱$$

例如：

$$HAc \rightleftharpoons H^+ + Ac^-$$

上式中的 HAc 是酸，它给出质子，变成碱 Ac^-，碱 Ac^- 接受质子变为酸 HAc，酸和碱不是孤立存在的，而是相互依存的。酸 HA 和碱 A^- 之间的相互依存关系称为共轭关系。HA 是 A^- 的共轭酸，A^- 是 HA 的共轭碱。这种仅因一个质子的得失互相转变的酸碱，称为共轭酸碱对，HA-A^- 称为共轭酸碱对。关于共轭酸碱对还可以举如下例子。

$$HClO_4 \rightleftharpoons H^+ + ClO_4^-$$

$$H_3PO_4 \rightleftharpoons H^+ + H_2PO_4^-$$

$$H_2PO_4^- \rightleftharpoons H^+ + HPO_4^{2-}$$

$$HPO_4^{2-} \rightleftharpoons H^+ + PO_4^{3-}$$

$$NH_4^+ \rightleftharpoons H^+ + NH_3$$

上面各个共轭酸碱对的质子得失反应，称为酸碱半反应，它们和氧化还原反应中的半电池反应类似。由于质子的半径极小而电荷密度极高，它不可能在水溶液中独立存在，因此上述各种酸碱半反应在溶液中也不可能单独进行，而是当一种酸给出质子时，溶液中必定有一种碱来接受质子。例如，在水溶液中解离时，作为溶剂的水就是接受质子的碱，它们的反应可以表示如下。

$$\underset{酸_1}{HAc} \rightleftharpoons H^+ + \underset{碱_1}{Ac^-}$$

$$\underset{碱_2}{H_2O} + H^+ \rightleftharpoons \underset{酸_2}{H_3O^+}$$

$$\underset{酸_1}{HAc} + \underset{碱_2}{H_2O} \rightleftharpoons \underset{酸_2}{H_3O^+} + \underset{碱_1}{Ac^-}$$

两个共轭酸碱对相互作用而达到平衡。

同样，碱在水溶液中接受质子的过程也必须有溶剂水分子的参加。例如：

$$NH_3+H^+ \rightleftharpoons NH_4^+$$

$$H_2O \rightleftharpoons H^+ + OH^-$$

$$NH_3+H_2O \rightleftharpoons OH^- + NH_4^+$$

同样也是有两个共轭酸碱对相互作用而达到平衡。在这个平衡中，作为溶液的水起了酸的作用。与 HAc 在水中解离的情况比较可知，水是一种两性溶剂。

由于水分子的两性作用，一个水分子可以从另一个水分子中夺去质子而形成 H_3O^+ 和 OH^-，即

$$H_2O + H_2O \rightleftharpoons H_3O^+ + OH^-$$

在水分子之间存在质子传递作用，称为水的质子自递作用。这种作用的平衡常数称为质子自递常数，用 K_w 表示：

$$K_w=[H_3O^+][OH^-] \quad (5\text{-}1a)$$

水合质子 H_3O^+ 也常简写为 H^+，因此水的质子自递常数常简写为

$$K_w=[H^+][OH^-] \quad (5\text{-}1b)$$

这个常数就是水的离子积。在 25℃等于 10^{-14}，于是

$$K_w=10^{-14} \quad pK_w=-\lg K_w=-\lg 10^{-14}=14.00$$

根据酸碱质子理论，酸和碱的中和反应也是质子的转移过程，如 HCl 和 NH_3 的反应：

$$H_2O+HCl \rightleftharpoons H_3O^+ + Cl^-$$

$$NH_3+H_3O^+ \rightleftharpoons H_2O+NH_4^+$$

反应结果是各自反应物转化为它们的共轭酸或共轭碱。

盐的水解过程实质也是质子的转移过程。注意，在酸碱质子理论中没有盐的概念。它们和酸碱解离过程的本质是相同的。例如：

$$HAc+H_2O \rightleftharpoons H_3O^+ + Ac^- \quad \text{弱酸的解离}$$

$$H_2O+NH_3 \rightleftharpoons NH_4^+ + OH^- \quad \text{弱碱的解离}$$

$$\text{酸}_1 \quad \text{碱}_2 \quad \text{酸}_2 \quad \text{碱}_1$$

$$H_2O+Ac^- \rightleftharpoons HAc+OH^- \quad \text{盐的水解}$$

$$NH_4^+ + H_2O \rightleftharpoons H_3O^+ + NH_3 \quad \text{盐的水解}$$

$$\text{酸}_1 \quad \text{碱}_2 \quad \text{酸}_2 \quad \text{碱}_1$$

总之各种酸碱反应过程都是质子转移过程，因此运用质子理论就可以找出各种酸碱反应

的共同基本特征。

2. 酸碱解离平衡

酸碱的强弱取决于物质给出质子或接受质子的能力的强弱。给出质子的能力越强，酸性就越强；反之就越弱。同样，接受质子的能力越强，碱性就越强。

在共轭酸碱对中，如果酸越容易给出质子，酸性越强，则其共轭碱对质子的亲和力就越弱，就越不容易接受质子，碱性就越弱。例如 $HClO_4$、HCl 是强酸，它们的共轭碱 ClO_4^-、Cl^- 都是弱碱。反之，酸越弱，给出质子的能力也越弱，则其共轭碱就越容易接受质子，因而碱性就越强。例如 NH_4^+、HS^- 等是弱酸，它们的共轭碱 NH_3 是较强的碱，S^{2-} 则是强碱。

可以通过酸碱的解离常数 K_a 与 K_b 的大小。定量地说明它们的强弱程度，例如 HAc：

$$HAc + H_2O \rightleftharpoons H_3O^+ + Ac^-$$

$$K_a = \frac{[H^+][Ac^-]}{[HAc]} \quad K_a = 1.8 \times 10^{-5}$$

HAc 的共轭碱 Ac^- 的解离常数 K_b 为

$$H_2O + Ac^- \rightleftharpoons HAc + OH^-$$

$$K_b = \frac{[HAc][OH^-]}{[Ac^-]}$$

显然共轭酸碱对的 K_a 和 K_b 有下列关系：

$$K_aK_b = \frac{[H^+][Ac^-]}{[HAc]} \times \frac{[HAc][OH^-]}{[Ac^-]} = [H^+][OH^-] = K_w = 10^{-14}\ (25℃)$$

对于多元酸,要注意 K_a 与 K_b 的对应关系,如三元酸 H_3A 在水溶液中：

$$H_3A + H_2O \underset{K_{b3}}{\overset{K_{a1}}{\rightleftharpoons}} H_3O^+ + H_2A^-$$

$$H_2A^- + H_2O \underset{K_{b2}}{\overset{K_{a2}}{\rightleftharpoons}} H_3O^+ + HA^{2-}$$

$$HA^{2-} + H_2O \underset{K_{b1}}{\overset{K_{a3}}{\rightleftharpoons}} H_3O^+ + A^{3-}$$

$$K_{a1}K_{b3} = K_{a2}K_{b2} = K_{a3}K_{b1} = [H^+][OH^-] = K_w \quad (5\text{-}2a)$$

也即

$$pK_{a1} + pK_{b3} = pK_{a2} + pK_{b2} = pK_{a3} + pK_{b1} = pK_w \quad (5\text{-}2b)$$

【例 5-1】 S^{2-} 的水解反应为

$$H_2O + S^{2-} \rightleftharpoons HS^- + OH^- \quad K_{b1} = 1.4$$

求 S^{2-} 的共轭酸的解离常数 K_{a2}。

解： S^{2-} 的水解反应为

$$H_2O + S^{2-} \rightleftharpoons HS^- + OH^-$$

$$K_{b1} = \frac{[OH^-][HS^-]}{[S^{2-}]} = 1.4$$

S^{2-} 的共轭酸为 HS^-，其解离反应为

$$HS^- + H_2O \rightleftharpoons H_3O^+ + S^{2-}$$

$$K_{a2} = \frac{K_w}{K_{b1}} = \frac{10^{-14}}{1.4} = 7.1 \times 10^{-15}$$

【例 5-2】试求 HPO_4^{2-} 的 pK_{b2} 和 K_{b2}。

解：HPO_4^{2-} 为两性物质，既可以作为酸失去质子（以 pK_{a3} 衡量其强度），也可以作为碱获取质子（以 pK_{b2} 衡量其强度）。现需求 HPO_4^{2-} 的 pK_{b2}，所以应查出它的共轭酸 HPO_4^{2-} 的 pK_{a2}，经查表可知 $K_{a2}=6.3\times10^{-8}$，即 $pK_{a2}=7.20$。

由于

$$pK_{a2}+pK_{b2}=14.00$$

所以

$$pK_{b2}=14.00-pK_{a2}=14.00-7.20=6.80$$

即

$$K_{b2}=1.6\times10^{-7}$$

$HAc\text{-}Ac^-$、$H_2PO_4^-\text{-}HPO_4^{2-}$、$NH_4^+\text{-}NH_3$、$HS^-\text{-}S^{2-}$ 四对共轭酸碱对的平衡常数如表 5-1 所示。

表 5-1　部分共轭酸碱对的平衡常数比较

共轭酸碱对	K_a	K_b
$HAc\text{-}Ac^-$	1.8×10^{-5}	5.6×10^{-10}
$H_2PO_4^-\text{-}HPO_4^{2-}$	6.3×10^{-8}	1.6×10^{-7}
$NH_4^+\text{-}NH_3$	5.6×10^{-10}	1.8×10^{-5}
$HS^-\text{-}S^{2-}$	7.1×10^{-15}	1.4

可以看出这四种酸的强弱顺序为

$$HAc>H_2PO_4^->NH_4^+>HS^-$$

而它们共轭碱的强弱恰好相反，为

$$Ac^-<HPO_4^{2-}<NH_3<S^{2-}$$

这就定量说明了酸越强，其共轭碱越弱；反之，它的共轭碱越强的规律。其余的酸碱平衡常数见书后附录。

二、分布系数和分布曲线

酸度与酸的浓度在概念上是完全不同的。酸度是指溶液中 H^+ 的浓度或活度，常用 pH 表示；而酸的浓度又叫酸的分析浓度，它是指单位体积溶液中所含某种酸的物质的量(mol)，包括未解离的与已解离的酸的浓度。同样，碱度与碱的浓度在概念上也是完全不同的。碱度一般用 pOH 表示，有时也用 pH 表示。在实际应用过程中，一般用 c_B 表示酸或碱的浓度，而用 [　] 表示酸或碱的平衡浓度。

在酸碱平衡体系中，通常存在多种组分，这些组分的浓度随溶液的 H^+ 浓度的变化而变化。溶液中某酸碱组分的平衡浓度占其总浓度的分数称为该酸碱组分的存在形式的分布系数，以 δ 表示。分布系数决定于该酸碱物质的性质和溶液的 H^+ 浓度，而与总浓度无关。分布系数能定量说明溶液中各种酸碱物质组分的分布情况。知道了分布系数，就可以求得溶液中组分的平衡浓度，这在分析化学中是十分重要的。当溶液的 pH 发生变化时，平衡随之移动，以致酸碱存在形式的分布也跟着变化。分布系数 δ 与溶液 pH 的关系曲线称为分布曲线。

讨论分布曲线可帮助我们深入理解酸碱滴定的过程、终点误差及分步滴定的可能性，而且也有利于了解配位滴定和沉淀反应条件的选择原则。现对一元酸、二元酸和三元酸的分布系数的计算和分布曲线分别讨论如下。

1. 一元酸溶液

例如，一元酸 HAc，它在水溶液中只能以 HAc 与 Ac^- 两种形式存在。设 HAc 在水溶液中的总浓度为 c，则 $c=[HAc]+[Ac^-]$。若 HAc 在溶液中所占的分数为 δ_1，Ac^- 所占的分数为 δ_0，则有

$$\delta_1=\frac{[HAc]}{c}=\frac{[HAc]}{[HAc]+[Ac^-]}=\frac{1}{1+\frac{[Ac^-]}{[HAc]}}=\frac{1}{1+\frac{K_a}{[H^+]}}=\frac{[H^+]}{[H^+]+K_a} \tag{5-3a}$$

同理可得

$$\delta_0=\frac{[Ac^-]}{c}=\frac{K_a}{[H^+]+K_a} \tag{5-3b}$$

显然，各组分分布系数之和等于 1，即

$$\delta_1+\delta_0=1$$

如果以溶液 pH 为横坐标，溶液中各存在形式的分布系数为纵坐标，则可得到 HAc 的分布曲线。从图 5-1 中可以看到：δ_0 随 pH 增大而增大，δ_1 随 pH 增大而减小。当 $pH=pK_a=4.75$ 时，$\delta_1=\delta_0=0.5$，即溶液中两种形式各占 50%，当 $pH<pK_a$ 时，溶液中 HAc 为主要存在形式；当 $pH>pK_a$ 时，溶液中 Ac^- 为主要存在形式。

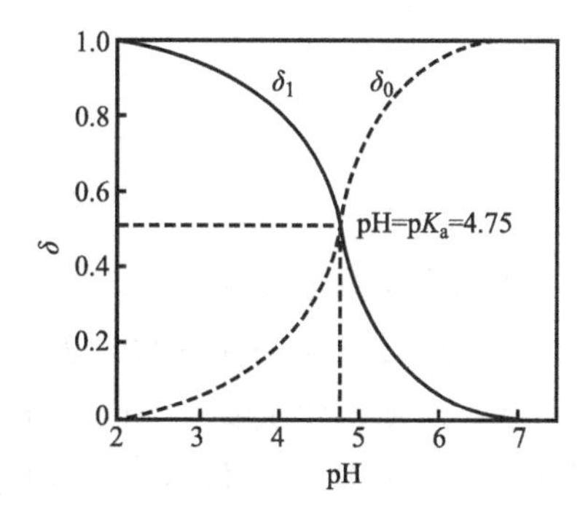

图 5-1　HAc 的分布曲线与溶液 pH 的关系

从上面讨论可知，分布系数与酸及其共轭碱的总浓度 c 无关，对于给定的酸和温度其 pK_a 是一个常数，所以它仅是 pH 值的函数。由于

$$[HAc]=c\delta_1 \quad [Ac^-]=c\delta_0$$

所以 [HAc] 和 $[Ac^-]$ 是与总浓度 c 有关的。

这种情况可以推广到任何一元酸，根据 pK_a，可以估计两种存在形式在不同 pH 时的分布情况。

【例 5-3】 已知 $c_{HAc}=1.0\times10^{-2}$ mol/L，当 pH=4.0 时，此溶液中主要型体是什么？其浓度为多少？

解： 已知 $[H^+]=1.0\times10^{-4}$ mol/L，$K_a=1.8\times10^{-5}$。则：

$$\delta_{Ac^-}=\frac{K_a}{[H^+]+K_a}=\frac{1.8\times10^{-5}}{1.0\times10^{-4}+1.8\times10^{-5}}=0.15$$

$$\delta_{HAc}=\frac{[H^+]}{[H^+]+K_a}=\frac{1.0\times10^{-4}}{1.0\times10^{-4}+1.8\times10^{-5}}=0.85$$

可见，pH=4.0 时，溶液中的主要型体是 HAc，其浓度为

$$[HAc]=c_{HAc}\delta_{HAc}=1.0\times10^{-2}\times0.85\text{mol/L}=8.5\times10^{-3}\text{mol/L}$$

2. 二元酸溶液

以草酸为例，在水溶液中存在的形式是 $H_2C_2O_4$、$HC_2O_4^-$ 和 $C_2O_4^{2-}$。设草酸的总浓度为 c，则

$$c=[H_2C_2O_4]+[HC_2O_4^-]+[C_2O_4^{2-}]$$

如果以 δ_2、δ_1、δ_0 分别代表 $H_2C_2O_4$、$HC_2O_4^-$ 和 $C_2O_4^{2-}$ 的分布系数，则

$$\delta_2=\frac{[H_2C_2O_4]}{c}=\frac{[H_2C_2O_4]}{[H_2C_2O_4]+[HC_2O_4^-]+[C_2O_4^{2-}]}=\frac{1}{1+\frac{[HC_2O_4^-]}{[H_2C_2O_4]}+\frac{[C_2O_4^{2-}]}{[H_2C_2O_4]}}$$

$$=\frac{1}{1+\frac{K_{a1}}{[H^+]}+\frac{K_{a1}K_{a2}}{[H^+]^2}}=\frac{[H^+]^2}{[H^+]^2+K_{a1}[H^+]+K_{a1}K_{a2}}$$

$$\delta_2=\frac{[H^+]^2}{[H^+]^2+K_{a1}[H^+]+K_{a1}K_{a2}} \tag{5-4a}$$

同理

$$\delta_1=\frac{K_{a1}[H^+]}{[H^+]^2+K_{a1}[H^+]+K_{a1}K_{a2}} \tag{5-4b}$$

$$\delta_0=\frac{K_{a1}K_{a2}}{[H^+]^2+K_{a1}[H^+]K_{a1}K_{a2}} \tag{5-4c}$$

且 $\delta_2+\delta_1+\delta_0=1$。

$H_2C_2O_4$ 的分布曲线与溶液 pH 的关系如图 5-2 所示。由图 5-2 可知：当 $pH<pK_{a1}$ 时，溶液中 $H_2C_2O_4$ 为主要存在形式；当 $pK_{a1}<pH<pK_{a2}$ 时，溶液中 $HC_2O_4^-$ 为主要存在形式；当 $pH>pK_{a2}$ 时，溶液中 $C_2O_4^{2-}$ 为主要存在形式。

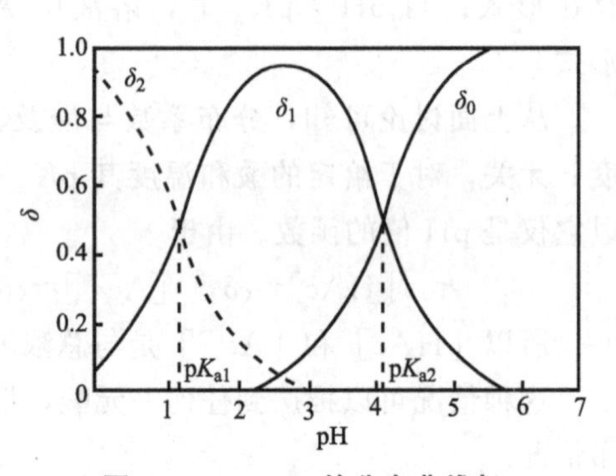

图 5-2 $H_2C_2O_4$ 的分布曲线与溶液 pH 的关系

由于草酸的 $pK_{a1}=1.23$，$pK_{a2}=4.19$，比较接近，因此在 $HC_2O_4^-$ 的优势区域内，各种形式存在情况比较复杂。计算表明，在 pH＝2.2～3.2 时，明显出现三种组分同时存在的状况，而 pH＝2.71 时，虽然 $HC_2O_4^-$ 的分布系数达到最大（0.938），但 δ_2 与 δ_0 的数值也各占 0.031。所以草酸分步滴定的可能性很小。

【例 5-4】 计算 pH＝5 时，0.10mol/L 草酸溶液中 $C_2O_4^{2-}$ 的浓度。

解： 草酸的 $K_{a1}=5.9\times10^{-2}$，$K_{a2}=6.4\times10^{-5}$

$$\delta_{C_2O_4^{2-}}=\frac{[C_2O_4^{2-}]}{c}=\frac{K_{a1}K_{a2}}{[H^+]^2+K_{a1}[H^+]+K_{a1}K_{a2}}$$

$$=\frac{5.9\times10^{-2}\times6.4\times10^{-5}}{(10^{-5})^2+5.9\times10^{-2}\times10^{-5}+5.9\times10^{-2}\times6.4\times10^{-5}}$$

$=0.86$

$$[C_2O_4^{2-}]=\delta_{C_2O_4^{2-}}c=0.86\times0.10\text{mol/L}=0.086\text{mol/L}$$

3. 三元酸溶液

三元酸（如 H_3PO_4）的情况更为复杂，以 δ_3、δ_2、δ_1、δ_0 分别表示 H_3PO_4、$H_2PO_4^-$、HPO_4^{2-} 和 PO_4^{3-} 的分布系数，采用二元弱酸的分布系数推导方法，可得下列各分布系数计算公式：

$$\delta_3=\frac{[H^+]^3}{[H^+]^3+K_{a1}[H^+]^2+K_{a1}K_{a2}[H^+]+K_{a1}K_{a2}K_{a3}} \tag{5-5a}$$

$$\delta_2=\frac{K_{a1}[H^+]^2}{[H^+]^3+K_{a1}[H^+]^2+K_{a1}K_{a2}[H^+]+K_{a1}K_{a2}K_{a3}} \tag{5-5b}$$

$$\delta_1=\frac{K_{a1}K_{a2}[H^+]}{[H^+]^3+K_{a1}[H^+]^2+K_{a1}K_{a2}[H^+]+K_{a1}K_{a2}K_{a3}} \tag{5-5c}$$

$$\delta_0=\frac{K_{a1}K_{a2}K_{a3}}{[H^+]^3+K_{a1}[H^+]^2+K_{a1}K_{a2}[H^+]+K_{a1}K_{a2}K_{a3}} \tag{5-5d}$$

且

$$\delta_3+\delta_2+\delta_1+\delta_0=1$$

H_3PO_4 溶液中各种存在形式的分布曲线，如图 5-3 所示。可见，分布系数主要取决于溶液中该存在形式的性质与溶液中 H^+ 的浓度。

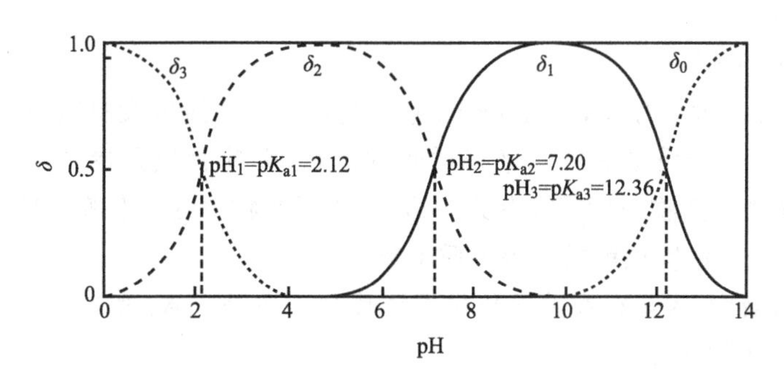

图 5-3　H_3PO_4 溶液中各种存在形式的分布曲线与溶液 pH 的关系

由图 5-3 可知：由于 H_3PO_4 的 $pK_{a1}=2.12$，$pK_{a2}=7.20$，$pK_{a3}=12.36$，三者相差较大，各存在形式共存的情况不如草酸明显。

当 $pH<pK_{a1}$ 时，溶液中 H_3PO_4 为主要存在形式；当 $pK_{a1}<pH<pK_{a2}$ 时，溶液中 $H_2PO_4^-$ 为主要存在形式；当 $pK_{a2}<pH<pK_{a3}$ 时，溶液中 HPO_4^{2-} 为主要存在形式；当 $pH>pK_{a3}$ 时，溶液中 PO_4^{3-} 为主要存在形式。

应该指出，在 pH=4.70 时，虽然 $H_2PO_4^-$ 占 99.4%，但另外两种形式 HPO_4^{2-} 和 PO_4^{3-} 各占 0.3%。同样 pH=9.80 时，HPO_4^{2-} 占绝对优势（99.5%），而 $H_2PO_4^-$ 和 PO_4^{3-} 也各占约 0.3%。这两种 pH 情况下，由于各次要的存在形式所在比例甚微，因而无法在分布曲线图中明显表达出来。因为三个解离常数相差较大，所以有可能进行分步滴定。

4. 大于三元酸的多元酸溶液

对于多元弱酸如 H_nA，在水溶液中有（$n+1$）种可能存在形式，即 H_nA、$H_{n-1}A^-$、…、$HA^{(n-1)-}$ 和 A^{n-}。计算各种形式分布系数的公式中，分母均为$[H^+]^n+[H^+]^{n-1}K_{a1}+[H^+]^{n-2}K_{a1}K_{a2}+\cdots+K_{a1}K_{a2}\cdots K_{an}$，而分子依次为分母中相应的各项。

配位滴定中 EDTA（H_4Y）在较低 pH 值的溶液中，可以接受 2 个 H^+，形成六元酸 H_6Y^{2+}，因此 EDTA 有七种存在形式，即 H_6Y^{2+}、H_5Y^+、H_4Y、H_3Y^-、H_2Y^{2-}、HY^{3-} 和 Y^{4-}。Y^{4-} 的分布系数为

$$\delta_Y=\frac{K_{a1}K_{a2}K_{a3}K_{a4}K_{a5}K_{a6}}{[H^+]^6+[H^+]^5K_{a1}+[H^+]^4K_{a1}K_{a2}+\cdots+[H^+]K_{a1}K_{a2}K_{a3}K_{a4}K_{a5}+K_{a1}K_{a2}K_{a3}K_{a4}K_{a5}K_{a6}}$$

三、酸碱溶液 pH 值的计算

1. 质子平衡方程

按照酸碱质子理论，酸碱反应的实质是质子的转移，溶液中酸碱反应的结果是有些物质失去质子，有些物质得到质子。显然得质子的物质得到质子的量和失质子物质失去质子的量是相等的，这就是溶液中的质子平衡。根据质子得失数和相关组分浓度列出的数学表达式称为质子平衡方程或质子条件，简称 PBE。质子条件反映了质子传递过程中得失质子数的恒等关系，根据质子条件可得溶液中 H^+ 浓度及有关组分浓度的关系式。它是处理酸碱平衡有关计算问题的基本关系式。

列出质子条件的步骤是：

① 先选参考水平（大量存在，参与质子转移的物质），一般选取投料组分及 H_2O。

② 判断溶液中哪些物质是参考水平得质子的产物，哪些物质是参考水平失质子后的产物；并将参考水平得质子产物浓度写在等式一边，失质子产物浓度写在等式另一边。

③ 将得失质子产物浓度项前乘上得失质子数。

如在 HAc 水溶液中，大量存在并参与质子转移的物质是 HAc 和 H_2O，选择两者为参考水平。由于存在如下两反应：

HAc 的解离反应　　$HAc+H_2O \rightleftharpoons H_3O^++Ac^-$

水的质子自递作用　　$H_2O+H_2O \rightleftharpoons H_3O^++OH^-$

因而溶液中除 HAc 和 H_2O 外，还有 H_3O^+、Ac^- 和 OH^-。从参考水平出发考察得失质子情况，可知 H_3O^+ 是得质子产物（简称 H^+），而 Ac^- 和 OH^- 是失质子产物，总的得失质子的物质的量应该相等，可列出质子条件

$$[H^+]=[OH^-]+[Ac^-]$$

又如，对于 Na_2CO_3 水溶液来说，大量存在并参与质子转移的物质是 CO_3^{2-} 和 H_2O，选择两者为参考水平。由于存在如下反应：

$$H_2O+H_2O \rightleftharpoons H_3O^++OH^-$$
$$CO_3^{2-}+H_2O \rightleftharpoons HCO_3^-+OH^-$$
$$HCO_3^-+H_2O \rightleftharpoons H_2CO_3+OH^-$$

将各种存在形式和参考水平相比，可知 OH^- 为失质子产物，而 H_3O^+、HCO_3^- 和

H_2CO_3 都是得质子产物，但应注意其中 H_2CO_3 为 CO_3^{2-} 得到 2 个质子的产物，在列出质子条件时，应在 $[H_2CO_3]$ 前乘以系数 2，以使得失质子的物质的量相等，因此 Na_2CO_3 水溶液的质子条件为

$$[H^+]+[HCO_3^-]+2[H_2CO_3]=[OH^-]$$

对于共轭体系，可将其视为弱酸与强碱或强酸与弱碱反应得到，因此参考水平可选择相应的弱酸与强碱或强酸与弱碱。如 0.1mol/L 的 NaAc-HAc 溶液，其质子参考水平可选择 NaOH（强碱），HAc 和 H_2O 或 HCl（强酸），Ac^- 和 H_2O，PBE 为

$$[H^+]+[Na^+]=[OH^-]+[Ac^-]\ ([Na^+]=c_{NaAc})$$

或

$$[H^+]+[HAc]=[OH^-]+[Cl^-]\ ([Cl^-]=c_{HAc})$$

表 5-2 系统地列出了几类典型酸碱水溶液质子条件的写法。请仔细研读表中的内容，体会质子条件的写法。

表 5-2　几种典型酸碱水溶液质子条件的写法

体系	参考水平(体系原始组成)	得失质子后产物	质子条件(H_3O^+ 记为 H^+)
一元强酸 c mol/L HCl 水溶液	HCl	失：Cl^-	$[H^+]=[Cl^-]+[OH^-]$ 或 $[H^+]=c+[OH^-]$
	H_2O	得：H_3O^+	
		失：OH^-	
一元强碱 c mol/L NaOH 水溶液	NaOH	得：Na^+	$[H^+]+[Na^+]=[OH^-]$ 或 $[H^+]+c=[OH^-]$
	H_2O	得：H_3O^+	
		失：OH^-	
一元弱酸 c mol/L HAc 水溶液	HAc	失：Ac^-	$[H^+]=[Ac^-]+[OH^-]$
	H_2O	得：H_3O^+	
		失：OH^-	
一元弱碱 c mol/L NaAc 水溶液	Ac^-	得：HAc	$[H^+]+[HAc]=[OH^-]$
	H_2O	得：H_3O^+	
		失：OH^-	
两性物质 c mol/L $(NH_4)_2HPO_4$ 水溶液	NH_4^+，HPO_4^{2-}	失：NH_3，PO_4^{3-}	$[H^+]+[H_2PO_4^-]+2[H_3PO_4]=[OH^-]+[NH_3]+[PO_4^{3-}]$
		得：$H_2PO_4^-$，H_3PO_4	
	H_2O	得：H_3O^+	
		失：OH^-	
混合酸 HCl+HAc 水溶液	HCl(c)	失：Cl^-	$[H^+]=c+[Ac^-]+[OH^-]$
	HAc	失：Ac^-	
	H_2O	得：H_3O^+	
		失：OH^-	
混合碱 NaOH+NaAc 水溶液	NaOH	得：Na^+	$[H^+]+c+[HAc]=[OH^-]$
	NaAc	得：HAc	
	H_2O	得：H_3O^+	
		失：OH^-	

续表

体系	参考水平（体系原始组成）	得失质子后产物	质子条件（H_3O^+ 记为 H^+）
共轭酸碱 $c_1$mol/L HAc+ $c_2$mol/L NaAc 水溶液	等效于(c_1+c_2)mol/L NaAc+$c_1$mol/L HCl，或(c_1+c_2)mol/L HAc+$c_2$mol/L NaOH	得：HAc、H_3O^+ 失：$c_1(Cl^-)$、OH^-	$[H^+]+[HAc]=[OH^-]+c_1$
		得：$c_2(Na^+)$、H_3O^+ 失：Ac^-、OH^-	$[H^+]+c_2=[OH^-]+[Ac^-]$
共轭酸碱 $c_1$mol/L NH_4Cl+ $c_2$mol/L NH_3 水溶液	等效于(c_1+c_2)mol/L NH_3+$c_1$mol/L HCl，或(c_1+c_2)mol/L NH_4Cl+$c_2$mol/L NaOH	得：H_3O^+、NH_4^+ 失：OH^-、$c_1(Cl^-)$	$[H^+]+[NH_4^+]=[OH^-]+c_1$
		得：$c_2(Na^+)$、H_3O^+ 失：OH^-、NH_3	$[H^+]+c_2=[OH^-]+[NH_3]$

2. 强酸强碱溶液 pH 值的计算

强酸强碱在水溶液中全部解离，一般情况下酸度的计算比较简单。如 0.1mol/L HCl 溶液，其 H^+ 浓度也是 0.1mol/L。但当它们浓度很稀时（如小于 1×10^{-6}mol/L，大于 1×10^{-8}mol/L）计算溶液浓度除需考虑酸或碱本身解离出来的 H^+ 和 OH^- 之外，还应考虑水解离出来的 H^+ 和 OH^-。若强酸或强碱的浓度小于 1×10^{-8}mol/L，则它们解离出来的 H^+ 或 OH^- 可以忽略不计。

以浓度为 c 的 HCl 为例加以讨论。当酸的解离反应和水的质子自递反应处于平衡时，溶液中 H^+ 来源于酸和水的解离，其浓度等于 Cl^- 和 OH^- 的浓度之和，PBE 为$[H^+]=[Cl^-]+[OH^-]$。

又因为$[OH^-]=K_w/[H^+]$，代入上式得$[H^+]=c+K_w/[H^+]$

即
$$[H^+]^2-c[H^+]-K_w=0$$

解之得
$$[H^+]=\frac{c+\sqrt{c^2+4K_w}}{2} \tag{5-6}$$

式(5-6) 为精确式。若强酸浓度 $c\geqslant1\times10^{-6}$mol/L，就可以忽略水的解离（注：也即 $c^2>100K_w$），质子条件简化为

$$[H^+]\approx[Cl^-]，或[H^+]\approx c \tag{5-7a}$$

从而得最简式
$$pH=-\lg c \tag{5-7b}$$

【例 5-5】 求 0.1mol/L 和 1×10^{-7}mol/L HNO_3 溶液的 pH 值。

解： 因为 c(0.1mol/L)$>1\times10^{-6}$mol/L

故采用最简式计算：$[H^+]=0.1$mol/L，$pH=-\lg0.1=1$

当 $c(1\times10^{-7}$mol/L$)<1\times10^{-6}$mol/L 时，须采用精确式求解

$$[H^+]=\frac{c+\sqrt{c^2+4K_w}}{2}=\frac{1.0\times10^{-7}+\sqrt{(1.0\times10^{-7})^2+4\times1.0\times10^{-14}}}{2}\text{mol/L}$$
$$=1.6\times10^{-7}\text{mol/L}$$

$$pH=-\lg(1.6\times10^{-7})=6.80$$

计算结果表明，浓度为 1×10^{-7}mol/L HNO_3 溶液的 pH 值为 6.80，而不是 7.00。

同理，对于一元强碱，例如浓度为 c 的 NaOH 水溶液。

当 $c \geqslant 1\times10^{-6}$ mol/L，$[OH^-]\approx c$　$pH=14.00-(-\lg c)$　(5-8)

当 $c<1\times10^{-6}$ mol/L，$[OH^-]=\dfrac{c+\sqrt{c^2+4K_w}}{2}$　(5-9)

3. 一元弱酸（碱）溶液 pH 值的计算

对于浓度为 c，解离常数为 K_a 的一元弱酸 HA，其 PBE 为

$$[H^+]=[A^-]+[OH^-]$$

根据解离平衡 $HA \rightleftharpoons H^+ + A^-$ 可知 $[A^-]=K_a[HA]/[H^+]$，又由于 $[OH^-]=K_w/[H^+]$，将其代入质子条件得

$$[H^+]=\frac{K_a[HA]}{[H^+]}+\frac{K_w}{[H^+]}$$

$$[H^+]=\sqrt{K_a[HA]+K_w} \tag{5-10}$$

式(5-10) 是计算一元弱酸溶液酸度的精确式，式中 $[HA]=c\delta(HA)=c\times\dfrac{[H^+]}{[H^+]+K_a}$

将之代入式(5-10) 中整理后得到求 $[H^+]$ 的一元三次方程：

$$[H^+]^3+K_a[H^+]^2-(cK_a+K_w)[H^+]-K_aK_w=0 \tag{5-11}$$

显然，解上述方程的计算相当麻烦，在实际工作中很少使用，常根据具体情况作近似处理。

式(5-10) 中，当 $K_a[HA]\geqslant 10K_w$ 时，K_w 可以忽略不计，此时计算结果的相对误差不大于 5%。考虑到弱酸的解离度一般不大，常以 $K_a[HA]\approx cK_a\geqslant 10K_w$ 来进行判断，即当 $cK_a\geqslant 10K_w$ 时，忽略 K_w，又因为 $[HA]=c-[H^+]+[OH^-]\approx c-[H^+]$

代入式(5-10)，得 $[H^+]=\sqrt{K_a[HA]}=\sqrt{K_a(c-[H^+])}$

整理得 $[H^+]^2+[H^+]K_a-cK_a=0$

解之，取正根为

$$[H^+]=\frac{-K_a+\sqrt{K_a^2+4K_ac}}{2} \tag{5-12}$$

式(5-12) 就是计算一元弱酸 $[H^+]$ 的近似式。若再满足 $c/K_a\geqslant 100$，则不但可以忽略水的解离，也可以忽略 HA 的解离，$[HA]\approx c-[H^+]\approx c$。

那么式(5-10) 就可以变为

$$[H^+]=\sqrt{cK_a} \tag{5-13}$$

式(5-13) 是计算一元弱酸 $[H^+]$ 的最简式，使用条件是：$cK_a\geqslant 10K_w$ 且 $c/K_a\geqslant 100$。

对于极稀或极弱的酸溶液，由于溶液中浓度非常小，此时不能忽略水解离出的 H^+，即当 $cK_a<10K_w$ 但 $c/K_a\geqslant 100$ 时，由式(5-10) 推导出计算此类溶液 H^+ 浓度的近似式

$$[H^+]=\sqrt{K_ac+K_w} \tag{5-14}$$

对于一元弱碱，处理方法及计算公式、使用条件和一元弱酸相类似，只需把相应公式及判别条件中的 K_a 换成 K_b，把 $[H^+]$ 换成 $[OH^-]$ 即可。

【例 5-6】 计算 0.1mol/L HAc 溶液的 pH 值（$pK_a=4.74$）。

解： 因为 $\dfrac{c}{K_a}=\dfrac{0.1}{10^{-4.74}}=10^{3.74}>100$　$cK_a=0.1\times10^{-4.74}=10^{-5.74}>10K_w$

所以可以用最简式计算$[H^+]=\sqrt{cK_a}=\sqrt{0.1\times10^{-4.74}}$ mol/L$=1.35\times10^{-3}$ mol/L

$$pH=-\lg(1.35\times10^{-3})=2.87$$

【例 5-7】计算 0.01mol/L 一氯乙酸（$CH_2ClCOOH$）溶液的 pH 值（$pK_a=2.86$）。

解：因为 $pK_a=2.86$，$K_a=1.4\times10^{-3}$，$c=0.01$mol/L

$$\frac{c}{K_a}=\frac{0.01}{10^{-2.86}}<100 \quad cK_a=0.01\times10^{-2.86}=10^{-4.86}>10K_w$$

所以要用近似式

$$[H^+]=\frac{-K_a+\sqrt{K_a^2+4K_ac}}{2}$$

$$=\frac{-1.4\times10^{-3}+\sqrt{(1.4\times10^{-3})^2+4\times1.4\times10^{-3}\times0.01}}{2}\text{mol/L}$$

$$=3.1\times10^{-3}\text{mol/L}$$

$$pH=-\lg(3.1\times10^{-3})=2.51$$

4. 多元酸碱溶液 pH 值的计算

多元酸碱溶液 H^+ 浓度的计算方法与一元酸碱溶液类似，但由于多元弱酸碱在溶液中逐级解离，因此情况要复杂些。以浓度为 c 的二元弱酸 H_2A 为例加以推导。

先列出质子条件：$[H^+]=[HA^-]+2[A^{2-}]+[OH^-]$，将有关形式用解离常数和 c、$[H^+]$ 表示，代入质子条件后得

$$[H^+]=\frac{[H_2A]K_{a1}}{[H^+]}+2\frac{[H_2A]K_{a1}K_{a2}}{[H^+]^2}+\frac{K_w}{[H^+]}$$

$$[H^+]=\sqrt{[H_2A]K_{a1}\left(1+\frac{2K_{a2}}{[H^+]}\right)+K_w} \tag{5-15}$$

将 $[H_2A]=c\delta_2=\frac{[H^+]^2}{[H^+]^2+K_{a1}[H^+]+K_{a1}K_{a2}}c$ 代入上式整理后得

$$[H^+]^4+K_{a1}[H^+]^3+(K_{a1}K_{a2}-cK_{a1}-K_w)[H^+]^2-(K_{a1}K_w+2cK_{a1}K_{a2})[H^+]$$
$$-(cK_a+K_w)[H^+]-K_{a1}K_{a2}K_w=0 \tag{5-16}$$

式(5-15) 和式(5-16) 是计算二元弱酸溶液 $[H^+]$ 的精确公式，若采用数学处理比较复杂，一般根据具体情况对其进行近似、简化处理。

当 $cK_{a1}\geqslant10K_w$ 时，K_w 可以忽略，计算结果相对误差不大于 5%，如同时又有$\frac{K_{a2}}{[H^+]}\approx\frac{K_{a2}}{\sqrt{cK_{a1}}}<0.05$（有的教科书是当 $K_{a1}\gg K_{a2}$ 时），则第二级解离也可以忽略，此二元酸可按一元酸处理，即

$$[H^+]=\sqrt{[H_2A]K_{a1}}=\sqrt{K_{a1}(c-[H^+])} \tag{5-17}$$

式(5-17) 是计算二元弱酸溶液 $[H^+]$ 的近似公式。

如果二元弱酸除满足上述两条件外，其 $c/K_a>100$，则说明二元弱酸的一级解离度也较小。此时$[H_2A]=c-[H^+]\approx c$，将其代入式(5-13) 得计算二元弱酸溶液 $[H^+]$ 的最简式

$$[H^+]=\sqrt{cK_{a1}} \tag{5-18}$$

多元弱碱溶液 pH 值的计算公式、使用条件和多元弱酸相类似，只需把相应公式及判别条件中的 K_a 换成 K_b，把 $[H^+]$ 换成 $[OH^-]$ 即可。

【例 5-8】 室温时，饱和 H_2CO_3 溶液的浓度约为 0.04mol/L，计算该溶液的 pH 值（已知 $K_{a1}=4.2\times10^{-7}$，$K_{a2}=5.6\times10^{-11}$）。

解： 因为 $cK_{a1}=0.04\times4.2\times10^{-7}=1.68\times10^{-8}>10K_w$，$\dfrac{c}{K_{a1}}=\dfrac{0.04}{4.2\times10^{-7}}=9.5\times10^4>100$

$$\frac{K_{a2}}{[H^+]}\approx\frac{K_{a2}}{\sqrt{cK_{a1}}}=\frac{5.6\times10^{-11}}{\sqrt{0.040\times4.2\times10^{-7}}}=4.31\times10^{-7}<0.05$$

故用最简式计算，即$[H^+]=\sqrt{K_{a1}c}=\sqrt{4.2\times10^{-7}\times0.040}\text{ mol/L}=1.3\times10^{-4}\text{ mol/L}$

$$pH=-\lg(1.3\times10^{-4})=3.89$$

5. 两性物质溶液 pH 值的计算

根据酸碱质子理论，既能给出质子又能接受质子的物质为两性物质，其酸碱平衡较为复杂，常见的两性物质有多元酸的酸式盐（如 Na_2HPO_4、NaH_2PO_4、$NaHCO_3$），弱酸弱碱盐［如 NH_4Ac、$(NH_4)_2CO_3$］等。

(1) 酸式盐

以浓度为 c 的 NaHA 为例，其质子条件为$[H^+]+[H_2A]=[A^{2-}]+[OH^-]$（参考水平 HA^-、H_2O）。

即 $$[H^+]=[A^{2-}]+[OH^-]-[H_2A]$$

将解离平衡关系代入质子条件得

$$[H^+]=\frac{K_{a2}[HA^-]}{[H^+]}+\frac{K_w}{[H^+]}-\frac{[H^+][HA^-]}{K_{a1}}$$

整理得

$$[H^+]=\sqrt{\frac{K_{a1}(K_{a2}[HA^-]+K_w)}{K_{a1}+[HA^-]}} \tag{5-19}$$

通常 HA^- 的解离倾向较小，所以$[HA^-]\approx c$。

式(5-19) 可简化为

$$[H^+]=\sqrt{\frac{K_{a1}(K_{a2}c+K_w)}{K_{a1}+c}} \tag{5-20}$$

当 $cK_{a2}\geqslant10K_w$ 时，式(5-19) 中的 K_w 可忽略，因此有

$$[H^+]=\sqrt{\frac{K_{a1}K_{a2}c}{K_{a1}+c}} \tag{5-21}$$

式(5-21) 为计算酸式盐 $[H^+]$ 的近似式。

当 $cK_{a2}\geqslant10K_w$ 且 $c>10K_{a1}$ 时有

$$[H^+]=\sqrt{K_{a1}K_{a2}} \tag{5-22a}$$

式(5-22a) 为计算酸式盐 $[H^+]$ 的最简式，也是最常用的计算公式。

将式(5-22a) 两边同时取负对数则可直接求得 pH 值：

$$pH=\frac{1}{2}(pK_{a1}+pK_{a2}) \tag{5-22b}$$

当 $cK_{a2}<10K_w$ 时，K_w 不能忽略，但若 $c>10K_{a1}$ 时式(5-20) 分母中的 K_{a1} 可以忽略，因此有

$$[H^+]=\sqrt{\frac{K_{a1}(K_{a2}c+K_w)}{c}} \tag{5-23}$$

此式也是计算酸式盐 $[H^+]$ 的近似式，但使用条件和式(5-20) 是不同的。

【例 5-9】 计算 0.10mol/L $NaHCO_3$ 溶液的 pH 值（已知 $K_{a1}=4.2\times10^{-7}$，$K_{a2}=5.6\times10^{-11}$）。

解：

$$cK_{a2}=0.10\times5.6\times10^{-11}=5.6\times10^{-12}>10K_w$$

$$\frac{c}{K_{a1}}=\frac{0.10}{4.2\times10^{-7}}=2.38\times10^5>100$$

可用最简式计算

$$[H^+]=\sqrt{K_{a1}K_{a2}}=\sqrt{4.2\times10^{-7}\times5.6\times10^{-11}}\text{ mol/L}=4.85\times10^{-9}\text{ mol/L}$$

$$pH=-\lg(4.85\times10^{-9})=8.31$$

【例 5-10】 计算 0.050mol/L NaH_2PO_4 和 0.033mol/L Na_2HPO_4 溶液的 pH 值（已知 H_3PO_4 的 $K_{a1}=7.6\times10^{-3}$，$K_{a2}=6.3\times10^{-8}$，$K_{a3}=4.4\times10^{-13}$）。

解： ① 对于 0.050mol/L NaH_2PO_4 溶液，有

$$cK_{a2}=0.050\times6.3\times10^{-8}=3.15\times10^{-9}>10K_w$$

$$\frac{c}{K_{a1}}=\frac{0.050}{7.6\times10^{-3}}=6.57<10$$

所以应采用近似式

$$[H^+]=\sqrt{\frac{K_{a1}K_{a2}c}{K_{a1}+c}}=\sqrt{\frac{7.6\times10^{-3}\times6.3\times10^{-8}\times0.050}{7.5\times10^{-3}+0.050}}\text{ mol/L}=2.0\times10^{-5}\text{ mol/L}$$

$$pH=-\lg(2.0\times10^{-5})=4.70$$

② 对于 0.033mol/L Na_2HPO_4 溶液，有

$$cK_{a3}=0.033\times4.4\times10^{-13}=1.5\times10^{-14}<10K_w$$

$$\frac{c}{K_{a2}}=\frac{0.033}{6.3\times10^{-8}}=5.2\times10^5>100$$

所以采用近似式

$$[H^+]=\sqrt{\frac{K_{a2}(K_{a3}c+K_w)}{c}}=\sqrt{\frac{6.3\times10^{-8}\times(4.4\times10^{-13}\times0.033+10^{-14})}{0.033}}\text{ mol/L}$$

$$=2.2\times10^{-10}\text{ mol/L}$$

$$pH=-\lg(2.2\times10^{-10})=9.66$$

(2) 弱酸弱碱盐

酸碱组成比为 1∶1 的弱酸弱碱盐，其计算公式完全同酸式盐。以浓度为 c 的 NH_4Ac 溶液为例，其中 NH_4^+ 为酸组分，Ac^- 为碱组分，

其 PBE 为　$[H^+]+[HAc]=[NH_3]+[OH^-]$

$$[H^+]+\frac{[H^+][Ac^-]}{K_{a(HAc)}}=\frac{[NH_4^+]K_{a(NH_4^+)}}{[H^+]}+[OH^-]$$

整理后得

$$[H^+]=\sqrt{\frac{K_{a(HAc)}(cK_{a(NH_4^+)}+K_w)}{K_{a(HAc)}+c}} \tag{5-24}$$

可以看出式(5-24) 和式(5-19) 相似，实质是一样的，只是在计算式中 HAc 的解离常数 $K_{a(HAc)}$ 相当于酸式盐的 K_{a1}，NH_4^+ 的解离常数 $K_{a(NH_4^+)}$(K_w/K_b) 相当于酸式盐的 K_{a2}，其他各种近似计算公式根据相应的条件而得出。

$$K_{a(NH_4^+)}=\frac{K_w}{K_b}=\frac{1.0\times10^{-14}}{1.8\times10^{-5}}=5.6\times10^{-10}\approx K_{b(Ac^-)}$$

所以 NH_4^+ 的酸式解离和 Ac^- 碱式解离程度相近，NH_4Ac 溶液呈中性。

【例 5-11】 计算 0.10mol/L 氨基乙酸溶液的 pH 值（已知 $K_{a1}=4.5\times10^{-3}$，$K_{a2}=2.5\times10^{-10}$）。

解： 氨基乙酸（NH_2CH_2COOH）在溶液中以双极离子存在，既能起酸的作用，又能起碱的作用：

$$^+H_3N-CH_2-COOH+H_2O \rightleftharpoons {}^+H_3N-CH_2-COO^-+H_3O^+ \quad K_{a1}=4.5\times10^{-3}$$

$$^+H_3N-CH_2-COO^- \rightleftharpoons H_2N-CH_2-COO^-+H^+ \quad K_{a2}=2.5\times10^{-10}$$

$$^+H_3N-CH_2-COO^-+H_2O \rightleftharpoons {}^+H_3N-CH_2COOH+OH^-$$

$$K_{b2}=\frac{K_w}{K_{a1}}=\frac{1.0\times10^{-14}}{4.5\times10^{-3}}=2.2\times10^{-12}$$

$$cK_{a2}=0.10\times2.5\times10^{-10}=2.5\times10^{-11}>10K_w$$

$$\frac{c}{K_{a1}}=\frac{0.10}{4.5\times10^{-3}}=22.22>10$$

$$[H^+]=\sqrt{K_{a1}K_{a2}}=\sqrt{4.5\times10^{-3}\times2.5\times10^{-10}}\text{mol/L}=1.1\times10^{-6}\text{mol/L}$$

$$pH=-\lg(1.1\times10^{-6})=5.96$$

6. 混合酸碱溶液 pH 值的计算

(1) 强酸与弱酸（HCl+HA）的混合溶液

其 PBE 为　$[H^+]=c_{HCl}+[A^-]+[OH^-]$

即溶液中 $[H^+]$ 由 HCl、HA 和 H_2O 提供。溶液为酸性，略去 $[OH^-]$ 可得近似式

$$[H^+]=c_{HCl}+\frac{c_{HA}K_a}{K_a+[H^+]} \tag{5-25}$$

解一元二次方程，即得 $[H^+]$。

一般可先用最简式 $[H^+]=c_{HCl}$ 计算求得 $[H^+]$，再求 $[A^-]$，若 $[A^-]\ll c_{HCl}$，则结果合理，即弱酸的解离可以忽略，否则需用近似式求解。

H_2SO_4 是二元酸，在水中是分步解离的，其第一步完全解离，第二步部分解离，可以看作强酸与弱酸的混合溶液。

强碱与弱碱（$NaOH+A^-$）混合溶液也可以作类似处理，近似式为

$$[OH^-]=c_{NaOH}+\frac{c_{A^-}K_b}{K_b+[OH^-]} \tag{5-26}$$

【例 5-12】 计算 0.010mol/L HAc 和 0.010mol/L HCl 混合溶液的 pH 值（已知 HAc 的 $K_a=1.8\times10^{-5}$）。

解：其 PBE 为 $[H^+]=c_{HCl}+[Ac^-]+[OH^-]$，溶液为酸性，可简化为

$$[H^+]=c_{HCl}+[Ac^-]$$

近似的 $[H^+]=c_{HCl}=0.010mol/L$

$$[Ac^-]=\frac{c_{HAc}K_a}{K_a+[H^+]}=\frac{0.010\times1.8\times10^{-5}}{1.8\times10^{-5}+0.010}mol/L=1.8\times10^{-5}mol/L$$

由此可知 PBE 中 $c_{HCl}>20[Ac^-]$，故 $[H^+]=c_{HCl}=0.010mol/L$

$$pH=-lg(0.010)=2.00$$

（2）两种弱酸（HA+HB）的混合溶液

其 PBE 为 $$[H^+]=[A^-]+[B^-]+[OH^-]$$

忽略水解离的 $[OH^-]$，代入平衡常数时可得近似式

$$[H^+]=\sqrt{K_{a(HA)}[HA]+K_{a(HB)}[HB]} \tag{5-27a}$$

如果 $c_{HA}K_{a(HA)}\gg c_{HB}K_{a(HB)}$ 可以忽略 HB 解离出的那部分 H^+，只根据 HA 的解离平衡计算 $[H^+]$。

若两种酸的解离程度相差不大，则解离互相抑制，有

$$[H^+]=\sqrt{K_{a(HA)}c_{HA}+K_{a(HB)}c_{HB}} \tag{5-27b}$$

（3）弱酸与弱碱（$HA+B^-$）的混合溶液

其 PBE 为 $$[H^+]+[HB]=[A^-]+[OH^-]$$

若二者原始浓度都很大，且酸碱性都较弱，相互间的酸碱反应可以忽略，则其 PBE 可简化为 $[HB]\approx[A^-]$，根据解离平衡关系可得

$$\frac{[H^+][B^-]}{K_{a(HB)}}=\frac{K_{a(HA)}[HA]}{[H^+]}$$

平衡时 $[HA]\approx c_{HA}$，$[B^-]\approx c_{B^-}$，代入上式得

$$\frac{[H^+]c_{B^-}}{K_{a(HB)}}=\frac{K_{a(HA)}c_{HA}}{[H^+]}$$

即 $$[H^+]=\sqrt{\frac{c_{HA}}{c_{B^-}}K_{a(HA)}K_{a(HB)}} \tag{5-28}$$

7. 酸碱缓冲溶液

酸碱缓冲溶液是一种能对溶液酸碱度（或 pH）起稳定（缓冲）作用的溶液，当外加少量酸、碱，或因化学反应产生少量酸、碱，以及适度稀释时，其 pH 值不发生显著的变化。例如，健康人血液的 pH 值保持在 7.36～7.44（37℃），是因为血液中的血红蛋白 HHb-KHb、氧合血红蛋白 $HHbO_2$-$KHbO_2$、血浆蛋白 HPr-NaPr 及磷酸盐 $H_2PO_4^-$-HPO_4^{2-}、碳酸盐 HCO_3^--H_2CO_3 等共轭酸碱对组成了缓冲能力很强的生理缓冲溶液。在分析化学中，

为使配位滴定反应进行完全，必须控制缓冲溶液的 pH 值在一定范围内，氧化还原反应及沉淀形成也都需要控制一定的酸度。因此，合理地选择和配制缓冲溶液非常重要。

(1) 酸碱缓冲溶液的作用原理

酸碱缓冲溶液能维持 pH 值基本恒定，是因为其中存在着大量既抗酸又抗碱的组分。例如，0.10mol/L NaAc 和 0.10mol/L HAc，则构成 $HAc-Ac^-$ 共轭缓冲体系，它们在溶液中存在下列平衡：

$$HAc \rightleftharpoons H^+ + Ac^-$$

$$K_a = \frac{[H^+][Ac^-]}{[HAc]}$$

由于在上述缓冲体系中大量存在的抗酸成分 Ac^- 和抗碱成分 HAc，故当有外来的少量强酸加入时，大量的 Ac^- 立即与 H^+ 作用，使 HAc 的解离平衡向左移动，因为 Ac^- 的量大而不会使溶液 pH 值明显降低；同理当有外来的少量的强碱作用，使 HAc 的解离平衡向右移动，因为 HAc 的量大而不会使溶液的 pH 值显著升高，从而起到缓冲 pH 值的作用。

缓冲溶液的组成一般可分为以下三类。

① 弱酸及其共轭碱、弱碱及其共轭酸，如 HAc-NaAc、NH_3-NH_4Cl 等。

② 两性物质，如邻苯二甲酸氢钾、氨基乙酸等。

③ 高浓度酸、高浓度碱，如浓 H_2SO_4、浓 H_3PO_4、浓 NaOH 溶液等。

(2) 缓冲溶液 pH 值的计算

假设缓冲溶液是由弱酸 HA 及其共轭碱 NaA 组成，浓度分别为 c_a 和 c_b，则 PBE 为

$$[H^+]=[A^-]+[OH^-]-c_b$$

即

$$[A^-]=c_b+[H^+]-[OH^-] \tag{5-29}$$

因为 $c_a+c_b=[HA]+[A^-]$，故有

$$[HA]=c_a-[H^+]+[OH^-] \tag{5-30}$$

将式(5-29) 和式(5-30) 代入 HA 的解离平衡方程，得 $[H^+]$ 浓度的精确计算公式：

$$[H^+]=K_a\frac{[HA]}{[A^-]}=K_a\frac{c_a-[H^+]+[OH^-]}{c_b+[H^+]-[OH^-]} \tag{5-31}$$

用精确式进行计算时，数学处理复杂，通常根据具体情况对其进行简化处理。

当溶液 pH 值小于 6 时，可以忽略 $[OH^-]$，这样式(5-31) 变为

$$[H^+]=K_a\frac{c_a-[H^+]}{c_b+[H^+]} \tag{5-32}$$

当溶液 pH 值大于 8 时，可以忽略 $[H^+]$，这样式(5-31) 变为

$$[H^+]=K_a\frac{c_a+[OH^-]}{c_b-[OH^-]} \tag{5-33}$$

式(5-32) 和式(5-33) 是计算缓冲溶液中 $[H^+]$ 的近似公式。

若 $c_a \gg [OH^-]-[H^+]$，$c_b \gg [H^+]-[OH^-]$ 时，则式(5-33) 简化为

$$[H^+]=K_a\frac{c_a}{c_b}$$

即

$$pH=pK_a+\lg\frac{c_b}{c_a} \tag{5-34}$$

这是计算缓冲溶液pH值的最简式。作为一般控制酸度用的缓冲溶液，因缓冲剂本身的浓度较大，计算结果无须十分精确，所以通常用此式进行计算。

从式(5-34)也可看出，缓冲溶液的pH值，首先决定于pK_a，即弱酸解离常数K_a的大小，同时又和c_a与c_b的比值有关。对于同一缓冲溶液而言，pK_a是常数，适当改变c_a与c_b的比例，就可以在一定范围内配制不同pH值的缓冲溶液。

【例5-13】 50mL 0.30mol/L NaOH溶液和100mL 0.45mol/L HAc溶液混合，假设混合后溶液的体积为混合前之和，计算所得溶液的pH值（已知HAc的$K_a=1.8\times10^{-5}$）。

解： 由于NaOH与过量的HAc反应生成NaAc，还有过剩的HAc存在，所以该混合液为酸碱缓冲溶液。

$$c_{Ac^-}=\frac{0.30\times50}{50+100}=0.10\ (\text{mol/L})$$

$$c_{HAc}=\frac{0.45\times100-0.30\times50}{50+100}=0.20\ (\text{mol/L})$$

因为$c_a \gg [OH^-]-[H^+]$，$c_b \gg [H^+]-[OH^-]$时，可采用最简式计算

$$pH=pK_a+\lg\frac{c_b}{c_a}=4.74+\lg\frac{0.10}{0.20}=4.44$$

根据用途，缓冲溶液可分为两大类：一类是一般缓冲溶液，用于控制溶液的酸度；它们大多是由一定浓度的共轭酸碱对所组成；另一类是酸碱标准缓冲溶液，它们是由规定浓度的某些逐级解离常数相差较小的两性物质（如酒石酸氢钾等），或由共轭酸碱对（如$H_2PO_4^-$-HPO_4^{2-}等）所组成，其值是根据国际纯粹与应用化学联合会（International Union of Pure and Applied Chemistry，IUPAC）所规定的pH值的操作定义实验准确测定的，在国际上用作测量溶液pH值的参照溶液。表5-3列出了几种常用标准缓冲溶液及其pH值的实验值。当使用酸度计测量溶液的pH值时，选取与被测溶液pH值范围接近的标准缓冲溶液来校正仪器，可以提高测量的准确度，同时还需注意溶液测量时的温度。如果对缓冲溶液的pH值进行理论计算，则必须考虑离子强度的影响。通过有关离子活度系数对其活度进行校正，否则理论计算值将与实验值不相符。例如，由0.025mol/L KH_2PO_4-0.025mol/L Na_2HPO_4组成的缓冲溶液，其pH值为6.86，若按最简式则得

$$pH=pK_{a2}+\lg\frac{c_{HPO_4^{2-}}}{c_{H_2PO_4^-}}=7.20+\lg\frac{0.025}{0.025}=7.20$$

表5-3 标准缓冲溶液的pH值

标准缓冲溶液	pH值标准值(25℃)
饱和酒石酸(0.034mol/L)	3.56
0.05mol/L 邻苯二甲酸氢钾	4.01
0.025mol/L KH_2PO_4-0.025mol/L Na_2HPO_4	6.86
0.010mol/L 硼砂	9.18

此值与实验值相差较大。故正确的计算公式应为

$$pH=pK_{a2}+\lg\frac{\alpha_{HPO_4^{2-}}}{\alpha_{H_2PO_4^-}}$$

【例 5-14】 考虑离子强度的影响，计算 0.025mol/L KH_2PO_4-0.025mol/L Na_2HPO_4 缓冲溶液的 pH 值（c 为该离子的浓度，z 为该离子的电荷数）。

解： 溶液中需要考虑四种离子：K^+、Na^+、$H_2PO_4^-$ 和 HPO_4^{2-}

$$I=\frac{1}{2}[(cz^2)_{K^+}+(cz^2)_{Na^+}+(cz^2)_{HPO_4^{2-}}+(cz^2)_{H_2PO_4^-}]$$

$$=\frac{1}{2}[0.025\times1^2+0.025\times2\times1^2+0.025\times2^2+0.025\times1^2]=0.10(\text{mol/L})$$

根据稀溶液德拜-休克尔方程得

$$\lg\gamma(H_2PO_4^-)=-0.50z^2\left(\frac{\sqrt{I}}{1+\sqrt{I}}-0.30I\right)$$

$$=-0.50\times1^2\left(\frac{\sqrt{0.10}}{1+\sqrt{0.10}}-0.30\times0.10\right)=-0.10$$

$$\lg\gamma(HPO_4^{2-})=-0.50z^2\left(\frac{\sqrt{I}}{1+\sqrt{I}}-0.30I\right)$$

$$=-0.50\times2^2\left(\frac{\sqrt{0.10}}{1+\sqrt{0.10}}-0.30\times0.10\right)=-0.42$$

则 $$\gamma(H_2PO_4^-)=0.79,\gamma(HPO_4^{2-})=0.38$$

根据实测值或粗略估算可知溶液近中性。因此 $c(H_2PO_4^-)$ 和 $c(HPO_4^{2-})$ 比 $[H^+]$ 和 $[OH^-]$ 大得多，故可采用最简式计算。

$$\alpha(H_2PO_4^-)=\gamma(H_2PO_4^-)c(H_2PO_4^-)=0.79\times0.025\text{mol/L}=0.020\text{mol/L}$$

$$\alpha(HPO_4^{2-})=\gamma(HPO_4^{2-})c(HPO_4^{2-})=0.38\times0.025\text{mol/L}=0.0095\text{mol/L}$$

$$pH=pK_{a2}+\lg\frac{\alpha_{HPO_4^{2-}}}{\alpha_{H_2PO_4^-}}=7.20+\lg\frac{0.0095}{0.020}=6.88$$

因对有关组分的活度进行校正，故计算结果与实验值非常接近。

(3) 缓冲容量与缓冲范围

缓冲溶液的缓冲能力是有一定限度的。例如，当加入的强酸（强碱）的量太多，或缓冲溶液进行过度稀释时，缓冲溶液的 pH 值将不再保持基本不变。缓冲溶液缓冲能力的大小以缓冲容量来衡量，以 β 表示。其定义为：使 1L 缓冲溶液的 pH 值增加 dpH 单位所需的强碱量 db（mol），或使 1L 缓冲溶液的 pH 值降低 dpH 单位所需的强酸量 da（mol）。其数学表达式为

$$\beta=\frac{db}{dpH}=-\frac{da}{dpH} \tag{5-35}$$

由于酸度增加使溶液的 pH 值减小，为保持 β 为正，故在 da/dpH 式前加一负号。β 越大表示溶液的缓冲能力越大。

对于 $c$mol/L HA 和 $b$mol/L NaOH 混合的缓冲体系，质子条件为

$$[H^+]=[A^-]+[OH^-]-b$$

$$b=-[H^+]+[OH^-]+[A^-]=-[H^+]+\frac{K_w}{[H^+]}+\frac{cK_a}{K_a+[H^+]}$$

上式求导得$\frac{db}{d[H^+]}=-1-\frac{K_w}{[H^+]^2}-\frac{cK_a}{(K_a+[H^+])^2}$

因为$pH=-\lg[H^+]=-\frac{1}{2.3}\ln[H^+]$，$\frac{dpH}{d[H^+]}=-\frac{1}{2.3[H^+]}$，$d[H^+]=-2.3[H^+]dpH$

所以$\frac{db}{-2.3[H^+]dpH}=-1-\frac{K_w}{[H^+]^2}-\frac{cK_a}{(K_a+[H^+])^2}$

$$\beta=\frac{db}{dpH}=2.3[H^+]+2.3[OH^-]+\frac{2.3c[H^+]K_a}{(K_a+[H^+])^2}=\beta_{H^+}+\beta_{OH^-}+\beta_{HA\text{-}A^-}$$

当 $[H^+]$ 与 $[OH^-]$ 均较小时，缓冲容量为

$$\beta\approx\frac{2.3c[H^+]K_a}{(K_a+[H^+])^2}=2.3c\delta_{HA}\delta_{A^-} \tag{5-36}$$

令$\frac{d\beta}{d[H^+]}=2.3cK_a\frac{K_a-[H^+]}{(K_a+[H^+])^3}=0$

$[H^+]=K_a$，即 $pH=pK_a$ 时，$\delta_{HA}=\delta_{A^-}=\frac{1}{2}$，缓冲容量达到最大值

$$\beta_{max}=0.575c \tag{5-37}$$

缓冲容量的大小与缓冲溶液的总浓度及组成比有关。

① 总浓度越大，缓冲容量越大。缓冲溶液的总浓度多数在0.01～1mol/L。

② 总浓度一定时，酸碱缓冲对的浓度比越接近1∶1，缓冲容量越大。因此配制缓冲溶液时应选择 pK_a 接近目标pH值的酸碱缓冲对。

缓冲溶液浓度越小，缓冲对浓度相差越悬殊，缓冲容量越小，甚至失去缓冲作用。一般认为

$$pH=pK_a\pm1$$

是缓冲溶液的有效缓冲范围，当 $c_{HAc}/c_{Ac^-}=0.1$ 或 10 时，可计算此时缓冲溶液的 β 为 $0.19c$，约为最大值的1/3。一般来说当 $c_{HAc}/c_{Ac^-}=1/50$（或50/1）时，可认为这种 $HA\text{-}A^-$ 溶液已不具有缓冲能力了。

(4) 缓冲溶液的选择

缓冲溶液选择的原则是：

① 缓冲溶液不干扰测定，只和 H^+ 与 OH^- 反应，不和系统其他成分反应。

② 所需控制的pH值应在缓冲溶液的缓冲范围内，即 $pH\approx pK_a$。

③ 缓冲溶液应有足够的缓冲容量，以满足实际工作需要。共轭酸碱浓度接近（$c_a:c_b\approx1:1$）；总浓度尽量大一些，一般控制在0.01～1mol/L。

④ 组成缓冲溶液的物质应廉价易得，避免环境污染。

实际工作中，当pH<2时，用强酸；pH>12时，用强碱。有时需要用到在较宽的pH值范围内均具有较高缓冲能力的溶液，这时可以采用多元酸碱组成缓冲体系。如将柠檬酸与磷酸氢二钠两种溶液按不同比例混合，可以得到pH值为2～8的一系列缓冲溶液。而由磷酸、乙酸、硼酸与氢氧化钠组成的Britton-Robinson缓冲溶液在pH值为2～12范围内均具有较大的缓冲容量，由于多个共轭酸碱对的存在，随着pH的变化，体系的缓冲容量呈现

“此起彼伏”的状态，称为广泛或全域 pH 值缓冲溶液。常用的缓冲溶液如表 5-4 所示。

表 5-4　常用缓冲溶液

缓冲溶液	共轭酸	共轭碱	pK_a	缓冲范围
氨基乙酸-HCl	$H_3^+NCH_2COOH$	$H_3^+NCH_2COO^-$	2.35	1.3～3.3
氯乙酸-NaOH	$CH_2ClCOOH$	CH_2ClCOO^-	2.86	2.0～3.5
甲酸-NaOH	HCOOH	$HCOO^-$	3.74	2.7～4.7
HAc-NaAc	CH_3COOH	CH_3COO^-	4.74	3.7～5.7
六亚甲基四胺-HCl	$(CH_2)_6N_4H^+$	$(CH_2)_6N_4$	5.15	4.2～6.2
NaH_2PO_4-Na_2HPO_4	$H_2PO_4^-$	HPO_4^{2-}	7.20	6.2～8.2
三乙醇胺-HCl	$H^+N(CH_2CH_2OH)_3$	$N(CH_2CH_2OH)_3$	7.76	6.8～8.8
三羟甲基甲胺-HCl	$H_3^+NC(CH_2OH)_3$	$H_2NC(CH_2OH)_3$	8.21	7.2～9.2
$Na_2B_4O_7$-HCl	H_3BO_3	$H_2BO_3^-$	9.24	8.0～9.1
$Na_2B_4O_7$-NaOH	H_3BO_3	$H_2BO_3^-$	9.24	9.2～11.0
NH_3-NH_4Cl	NH_4^+	NH_3	9.26	8.3～10.3
乙醇胺-HCl	$H_3^+NCH_2CH_2OH$	$H_2NCH_2CH_2OH$	9.50	8.5～10.5
氨基乙酸-NaOH	$H_3^+NCH_2COOH$	$H_3^+NCH_2COO^-$	9.60	8.6～10.6
Na_2CO_3-$NaHCO_3$	HCO_3^-	CO_3^{2-}	10.25	9.3～11.3

第二节　酸碱指示剂

酸碱滴定分析中，确定滴定终点的方法有仪器法与指示剂法两类。

仪器法确定滴定终点主要是利用滴定体系或滴定产物的电化学性质的改变，用仪器（如 pH 计）检测终点的到达。常见的方法有电位滴定法、电导滴定法等。指示剂法是借助加入的酸碱指示剂在化学计量点附近颜色的变化来确定滴定终点。这种方法简单、方便，是确定滴定终点的基本方法。下面仅介绍酸碱指示剂法。

一、酸碱指示剂的作用原理

酸碱指示剂一般是比较复杂的有机弱酸或弱碱，它们的各种存在形式由于结构不同，具有不同的颜色。当溶液的酸度改变时，其主要存在形式发生变化，结构也随着改变，因此溶液会呈现不同的颜色。下面以最常用的甲基橙、酚酞为例来说明。

甲基橙是一种有机弱碱，也是一种双色指示剂，它在溶液中的解离平衡可用下式表示：

$(CH_3)_2N-C_6H_4-N=N-C_6H_4-SO_3^- \underset{OH^-}{\overset{H^+}{\rightleftharpoons}} (CH_3)_2\overset{+}{N}=C_6H_4=N-NH-C_6H_4-SO_3^-$

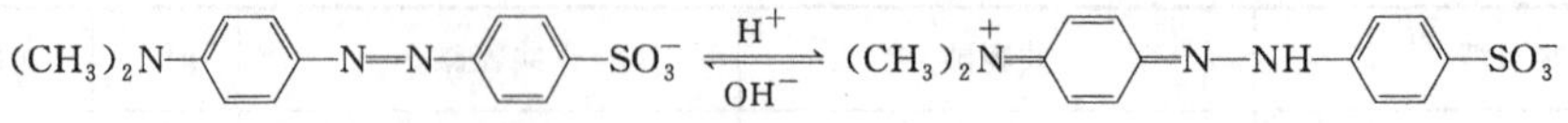

黄色（偶氮式）　　　　红色（醌式）

由平衡关系式可以看出：当溶液中［H^+］增大时，反应向右进行，此时甲基橙主要以醌式形式存在，溶液呈红色；当溶液中［H^+］降低而［OH^-］增大时，反应向左进行，甲基橙主要以偶氮式形式存在，溶液呈黄色。

酚酞是一种有机弱酸，它在溶液中的电离平衡如下所示：

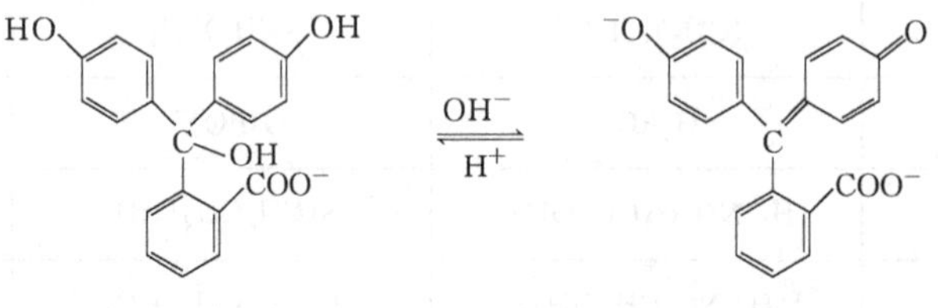

HO　OH　C　OH　COO^-　$\underset{H^+}{\overset{OH^-}{\rightleftharpoons}}$　^-O　O　C　COO^-

无色（羟式）　　　　红色（醌式）

在酸性溶液中，平衡向左移动，酚酞主要以羟式形式存在，溶液呈无色；在碱性溶液中，平衡向右移动，酚酞主要以醌式形式存在，因此溶液呈红色。由此可见，当溶液的 pH 值发生变化时，由于指示剂结构的变化，颜色也随之发生变化，因而可通过酸碱指示剂颜色的变化确定酸碱滴定的终点。

二、指示剂的变色范围

为了进一步说明指示剂颜色变化与酸度的关系，现以 HIn 表示指示剂的酸式形式，以 In^- 代表指示剂的碱式形式，在溶液中指示剂的解离平衡可用下式表示：

$$HIn \rightleftharpoons H^+ + In^-$$

$$K_{HIn}=\frac{[H^+][In^-]}{[HIn]}$$

$$\frac{[In^-]}{[HIn]}=\frac{K_{HIn}}{[H^+]} \tag{1}$$

$$[H^+]=K_{HIn}\frac{[HIn]}{[In^-]}$$

$$pH=pK_{HIn}+\lg\frac{[In^-]}{[HIn]} \tag{2}$$

溶液的颜色决定于指示剂碱式色和酸式色的浓度比值，即 $\frac{[In^-]}{[HIn]}$ 值，对一定指示剂而言，在一定温度下，指示剂的解离常数 K_{HIn} 为常数，因此由式(1) 可以看出，$\frac{[In^-]}{[HIn]}$ 值只决定于［H^+］，［H^+］不同时 $\frac{[In^-]}{[HIn]}$ 数值就不同，溶液将呈现不同的色调。

一般来说，当一种形式的浓度大于另一种形式浓度的 10 倍时，人眼通常只看到较浓形式物质的颜色。

当$\frac{[In^-]}{[HIn]} \geqslant \frac{10}{1}$时，我们看到$In^-$的颜色，此时，由式(2) 得：

$$pK_{HIn} + \lg\frac{10}{1} = pK_{HIn} + 1$$

当$\frac{[In^-]}{[HIn]} \leqslant \frac{1}{10}$时，我们看到HIn的颜色，此时，由式(2) 得：

$$pK_{HIn} + \lg\frac{1}{10} = pK_{HIn} - 1$$

当$\frac{[In^-]}{[HIn]}$为$\frac{1}{10} \sim \frac{10}{1}$时，看到溶液表现出酸式色和碱式色的中间颜色。

当溶液的pH值由$pK_{HIn}-1$向$pK_{HIn}+1$逐渐改变时，理论上人眼可以看到指示剂由酸式色逐渐过渡到碱式色。这种理论上可以看到的引起指示剂颜色变化的pH值间隔称为指示剂的理论变色范围。当两者浓度相等，即$[HIn]=[In^-]$，上式中$[In^-]/[HIn]=1$时，此时$pH=pK_{HIn}$，这一点称为指示剂的理论变色点。

表 5-5　几种常用酸碱指示剂在室温下水溶液中的变色范围

指示剂	变色范围(pH 值)	颜色变化	pK_{HIn}	质量浓度	用量 /(滴/10mL 试液)
百里酚蓝	1.2～2.8	红～黄	1.7	1g/L 的 20%乙醇溶液	1～2
甲基黄	2.9～4.0	红～黄	3.3	1g/L 的 90%乙醇溶液	1
甲基橙	3.1～4.4	红～黄	3.4	0.5g/L 的水溶液	1
溴酚蓝	3.0～4.6	黄～紫	4.1	1g/L 的 20%乙醇溶液或其钠盐水溶液	1
溴甲酚绿	4.0～5.6	黄～蓝	4.9	1g/L 的 20%乙醇溶液或其钠盐水溶液	1～3
甲基红	4.4～6.2	红～黄	5.0	1g/L 的 60%乙醇溶液或其钠盐水溶液	1
溴百里酚蓝	6.2～7.6	黄～蓝	7.3	1g/L 的 20%乙醇溶液或其钠盐水溶液	1
中性红	6.8～8.0	红～黄橙	7.4	1g/L 的 60%乙醇溶液	1
苯酚红	6.8～8.4	黄～红	8.0	1g/L 的 60%乙醇溶液或其钠盐水溶液	1
酚酞	8.0～10.0	无色～红	9.1	5g/L 的 90%乙醇溶液	1～3
百里酚蓝	8.0～9.6	黄～蓝	8.9	1g/L 的 20%乙醇溶液	1～4
百里酚酞	9.4～10.6	无色～蓝	10.0	1g/L 的 90%乙醇溶液	1～2

理论上说，指示剂的变色范围都是2个pH单位，但指示剂的变色范围（指从一种色调改变至另一种色调）不是计算出来的，而是依据人眼观察出来的。由于人眼对于各种颜色的敏感程度不同，加上两种颜色之间的相互影响，因此，实际观察到的指示剂的变色范围（见表5-5）都不是2个pH单位，而是略有上下。例如甲基红指示剂，它的理论变色点$pK_{HIn}=5.0$，其酸式色为红色，碱式色为黄色。由于人眼对红色更为敏感，当指示剂酸式色的浓度比碱式色大5倍时，即可看到指示剂的酸式色（红色）；由于黄色没有红色那么明显，只有当指示剂碱式的浓度比酸式至少大12.5倍时，才能看到指示剂的碱式色（黄色）。所以甲基红指示剂的变色范围不是理论上的pH=4.0～6.0，而是实际上的pH=4.4～6.2，将此称为指示剂的实际变色范围。表5-5列出了几种常用酸碱指示剂在室温下水溶液中的变色范围，供使用时参考。

三、影响指示剂变色范围的因素

显然，指示剂的实际变色范围越窄，则在化学计量点时，溶液 pH 值稍有变化，指示剂的颜色便立即从一种颜色变到另一种颜色，这样可减小滴定误差。那么，有哪些因素可以影响指示剂的实际变色范围呢？一般来说，影响指示剂实际变色范围的因素主要有两方面：一是影响指示剂解离常数 K_{HIn} 的数值，从而移动了指示剂变色范围的区间，这方面的影响因素中以温度的影响最为显著；二是对指示剂变色范围宽度的影响，主要的影响因素有溶液温度、指示剂的用量、离子强度及滴定程序等。下面分别讨论。

1. 温度

指示剂的变色范围和指示剂的解离常数 K_{HIn} 有关，而 K_{HIn} 与温度有关，因此当温度改变时，指示剂的变色范围也随之改变。表 5-6 列出了几种常见指示剂在 18℃与 100℃时的变色范围。

由表 5-6 可以看出，温度上升对各种指示剂的影响是不一样的。因此，为了确保滴定结果的准确性，一般酸碱滴定分析都在室温下进行，若有必要加热煮沸，也必须在溶液冷却后再滴定。

表 5-6　温度对指示剂变色范围的影响

指示剂	变色范围(pH 值)		指示剂	变色范围(pH 值)	
	18℃	100℃		18℃	100℃
百里酚酞	1.2～2.8	1.2～2.6	甲基红	4.4～6.2	4.0～6.0
甲基橙	3.1～4.4	2.5～3.7	酚红	6.4～8.0	6.6～8.2
溴酚蓝	3.0～4.6	3.0～4.5	酚酞	8.0～10.0	8.0～9.2

2. 指示剂用量

指示剂的用量（或浓度）是一个非常重要的因素。对于双色指示剂（如甲基红），在溶液中有如下解离平衡：

$$HIn \rightleftharpoons H^{+} + In^{-}$$

如果溶液中指示剂的浓度较小，则在单位体积溶液中 HIn 的量也少，加入少量标准溶液即可使之完全变为 In^{-}，因此指示剂颜色变化灵敏；反之，若指示剂浓度较大，则发生同样的颜色变化所需标准溶液的量也较多，从而导致滴定终点时颜色变化不敏锐。所以，双色指示剂的用量以小为宜。

同理，对于单色指示剂（如酚酞），也是指示剂的用量偏少时滴定终点变色敏锐。但如用单色指示剂滴定至一定 pH 值，则必须严格控制指示剂的浓度。因为单色指示剂的颜色深度仅取决于有色离子的浓度（对酚酞来说就是碱式 $[In^{-}]$），即

$$[In^{-}] = \frac{K_{HIn}}{[H^{+}]}[HIn]$$

如果 $[H^{+}]$ 维持不变，在指示剂变色范围内，溶液颜色的深浅便随指示剂 HIn 浓度的增加而加深。因此，使用单色指示剂时必须严格控制指示剂的用量，使其在终点时的浓度等于对照溶液中的浓度。

此外，指示剂本身是弱酸或弱碱，也要消耗一定量的标准溶液。因此，指示剂用量以少

为宜，但却不能太少，否则，由于人眼辨色能力的限制，无法观察到溶液颜色的变化。实际滴定过程中，通常都是使用指示剂浓度为 1g/L 的溶液，用量比例为每 10mL 试液滴加 1 滴左右的指示剂溶液。

3. 离子强度

指示剂的 pK_{HIn} 随溶液离子强度的不同而有变化，因而指示剂的变色范围也随之稍有偏移。实验证明，溶液离子强度增加，对酸型指示剂而言其 pK_{HIn} 减小，对碱型指示剂而言其 pK_{HIn} 增大。表 5-7 列出了一些常用指示剂的 pK_{HIn} 随溶液离子强度变化而变化的关系。

表 5-7　常用指示剂在不同离子强度时的 pK_{HIn}

指示剂	指示剂酸碱性	pK_{HIn}（20℃，水溶液）		
		离子强度为 0	离子强度为 0.1	离子强度为 0.5
甲基黄	碱性	3.25(18℃)	3.24	3.40
甲基橙	碱性	3.46	3.46	3.46
甲基红	酸性	5.00	5.00	5.00
溴甲酚绿	酸性	4.90	4.66	4.50
溴甲酚紫	酸性	6.40	6.12	4.90
溴酚蓝	酸性	4.10(15℃)	3.85	3.75
溴百里酚蓝	酸性	7.30(15～30℃)	7.10	6.90

由于在离子强度较低（<0.5）时酸碱指示剂的 pK_{HIn} 值随溶液离子强度的不同变化不大，因而实际滴定过程中一般可以忽略不计。

4. 滴定程序

由于深色较浅色明显，所以当溶液由浅色变为深色时，人眼容易辨别。例如酚酞由酸式变为碱式，即由无色到红色，变化明显，易于辨别；反之观测红色退去，由于视觉暂留，则变化不明显，非常容易滴定过量。同样，甲基橙由黄变红，比由红变黄更易于辨别。因此用强酸滴定强碱，一般用甲基橙作指示剂；用强碱滴定强酸，宜用酚酞作指示剂。

四、混合指示剂

在很多要求较高的滴定分析中，尤其是在很多标准方法中，为了尽可能减小系统误差，需要将滴定终点控制在很窄的 pH 值范围内，以利于终点判断，减小滴定误差，提高分析的准确度。此时可采用混合指示剂。

常见的混合指示剂有两类：一类是由两种或两种以上的指示剂混合而成，利用颜色的互补作用，使指示剂变色范围变窄，变色更敏锐，有利于判断终点，减小滴定误差，提高分析的准确度。例如，溴甲酚绿（$pK_a=4.9$）和甲基红（$pK_a=5.0$），前者当 pH<4.0 时呈黄色（酸色），pH>5.6 时呈蓝色（碱色），后者当 pH<4.4 时呈红色（酸色），pH>6.2 时呈浅黄色（碱色）。两者按 3∶1 混合后，在 pH<5.1 的溶液中呈酒红色，而在 pH>5.1 的溶液中呈绿色，且变色非常敏锐。另一类混合指示剂是在某种指示剂中加入另一种惰性染料组成。例如，采用中性红与亚甲基蓝混合而配制的指示剂，当配比为 1∶1 时，混合指示剂在 pH=7.0 时呈现蓝紫色，其酸色为蓝紫色，碱色为绿色，变色也很敏锐。几种常用的混合指示剂见表5-8。

表5-8 几种常用的混合指示剂

指示剂溶液的组成	变色时的pH值	颜色		备注
		酸颜色	碱颜色	
1份0.1%甲基黄乙醇溶液 1份0.1%次亚甲基蓝乙醇溶液	3.25	蓝紫	绿	pH 3.2,蓝紫色 pH 3.4,绿色
1份0.1%甲基橙水溶液 1份0.25%靛蓝二磺酸水溶液	4.1	紫	黄绿	
1份0.1%溴甲酚绿钠盐水溶液 1份0.2%甲基橙水溶液	4.3	橙	蓝绿	pH 3.5,黄色 pH 4.05,绿色 pH 4.3,浅绿
3份0.1%溴甲酚绿乙醇溶液 1份0.2%甲基红乙醇溶液	5.1	酒红	绿	
1份0.1%甲酚红钠盐水溶液 3份0.1%百里酚蓝钠盐水溶液	8.3	黄	紫	pH 8.2,玫瑰红 pH 8.4,清晰的紫色
1份0.1%百里酚蓝钠盐50%乙醇溶液 3份0.1%酚酞50%乙醇溶液	9.0	黄	紫	从黄到绿,再到紫
1份0.1%酚酞乙醇溶液 1份0.1%百里酚酞乙醇溶液	9.9	无色	紫	pH 9.6,玫瑰红 pH 10,紫色

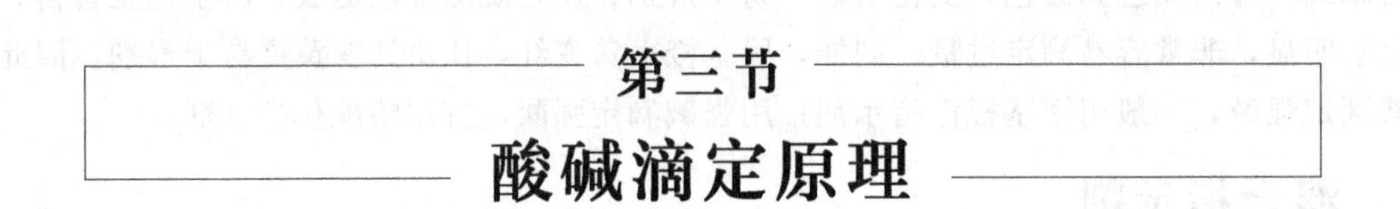

第三节 酸碱滴定原理

酸碱滴定法是以酸碱反应为基础的滴定分析法。滴定剂为强酸或强碱，被滴定的物质是各种具有酸碱性质的强酸或强碱（或弱酸或弱碱），一般不进行弱酸弱碱之间的滴定，这是由于弱酸弱碱之间的反应进行得不完全。滴定时是利用指示剂的颜色变化来确定滴定过程的终点，而指示剂只在一定的pH值范围内作用。选择合适的指示剂，必须了解滴定过程中溶液的pH值变化情况，这种变化可以用滴定曲线来描述。以pH值为纵坐标，滴定剂加入量（或滴定分数）为横坐标作图，即得酸碱滴定曲线。从滴定曲线上可以看到各类酸碱滴定中pH值的变化规律及影响因素，并通过具体计算来绘制几类酸碱滴定曲线，了解滴定突跃及其实用意义，影响滴定突越的因素有哪些，如何正确地选择指示剂，滴定可行性的判断等，是本节主要讲述的内容。

一、一元酸碱的滴定

1. 强酸强碱的滴定

强碱滴定强酸或强酸滴定强碱的反应为

$$H^+ + OH^- \rightleftharpoons H_2O$$

此反应的平衡常数 $K_t=\dfrac{1}{[H^+][OH^-]}=\dfrac{1}{K_w}=1.0\times10^{14}(25℃)$

这是各类酸碱滴定中平衡常数最大的反应，说明强酸强碱的滴定反应完全程度最高。以0.1000mol/L NaOH溶液滴定20.00mL 0.1000mol/L HCl溶液为例，讨论强酸强碱滴定中pH的变化、滴定曲线的形状及指示剂的选择。

（1）滴定过程可以按以下四个阶段来考虑

① 滴定开始前。溶液中只有HCl，此时 $[H^+]=c_0$，$pH=-\lg c_0$

此例该数值　　$[H^+]=0.1000mol/L$

$$pH=-\lg0.1000=1.00$$

② 滴定开始到化学计量点前。此时溶液中存在的物质有生成的NaCl和剩余的HCl，溶液的pH应由剩余的HCl决定。

$$[H^+]=\frac{c_{HCl}V-c_{NaOH}V_{加}}{V+V_{加}}$$

设 x 为加入滴定剂NaOH的百分数。所以有

$$x=\frac{c_bV_{加}}{c_aV}\times100\%$$

若 $c_a=c_b=c_0$，则 $V_{加}=xV$，$[H^+]=\dfrac{c_0(V-V_{加})}{V+V_{加}}=\dfrac{c_0(1-x)}{1+x}$

$$pH=-\lg\frac{c_0(1-x)}{1+x}$$

$x=99.9\%$时，$pH_下=-\lg\dfrac{c_0(1-x)}{1+x}=-\lg\dfrac{c_0(1-99.9\%)}{1+99.9\%}=-\lg\dfrac{0.001c_0}{2}=3.30-\lg c_0$

$$pH_下=3.30-\lg c_0$$

此例该数值 $[H^+]=\dfrac{0.1000\times(1-99.9\%)}{1+99.9\%}mol/L=5.00\times10^{-5}mol/L$

$$pH=3.30-\lg c_0=3.30-\lg0.1000=4.30$$

③ 化学计量点时。此时溶液中只有NaCl，$[H^+]=[OH^-]=1.00\times10^{-7}$，$pH_{sp}=7.00$。

④ 化学计量点后。溶液中存在NaCl和过量的NaOH，pH由过量的NaOH决定

$$[OH^-]=\frac{c_{NaOH}V_{加}-c_{HCl}V}{V+V_{加}}=\frac{c_0(x-1)}{1+x}$$

$x=100.1\%$时　　$[OH^-]=\dfrac{c_0(100.1\%-1)}{1+100.1\%}=\dfrac{0.1\%c_0}{2}$

$$pOH=-\lg\frac{0.1\%c_0}{2}=3.30-\lg c_0$$

$$pH_{上}=14.00-pOH=14.00-(3.30-\lg c_0)=10.70+\lg c_0$$

此例该数值

$$[OH^-]=\frac{c_0(x-1)}{1+x}=\frac{0.1000\times(100.1\%-1)}{1+100.1\%}mol/L=5.00\times10^{-5}mol/L$$

$$[H^+]=1.00\times10^{-14}/[OH^-]=1.00\times10^{-14}/5.00\times10^{-5}mol/L=2.00\times10^{-10}mol/L$$

$$pH_{上}=10.70+\lg c_0=10.70+\lg 0.1000=9.70$$

得强酸强碱滴定突跃计算公式。

滴定突跃为： $pH_{下}(3.30-\lg c_0)\sim pH_{上}(10.70+\lg c_0)$ (5-38a)

根据上述计算公式，计算出滴定过程中加入任意体积 NaOH 时溶液的 pH，其结果如表 5-9。

表 5-9 0.1000mol/L NaOH 滴定 20.00mL 同浓度的 HCl 时溶液 pH 的变化

加入 NaOH/mL	HCl 被滴定百分数/%	剩余 HCl/mL	过量 NaOH/mL	$[H^+]$/(mol/L)	pH
0.00	0.00	20.00		1.00×10^{-1}	1.00
10.00	50.00	10.00		3.33×10^{-2}	1.48
18.00	90.00	2.00		5.26×10^{-3}	2.28
19.80	99.00	0.20		5.02×10^{-4}	3.30
19.96	99.80	0.04		1.00×10^{-4}	4.00
19.98	99.90	0.02		5.00×10^{-5}	4.30 滴定突跃
20.00	100.0	0		1.00×10^{-7}	7.00 滴定突跃
20.02	100.1		0.02	2.00×10^{-10}	9.70 滴定突跃
20.04	100.2		0.04	1.00×10^{-10}	10.00
20.20	101.0		0.20	2.01×10^{-11}	10.70
22.00	110.0		2.00	2.10×10^{-12}	11.68
40.00	200.0		20.00	3.00×10^{-13}	12.52

若用 0.1000mol/L HCl 滴定 20.00mL 同浓度的 NaOH 溶液时，滴定过程也分为四个阶段，pH 的计算公式如下：

① 滴定前。滴定开始前溶液中只有 NaOH，此时 $[OH^-]=c_0$，$pH=14.00-\lg c_0$

② 滴定开始到化学计量点前。此时溶液中存在的物质有生成的 NaCl 和剩余的 NaOH，溶液的 pH 应由剩余的 NaOH 决定。

$$[OH^-]=\frac{c_0(V-V_{加})}{V+V_{加}}=\frac{c_0(1-x)}{1+x}$$

$$pH=14.00-pOH=14.00+\lg\frac{c_0(1-x)}{1+x}$$

$x=99.9\%$ 时，$pH_{上}=14.00+\lg\frac{c_0(1-x)}{1+x}=14.00+\lg\frac{c_0(1-99.9\%)}{1+99.9\%}=14.00+\lg\frac{0.001c_0}{2}=10.70+\lg c_0$

$$pH_{上}=10.70+\lg c_0$$

此例该数值

$$[OH^-]=\frac{c_0(1-x)}{1+x}=\frac{0.1000\times(1-99.9\%)}{1+99.9\%}\text{mol/L}=5.00\times10^{-5}\text{mol/L}$$

$$[H^+]=1.00\times10^{-14}/[OH^-]=(1.00\times10^{-14})/(5.00\times10^{-5})\text{mol/L}=2.00\times10^{-10}\text{mol/L}$$

$$pH_{上}=10.70+\lg c_0=10.70+\lg0.1000=9.70$$

③ 化学计量点时。此时溶液中只有 NaCl，$[H^+]=[OH^-]=1.00\times10^{-7}$，$pH_{sp}=7.00$

④ 化学计量点后。溶液中存在 NaCl 和过量的 HCl，pH 由过量的 HCl 决定。

$$[H^+]=\frac{c_{HCl}V_{加}-c_{NaOH}V}{V+V_{加}}=\frac{c_0(V_{加}-V)}{V+V_{加}}=\frac{c_0(x-1)}{1+x}$$

$x=100.1\%$时 $$[H^+]=\frac{c_0(100.1\%-1)}{1+100.1\%}=\frac{0.1\%c_0}{2}$$

$$pH_{下}=-\lg\frac{0.1\%c_0}{2}=3.30-\lg c_0$$

同样得强酸强碱滴定突跃计算公式。

滴定突跃为 $$pH_{上}(10.70+\lg c_0)\sim pH_{下}(3.30-\lg c_0) \tag{5-38b}$$

此例该数值

$$[H^+]=\frac{0.1000\times(100.1\%-1)}{1+100.1\%}\text{mol/L}=5.00\times10^{-5}\text{mol/L}$$

$$pH_{下}=3.30-\lg c_0=3.30-\lg0.1000=4.30$$

根据上述计算公式，计算出滴定过程中加入任意体积 HCl 时溶液的 pH，其结果如表 5-10。

表 5-10 0.1000mol/L HCl 滴定 20.00mL 同浓度的 NaOH 时溶液 pH 的变化

加入 HCl/mL	NaOH 被滴定百分数/%	剩余 NaOH/mL	过量 HCl/mL	$[H^+]$/(mol/L)	pH
0.00	0.00	20.00		1.00×10^{-13}	13.00
10.00	50.00	10.00		3.00×10^{-13}	12.52
18.00	90.00	2.00		1.90×10^{-12}	11.72
19.80	99.00	0.20		2.00×10^{-11}	10.70
19.96	99.80	0.04		1.00×10^{-10}	10.00
19.98	99.90	0.02		2.00×10^{-10}	9.70 } 滴定突跃
20.00	100.00	0		1.00×10^{-7}	7.00 } 滴定突跃
20.02	100.10		0.02	5.00×10^{-5}	4.30 } 滴定突跃
20.04	100.20		0.04	1.00×10^{-4}	4.00
20.20	101.00		0.20	5.00×10^{-4}	3.30
22.00	110.00		2.00	4.76×10^{-3}	2.32
40.00	200.00		20.00	3.33×10^{-2}	1.48

(2) 曲线绘制及讨论

根据上述表中的数值，以溶液的 pH 为纵坐标，以 NaOH 溶液或 HCl 溶液加入分数（或体积）为横坐标，可以绘制出强碱滴定强酸的曲线如图 5-4，和强酸滴定强碱的曲线如图 5-5。

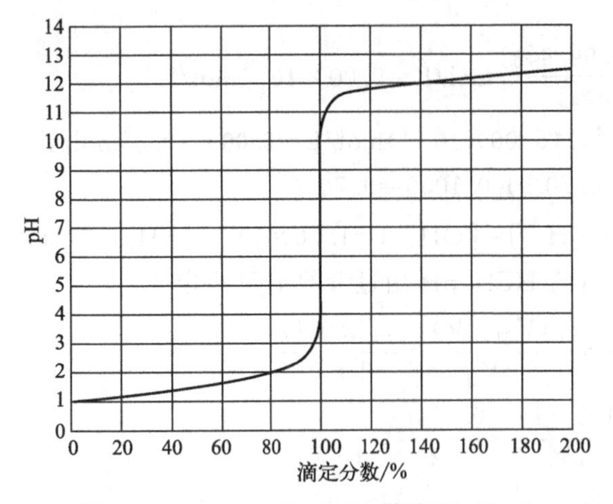

图 5-4 0.1000mol/L NaOH 滴定 20.00mL 同浓度的 HCl 时溶液 pH 的变化

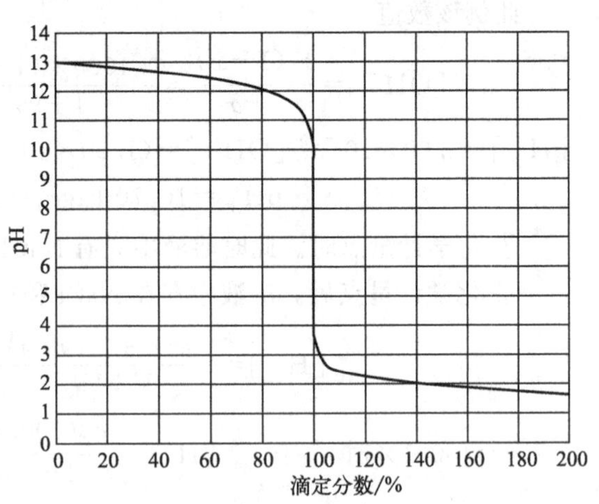

图 5-5 0.1000mol/L HCl 滴定 20.00mL 同浓度的 NaOH 时溶液 pH 的变化

滴定曲线讨论：两个曲线的走向刚好相反。一个是 pH 逐渐增大，一个是逐渐减小。但曲线的变化规律基本一样，都是分为三个部分。

第一部分和第三部分，曲线变化比较平坦；中间第二部分，曲线变化很大，曲线呈近似垂直的一段。何以如此？以图 5-4 为例分析如下：第一部分，是因为此时溶液中强酸 HCl 的浓度很大，有一定的缓冲能力，滴加的 NaOH 溶液，即 OH^- 都被溶液中存在的 H^+ 中和，溶液本身的性质没有发生根本性变化，溶液一直呈酸性，其 pH 由剩余的 HCl 浓度决定是属于渐变的量变过程。尽管从开始到加入 19.98mL NaOH 标准溶液，加入分数高达 99.9%，但溶液的 pH 仅改变 3.30 个 pH 单位，pH 变化不大，所以曲线平坦。第二部分，即在化学计量点附近，当第一部分结束时溶液的 pH=4.30，$[H^+]=5.00\times10^{-5}$mol/L，说明溶液中剩余 HCl 的浓度已经很小，已经没有缓冲能力，其对外来 OH^- 的抵抗能力极弱。当再加入 1 滴 NaOH 溶液（相当于 0.04mL，即从溶液中剩余 0.02mL HCl 溶液到过量 0.02mL NaOH 溶液）就使溶液的酸度发生了巨大变化，其 pH 由 4.30 急增到 9.70，增幅达 5.40 个 pH 单位，即溶液由 $[H^+]=5.00\times10^{-5}$mol/L 到 $[OH^-]=5.00\times10^{-5}$mol/L，相当于 $[H^+]$ 降低到原来的 1/250000，溶液也由剩余的 HCl 决定溶液的 pH 突变到由过量加入的 NaOH 的量决定溶液的 pH，溶液的性质发生了根本的变化，由酸性变为碱性；此区域溶液的 pH 有一个突然的改变，所以曲线呈近似垂直突跃的一段。从图 5-4 看到，我们把化学计量点前后 0.1%范围内，溶液的 pH 突然的改变，使滴定曲线呈现近似垂直的一段称为滴定突跃，而突跃所在的 pH 范围称为滴定突跃范围。第三部分，溶液的 pH 由过量的 NaOH 决定，加入 NaOH 的量越多，NaOH 的浓度越高，缓冲能力越强，pH 的变化就越小，无论加多少 NaOH 也仅是一个量变过程，即碱性由弱到强，其余无明显变化，所以曲线呈渐趋平坦的状态。

（3）影响强酸强碱滴定突跃因素

从上面的示例我们可以看出，无论是强碱滴定强酸还是强酸滴定强碱，虽然滴定曲线的走向相反，但将两条曲线画在一个图中如图 5-6，看到两条近似垂直的一段突跃曲线刚好重合，数值也完全一样，从其计算公式进一步考察，发现滴定突跃的大小仅与参与反应物的浓度有关。同时也将不同浓度的 NaOH 滴定同样浓度的 HCl 的滴定曲线绘制出来，如图 5-7 所示。

滴定突跃的大小是选择指示剂的重要依据。从图 5-7 中的数值可以看到：酸碱浓度增大 10 倍，滴定突跃范围就增加 2 个 pH 单位；反之，酸碱浓度减小到 1/10，则滴定突跃范围就减少 2 个 pH 单位。也就是酸碱浓度越大，滴定突跃越大，指示剂的选择范围就越大；如果酸碱浓度越稀，突跃越小，指示剂的选择范围就小。根据上述讨论我们可以总结有关滴定突跃的经验计算公式如下：

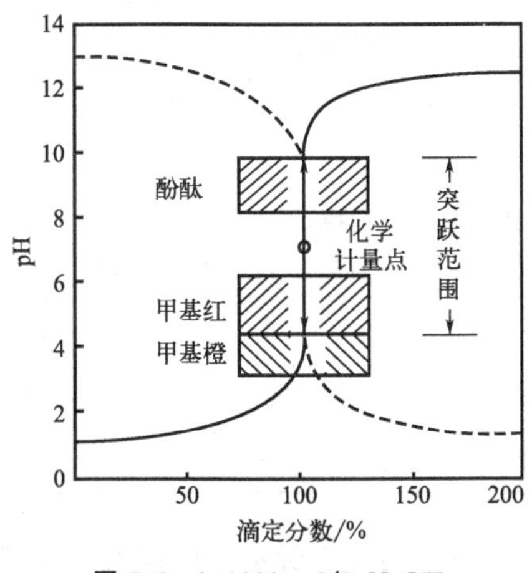

图 5-6　0.1000mol/L NaOH 和 HCl 互滴曲线

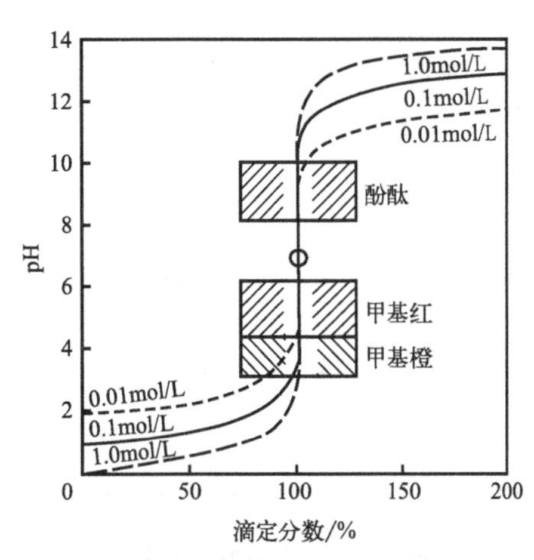

图 5-7　不同浓度的 NaOH 滴定 HCl 曲线

当滴定误差 $E_t \leqslant \pm 0.1\%$，$c_0 \geqslant 10^{-3}$ mol/L 时，强酸强碱滴定突跃的计算公式为

$$pH_{上}(10.70+\lg c_0) \sim pH_{下}(3.30-\lg c_0)$$

对于太稀的酸或碱，若 $c_0 < 10^{-3}$ mol/L 的酸碱，不能使用上述滴定突跃的计算公式；因为太稀的酸碱达到滴定突跃时，溶液中的剩余或过量的酸碱提供的 $[H^+]$ 或 $[OH^-]$ 可能要小于 10^{-6} mol/L，要考虑水电离出的 $[H^+]$ 或 $[OH^-]$ 对酸度的影响，上述公式是在忽略水电离的情况下推导出来的。不同浓度的强酸碱互滴 pH 突跃如表 5-11。下面我们可以根据滴定突跃就如何选合适的指示剂进行讨论。

表 5-11　不同浓度 NaOH 和同样浓度的 HCl 互滴 pH 突跃范围和突跃值(大小)

起始浓度/(mol/L)	突跃范围	突跃大小 ΔpH
1.0	3.30～10.70	7.40
0.1	4.30～9.70	5.40
0.01	5.30～8.70	3.40
0.001	6.30～7.70	1.40
0.0001	6.90～7.10(6.80～7.20)	0.20(0.40)

(4) 指示剂的选择

选择指示剂的原则：一是指示剂的变色范围全部或部分落入滴定突跃范围内；二是指示剂的变色点尽量接近化学计量点。由此得知：滴定突跃范围的大小是选择合适的指示剂来指示滴定终点的基本依据，凡是指示剂变色范围全部或部分落在突跃范围之内的指示剂都可以作为该滴定分析的指示剂，所引起的误差在0.1%以内。

例如用0.1000mol/L NaOH滴定同浓度的HCl溶液，滴定pH突跃范围为4.3～9.7，此时可选择甲基橙（3.1～4.4）、甲基红（4.4～6.2）、酚酞（8.0～10.0）。实际分析时通常选择酚酞作指示剂，因其终点颜色由无色变成浅红色，非常容易辨别。也可以用图5-6表示，图中虚线表示用0.1000mol/L HCl滴定同浓度的NaOH时溶液指示剂的选择，此时指示剂可选择甲基红和酚酞。倘若仍然选择甲基橙作指示剂溶液由黄色变为橙色时pH为4.0，滴定误差将有+0.2%。实际分析时，为了进一步提高滴定终点的准确性以及更好地判断终点（如用甲基红，终点颜色由黄变橙，人眼不易把握；若用酚酞，则由红色退至无色，人眼也不易判断），通常选用混合指示剂溴甲酚绿-甲基红，终点时颜色由绿色经浅灰变暗红，容易观察。

表5-12　不同浓度强酸碱滴定指示剂选择

起始浓度/(mol/L)	突跃范围	甲基橙(3.1～4.4)	甲基红(4.4～6.2)	酚酞(8.0～10.0)
0.01	5.30～8.70	不能，E_t>1%	可以	可以
0.1	4.30～9.70	可以	可以	可以
1.0	3.30～10.70	可以	可以	可以

如果用不同浓度的NaOH滴定HCl，滴定曲线图如图5-7所示，可以看出浓度越高，滴定突跃pH范围越宽，可选择的指示剂种类越多，反之，可选择的指示剂越少。也可以用表5-12来表示。

2. 强碱（酸）滴定一元弱酸（碱）

为使滴定反应进行完全，实际工作中总是以强酸（碱）滴定弱碱（酸）。例如强碱滴定解离常数为K_a的弱酸，滴定反应及平衡常数为

$$HA + OH^- \longrightarrow H_2O + A^- \qquad K_t = \frac{[A^-]}{[HA][OH^-]} = \frac{K_a}{K_w}$$

强酸滴定解离常数为K_b的弱碱，滴定反应及平衡常数为

$$BOH + H^+ \longrightarrow H_2O + B^+ \qquad K_t = \frac{[B^+]}{[BOH][H^+]} = \frac{K_b}{K_w}$$

滴定反应平衡常数比强碱滴定强酸时小，说明完全程度较强碱滴定强酸时低，酸越弱，K_a越小，反应越不完全，K_t小到一定程度时滴定反应就可能无法进行。弱酸K_a（或弱碱的K_b）的大小是确定滴定准确度的一个重要因素。

（1）强碱滴定弱酸（例A）或强酸滴定弱碱（例B）实例分析

例A：以0.1000mol/L NaOH标准滴定溶液滴定20.00mL 0.1000mol/L HAc溶液为例进行讨论，滴定时发生如下反应：

$$HAc + OH^- \longrightarrow H_2O + Ac^-$$

$$K_t = \frac{[Ac^-]}{[HAc][OH^-]} = \frac{K_a}{K_w} = \frac{1.76\times10^{-5}}{1.00\times10^{-14}} = 1.76\times10^9$$

与强酸强碱滴定相似，整个滴定过程按照不同溶液组成情况，被滴定溶液的pH同样可分为四个阶段计算。为了方便计算，下面酸度计算采用最简式，一般来说，除极稀溶液或被

滴酸碱极弱外，采用最简式计算，其滴定误差一般在允许范围之内。

① 滴定开始前。只有 HAc，$[H^+]=\sqrt{cK_a}$

$$pH=\frac{pK_a-\lg c}{2}$$

此例该数值　$[H^+]=\sqrt{cK_a}=\sqrt{0.1000\times(1.76\times10^{-5})}\ mol/L=1.33\times10^{-3}\ mol/L$

$$pH=-\lg(1.33\times10^{-3})=2.88$$

或　$pH=\frac{pK_a-\lg c}{2}=\frac{4.75-\lg 0.1000}{2}=2.88$

② 滴定开始到化学计量点前。此时溶液中存在的物质有生成的 NaAc 和剩余的 HAc，溶液的 pH 由 HAc-NaAc 缓冲体系决定。设 x 为滴定分数。

$$[H^+]=K_{a(HAc)}\frac{[HAc]}{[Ac^-]}\quad 即\ pH=pK_{a(HAc)}+\lg\frac{[Ac^-]}{[HAc]}$$

$$[HAc]=\frac{c_0(V-V_{加})}{V+V_{加}}=\frac{c_0(1-x)}{1+x}$$

$$[Ac^-]=\frac{c_0V_{加}}{V+V_{加}}=\frac{c_0x}{1+x}$$

$$[H^+]=K_{a(HAc)}\frac{1-x}{x}$$

$$pH=pK_{a(HAc)}+\lg\frac{x}{1-x}$$

$x=50\%$时　　$pH=pK_{a(HAc)}$

此例该数值　　$pH=pK_{a(HAc)}=4.75$

$x=99.9\%$时　　$pH=pK_{a(HAc)}+\lg\frac{99.9\%}{1-99.9\%}=pK_{a(HAc)}+3.00$

此例该数值　　$pH=pK_{a(HAc)}+3.00=4.75+3.00=7.75$

此时为滴定突跃的下限　　$pH_{下}=pK_{a(HAc)}+3.00$

③ 化学计量点时。此时溶液中只有 NaAc 和水，pH 由弱碱 Ac^- 决定，其浓度为

$$c_{sp}=[Ac^-]_{sp}=\frac{c_0V_{加}}{V+V_{加}}=\frac{c_0x}{1+x}=\frac{100\%c_0}{1+100\%}=\frac{1}{2}c_0$$

$$[OH^-]=\sqrt{c_{sp}K_{b(Ac^-)}}=\sqrt{\frac{c_0K_w}{2K_{a(HAc)}}}$$

$$[H^+]=\frac{K_w}{[OH^-]}=\sqrt{\frac{2K_wK_{a(HAc)}}{c_0}}$$

$$pH_{sp}=\frac{pK_w+pK_{a(HAc)}-\lg 2+\lg c_0}{2}=\frac{13.70+pK_{a(HAc)}+\lg c_0}{2}=\frac{13.70+4.75-1.00}{2}=8.725\approx8.73$$

④ 化学计量点后。溶液中存在 NaAc 和过量的 NaOH，pH 由过量的 NaOH 决定。

$$[OH^-]=\frac{c_{NaOH}V_{加}-c_{HAc}V}{V+V_{加}}=\frac{c_0(V_{加}-V)}{V+V_{加}}=\frac{c_0(x-1)}{1+x}$$

若 $x=100.1\%$时，　$[OH^-]=\frac{c_0(100.1\%-1)}{1+100.1\%}=\frac{0.1\%c_0}{2}$

$$pOH=-\lg\frac{0.1\%c_0}{2}=3.30-\lg c_0$$

$$pH_{上}=14.00-pOH=14.00-(3.30-\lg c_0)=10.7+\lg c_0$$

强碱滴定弱酸的突跃公式：

$$pH_{下}(pK_{a(HA)}+3.00)\sim pH_{上}(10.70+\lg c_0) \tag{5-39}$$

按上述方法，依次计算出滴定过程中的 pH，其计算结果如表 5-13。

表 5-13　0.1000mol/L NaOH 滴定 20.00mL 同浓度的 HAc 时溶液 pH 的变化

加入 NaOH/mL	HAc 被滴定的百分数/%	剩余 HAc/mL	过量 NaOH/mL	$[H^+]/(mol/L)$	pH	
0.00	0.00	20.00		1.33×10^{-3}	2.88	
10.00	50.0	10.00		1.76×10^{-5}	4.76	
18.00	90.0	2.00		1.96×10^{-6}	5.71	
19.80	99.0	0.20		1.78×10^{-7}	6.75	
19.96	99.8	0.04		3.53×10^{-8}	7.45	
19.98	99.9	0.02		1.76×10^{-8}	7.75	滴定突跃
20.00	100.0	0		1.88×10^{-9}	8.73	
20.02	100.1		0.02	2.00×10^{-10}	9.70	
20.04	100.2		0.04	1.00×10^{-10}	10.00	
20.20	101.0		0.20	2.01×10^{-11}	10.70	
22.00	110.0		2.00	2.10×10^{-12}	11.68	
40.00	200.0		20.00	5.00×10^{-1}	12.52	

例 B：用同样的方法可以计算出强酸滴定弱碱时溶液 pH 的变化情况。表 5-14 列出了用 0.1000mol/L HCl 标准溶液滴定 20.00mL 0.1000mol/L $NH_3\cdot H_2O$ 溶液时溶液 pH 的变化情况，同时也列出了在不同滴定阶段溶液 pH 的计算式。

① 滴定开始前。只有 $NH_3\cdot H_2O$，$[OH^-]=\sqrt{cK_b}$

$$pH=14.00-\frac{pK_b-\lg c}{2}$$

此例该数值　$[OH^-]=\sqrt{cK_b}=\sqrt{0.1000\times(1.76\times10^{-5})}\ mol/L=1.33\times10^{-3}\ mol/L$

$$pOH=-\lg(1.33\times10^{-3})=2.88$$

或　$$pH=14.00-\frac{pK_b-\lg c}{2}=\frac{4.75-\lg 0.1000}{2}=14.00-2.88=11.12$$

② 滴定开始到化学计量点前。此时溶液中存在的物质有生成的 NH_4Cl 和剩余的 $NH_3\cdot H_2O$，溶液的 pH 应由 NH_4Cl-$NH_3\cdot H_2O$ 缓冲体系决定。设 x 为滴定分数。

$$[OH^-]=K_{b(NH_3\cdot H_2O)}\frac{[NH_3\cdot H_2O]}{[NH_4^+]}\quad 即\ pH=14.00-pK_{b(NH_3\cdot H_2O)}+\lg\frac{[NH_3\cdot H_2O]}{[NH_4^+]}$$

$$[NH_3\cdot H_2O]=\frac{c_0(V-V_{加})}{V+V_{加}}=\frac{c_0(1-x)}{1+x}$$

$$[NH_4^+]=\frac{c_0V_{加}}{V+V_{加}}=\frac{c_0x}{1+x}$$

$$[H^+]=[K_w/K_{b(NH_3 \cdot H_2O)}]\frac{x}{1-x}$$

$$pH=14.00-pK_{b(NH_3 \cdot H_2O)}-\lg\frac{x}{1-x}$$

$x=50\%$时　　$pH=14.00-pK_{b(NH_3 \cdot H_2O)}$

此例该数值　　$pH=14.00-pK_{b(NH_3 \cdot H_2O)}=14.00-4.75=9.25$

$x=99.9\%$时　$pH=14.00-pK_{b(NH_3 \cdot H_2O)}-\lg\frac{99.9\%}{1-99.9\%}=11.00-pK_{b(NH_3 \cdot H_2O)}$

此例该数值　　$pH=11.00-pK_{b(NH_3 \cdot H_2O)}=11.00-4.75=6.25$

此时为滴定突跃的上限　　$pH_{上}=11.00-pK_{b(NH_3 \cdot H_2O)}$

③ 化学计量点。此时溶液中只有 NH_4Cl 和水，pH 值由弱酸 NH_4^+ 决定，其浓度为

$$c_{sp}=[NH_4^+]_{sp}=\frac{c_0V_{加}}{V+V_{加}}=\frac{c_0x}{1+x}=\frac{100\%c_0}{1+100\%}=\frac{1}{2}c_0$$

$$[H^+]=\sqrt{c_{sp}K_{a(NH_4^+)}}=\sqrt{\frac{c_0K_w}{2K_{b(NH_3 \cdot H_2O)}}}$$

$$pH_{sp}=\frac{pK_w-pK_{b(NH_3 \cdot H_2O)}+\lg2-\lg c_0}{2}=\frac{14.30-pK_{b(NH_3 \cdot H_2O)}-\lg c_0}{2}$$

$$=\frac{14.30-4.75+1.00}{2}=5.275\approx5.28$$

④ 化学计量点后。溶液中存在 NH_4Cl 和过量的 HCl，pH 由过量的 HCl 决定。

$$[H^+]=\frac{c_{HCl}V_{加}-c_{NH_3 \cdot H_2O}V}{V+V_{加}}=\frac{c_0(V_{加}-V)}{V+V_{加}}=\frac{c_0(x-1)}{1+x}$$

$x=100.1\%$时　　$[H^+]=\frac{c_0(100.1\%-1)}{1+100.1\%}=\frac{0.1\%c_0}{2}$

$$pH_{下}=-\lg\frac{0.1\%c_0}{2}=3.30-\lg c_0$$

滴定突跃公式为

$$pH_{上}=11.00-pK_{b(NH_3 \cdot H_2O)}\sim pH_{下}=3.30-\lg c_0 \tag{5-40}$$

按上述方法，依次计算出滴定过程中的 pH 值，其计算结果如表 5-14。

表 5-14　0.1000mol/L HCl 滴定 20.00mL 同浓度的 $NH_3 \cdot H_2O$ 时溶液 pH 的变化

加入 HCl/mL	$NH_3 \cdot H_2O$ 被滴定的百分数/%	剩余 $NH_3 \cdot H_2O$/mL	过量 HCl/mL	$[H^+]$/(mol/L)	pH
0.00	0.00	20.00		7.52×10^{-12}	11.12
10.00	50.0	10.00		5.56×10^{-10}	9.25
18.00	90.0	2.00		5.00×10^{-9}	8.30
19.80	99.0	0.20		5.50×10^{-8}	7.25

续表

加入 HCl/mL	$NH_3 \cdot H_2O$ 被滴定的百分数/%	剩余 $NH_3 \cdot H_2O$/mL	过量 HCl/mL	$[H^+]$/(mol/L)	pH
19.96	99.8	0.04		3.53×10^{-8}	7.45
19.98	99.9	0.02		5.55×10^{-7}	6.25 滴定突跃
20.00	100.0	0		5.27×10^{-6}	5.28
20.02	100.1		0.02	5.00×10^{-5}	4.30
20.04	100.2		0.04	1.00×10^{-4}	4.00
20.20	101.0		0.20	5.00×10^{-4}	3.30
22.00	110.0		2.00	4.76×10^{-3}	2.32
40.00	200.0		20.00	3.33×10^{-2}	1.48

(2) 滴定曲线的绘制、讨论、突跃和指示剂选择

根据表 5-13 和表 5-14 的数值绘制出强碱滴定弱酸的图 5-8 和强酸滴定弱碱的图 5-9。

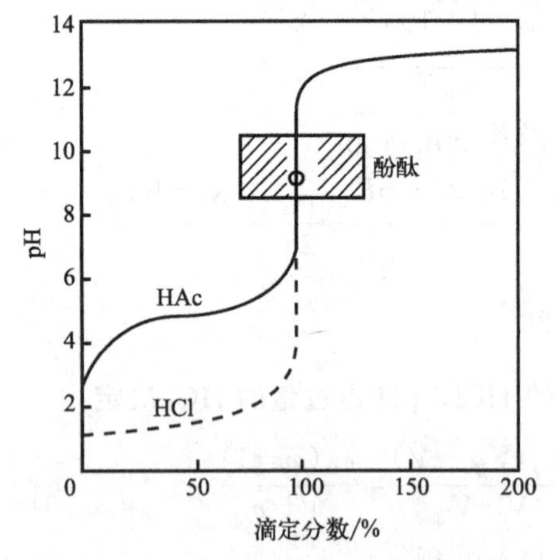

图 5-8　0.1000mol/L NaOH 标准溶液滴定 0.1000mol/L HAc 溶液的滴定曲线

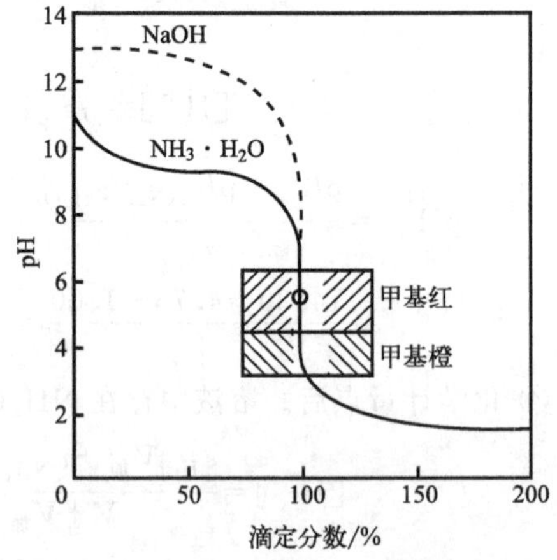

图 5-9　0.1000mol/L HCl 标准溶液滴定 0.1000mol/L $NH_3 \cdot H_2O$ 溶液的滴定曲线

曲线讨论：以 0.1000mol/L NaOH 标准溶液滴定 0.1000mol/L HAc 溶液的滴定曲线为例，该曲线还分为三个阶段，第一阶段为量变，滴定分数为从 0%到 99.9%，曲线变化与强碱滴定强酸相比较起点较高，总体变化比较平坦，尤其是在滴定分数 50%附近。原因是，弱酸溶液是部分解离的，$[H^+]$ 浓度低，所以 pH 起点高；随 NaOH 不断加入，HAc 浓度不断降低，Ac^- 浓度不断增大。此时溶液的 pH 是由弱酸及其共轭碱决定的，当二者浓度比为 1 时，缓冲容量最大，pH 变化不明显，此段曲线两端稍陡，是因为二者浓度相差太大，溶液失去缓冲性，pH 变化稍大。第二阶段为质变阶段，滴定分数为从 99.9%到 100.1%，变化是突跃性的，曲线呈现近似垂直一段。虽然仅加入 0.04mL 的 NaOH 溶液，此时溶液组成发生质的变化，即由弱酸及其共轭碱组成的溶液过渡到强碱和弱碱组成的混合溶液，溶液的 pH 也从由缓冲溶液决定到由强碱决定，此阶段和强碱滴定强酸相比突跃变短，仅 1.95（$\Delta pH=9.70-7.75=1.95$）个 pH 单位；并且化学计量点（pH=8.43）和突跃范围都在碱

性范围内。第三阶段为量变阶段，曲线变化平坦，和强碱滴定强酸完全一样，因此时 pH 都是由过量的 NaOH 决定。所以该滴定只能选择碱性范围内变色的指示剂酚酞（或百里酚酞），其变色点（pH=9.0）刚好落入滴定突跃范围内，滴定误差小于+0.1%。

同样方法我们也可以分析 0.1000mol/L HCl 标准溶液滴定 0.1000mol/L $NH_3 \cdot H_2O$ 弱碱溶液的曲线，其滴定突跃 6.25～4.30 和化学计量点 5.28 都在酸性范围内。该滴定必须选择酸性区域变色的指示剂，如甲基红或溴甲酚绿等。

【总结】 滴定误差 $E_t \leqslant 0.1\%$，$c_0 \geqslant 10^{-3}$ mol/L 时，弱酸或弱碱被滴定的突跃公式如下。

强碱滴定弱酸的突跃：$pH_{下}(pK_{a(HA)}+3.00) \sim pH_{上}(10.70+\lg c_0)$

强酸滴定弱碱的突跃：$pH_{上}(11.00-pK_{b(BOH)}) \sim pH_{下}(3.30-\lg c_0)$

(3) 弱酸（弱碱）滴定可行性的判断

① 影响弱酸或弱碱滴定突跃的因素

根据以上的计算方式，我们可以绘出用强碱滴定同浓度，不同 K_a 的弱酸的滴定曲线；和用不同浓度强碱滴定与其浓度相对应的同一弱酸 K_a 的滴定曲线。分别如图 5-10 和图 5-11 所示。

通过以上的研究和从图中观察，可以得出影响弱酸或弱碱滴定突跃的因素有两个：一是弱酸（K_a）或弱碱（K_b）值的大小，二是被滴定的弱酸或弱碱的浓度 c_0。

【讨论】 A. K_a（或 K_b）对滴定突跃的影响　图 5-10 可以看出，K_a（或 K_b）是影响滴定突跃前半部分的主要因素，K_a（或 K_b）越大，滴定突跃的前半部分起点越低（或越高），滴定突跃就越大；如果 K_a（或 K_b）太小，当 K_a（或 K_b）$\leqslant 10^{-9}$ 就看不到明显的突跃。我们可以同样的方法推导出：当滴定误差 $E_t \leqslant 0.2\%$，$c_0 \geqslant 10^{-3}$ mol/L 时，强碱滴定弱酸的滴定突跃的计算公式。

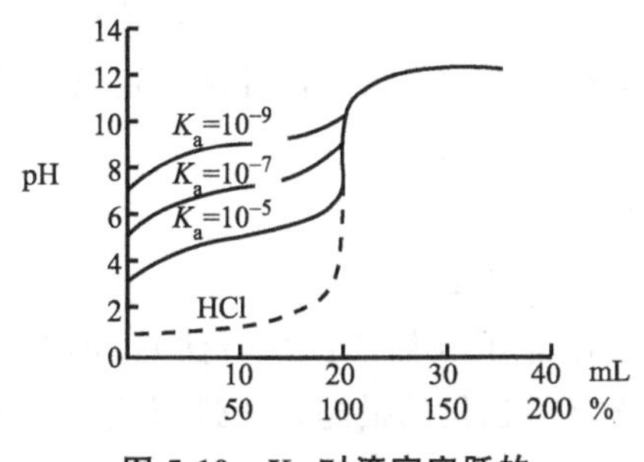

图 5-10　K_a 对滴定突跃的影响曲线

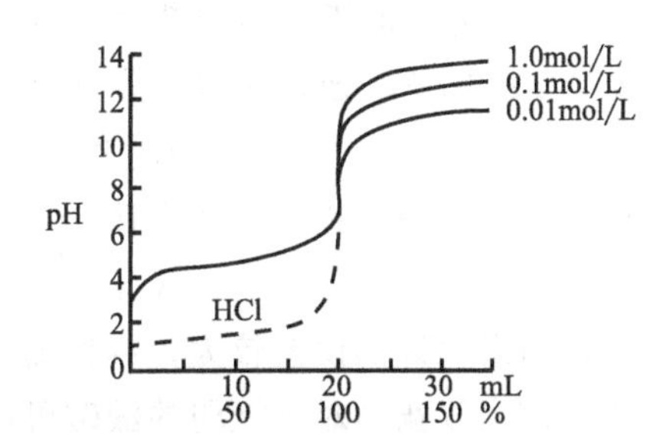

图 5-11　HA 浓度对滴定突跃的影响曲线

$$pH_{下}(pK_{a(HA)}+2.70) \sim pH_{上}(11.00+\lg c_0) \quad (5\text{-}41)$$

根据上述两个公式式(5-39) 和式(5-41) 计算出弱酸的浓度 $c_0=10^{-3}$ mol/L 时，不同 K_a 和不同 E_t 的滴定突跃范围如表 5-15。

表 5-15　弱酸的浓度 $c_0=10^{-3}$ mol/L 时，不同 K_a 和不同 E_t 的滴定突跃值

K_a	突跃范围 $E_t \leqslant \pm 0.1\%$	突跃范围 $E_t \leqslant \pm 0.2\%$
10^{-3}	ΔpH =3.70(6.00～9.70)	ΔpH =4.30(5.70～10.00)
10^{-4}	ΔpH =2.70(7.00～9.70)	ΔpH =3.30(6.70～10.00)

续表

K_a	突跃范围 $E_t \leqslant \pm 0.1\%$	突跃范围 $E_t \leqslant \pm 0.2\%$
10^{-5}	$\Delta pH = 1.70(8.00 \sim 9.70)$	$\Delta pH = 2.30(7.70 \sim 10.00)$
10^{-6}	$\Delta pH = 0.70(9.00 \sim 9.70)$	$\Delta pH = 1.30(8.70 \sim 10.00)$
10^{-7}	无	$\Delta pH = 0.30(9.70 \sim 10.00)$
10^{-8}	无	无

通过表 5-15 的数值可以得出，当要求滴定误差为 $E_t \leqslant \pm 0.1\%$时，必须 $K_a \geqslant 10^{-6}$；当误差为 $E_t \leqslant \pm 0.2\%$时，必须 $K_a \geqslant 10^{-7}$。

B. 浓度 c_0 对滴定突跃的影响　对于解离常数一定的 K_a（或 K_b），某一弱酸（或弱碱）的滴定突跃随其浓度增大而变大，且浓度主要影响计量点和计量点后的曲线部分。对于强酸碱的滴定，当 $c_0 < 10^{-3}$ mol/L，计算滴定突跃就要考虑水解离。即使如此，突跃也很小，满足不了指示剂变色要求。如 $c_0 = 10^{-3}$ mol/L，强酸碱互滴，$E_t \leqslant \pm 0.1\%$时，滴定突跃为 6.89～7.11，仅 0.22 个 pH 单位；$E_t \leqslant \pm 0.2\%$时，滴定突跃为 6.80～7.20，仅 0.4 个 pH 单位。对于弱酸或弱碱的滴定，突跃只能更小。下面我们就总结一下弱酸或弱碱准确滴定的条件，即弱酸（弱碱）滴定可行性的判断。

② 弱酸（弱碱）滴定可行性的判断

通过以上研究可知：决定于弱酸（或弱碱）被强碱（或强酸）滴定突跃大小的因素是其溶液的浓度 c 和它的解离常数 K_a（或 K_b）两个因素。两者都不能太小才能保证一定的滴定突跃范围。若采用指示剂判断终点，即使变色点与化学计量点一致，但由于人眼判断终点通常有±0.2～±0.3pH 的不确定性，因此要保证滴定的准确度，滴定突跃就不能太小，若以 $\Delta pH = \pm 0.3$ 作为借助指示剂判断终点的极限，要使终点误差小于±0.2%，则滴定突跃应大于 0.6 个 pH 单位，通过误差计算可以得出一元弱酸用指示剂法直接准确滴定条件是：

$$c_0 K_a \geqslant 10^{-8} \text{ 且 } c_0 \geqslant 10^{-3} \text{ mol/L} \qquad (5\text{-}42a)$$

同理，一元弱碱用指示剂法直接准确滴定条件是：

$$c_0 K_b \geqslant 10^{-8} \text{ 且 } c_0 \geqslant 10^{-3} \text{ mol/L} \qquad (5\text{-}42b)$$

显然，如果允许的误差较大，或检测终点的方法改进了（如使用仪器法），那么上述滴定条件还可适当放宽。对于极弱的酸碱可以采取化学反应强化的措施，再进行滴定，将在以后章节讲解。

二、多元酸、混合酸和多元碱、混合碱的滴定

多元酸碱或混合酸碱的滴定比一元酸碱的滴定复杂，这是因为如果考虑能否直接准确滴定的问题必须从两方面考虑：一是能否滴定酸或碱的总量，二是能否分步滴定（对多元酸碱而言）。下面分别进行讨论。

1. 强碱滴定多元酸

(1) 滴定可行性的判断和指示剂选择

大量的实验证明，多元酸的滴定可按下述原则判断：

① 当 $c_a K_{ai} \geqslant 10^{-8}$ 时，这一级解离的 H^+ 可以被直接滴定。

② 当允许误差 $E_t \leqslant 0.5\%$，要求 $K_{ai}/K_{a(i+1)} \geqslant 10^5$ 或 $\Delta pK_a(pK_{a(i+1)}-pK_{ai}) \geqslant 5$ 时，K_{ai} 和 $K_{a(i+1)}$ 可以分别滴定，较强的那一级 K_{ai} 解离的 H^+ 先被滴定，出现第一个突跃，较弱那一级 $K_{a(i+1)}$ 解离的 H^+ 后被滴定，对第一级影响可以忽略不计。如果 $c_aK_{a(i+1)} \geqslant 10^{-8}$ 时，可以出现第二突跃，可以进行连续分别滴定。当允许误差 $E_t \leqslant 1.0\%$，若 $K_{ai}/K_{a(i+1)} \geqslant 10^4$ 或 $\Delta pK_a \geqslant 4$，就可以满足分别滴定的要求了。

③ 若 $K_{ai}/K_{a(i+1)} \leqslant 10^5$（或 $K_{ai}/K_{a(i+1)} \leqslant 10^4$）时，两个滴定突跃将混在一起，这时只出现一个突跃。如草酸、柠檬酸、酒石酸等大多数有机酸都是如此。

④ 指示剂的选择。多元酸碱滴定中，滴定突跃计算比较复杂，一般根据化学计量点的 pH 来选择指示剂，指示剂变色点的 pH 尽可能与化学计量点的 pH 相接近。

(2) H_3PO_4 的滴定

$$H_3PO_4 \rightleftharpoons H^+ + H_2PO_4^- \quad K_{a1}=7.6\times10^{-3} \quad pK_{a1}=2.16$$

$$H_2PO_4^- \rightleftharpoons H^+ + HPO_4^{2-} \quad K_{a2}=6.3\times10^{-8} \quad pK_{a2}=7.20$$

$$HPO_4^{2-} \rightleftharpoons H^+ + PO_4^{3-} \quad K_{a3}=4.4\times10^{-13} \quad pK_{a3}=12.36$$

例如，用 0.1000mol/L NaOH 溶液滴定 0.1000mol/L H_3PO_4。

首先进行分步滴定可行性的判断：

因为
$$\frac{K_{a1}}{K_{a2}}=\frac{7.6\times10^{-3}}{6.3\times10^{-8}}=1.21\times10^5 \geqslant 10^5$$

或
$$\Delta pK_a=7.20-2.16=5.04 \geqslant 5$$

$$\frac{K_{a2}}{K_{a3}}=\frac{6.3\times10^{-8}}{4.4\times10^{-13}}=1.43\times10^5 \geqslant 10^5$$

或
$$\Delta pK_a=12.36-7.20=5.16 \geqslant 5$$

且
$$c_aK_{a1}=7.6\times10^{-4} \geqslant 10^{-8}$$

$$c_aK_{a2}=6.3\times10^{-9} \approx 10^{-8}$$

$$c_aK_{a3}=4.4\times10^{-14} < 10^{-8}$$

所以 NaOH 可以准确滴定 H_3PO_4 到 $H_2PO_4^-$ 和 HPO_4^{2-}；K_{a3} 太小，表明 HPO_4^{2-} 酸性太弱，故无法用 NaOH 连续滴定至三个质子全部被中和。其滴定的滴定曲线见图 5-12。与 NaOH 滴定一元弱酸相比，此曲线显得较为平坦，这是由于在滴定过程中溶液先后形成 H_3PO_4-$H_2PO_4^-$ 和 $H_2PO_4^-$-HPO_4^{2-} 两个缓冲体系的缘故。通常，分析工作者只计算化学计量点的 pH，并据此选择合适的指示剂。

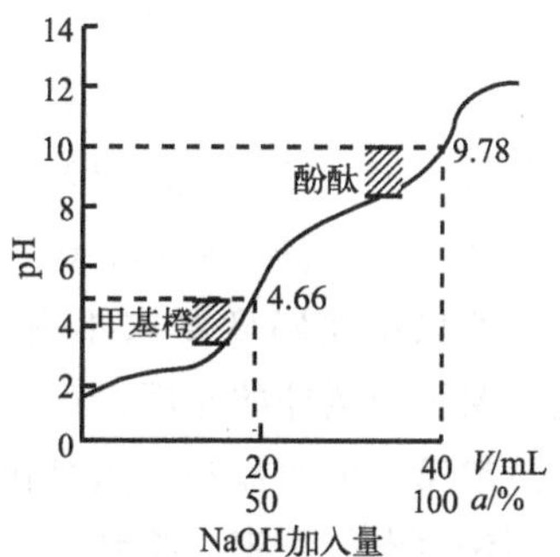

图 5-12　NaOH 溶液滴定 H_3PO_4 溶液的滴定曲线

第一个化学计量点：溶液的组成是 NaH_2PO_4，为两性物质，按最简式计算：

$$pH=\frac{1}{2}(pK_{a1}+pK_{a2})=\frac{1}{2}\times(2.12+7.20)=4.66$$

可以选择甲基橙（pH=4.0 由橙色变黄色）或甲基红（pH=5.0 由红色变橙色）作指示剂。但用甲基橙时终点出现偏早，误差为−0.5%。最好选用溴甲酚绿和甲基橙混合指示剂，其变色点 pH=4.3，可较好地指示第一化学计量点的到达。

第二个化学计量点：溶液的组成是 Na_2HPO_4，同样为两性物质，按最简式计算：

$$pH=\frac{1}{2}(pK_{a2}+pK_{a3})=\frac{1}{2}\times(7.20+12.36)=9.78$$

此时选用酚酞（pH=9.1）为指示剂则终点出现过早，若选用百里酚酞（pH=9.9）终点由无色变浅蓝色，终点误差为 0.5%。

需要注意：当 pH=4.7 时，可以结合 H_3PO_4 的分布曲线来考虑，$H_2PO_4^-$ 占 99.4%，还同时存在的另两种型体 H_3PO_4 和 HPO_4^{2-} 各约占 0.3%，这就是说，当还有约 0.3% 的 H_3PO_4 尚未被中和为 $H_2PO_4^-$ 时，已有约 0.3% 的 $H_2PO_4^-$ 被中和为 HPO_4^{2-}。因此，严格来说，两步中和反应是稍有交叉地进行的，但对于一般的分析工作而言，多元酸滴定准确度的要求不是太高，其误差也在允许范围之内。所以可认为 H_3PO_4 能进行分步滴定。由于 H_3PO_4 的 K_{a3} 为 $10^{-12.36}$，就不可能直接滴定至 PO_4^{3-} 终点，因此不会出现第三个滴定突跃。如果此时在溶液中加入 $CaCl_2$ 溶液，则会发生如下反应：

$$2HPO_4^{2-}+3Ca^{2+}\longrightarrow Ca_3(PO_4)_2\downarrow+2H^+$$

则弱酸转化成强酸，就可以用 NaOH 直接滴定了。

2. 强酸滴定多元碱

多元碱的滴定和多元酸的滴定相类似。前面有关多元酸滴定的结论，也适用于多元碱的滴定，只需将 K_a 换成 K_b 即可。当 $K_{b1}/K_{b2}>10^4$ 时，可以分步滴定；当 $cK_{bi}\geqslant10^{-8}$ 时，则多元碱能够被滴定至二级。分析实验室中常采用 Na_2CO_3 基准物质标定 HCl 溶液的浓度，就是一个最好的强酸滴定多元碱的实例。

假定 $c_{Na_2CO_3}=0.1000mol/L$，Na_2CO_3 是二元弱碱，在水中的解离反应为

$$CO_3^{2-}+H_2O\rightleftharpoons HCO_3^-+OH^- \qquad pK_{b1}=14.00-pK_{a2}=14.00-10.25=3.75$$

$$HCO_3^-+H_2O\rightleftharpoons H_2CO_3+OH^- \qquad pK_{b2}=14.00-pK_{a1}=14.00-6.38=7.62$$

因为 $\dfrac{K_{b1}}{K_{b2}}=\dfrac{1\times10^{-3.75}}{1\times10^{-7.62}}=1\times10^{3.87}\approx10^4$

或 $\Delta pK_b=7.62-3.75=3.87\approx4$

且 $c_aK_{b1}=1\times10^{-4.75}\geqslant10^{-8}$

故 $c_aK_{b2}=1\times10^{-8.62}$，略小于 10^{-8}

所以在准确度要求不高的情况下，勉强可以分步滴定，又因为缓冲的作用，第一个突跃不明显。第二个突跃虽然较第一个明显些，但突跃仍然较小，滴定曲线一般用仪器法（电位滴定）绘制。如图 5-13 所示。

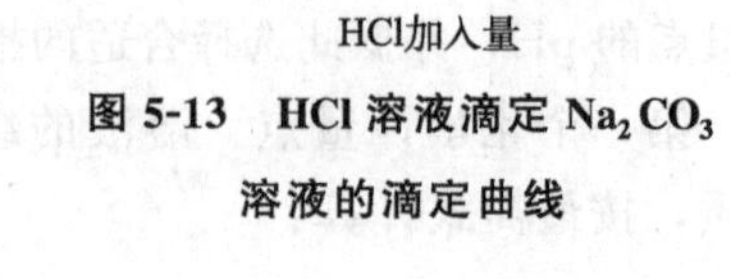

图 5-13 HCl 溶液滴定 Na_2CO_3 溶液的滴定曲线

第一化学计量点时，生成 $NaHCO_3$，属两性物质。此时 pH 可按下式计算：

$$pH=\frac{1}{2}(pK_{a1}+pK_{a2})=\frac{1}{2}\times(6.38+10.25)=8.32$$

可选用酚酞（pH=9.1）为指示剂，但终点较难判断（红～微红），误差大于 1%。若选用甲酚红与百里酚蓝混合指示剂（pH=8.2～8.4），准确度可提高。

第二化学计量点时，产物为 $H_2CO_3(CO_2+H_2O)$，其饱和溶液的浓度约为 0.04mol/L。

$$[H^+]=\sqrt{cK_{a1}}=\sqrt{0.04\times4.2\times10^{-7}}=1.3\times10^{-4}\text{mol/L}$$

$$pH=-\lg[H^+]=-\lg(1.3\times10^{-4})=3.89$$

选择甲基橙作指示剂。但是，在滴定中以甲基橙为指示剂时，由于溶液中过多的 CO_2，酸度增大，可能会使滴定终点出现过早，因此快到第二化学计量点时应剧烈摇动，必要时加热煮沸溶液以除去 CO_2，冷却后再继续滴定至终点，以提高分析的准确度。

3. 混合酸（碱）的滴定

混合酸（碱）的滴定主要包括两种情况：一是强酸（碱）-弱酸（碱）混合液的滴定，二是两种弱酸（碱）混合液的滴定。下面主要讨论混合酸的滴定。

(1) 强酸-弱酸（HCl+HA）混合液的滴定

这种情况比较典型的实例是 HCl 与另一弱酸 HA 混合液的滴定。当 HCl 与 HA 的浓度均为 0.1000mol/L 时，不同解离常数下的弱酸 HA，0.1000mol/L NaOH 标准滴定溶液滴定的滴定曲线如图 5-14 所示。

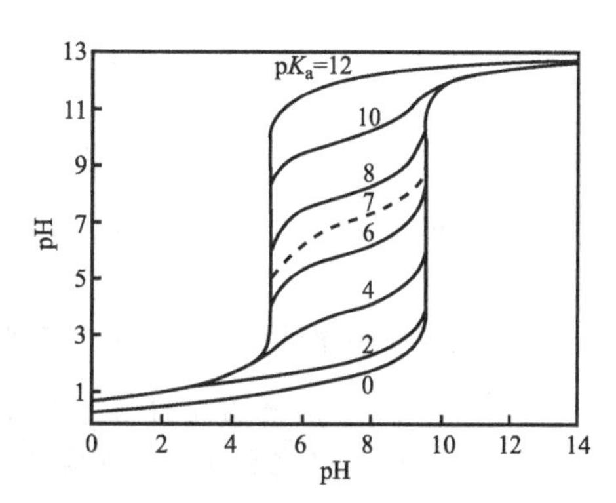

图 5-14　0.1000mol/L NaOH 滴定 10.0mL 同浓度的 HCl 与 HA 溶液的滴定曲线

由图 5-14 可以得出如下结论：

a. 若 $K_{a(HA)}<10^{-7}$，HA 不影响 HCl 的滴定，能准确滴定 HCl 的分量，但无法准确滴定混合酸的总量；

b. 若 $K_{a(HA)}>10^{-5}$，滴定 HCl 时，HA 同时被滴定，能准确滴定混合酸的总量，但无法准确滴定 HCl 的分量；

c. 若 $10^{-7}<K_{a(HA)}<10^{-5}$，则既能滴定 HCl，也能滴定 HA，即可分别滴定 HCl 和 HA 的分量。

总之，弱酸的 pK_a 值越大，越有利于强酸的滴定，但却越不利于混合酸总量的测定。一般当弱酸的 $c_0K_a\leqslant10^{-8}$ 时，就无法测得混合酸的总量；而弱酸（HA）的 $pK_a\leqslant5$ 时，就不能直接准确滴定混合液中的强酸。

当然，在实际分析过程中，若强酸的浓度增大，则分别滴定强酸与弱酸的可能性就增大，反之就变小。所以，对混合酸的直接准确滴定进行判断时，除了要考虑弱酸（HA）的强度之外，还须比较强酸（HCl）与弱酸（HA）浓度比值的大小。

(2) 两种弱酸混合液（HA+HB）的滴定

两种弱酸的混合液，类似于一种二元酸的测定，但也并不完全一致，能直接滴定的条件为

$$\begin{cases}K_{a(HB)}\leqslant K_{a(HA)};c_{HB}<c_{HA}\\c_{HB}K_{a(HB)}\geqslant10^{-8}\text{ 且 }c_{HB}\geqslant10^{-3}\text{mol/L}\end{cases}\tag{5-43a}$$

两种弱酸能够分别滴定的条件为

$$\begin{cases}\dfrac{c_{HA}K_{a(HA)}}{c_{HB}K_{a(HB)}}\geqslant10^5\\c_{HB}K_{a(HB)}\geqslant10^{-8}\text{ 且 }c_{HB}\geqslant10^{-3}\text{mol/L}\end{cases}\tag{5-43b}$$

三、滴定误差计算

在酸碱滴定中，通常利用指示剂来确定滴定终点，滴定终点和化学计量点可能不一致，由此产生的误差称为终点误差（简称 E_t），一般以百分数来表示。在无滴定操作本身引起误差的情况下，终点误差即为滴定误差。

终点误差的定义

$$E_t=\frac{n(\text{终点时过量或不足的滴定剂})}{n(\text{化学计量点时应加入的滴定剂})}$$

下面以强酸（碱）的滴定为例加以说明。如 NaOH 滴定 HCl 时，滴定过程中体系的质子条件式为

$$[H^+]+c_{NaOH}=c_{HCl}+[OH^-]$$

即

$$c_{NaOH}-c_{HCl}=[OH^-]-[H^+]$$

化学计量点时加入的 NaOH 的量正好等于溶液中 HCl 的量，溶液中 $[OH^-]=[H^+]$，pH=7.00。

当终点与化学计量点不一致时，终点误差为

$$E_t=\frac{n(\text{终点时过量或不足的滴定剂})}{n(\text{化学计量点时应加入的滴定剂})}=\frac{(c_{ep(NaOH)}-c_{ep(HCl)})V_{ep}}{c_{sp(HCl)}V_{sp}}$$

因为 $V_{ep}\approx V_{sp}$，所以有

$$E_t=\frac{[OH^-]_{ep}-[H^+]_{ep}}{c_{sp(HCl)}} \tag{5-44}$$

若终点 pH>7.00，则 $[OH^-]>[H^+]$，误差为正值；若终点 pH<7.00，则 $[OH^-]<[H^+]$，误差为负值。

若是 HCl 滴定 NaOH 时，终点误差

$$E_t=\frac{[H^+]_{ep}-[OH^-]_{ep}}{c_{sp(NaOH)}} \tag{5-45}$$

【例 5-15】 用 0.1000mol/L NaOH 溶液滴定 0.1000mol/L HCl 溶液，计算终点误差。

（1）甲基橙为指示剂，滴定至 pH=4.0。

（2）酚酞为指示剂，滴定至 pH=9.0。

解：（1）$pH_{ep}=4.0$，有

$$E_t=\frac{[OH^-]_{ep}-[H^+]_{ep}}{c_{sp(HCl)}}=\frac{10^{-10.0}-10^{-4.0}}{0.05}\times100\%=-0.2\%$$

（2）$pH_{ep}=9.0$，有

$$E_t=\frac{[OH^-]_{ep}-[H^+]_{ep}}{c_{sp(HCl)}}=\frac{10^{-5.0}-10^{-9.0}}{0.05}\times100\%=+0.02\%$$

第四节
盐酸、氢氧化钠标准溶液的配制与标定

酸碱滴定法中常用的标准溶液均由强酸或强碱组成。一般用于配制酸标准滴定溶液的主要有 HCl 和 H_2SO_4，其中最常用的是 HCl 溶液；若需要加热或在较高温度下使用，则用 H_2SO_4 溶液较适宜。一般用来配制碱标准溶液的主要有 NaOH 与 KOH，实际分析中一般用 NaOH。酸碱标准滴定溶液通常配成 0.1mol/L，但有时也用到浓度高达 1.0mol/L 和低至 0.01mol/L 的。不过标准溶液若浓度太高，因消耗太多试剂，会造成不必要的浪费；浓度太低，又会导致滴定突跃太小，不利于终点的判断，从而得不到准确的滴定结果。因此，实际工作中应根据需要配制合适浓度的标准溶液。

一、HCl 标准溶液的配制和标定

1. 配制

盐酸标准溶液一般用间接法配制，即先用市售的盐酸试剂（分析纯 HCl，$\rho_{HCl}=1.19g/mL$，$w_{HCl}=37\%$，$c_{HCl}=12mol/L$）配制成接近所需浓度的溶液（其浓度值与所需配制浓度值的误差不得大于 5%），然后再用基准物质标定其准确浓度。由于浓盐酸具有挥发性，配制时所取 HCl 的量可稍多一些。

2. 标定

用于标定 HCl 标准溶液的基准物质有无水碳酸钠（Na_2CO_3）和硼砂（$Na_2B_4O_7\cdot10H_2O$）等。

（1）无水 Na_2CO_3

此物质易吸收空气中的水分，还会吸收空气中的 CO_2，故使用前应在 270～300℃的条件下高温炉中灼热至恒重（见 GB/T 601—2016），然后密封于称量瓶内，保存在干燥器中备用。称量时要求动作迅速，以免吸收空气中的水分而带入误差。

$$2NaHCO_3 \xlongequal{270\sim300℃} Na_2CO_3+CO_2\uparrow+H_2O$$

标定反应：

$$Na_2CO_3+2HCl \xlongequal{} 2NaCl+H_2CO_3$$
$$\hookrightarrow CO_2\uparrow+H_2O$$

基本单元：$\frac{1}{2}Na_2CO_3$，HCl

等量关系：$n(\frac{1}{2}Na_2CO_3)=n(HCl)$

设欲标定的盐酸浓度约为 0.1mol/L，欲使消耗盐酸体积在 20～30mL，根据滴定反应可算出称取的 Na_2CO_3 质量应为 0.11～0.16g。滴定时可采用甲基橙为指示剂，溶液由黄色变为橙色即为终点。

(2) 硼砂（$Na_2B_4O_7 \cdot 10H_2O$，M=381.4g/mol）

此物质不易吸水，但易失水，因而要求保存在相对湿度为60%的环境中，以确保其所含的结晶水数量与计算时所用的化学式相符。实验室常采用在干燥器底部装入食盐和蔗糖的饱和水溶液的方法，使相对湿度维持在60%。

硼砂标定HCl的反应：

$$B_4O_7^{2-} + 5H_2O \longrightarrow 2H_3BO_3 + 2H_2BO_3^-$$

$$H_2BO_3^- + HCl \longrightarrow H_3BO_3 + Cl^-$$

$$B_4O_7^{2-} + 5H_2O + 2HCl \longrightarrow 4H_3BO_3 + 2Cl^-$$

基本单元：$\frac{1}{2}Na_2B_4O_7 \cdot 10H_2O$，HCl

等量关系：$n(\frac{1}{2}Na_2B_4O_7 \cdot 10H_2O) = n(HCl)$

由于反应产物是H_3BO_3，若化学计量点时$c(H_3BO_3) = 5.0 \times 10^{-2}$mol/L，已知$H_3BO_3$的$K_a = 5.8 \times 10^{-10}$，则化学计量点时$[H^+]$计算式为

$$[H^+] = \sqrt{cK_a} = \sqrt{5.0 \times 10^{-2} \times 5.8 \times 10^{-10}}\ \text{mol/L} = 5.39 \times 10^{-6}\ \text{mol/L}$$

$$pH = -\lg(5.39 \times 10^{-6}) = 5.27$$

滴定时可选择甲基红为指示剂（pH=5.0），溶液由黄色变为红色即为终点。

设待标定的盐酸浓度约为0.1mol/L，欲使消耗的盐酸体积为20～30mL，可算出应称取硼砂的质量为0.38～0.57g。由于硼砂的摩尔质量（381.4g/mol）较Na_2CO_3大，标定同样浓度的盐酸所需的硼砂质量也比Na_2CO_3多，因而称量的相对误差就小，所以硼砂作为标定盐酸的基准物质优于Na_2CO_3。（注：基准试剂的称样量通常为其计算量的1±10%范围内）

二、NaOH碱标准溶液的配制和标定

1. 配制

由于氢氧化钠具有很强的吸湿性，容易吸收空气中的水分及CO_2，因此NaOH标准溶液也不能用直接法配制，同样需先配制成接近所需浓度的溶液，然后再用基准物质标定其准确浓度。

NaOH溶液吸收空气中的CO_2生成CO_3^{2-}。而CO_3^{2-}的存在，在滴定弱酸时会带入较大的误差，因此必须配制和使用不含CO_3^{2-}的NaOH标准滴定溶液。

由于Na_2CO_3在浓的NaOH溶液中溶解度很小，因此配制不含CO_3^{2-}的NaOH标准溶液最常用的方法是，先配制NaOH的饱和溶液（取分析纯NaOH约110g，溶于100mL无CO_2的蒸馏水中），密闭静置，待其中的Na_2CO_3沉降后，取上层清液作贮备液（由于浓碱腐蚀玻璃，因此饱和NaOH溶液应当保存在塑料瓶或内壁涂有石蜡的瓶中），其浓度约为20mol/L。配制时，根据所需浓度移取一定体积的NaOH饱和溶液，再用无CO_2的蒸馏水稀释至所需的体积。

配制成的NaOH标准溶液应保存在装有虹吸管及碱石灰管的瓶中，防止吸收空气中的CO_2。放置过久的NaOH溶液浓度会发生变化，使用时应重新标定。

2. 标定

常用于标定 NaOH 标准滴定溶液浓度的基准物质有邻苯二甲酸氢钾与草酸。

(1) 邻苯二甲酸氢钾($KHC_8H_4O_4$,缩写 KHP)

邻苯二甲酸氢钾容易用重结晶法制得纯品,不含结晶水,在空气中不吸水,容易保存,且摩尔质量[M(KHP)=204.2g/mol]较大,单份标定时称量误差小,所以它是标定碱标准溶液较好的基准物质。标定前,邻苯二甲酸氢钾应于110～125℃干燥后备用。干燥温度不宜过高,否则邻苯二甲酸氢钾会脱水而成为邻苯二甲酸酐。用 NaOH 滴定时,滴定的产物是邻苯二甲酸钾钠,它在水溶液中能接受质子,显示碱的性质。其标定反应如下:

$$C_6H_4(COOH)(COOK) + NaOH \longrightarrow C_6H_4(COONa)(COOK) + H_2O$$

设邻苯二甲酸氢钾溶液开始时浓度为0.10mol/L,到达化学计量点时,体积增加1倍,邻苯二甲酸钾钠的浓度 c=0.050mol/L。化学计量点时 pH 应按下式计算:

$$[OH^-]=\sqrt{cK_{b1}}=\sqrt{\frac{cK_w}{K_{a2}}}=\sqrt{\frac{5.0\times10^{-2}\times1.0\times10^{-14}}{2.9\times10^{-6}}}\text{mol/L}=1.31\times10^{-5}\text{mol/L}$$

$$pH=14.00-pOH=14.00+\lg(1.31\times10^{-5})=9.11$$

此时溶液呈碱性,可选用酚酞或百里酚蓝为指示剂。

基本单元:$KHC_8H_4O_4$,NaOH

等量关系:$n(KHC_8H_4O_4)=n(NaOH)$

(2) 草酸($H_2C_2O_4\cdot2H_2O$)

草酸是二元酸(pK_{a1}=1.25,pK_{a2}=4.29),由于$\frac{K_{a1}}{K_{a2}}=\frac{5.6\times10^{-2}}{5.1\times10^{-5}}=1.10\times10^3<10^5$或 ΔpK_a=4.29−1.25=3.04<5,故与强碱作用时只能按二元酸一次被滴定到 $C_2O_4^{2-}$。其标定反应如下:

$$H_2C_2O_4+2NaOH\longrightarrow Na_2C_2O_4+2H_2O$$

等量关系:$n(\frac{1}{2}H_2C_2O_4\cdot2H_2O)=n(NaOH)$

由于草酸的摩尔质量较小[$M(H_2C_2O_4\cdot2H_2O)$=126.07g/mol],为了减小称量误差,标定时宜采用“称大样法”标定。用草酸标定 NaOH 溶液可选用酚酞作指示剂,终点时溶液变色敏锐。

草酸固体比较稳定,但草酸溶液的稳定性较差(空气中 $H_2C_2O_4$ 分解),溶液在长期保存后浓度逐渐降低。

【注意】“称大样法”一般在基准物质计算出单份称样量<0.2000g 时采用,因为分析天平称样量小于0.2000g 时相对误差比较大。通常解决的方法是:先将计算量×10 或×20 进行称量,然后将试样配制成250mL 或500mL 的溶液,最后移取25mL 进行滴定。

三、酸碱滴定中 CO_2 的影响

在酸碱滴定中,CO_2 的影响是不能忽略的,且不同类型的酸碱滴定其影响程度也不尽相同。下面我们就从 CO_2 的来源、影响以及消除方法等几个方面具体讨论。

1. CO_2 的来源

酸碱滴定中 CO_2 的来源很多，主要有以下四个方面。

① 水中溶解的 CO_2。

② 配制标准碱溶液的试剂本身吸收了 CO_2（如试剂 NaOH 因吸收 CO_2 而含有 Na_2CO_3 等）。

③ 配制好的碱标准溶液保存过程中吸收了 CO_2。

④ 滴定过程中溶液不断吸收空气中的 CO_2 等。

2. CO_2 对酸碱滴定的影响

对酸碱滴定的影响主要有以下几个方面：

① NaOH 试剂吸收空气中的 CO_2。若标定该溶液时，以酚酞为指示剂，到终点时 Na_2CO_3 被中和为 $NaHCO_3$，如果用此标准溶液直接滴定试样，以酚酞为指示剂，则对测定结果影响不大。若以甲基红或甲基橙为指示剂，到终点时，Na_2CO_3 被中和为 H_2CO_3，则使结果产生负误差，导致结果偏低。

② 标定好的 NaOH 标准溶液，因保存不当，吸收空气中的 CO_2。如果用它直接滴定试样，若以酚酞为指示剂，到终点时，所吸收的 CO_2 最终以 $NaHCO_3$ 形式存在，消耗的标准溶液偏多，则测定结果偏高，产生正误差；若以甲基橙为指示剂，到滴定终点时，所吸收的 CO_2 最终以 H_2CO_3 形式存在，则对测定结果影响不大。

③ 蒸馏水含有 CO_2。蒸馏水中含有 CO_2 时，会有 $CO_2+H_2O \rightleftharpoons H_2CO_3$，$H_2CO_3$ 与 NaOH 标准溶液反应。用酚酞作指示剂时，常使滴定终点不稳定，稍放置，粉红色又退去，这是由 CO_2 不断转变为 H_2CO_3 所致。

3. CO_2 对酸碱滴定的影响消除

① 滴定中所用蒸馏水应先煮沸以除去 CO_2。

② 应配制不含 CO_2 的 NaOH 标准溶液。可先配制 NaOH 饱和溶液（约 50%），此时 Na_2CO_3 的溶解度很小，沉于底部。取上清液稀释到所需浓度。

③ 妥善保存 NaOH 标准溶液。配制好的 NaOH 标准溶液，应装在有碱石棉管的瓶中，以防止吸收空气中的 CO_2。当 NaOH 溶液久置后，使用前应重新标定。

④ 标定和测定尽可能使用同一种指示剂，在相同条件下进行，以抵消 CO_2 对测定结果的影响。

第五节 酸碱滴定法的应用

酸碱滴定法在生产实际中应用极为广泛，许多酸、碱物质包括一些有机酸（或碱）均可用酸碱滴定法进行测定。对于一些极弱酸或极弱碱，部分也可在非水溶液中进行测定，有些非酸碱物质还可以用间接酸碱滴定法进行测定。

实际上，酸碱滴定法除广泛应用于大量化工产品主成分含量的测定外，还广泛应用于钢铁及某些原材料中 C、S、P、Si 与 N 等元素的测定及有机合成工业与医药工业中的原料、中间产品和成品等的分析测定，甚至现行国家标准（GB）中，如化学试剂、化工产品、食品添加剂、水质标准、石油产品等，凡涉及酸度、碱度项目测定的，多数采用酸碱滴定法。

下面列举几个实例，简要叙述酸碱滴定法在某些方面的应用。

一、工业硫酸的测定

工业硫酸是一种重要的化工产品，也是一种基本的工业原料，广泛应用于化工、轻工、制药及国防科研等部门，在国民经济中占有非常重要的地位。

纯硫酸是一种无色透明的油状黏稠液体，密度约为 1.84g/mL，其纯度的大小常用纯硫酸的质量分数来表示。

硫酸是一种强酸，可用 NaOH 标准滴定溶液来滴定，滴定反应为

$$H_2SO_4+2NaOH \longrightarrow Na_2SO_4+2H_2O$$

滴定硫酸一般可选用甲基橙、甲基红等指示剂，GB/T 534—2014 中规定使用甲基红-亚甲基蓝混合指示剂。

等量关系：$n(NaOH)=n(\frac{1}{2}H_2SO_4)$

质量分数计算公式为

$$w(H_2SO_4)=\frac{c(NaOH)V(NaOH)M\left(\frac{1}{2}H_2SO_4\right)}{m_s\times 1000}\times 100\% \tag{5-46}$$

二、混合碱的测定

混合碱的组分主要有 NaOH、Na_2CO_3、$NaHCO_3$，由于 NaOH 与 $NaHCO_3$ 不可能共存，因此混合碱的组成或者为 3 种组分中任一种，或者为 NaOH 与 Na_2CO_3 的混合物，或者为 Na_2CO_3 与 $NaHCO_3$ 的混合物。若是单一组分的化合物，用 HCl 标准溶液直接滴定即可；若是两种组分的混合物，则一般可用氯化钡法与双指示剂法进行测定。

1. 氯化钡法

(1) NaOH 与 Na_2CO_3 混合物的测定

准确称取一定量试样，溶解后稀释至一定体积，移取两份相同体积的试液，分别做如下测定。

第一份试液用甲基橙作指示剂，以 HCl 标准溶液滴定至溶液变为红色时，溶液中的 NaOH 与 Na_2CO_3 完全被中和，所消耗 HCl 标准溶液的体积记为 V_1(mL)。

第二份试液中先加入稍过量的 $BaCl_2$，使 Na_2CO_3 完全转化成 $BaCO_3$ 沉淀。在沉淀存在的情况下，用酚酞作指示剂，以 HCl 标准溶液滴定至溶液变为无色时，溶液中的 NaOH 完全被中和，所消耗 HCl 标准溶液的体积记为 V_2(mL)。

$$Na_2CO_3+BaCl_2 = BaCO_3\downarrow+2NaCl$$

$$NaOH+HCl = NaCl+H_2O$$

显然，与溶液中 NaOH 反应的 HCl 标准溶液的体积为 V_2(mL)，因此

等量关系：$n(\mathrm{NaOH})=n(\mathrm{HCl})$

质量分数：
$$w(\mathrm{NaOH})=\frac{c(\mathrm{HCl})V_2M(\mathrm{NaOH})}{m_s\times1000}\times100\% \tag{5-47}$$

而与溶液中 Na_2CO_3 反应的 HCl 标准溶液的体积为 V_1-V_2(mL)，因此

等量关系：$n(\mathrm{HCl})=n(\frac{1}{2}\mathrm{Na_2CO_3})$

质量分数：
$$w(\mathrm{Na_2CO_3})=\frac{c(\mathrm{HCl})(V_1-V_2)M\left(\frac{1}{2}\mathrm{Na_2CO_3}\right)}{m_s\times1000}\times100\% \tag{5-48}$$

式(5-47)、式(5-48) 中，m_s 均为试样的质量，g；$w(\mathrm{NaOH})$、$w(\mathrm{Na_2CO_3})$ 分别为试样中 NaOH、Na_2CO_3 的质量分数。

(2) Na_2CO_3 与 $NaHCO_3$ 混合物的测定

对于这一种情况来说，同样准确称取一定量试样，溶解后稀释至一定体积，同样移取两份相同体积的试液，分别做如下测定。

第一份试样溶液仍以甲基橙作指示剂，用 HCl 标准溶液滴定至溶液变为红色时，溶液中的 Na_2CO_3 与 $NaHCO_3$ 全部被中和，所消耗 HCl 标准溶液的体积仍记为 V_1(mL)。

等量关系：$n(\mathrm{HCl})_1=n(\frac{1}{2}\mathrm{Na_2CO_3})+n(\mathrm{NaHCO_3})$

第二份试样溶液中先准确加入过量的已知准确浓度的 NaOH 标准溶液 V(mL)，使溶液中的 $NaHCO_3$ 全部转化成 Na_2CO_3，然后再加入稍过量的 $BaCl_2$，将溶液中的 CO_3^{2-} 全部沉淀为 $BaCO_3$。同样在沉淀存在的情况下，以酚酞为指示剂，用 HCl 标准溶液返滴定过量的 NaOH 溶液。待溶液变为无色时，表明溶液中过量的 NaOH 全部被中和，所消耗的 HCl 标准溶液的体积记为 V_2(mL)。

显然，使溶液中 $NaHCO_3$ 转化成 Na_2CO_3 所消耗的 NaOH 物质的量即为溶液中 $NaHCO_3$ 的物质的量，因此

等量关系：$n(\mathrm{NaOH})=n(\mathrm{NaHCO_3})+n(\mathrm{HCl})_2$

质量分数：
$$w(\mathrm{NaHCO_3})=\frac{[c(\mathrm{NaOH})V-c(\mathrm{HCl})V_2]M(\mathrm{NaHCO_3})}{m_s\times1000}\times100\% \tag{5-49}$$

同样，与溶液中的 Na_2CO_3 反应的 HCl 标准溶液的体积则为总体积 V_1 减去 $NaHCO_3$ 所消耗的体积，因此

$$w(\mathrm{Na_2CO_3})=\frac{\{c(\mathrm{HCl})V_1-[c(\mathrm{NaOH})V-c(\mathrm{HCl})V_2]\}M\left(\frac{1}{2}\mathrm{Na_2CO_3}\right)}{m_s\times1000}\times100\% \tag{5-50}$$

式(5-49)、式(5-50) 中，m_s 均为试样的质量，g；$w(\mathrm{NaHCO_3})$、$w(\mathrm{Na_2CO_3})$ 分别为试样中 $NaHCO_3$、Na_2CO_3 的质量分数。

2. 双指示剂法

双指示剂法测定混合碱时，无论其组成如何，方法均是相同的。具体操作如下：准确称取一定量试样，用蒸馏水溶解后，先以酚酞为指示剂，用 HCl 标准滴定溶液滴定至溶液粉

红色消失，记下 HCl 标准滴定溶液所消耗的体积 V_1(mL)。此时，存在于溶液中的 NaOH 全部被中和，而 Na_2CO_3 则被中和为 $NaHCO_3$。然后在溶液中加入甲基橙指示剂，继续用 HCl 标准滴定溶液滴定至溶液由黄色变为橙红色，记下又用去的 HCl 标准滴定溶液的体积 V_2(mL)。显然，V_2 是滴定溶液中 $NaHCO_3$（包括溶液中原本存在的 $NaHCO_3$ 和 Na_2CO_3 被中和所生成的 $NaHCO_3$）所消耗的体积。由于 Na_2CO_3 被中和到 $NaHCO_3$ 与 $NaHCO_3$ 被中和到 H_2CO_3 所消耗的 HCl 标准滴定溶液的体积是相等的，因此有如下判别式。

① $V_1>V_2$，这表明溶液中有 NaOH 存在，因此，混合碱由 NaOH 与 Na_2CO_3 组成，且将溶液中的 Na_2CO_3 中和到 $NaHCO_3$ 所消耗的 HCl 标准滴定溶液的体积为 V_2(mL)，所以

$$w(Na_2CO_3)=\frac{c(HCl)V_2M(Na_2CO_3)}{m_s\times1000}\times100\% \tag{5-51}$$

将溶液中的 NaOH 中和成 NaCl 所消耗 HCl 标准溶液的体积为 V_1-V_2(mL)，所以

$$w(NaOH)=\frac{c(HCl)(V_1-V_2)M(NaOH)}{m_s\times1000}\times100\% \tag{5-52}$$

式(5-51)、式(5-52) 中，m_s 均为试样的质量，g；$w(NaOH)$、$w(Na_2CO_3)$ 分别为试样中 NaOH、Na_2CO_3 的质量分数。

② $V_1<V_2$，这表明溶液中有 $NaHCO_3$ 存在，因此，混合碱由 Na_2CO_3 与 $NaHCO_3$ 组成，且将溶液中的 Na_2CO_3 中和到 $NaHCO_3$ 所消耗的 HCl 标准溶液的体积为 V_1(mL)，所以

$$w(Na_2CO_3)=\frac{c(HCl)V_1M(Na_2CO_3)}{m_s\times1000}\times100\% \tag{5-53}$$

将溶液中的 $NaHCO_3$ 中和成 H_2CO_3 所消耗的 HCl 标准滴定溶液的体积为 V_2-V_1(mL)，所以

$$w(NaHCO_3)=\frac{c(HCl)(V_2-V_1)M(NaHCO_3)}{m_s\times1000}\times100\% \tag{5-54}$$

式(5-53)、式(5-54) 中，m_s 均为试样的质量，g；$w(NaHCO_3)$、$w(Na_2CO_3)$ 分别为试样中 $NaHCO_3$、Na_2CO_3 的质量分数。

氯化钡法与双指示剂法相比，前者操作上虽稍显麻烦，但由于测定时 CO_3^{2-} 被沉淀，最后的滴定实际上是强酸滴定强碱，因此结果反而比双指示剂法准确。国标中选择氯化钡法测定工业氢氧化钠中的氢氧化钠和碳酸钠含量，为了改善终点颜色，用溴甲酚绿-甲基红混合指示剂替代甲基橙指示剂。

三、铵盐中氮的测定

$(NH_4)_2SO_4$、NH_4Cl 等是常见的铵盐，由于 NH_4^+ 酸性太弱（$K_a=5.6\times10^{-10}$），不能直接用 NaOH 标准溶液滴定，需要通过间接法测定，以其他形式存在的氮（如 NO_3^-、NO_2^-），可先处理成铵盐形式，然后用相同的方法测定。铵盐的含氮量的测定方法常用的有蒸馏法和甲醛法。

1. 蒸馏法

准确称取一定量的铵盐试样，置于蒸馏瓶中，加入过量的浓 NaOH 溶液，加热煮沸，

将氨气蒸出，用过量的已知浓度的 HCl 或 H_2SO_4 标准溶液吸收，过量的酸用 NaOH 标准溶液回滴，用甲基橙或甲基红作指示剂。

$$NH_4^+ + OH^- (浓) \longrightarrow NH_3 + H_2O$$

$$NH_3 + HCl \longrightarrow NH_4Cl$$

$$NaOH + HCl \longrightarrow NaCl + H_2O$$

从反应式看出一个 N 对应一个 NH_3，最终参与 1mol 质子的转移，所以 N 的基本单元是其本身。

等量关系：$n(N) + n(NaOH) = n(HCl)$

也可用 H_3BO_3 溶液吸收，然后用 HCl 标准滴定溶液滴定 H_3BO_3 吸收液，反应为

$$NH_3 + H_3BO_3 \longrightarrow NH_4^+ + H_2BO_3^- (强碱)$$

$$H_2BO_3^- + HCl \longrightarrow H_3BO_3 + Cl^-$$

可以看出 $N \rightarrow NH_3 \rightarrow H_2BO_3^- \rightarrow HCl$

所以等量关系为：$n(N) = n(HCl)$

选甲基红为指示剂。为了提高滴定准确度，还可以用甲基红-溴甲酚绿混合指示剂，终点为灰色。此法的优点是只需一种标准溶液（HCl）。H_3BO_3 作为吸收剂，只要保证过量，其浓度和体积无须准确计量，而且不需要特殊仪器。

2. 甲醛法

铵盐与甲醛反应，可以得到等物质的量的酸，包括质子化的六亚甲基四胺和 H^+。

$$4NH_4^+ + 6HCHO \longrightarrow (CH_2)_6N_4H^+ + 3H^+ + 6H_2O$$

$(CH_2)_6N_4H^+$ 的 $K_a = 7.1 \times 10^{-6}$，所以只要溶液的浓度不是太稀，就可以用 NaOH 标准溶液滴定生成的三个 H^+ 和 $(CH_2)_6N_4H^+$，可用酚酞作指示剂。

等量关系：$n(N) = n(NaOH)$

测定时，事先应中和试样及甲醛中的游离酸。中和试样中的游离酸时应选用甲基红作指示剂；若以酚酞作为指示剂，将有部分 NH_4^+ 被中和。

凯氏定氮法用于测定谷物、肥料、饲料、土壤、生物碱、肉类、乳制品中的蛋白质，以及胺类、酰胺类和尿素等有机化合物中氨基态氮（NH_2-N）的含量。硝基、亚硝基或偶氮等形式的氮，必须先用亚铁盐、硫代硫酸盐和葡萄糖等还原剂处理，使氮定量转化为 NH_4^+ 后再进行测定。

有机含氮化合物在 $CuSO_4$ 的催化下，并加入 K_2SO_4 提高沸点，用浓 H_2SO_4 加热消解，使其中的 N 完全转化为 NH_4^+ [与过量的 H_2SO_4 结合生成 $(NH_4)_2SO_4$ 或 NH_4HSO_4]。将消解液转移至蒸馏瓶中，加入过量 NaOH 加热煮沸，将 NH_3 随水蒸气蒸出并冷凝成氨水，导入一定量过量的硫酸或盐酸标准溶液中吸收，过量的酸以甲基红或甲基橙作指示剂，用 NaOH 标准溶液返滴。

等量关系：$n(N) + n(NaOH) = n(HCl)$

或 $n(N) = n(HCl)$ 用过量的 H_3BO_3 溶液吸收

许多不同的蛋白质中的氮含量基本相同，为 16%，因此将氮的含量换算为蛋白质的重量因子为 6.250，即通过测定含氮量，可进一步求出蛋白质的含量。若蛋白质大部分为白蛋白，换算因子为 6.270。

【例 5-16】 称取 0.5000g 食品试样，用凯氏定氮法测定氮，消化后，用过量的 H_3BO_3 溶液吸收蒸馏出的 NH_3，用甲基红作指示剂，以 0.1000mol/L HCl 标准溶液滴定至终点，消耗 21.20mL。

解： 等量关系 $n(N)=n(HCl)$

因为将含氮量换算为蛋白质的重量因子为 6.250，所以

$$w(\text{蛋白质})=\frac{0.1000\times21.20\times10^{-3}\times14.01\times6.250}{0.5000}\times100\%=37.12\%$$

四、磷的测定

钢铁和矿石等试样中磷的测定也可采用酸碱滴定法。试样处理后，将磷转化为 H_3PO_4，在硝酸介质中，磷酸与钼酸铵反应，生成黄色磷钼酸铵沉淀。

$$H_3PO_4+12MoO_4^{2-}+2NH_4^++22H^+ = (NH_4)_2HPO_4\cdot12MoO_3\cdot H_2O\downarrow+11H_2O$$

沉淀经过滤后，用水洗涤至中性，然后将其溶于一定量过量的 NaOH 标准溶液中，溶解反应为

$$(NH_4)_2HPO_4\cdot12MoO_3\cdot H_2O+24OH^- = HPO_4^{2-}+12MoO_4^{2-}+13H_2O+2NH_4^+$$

过量的 NaOH 用 HCl 或 HNO_3 标准溶液返滴定至酚酞刚好褪色为终点（pH≈8）。从上述反应可以看出 1mol P 可以生成 1mol 的磷钼酸铵沉淀［$(NH_4)_2HPO_4\cdot12MoO_3\cdot H_2O$］，1mol 的磷钼酸铵沉淀溶解时，需用 24mol 的 NaOH 中和，相当于 1mol P 在此过程中可以转移 24mol 质子，所以磷的基本单元为$\frac{1}{24}$P。

等量关系：$n(\frac{1}{24}P)+n(HCl)=n(NaOH)$

由于 1mol P 定量消耗 24mol NaOH，放大作用明显，因此该法灵敏度较高，适用于微量磷的测定。核酸（DNA、RNA）是酸性大分子，定量测定常采用定磷法。将待测试样用浓硫酸或高氯酸消解，使核酸中的磷转化为无机磷酸，通过无机磷酸测定核酸。通常 RNA 的平均含磷量为 9.4%，DNA 的平均含磷量为 9.9%，从磷含量可以推算核酸的含量。

五、二氧化硅的测定

硅酸盐试样中 SiO_2 含量的测定过去常采用重量法，虽然比较准确，但很耗时。目前多采用氟硅酸钾容量法。

试样用 KOH 熔融，使其转化为可溶性硅酸盐，如 K_2SiO_3。硅酸钾在钾盐存在下与 HF 作用或在强酸性溶液中加入 KF（HF 有剧毒，必须在通风橱中操作），转化成微溶的氟硅酸钾（K_2SiF_6），反应如下：

$$K_2SiO_3+6HF\longrightarrow K_2SiF_6\downarrow+3H_2O$$

由于该沉淀的溶解度较大，通常加入固体 KCl 降低其溶解度。沉淀经过滤、氯化钾-乙醇溶液洗涤后，放入原烧杯中，再加入氯化钾-乙醇溶液，用 NaOH 中和游离酸至酚酞变红，然后加入沸水，使氟硅酸钾水解释放出 HF。反应为

$$K_2SiF_6+3H_2O\longrightarrow 2KF+H_2SiO_3+4HF$$

用 NaOH 标准溶液滴定 HF，根据所消耗的 NaOH 标准溶液的量计算试样中 SiO_2 的含

量。1mol K_2SiF_6 释放出 4mol HF，消耗 4mol NaOH。所以，SiO_2 的基本单元为$\frac{1}{4}SiO_2$。

等量关系：$n\left(\frac{1}{4}SiO_2\right)=n(NaOH)$

六、极弱的酸（碱）的测定

对于 K_a（或 K_b）较小的酸（或碱），不能直接进行滴定测定，但我们可以利用化学反应使其转化为较强的酸或碱，再进行滴定。如硼酸（H_3BO_3）的 $pK_a=9.24$，是极弱酸，不能用 NaOH 直接准确滴定。在 H_3BO_3 中加入乙二醇、丙三醇、甘露醇等与之反应形成配合酸，配合酸的 $pK_a=4.26$，略强于醋酸，使弱酸得到了强化。可选用酚酞或百里酚酞作指示剂，用 NaOH 标准溶液直接滴定。

$$2\ \begin{matrix} H \\ R-C-OH \\ | \\ R-C-OH \\ H \end{matrix} + H_3BO_3 \rightleftharpoons \left[\begin{matrix} H & & & & H \\ R-C-O & & & & O-C-R \\ | & \diagdown & & \diagup & \\ | & & B & & \\ | & \diagup & & \diagdown & \\ R-C-O & & & & O-C-R \\ H & & & & H \end{matrix}\right] H^+ + 3H_2O$$

等量关系：$n(H_3BO_3)=n(NaOH)$

除了生成配合酸强化外，还有其他方法进行强化，比如生成沉淀，如 H_3PO_4 的 $pK_{a3}=12.36$，K_{a3} 太小，不能被 NaOH 直接滴定，第二步滴定结束后，溶液即为 HPO_4^{2-} 的溶液，此时加入 $CaCl_2$，生成沉淀 $Ca_3(PO_4)_2$，释放出 H^+，就可以按强酸滴定。

$$2HPO_4^{2-}+3Ca^{2+} \longrightarrow Ca_3(PO_4)_2\downarrow+2H^+$$

利用氧化还原反应使弱酸强化：

$$H_2SO_3(\text{弱酸})+H_2O_2(\text{或 }I_2\text{、}Br_2\text{ 等}) \longrightarrow H_2SO_4(\text{强酸})+H_2O$$

离子交换法强化：如测定 NH_4Cl、柠檬酸盐时，在溶液中加入离子交换剂，则发生如下反应。

$$NH_4Cl(\text{弱酸})+RSO_3H \longrightarrow RSO_3NH_4+HCl(\text{强酸})$$

七、食品中苯甲酸钠的测定

苯甲酸钠是碳酸饮料、腌制食品、方便食品中最常见的食品防腐剂之一。测定时一般在食品试样中加入盐酸，使苯甲酸钠转化成苯甲酸（$K_a=6.2\times10^{-5}$），再向溶液中加入乙醚萃取苯甲酸，加热萃取液除去乙醚，用中性乙醇溶解，最后用 NaOH 标准溶液滴定，以酚酞作指示剂，滴定至呈现粉红色即为终点。上述反应及物质的等量关系如下：

$$C_6H_5COONa+HCl = C_6H_5COOH+NaCl$$

$$C_6H_5COOH+NaOH = C_6H_5COONa+H_2O$$

等量关系：$n(C_6H_5COONa)=n(NaOH)$

八、醋精中总酸的测定

醋精是一种重要的农产加工品，也是合成多种有机农药的重要原料。醋精中的主要成分是 HAc，也有少量其他弱酸，如乳酸等。测定时，将醋精用不含 CO_2 的蒸馏水适当稀释后，用 NaOH 标准溶液滴定。以酚酞作指示剂，滴定至呈现粉红色即为终点。由消耗的标准溶液的体积及浓度计算总酸度。

等量关系：$n(\text{HAc})=n(\text{NaOH})$

九、醛、酮的测定

醛、酮自身不是酸碱，但它们与盐酸羟胺或亚硫酸钠作用产生 HCl 或 NaOH，因而可以测定其含量。

1. 盐酸羟胺法

醛、酮与盐酸羟胺作用生成肟和游离 HCl，可用碱标准溶液滴定生成的 HCl。醛、酮与盐酸羟胺的反应如下：

$$\underset{\substack{|\\ \text{R}'(\text{或 H})}}{}\text{R—}\overset{\text{R}'(\text{或 H})}{\overset{|}{\text{C}}}\text{=O}+\text{NH}_2\text{OH}\cdot\text{HCl} = \text{R—}\overset{\text{R}'(\text{或 H})}{\overset{|}{\text{C}}}\text{=N—OH}+\text{H}_2\text{O}+\text{HCl}$$

因为溶液中存在过量的盐酸羟胺，溶液呈弱酸性，故选用弱酸性条件下变色的溴酚蓝作指示剂。

等量关系：$n(\text{醛或酮})=n(\text{NaOH})$

2. 亚硫酸钠法

过量的亚硫酸钠与醛、酮发生加成反应产生游离碱。

$$\text{R—}\overset{\text{R}'(\text{或 H})}{\overset{|}{\text{C}}}\text{=O}+\text{Na}_2\text{SO}_3+\text{H}_2\text{O} = \text{R—}\underset{\underset{\text{SO}_3\text{Na}}{|}}{\overset{\text{R}'(\text{或 H})}{\overset{|}{\text{C}}}}\text{—OH}+\text{NaOH}$$

生成的碱可用盐酸标准溶液滴定，以百里酚酞作指示剂。1mol 醛或酮产生 1mol NaOH，消耗 1mol HCl，基本单元都是其本身，计量关系非常简单。

等量关系：$n(\text{醛或酮})=n(\text{HCl})$

由于使用了强还原剂，易被空气氧化，故测定速度要快，且试剂宜新鲜配制，同时要做空白实验、对照实验，扣除空白值。

十、酸酐和醇类的测定

酸酐与水缓慢反应生成酸。

$$(\text{RCO})_2\text{O}+\text{H}_2\text{O} = 2\text{RCOOH}$$

碱存在时可以加速上述反应。因此在实际测定中，于试样中加入过量 NaOH 标准溶液，加热回流，促使酸酐水解完全。多余的碱用标准酸溶液滴定，用酚酞或百里酚蓝指示终点。

等量关系：$n(\frac{1}{2}\text{酸酐})+n(\text{HCl})=n(\text{NaOH})$

利用酸酐与醇的反应，又可将测定酸酐的方法扩展到测定醇类。如使用乙酸酐与醇反应：

$$(\text{CH}_3\text{CO})_2\text{O}+\text{ROH} = \text{CH}_3\text{COOR}+\text{CH}_3\text{COOH}$$

$$(\text{CH}_3\text{CO})_2\text{O}_{(\text{剩余})}+\text{H}_2\text{O} = 2\text{CH}_3\text{COOH}$$

用 NaOH 标准溶液滴定上述两个反应所生成的乙酸，再另取一份相同量的乙酸酐，使之与水作用，以 NaOH 标准溶液滴定。利用两份测定结果之差即可求得醇的含量。

十一、酯类的测定

多数酯类与过量的碱共热 1～2h 后，可完成皂化反应，转化成有机酸的共轭碱和醇，例如：

$$CH_3COOC_2H_6 + NaOH \xlongequal{} CH_3COONa + C_2H_5OH$$

多余的碱以标准酸溶液滴定，用酚酞或百里酚蓝指示终点，由于大多数酯难溶于水，可以改用 NaOH 的乙醇标准溶液使之皂化。

等量关系：n(酯)＋n(HCl)＝n(NaOH)

十二、环氧化物的测定

环氧化物能与过量 HCl 溶液反应，反应方程式如下：

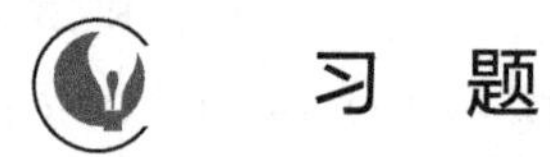

测定环氧化物时可以先加入一定量过量的 HCl 标准溶液，使之反应完全，剩余的 HCl 用 NaOH 标准溶液返滴，以酚酞指示终点。

等量关系：n(环氧物)＋n(NaOH)＝n(HCl)

习　题

1. 已知 H_3PO_4 的 $pK_{a1}=2.12$，$pK_{a2}=7.20$，$pK_{a3}=12.36$。求其共轭碱 PO_4^{3-} 的 pK_{b1}，HPO_4^{2-} 的 pK_{b2} 和 $H_2PO_4^{-}$ 的 pK_{b3}。

2. 用 0.02000mol/L HCl 溶液滴定 20.00mL 0.02000mol/L KOH 溶液时，化学计量点时 pH 值为多少？化学计量点附近的滴定突跃为多少？应选用何种指示剂指示终点？

3. 用 0.1000mol/L HCl 溶液滴定 20.00mL 0.1000mol/L $NH_3 \cdot H_2O$ 溶液，计算：

① 化学计量点时的 pH 值。

② 计量点附近（±0.1%）pH 值的突跃范围。

③ 应选用何种指示剂？

4. 用 0.1000mol/L NaOH 溶液滴定 0.1000mol/L 草酸溶液时，有几个滴定突跃？第二化学计量点的 pH 值为多少？应选用什么指示剂指示终点？

5. 有一个三元酸，其 $pK_{a1}=2.0$，$pK_{a2}=7.0$，$pK_{a3}=12.0$。用 NaOH 溶液滴定时，第一和第二化学计量点的 pH 值分别为多少？两个化学计量点附近有无滴定突跃？可选用何种指示剂指示终点？能否直接滴定至酸的质子全部被中和？

6. 取某一纯的（100%）一元弱酸（HA）1.250g，配制成 50mL 的水溶液，再用 0.0900mol/L NaOH 溶液滴定至化学计量点，消耗 41.20mL。在滴定过程中，当加入 8.24mL NaOH 溶液时，溶液 pH＝4.30。根据上述数据求：

① 一元弱酸（HA）的 K_a。

② 酸的分子量。

③ 化学计量点的 pH 值。

7. 有工业硼砂 1.000g，溶于水后，以甲基红为指示剂，用 0.2000mol/L HCl 溶液滴定到终点时消耗 24.50mL，分别求下列组分的含量。

① $Na_2B_4O_7 \cdot 10H_2O$。

② $Na_2B_4O_7$。

③ B。

8. 称取粗铵盐 1.075g，与过量碱共热，蒸出的 NH_3 以过量硼酸溶液吸收，再以 0.3865mol/L HCl 溶液滴定至甲基红和溴甲酚绿混合指示剂终点，需 33.68mL HCl 溶液，求试样中 NH_3 的质量分数和以 NH_4Cl 表示的质量分数。

9. 面粉和小麦中的粗蛋白质含量是将氮含量乘以 5.7 而得到的（不同物质有不同系数），2.449g 面粉经消化后，用 NaOH 处理，蒸出的 NH_3 以 100.0mL 0.01086mol/L HCl 溶液吸收，需用 0.01228mol/L NaOH 溶液 15.30mL 回滴，计算面粉中粗蛋白质的质量分数。

10. 称取含硫有机物试样 0.3000g，在氧气中燃烧，使其中的硫转化为 SO_2，并用水吸收，然后用 0.1000mol/L NaOH 滴定，耗去 30.00mL，求试样中 S 的质量分数。

11. 称取钢样 1.000g，使其中的 P 转变成磷钼酸铵，经过滤、洗涤后，用 0.1000mol/L NaOH 溶液 50.00mL 溶解沉淀，过量 NaOH 用 0.2000mol/L HNO_3 溶液滴定，以酚酞为指示剂，共耗去 HNO_3 溶液 10.27mL，求钢样中 P 和 P_2O_5 的质量分数。

参考答案

第六章

配位滴定法

配位滴定法习惯上又称络合滴定法，是以配位反应为基础的滴定分析方法。配位反应在定性分析、光度分析、分离和掩蔽等方面有着广泛的应用，在定量化学分析方面主要用于金属离子含量的测定。通过返滴定、间接滴定和置换滴定方式，也可以测定许多阴离子和有机化合物。水质分析、环境监测、食品与生物制品分析、药物分析和临床检验中也常用到配位滴定法。

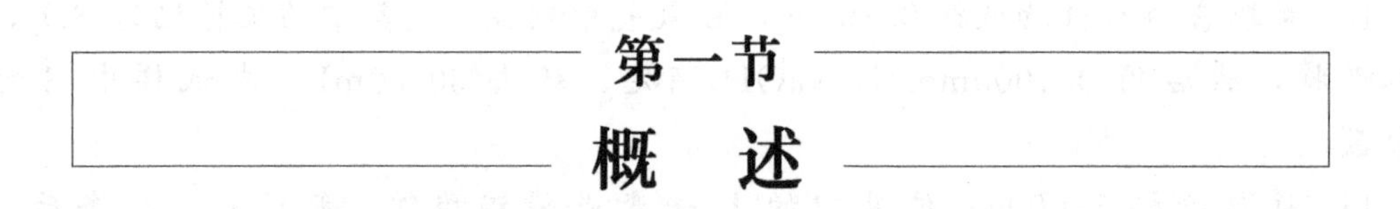

第一节 概述

配位滴定体系通常会涉及多个配位平衡、酸碱平衡的共存，配合物的稳定性同时受到多种因素的影响。为了便于处理各种因素对定量发生的配位反应的影响，本章引入副反应、副反应系数和条件稳定常数的概念，使复杂平衡体系中定量问题的处理过程相对统一和简化，思路清晰，简便易行。这种处理方法也适用于酸碱、氧化还原、沉淀等其他具有复杂平衡关系的体系。

一、配位滴定对配位反应的要求

在无机化学中我们学习了很多配位反应的知识，认识了很多配位反应。能用于配位滴定的配位反应必须具备一定的条件。

① 配位反应必须完全，即生成的配合物的稳定常数足够大。

② 反应应按一定的反应式定量进行，即金属离子与配位剂的比例（即配位比）恒定。

③ 反应速率快。

④ 有适当的方法检出终点。

早期，用 $AgNO_3$ 标准溶液滴定 CN^-，发生如下反应：

$$Ag^+ + 2CN^- \longrightarrow [Ag(CN)_2]^-$$

滴定到达化学计量点时，多加一滴 $AgNO_3$ 溶液，Ag^+ 就与 $[Ag(CN)_2]^-$ 反应生成白色的 $Ag[Ag(CN)_2]$ 沉淀，以指示终点的到达。终点时的反应为

$$[Ag(CN)_2]^- + Ag^+ \longrightarrow Ag[Ag(CN)_2]\downarrow\text{（白色沉淀）}$$

配合物的稳定性以配合物稳定常数 $K_稳$ 表示，如上例中：

$$K_稳 = \frac{[Ag(CN)_2^-]}{[Ag^+][CN^-]^2} = 10^{21.1}$$

$[Ag(CN)_2]^-$ 的 $K_稳 = 10^{21.1}$，说明反应进行得完全。各种配合物都有其一定的稳定常数，从配合物稳定常数的大小可以判断配位反应的完全程度以及能否满足滴定分析的要求。

随着科学研究的发展，人们发现以 EDTA 为代表的氨羧配位剂应用于配位滴定，才使配位滴定成为一个独立的定量化学测定方法，所以目前所谓的配位滴定法就是以 EDTA 为标准溶液的配位滴定法，也称为 EDTA 滴定法。但在配位滴定中很多无机配位剂和其他有机配位剂也是不可缺少的，它们主要用作掩蔽剂、辅助配位剂和指示显色剂。本书也加以介绍。

二、常用的配位剂

1. 配位滴定中常用的无机配位剂

这类简单无机配合物是逐级形成的，不稳定，不能用作配位滴定剂，常用作稳定剂，见表 6-1。

表 6-1　配位滴定常用的无机配位剂

配位剂	可形成配合物的金属离子
NH_3	Cu^{2+}、Co^{2+}、Ni^{2+}、Zn^{2+}、Ag^+、Cd^{2+}
CN^-	Cu^{2+}、Co^{2+}、Ni^{2+}、Zn^{2+}、Ag^+、Cd^{2+}、Hg^{2+}、Fe^{2+}、Fe^{3+}
OH^-	Cu^{2+}、Co^{2+}、Ni^{2+}、Zn^{2+}、Ag^+、Cd^{2+}、Fe^{2+}、Fe^{3+}、Bi^{3+}、Al^{3+}
F^-	Al^{3+}、Fe^{3+}
Cl^-	Ag^+、Hg^{2+}

2. 配位滴定中常用的有机配位剂

（1）用作配位滴定中的掩蔽剂

用作配位滴定中的掩蔽剂，如：三乙醇胺可以掩蔽 Fe^{3+}、Al^{3+}；乙酰丙酮可以掩蔽 Fe^{2+}、Al^{3+} 等。

（2）用作配位滴定剂的氨羧有机配位剂

这类有机配位剂常含有多个配位原子，消除分级配位现象，生成螯合物的速度快，并且其稳定性好，水溶性也好，配位比简单。这类配位剂主要有：EDTA（乙二胺四乙酸）、CyDTA（或 DCTA，1,2-氨基环己烷四乙酸）、EDTP（乙二胺四丙酸）等。氨羧配位剂中 EDTA 是目前应用最广泛的一种，用 EDTA 标准溶液可以滴定几十种金属离子。

三、配合物的稳定常数

1. EDTA 及其与金属离子的配合物的特点

（1）乙二胺四乙酸（EDTA）

乙二胺四乙酸通常用 H_4Y 表示，其结构式如下：

$$\begin{array}{c}HOOCCH_2 \diagdown \qquad \qquad \qquad \qquad \diagup CH_2COOH \\ N—CH_2—CH_2—N \\ HOOCCH_2 \diagup \qquad \qquad \qquad \qquad \diagdown CH_2COOH\end{array}$$

乙二胺四乙酸为白色无水结晶粉末，室温时溶解度较小（22℃时溶解度为0.02g/100mL H_2O），难溶于酸和有机溶剂，易溶于碱或氨水中形成相应的盐。乙二胺四乙酸溶解度小，因而不适合作滴定剂。

EDTA二钠盐（$Na_2H_2Y \cdot 2H_2O$，也简称为EDTA，分子量为372.26）为白色结晶粉末，室温下可吸附水分0.3%，80℃时可烘干除去。在100～140℃时失去结晶水而成为无水的EDTA二钠盐（分子量为336.24）。EDTA二钠盐易溶于水（22℃时溶解度为11.1g/100mL H_2O，浓度约0.3mol/L，pH≈4.4），因此通常使用EDTA二钠盐作滴定剂。

乙二胺四乙酸在水溶液中具有双偶极离子结构：

$$\begin{array}{c}HOOCCH_2 \diagdown^{+} \qquad \qquad \qquad \qquad ^{+}\diagup CH_2COO^- \\ N—CH_2—CH_2—N \\ {}^-OOCCH_2 \diagup H \qquad \qquad \qquad \qquad H \diagdown CH_2COOH\end{array}$$

因此，当EDTA溶解于酸度很高的溶液中时，它的两个羧酸根可再接受两个H^+形成H_6Y^{2+}，这样，它就相当于一个六元酸，有六级解离常数，即

$$H_6Y^{2+} \rightleftharpoons H_5Y^+ + H^+ \qquad K_{a1}=10^{-0.9}$$
$$H_5Y^+ \rightleftharpoons H_4Y + H^+ \qquad K_{a2}=10^{-1.6}$$
$$H_4Y \rightleftharpoons H_3Y^- + H^+ \qquad K_{a3}=10^{-2.00}$$
$$H_3Y^- \rightleftharpoons H_2Y^{2-} + H^+ \qquad K_{a4}=10^{-2.67}$$
$$H_2Y^{2-} \rightleftharpoons HY^{3-} + H^+ \qquad K_{a5}=10^{-6.16}$$
$$HY^{3-} \rightleftharpoons Y^{4-} + H^+ \qquad K_{a6}=10^{-10.26}$$

EDTA在水溶液中总是以H_6Y^{2+}、H_5Y^+、H_4Y、H_3Y^-、H_2Y^{2-}、HY^{3-}和Y^{4-}七种型体存在，各种存在形式离子总浓度：

$$c_Y=[Y']=[Y^{4-}]+[HY^{3-}]+[H_2Y^{2-}]+[H_3Y^-]+[H_4Y]+[H_5Y^+]+[H_6Y^{2+}]$$

它们的分布系数δ与溶液pH值的关系如图6-1所示。从图6-1可以清楚地看出不同pH值时EDTA各种存在形式的分配情况。在pH<1.0的强酸性溶液中，EDTA主要以H_6Y^{2+}形式存在；在pH=1.0～1.6的溶液中，主要以H_5Y^+形式存在；在pH=1.6～2.0的溶液中，主要以H_4Y形式存在；在pH=2.0～2.67的溶液中，主要存在形式为H_3Y^-；在pH=2.67～6.16的溶液中，主要存在形式是H_2Y^{2-}；在pH =6.16～10.26的溶液中，主要存在形式是HY^{3-}；在pH>12时，才几乎完全以Y^{4-}形式存在。值得注意的是，在7种型体中只有Y^{4-}（为了方便，以下均用符号Y来表示Y^{4-}）能与金属离子直接配位。Y分布系数越大，EDTA的配位能力越强。而Y分布系数的大小与溶液的pH值密切相关，所以溶液的酸度便成为影响EDTA配合物稳定性及滴定终点敏锐性的一个很重要的因素。因此，滴定这些离子时要控制其浓度不要过大，否则使用指示剂确定终点将发生困难。

(2) 与金属离子的配合物的特点

螯合物是一类具有环状结构的配合物。螯合即指成环，只有当一个配体至少含有两个可

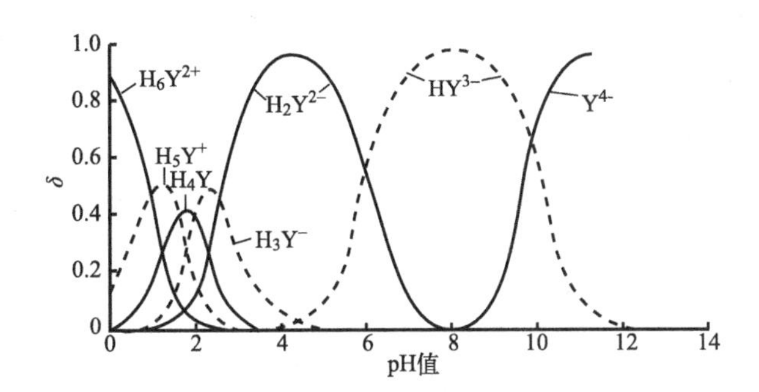

图 6-1　EDTA 各种存在形式分布图

配位的原子时才能与中心原子形成环状结构，螯合物中所形成的环状结构常称为螯环。能与金属离子形成螯合物的试剂称为螯合剂。EDTA 就是一种常用的螯合剂。

EDTA 分子中有 6 个配位原子，即有 2 个氨基氮（N）原子和 4 个羧基氧（O）原子，在和金属离子形成的配合物结构中有 4 个五原子环，其中 4 个 O—C—C—N（首尾与 M 相连成环）和 1 个 N—C—C—N（首尾与 M 相连成环）。一般规律为，若环中有单键，以五元环最稳定，若环中含双键，则六元环也很稳定。且形成的环越多，越稳定。图 6-2 所示的是 EDTA 与 Ca^{2+} 和 Fe^{3+} 形成的螯合物的立体构型，可以看出金属离子和 EDTA 形成 5 个五元环的螯合物，所以螯合物一般具有很高的稳定性。

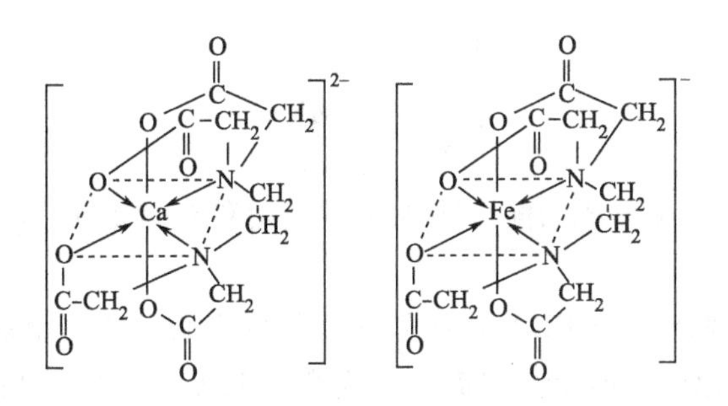

图 6-2　EDTA 与 Ca^{2+} 和 Fe^{3+} 形成的螯合物的立体构型

EDTA 与金属离子的配合物有如下特点。

① EDTA 具有广泛的配位性能，几乎能与所有金属离子形成配合物，因而配位滴定应用很广泛，但如何提高滴定的选择性便成为配位滴定中的一个重要问题。

② EDTA 配合物配位比简单，多数情况下形成 1∶1 的配合物。个别离子如 Mo(Ⅴ) 与 EDTA 配合物 [$(MoO_2)_2Y^{2-}$] 的配位比为 2∶1。

③ EDTA 配合物稳定性高，能与金属离子形成具有多个五元环结构的螯合物。

④ EDTA 配合物易溶于水，使配位反应较迅速。

⑤ 大多数金属 M-EDTA 配合物无色，这有利于指示剂确定终点。EDTA 与有色金属离子配位生成的螯合物颜色则加深。例如：

CuY^{2-}	NiY^{2-}	CoY^{2-}	MnY^{2-}	CrY^-	FeY^-
深蓝	蓝	紫红	紫红	深紫	黄

上述特点说明 EDTA 和金属离子的配位反应能够符合滴定分析对反应的要求。

2. 各种稳定常数

(1) 配合物的绝对稳定常数

对于 1∶1 型的配合物 ML 来说，其配位反应式如下（为简便起见，略去电荷）：

$$M+L \rightleftharpoons ML$$

因此反应的平衡常数表达式为

$$K_{ML} \text{ 或 } K_{稳}=\frac{[ML]}{[M][L]} \tag{6-1}$$

K_{ML} 稳定常数的倒数即为配合物的不稳定常数（或称为解离常数）。

$$K_{稳}=\frac{1}{K_{不稳}} \text{ 或 } K_{稳}\times K_{不稳}=1$$

或

$$\lg K_{稳}=-\lg K_{不稳}=pK_{不稳} \tag{6-2}$$

如果 L 是 EDTA，则其与金属离子的配位反应可用下式表示：

$$M^{2+}+H_2Y^{2-}=\!=\!=MY^{2-}+2H^+$$

$$M^{3+}+H_2Y^{2-}=\!=\!=MY^{-}+2H^+$$

$$M^{4+}+H_2Y^{2-}=\!=\!=MY+2H^+$$

为了方便起见，略去式中电荷，可简写成：

$$M+Y \rightleftharpoons MY$$

其平衡常数为：

$$K_{MY}=\frac{[MY]}{[M][Y]}$$

常见金属离子与 EDTA 形成的配合物 MY 的绝对稳定常数 K_{MY} 见表 6-2（也可由相关的手册查到）。

由表 6-2 可见，金属离子与 EDTA 形成的配合物的稳定性与金属离子的种类有关。碱金属离子的配合物最不稳定；碱土金属离子的配合物 $\lg K_{MY}=8\sim11$；过渡金属元素、稀土元素、Al^{3+} 的配合物 $\lg K_{MY}=15\sim19$；其他三价、四价金属离子和 Hg^{2+} 的配合物 $\lg K_{MY}>20$。这些配合物稳定性的差别，主要决定于金属离子本身的离子电荷、离子半径和电子层结构。这些是金属离子影响配合物稳定性大小的本质因素。EDTA 与金属离子形成的配合物的稳定性对配位滴定反应的完全程度有着重要的影响，可以用 $\lg K_{MY}$ 衡量在不发生副反应情况下，配合物的稳定程度。但外界条件如溶液的酸度、其他配位剂的存在、干扰离子等对配位滴定反应的完全程度也都有着较大的影响，尤其是溶液的酸度对 EDTA 在溶液中的存在形式、金属离子在溶液中的存在形式和 EDTA 与金属离子形成的配合物的稳定性均产生显著的影响。需要指出的是：绝对稳定常数是指无副反应情况下的数据，它不能反映实际滴定过程中真实配合物的稳定状况。所以我们需要研究在复杂情况下，配合物的稳定性如何即条件稳定常数；通过控制滴定分析的条件提高滴定的选择性，是配位滴定方案设计中需要考虑和解决的主要问题。

表 6-2　部分金属 M-EDTA 配位化合物的 $\lg K_{MY}$

阳离子	$\lg K_{MY}$	阳离子	$\lg K_{MY}$	阳离子	$\lg K_{MY}$
Na^{+}	1.66	Ce^{4+}	15.98	Cu^{2+}	18.80
Li^{+}	2.79	Al^{3+}	16.30	Ga^{2+}	20.30
Ag^{+}	7.32	Co^{2+}	16.31	Ti^{3+}	21.30
Ba^{2+}	7.86	Pt^{2+}	16.31	Hg^{2+}	21.80
Mg^{2+}	8.69	Cd^{2+}	16.49	Sn^{2+}	22.10
Sr^{2+}	8.73	Zn^{2+}	16.50	Th^{4+}	23.20
Be^{2+}	9.20	Pb^{2+}	18.04	Cr^{3+}	23.40
Ca^{2+}	10.69	Y^{3+}	18.09	Fe^{3+}	25.10
Mn^{2+}	13.87	VO_2^{+}	18.10	U^{4+}	25.80
Fe^{2+}	14.33	Ni^{2+}	18.60	Bi^{3+}	27.94
La^{3+}	15.50	VO^{2+}	18.80	Co^{3+}	36.00

(2) 配合物的逐级稳定常数 K_i 和累积稳定常数 β_i

① 配合物的逐级稳定常数 K_i

对于配位比为 1∶n 的配合物，由于 ML_n 的形成是逐级进行的，其逐级形成反应与相应的逐级稳定常数（$K_{稳n}$）为：

$$M+L \longrightarrow ML \qquad K_{稳1}=\frac{[ML]}{[M][L]}=\frac{1}{K_{不稳n}}$$

$$ML+L \longrightarrow ML_2 \qquad K_{稳2}=\frac{[ML_2]}{[ML][L]}=\frac{1}{K_{不稳n-1}}$$

$$\cdots \qquad \cdots$$

$$ML_{n-1}+L \longrightarrow ML_n \qquad K_{稳n}=\frac{[ML_n]}{[ML_{n-1}][L]}=\frac{1}{K_{不稳1}} \tag{6-3}$$

当用逐级稳定常数 $K_{稳i}$ 表达配位平衡中各组分浓度时，会用到一系列中间产物的平衡浓度。若只用游离金属离子 M 和游离配体 L 的平衡浓度表示任意组分的浓度，则问题将变得比较简单。为此引入累积稳定常数 β_i。

② 累积稳定常数 β_i

若将逐级稳定常数渐次相乘，就得到各级累积稳定常数（β_n）

第一级累积稳定常数　$\beta_1=K_{稳1}=\frac{[ML]}{[M][L]}$

第二级累积稳定常数　$\beta_2=K_{稳1}K_{稳2}=\frac{[ML]}{[M][L]}\times\frac{[ML_2]}{[ML][L]}=\frac{[ML_2]}{[M][L]^2}$

…　…

第 n 级累积稳定常数　$\beta_n=K_{稳1}K_{稳2}\cdots K_{稳n}=\frac{[ML_n]}{[M][L]^n}$　(6-4)

β_n 即为各级配位化合物的总的稳定常数 $K_{稳}$。

③ 配位平衡中各级配合物的浓度计算

根据配位化合物的各级累积稳定常数可以计算各级配合物的浓度，即

$$[ML]=\beta_1[M][L]$$

$$[ML_2]=\beta_2[M][L]^2$$

$$\cdots\cdots$$

$$[ML_n]=\beta_n[M][L]^n \tag{6-5}$$

可见，各级累积稳定常数 β_i 将各级配位化合物的浓度（$[ML]$，$[ML_2]$，…，$[ML_n]$）直接与游离金属离子、游离配位剂的浓度（$[M]$、$[L]$）联系了起来。在配位平衡计算中，常涉及各级配合物的浓度，这些关系式都是很重要的。常见的金属离子与各配位体所形成的配合物的累积稳定常数见附录三。

【例 6-1】 计算在 pH=12 的 5.0×10^{-3} mol/L CaY 溶液中，Ca^{2+} 浓度和 pCa 各为多少？

解： 已知 pH=12 时 $c(CaY)=5.0\times10^{-3}$ mol/L，查表得 $K_{CaY}=10^{10.7}$

	Ca^{2+}	+	Y	$\longrightarrow$	CaY
初始浓度（mol/L）：	0		0		5.0×10^{-3}
平衡浓度（mol/L）：	$[Ca^{2+}]$		$[Y]=[Ca^{2+}]$		$[CaY]$ $=c(CaY)-[Ca^{2+}]\approx c(CaY)$

因为 CaY 的配位比是 1∶1，所以解离出的 $[Y]=[Ca^{2+}]$。又因为 $K_{CaY}=10^{10.7}$ 很大，解离的可能性很小，所以 $[CaY]=c(CaY)-[Ca^{2+}]\approx c(CaY)$。

由 $K_{CaY}=\dfrac{[CaY]}{[Ca^{2+}][Y]}$ 得 $[Ca^{2+}]^2=\dfrac{c(CaY)}{K_{CaY}}$

$$[Ca^{2+}]=\left[\frac{c(CaY)}{K_{CaY}}\right]^{\frac{1}{2}}=\left(\frac{10^{-2.30}}{10^{10.7}}\right)^{\frac{1}{2}}=10^{-6.5}$$

即 $[Ca^{2+}]=3\times10^{-7}$ mol/L

$$pCa=-\lg[Ca^{2+}]=-\lg10^{-6.5}=6.5$$

因此，溶液中 Ca^{2+} 的浓度为 3×10^{-7} mol/L，pCa 为 6.5。

④ EDTA 的累积质子化常数

EDTA 与 H^+ 逐级结合形成六元酸（H_6Y^{2+}）的情况与金属离子 M 与配体 L 的逐级配位相似。

$$M+nL\longrightarrow ML_n$$

$$Y^{4-}+6H^+\longrightarrow H_6Y^{2+}$$

因此，与累积稳定常数相似，有累积质子化常数 β_{Hi}，可以较方便地以游离 H^+ 和游离 Y^{4-} 的平衡浓度表示 EDTA 各质子化型体的平衡浓度。根据酸式解离常数的意义，β_{Hi} 也可用 H_6Y^{2+} 的六级酸式解离常数表达。

$$[HY^{3-}]=\beta_{H1}[Y^{4-}][H^+]=\frac{1}{K_{a6}}[Y^{4-}][H^+]=K_{稳1}[Y^{4-}][H^+]$$

$$[H_2Y^{2-}]=\beta_{H2}[Y^{4-}][H^+]^2=\frac{1}{K_{a6}K_{a5}}[Y^{4-}][H^+]^2=K_{稳1}K_{稳2}[Y^{4-}][H^+]^2$$

$$\cdots$$

$$[H_6Y^{2+}]=\beta_{H6}[Y^{4-}][H^+]^6=\frac{1}{K_{a6}K_{a5}K_{a4}K_{a3}K_{a2}K_{a1}}[Y^{4-}][H^+]^6$$

$$=K_{稳1}K_{稳2}K_{稳3}K_{稳4}K_{稳5}K_{稳6}[Y^{4-}][H^+]^6$$

其中 $\lg\beta_{H1}\sim\lg\beta_{H6}$ 分别为 10.26、16.42、19.09、21.09、22.69 和 23.59。

3. 溶液中配合物各型体的分布

在酸碱平衡中要考虑酸度对酸碱各种存在形式分布的影响，同样在配位平衡中也应考虑配位剂浓度对配合物各级存在形式分布的影响。

若金属离子的分析浓度为 c_M，不考虑 H^+ 和 OH^- 的影响时，根据物料平衡，溶液中 M 离子的总浓度与游离 M 离子及其配合物各型体的平衡浓度关系为：

$$\begin{aligned}c_M&=[M]+[ML]+[ML_2]+\cdots+[ML_n]\\&=[M]+\beta_1[M][L]+\beta_2[M][L]^2+\cdots+\beta_n[M][L]^n\\&=[M]\left(1+\sum_{i=1}^{n}\beta_i[L]^i\right)\end{aligned} \tag{6-6}$$

M 离子及其配合物各型体的分布分数为：

$$\delta_M=\frac{[M]}{c_M}=\frac{1}{1+\sum_{i=1}^{n}\beta_i[L]^i} \tag{6-7}$$

$$\delta_{ML}=\frac{[ML]}{c_M}=\frac{\beta_1[L]}{1+\sum_{i=1}^{n}\beta_i[L]^i} \tag{6-8}$$

$$\cdots$$

$$\delta_{ML_n}=\frac{[ML_n]}{c_M}=\frac{\beta_n[L]^n}{1+\sum_{i=1}^{n}\beta_i[L]^i} \tag{6-9}$$

四、副反应系数和条件稳定常数

在滴定过程中，将金属离子 M 与 EDTA（简记为 Y）形成配合物 MY 的反应视为主反应。除主反应外，溶液的酸度、缓冲剂、其他辅助配位剂及共存的金属离子等，都可能与 M 或 Y 发生作用，从而使 M 与 Y 的主反应完全程度发生变化，这些作用统称为副反应，其平衡关系如下：

主反应	M		+	Y		$\rightleftharpoons$	MY	
副反应	L ⇅	OH^- ⇅		H^+ ⇅	N ⇅		H^+ ⇅	OH^- ⇅
	ML	MOH		HY	NY		MHY	M(OH)Y
	ML_2	$M(OH)_2$		H_2Y				
	⋮	⋮		⋮				
	ML_n	$M(OH)_n$		H_nY				
	辅助配位效应	羟基配位效应		酸效应	共存离子效应		混合配位效应	

其中，L 为辅助配位剂，N 为共存的其他金属离子。

反应物 M 或 Y 发生副反应时，平衡向左移动，不利于主反应的进行，且 M 及 Y 各自的副反应破坏了 M 与 Y 之间固有的 1∶1 的计量关系。反应产物 MY 发生副反应时，平衡向右移动，有利于主反应的进行，且不影响 M 与 Y 之间 1∶1 的计量关系。由于一般情况下 MY 非常稳定，MHY 和 M(OH)Y 产生的比例极小，所以 MY 的副反应一般可以忽略。

配位反应涉及的平衡比较复杂。为了定量处理各种因素对配位平衡的影响，引入副反应系数的概念。副反应系数是描述副反应对主反应影响大小程度的量度，以 α 表示，其为未参加主反应组分 M 或 Y 的总浓度与平衡浓度 [M] 或 [Y] 的比值。下面分别讨论 M 和 Y 的副反应系数。

1. 金属离子 M 的副反应系数

(1) 金属离子的辅助配位效应系数

为防止金属离子在滴定条件下生成沉淀，或掩蔽其他干扰离子等，常需要在试液中加入某些辅助配位剂。辅助配位剂的存在又会使金属离子参与主反应的能力降低，这种效应称为金属离子的辅助配位效应。例如，用 EDTA 滴定 Zn^{2+} 时加入 NH_3-NH_4Cl 缓冲溶液，一方面是为了控制滴定所需的 pH 值，同时又使 Zn^{2+} 与 NH_3 配位形成 $[Zn(NH_3)_4]^{2+}$ 而防止 $Zn(OH)_2$ 沉淀析出。

一般地，由于辅助配位剂 L 的存在而形成了 ML_i，使 M 参与主反应的能力下降，即除游离的 M 外，还有其他形式的 M 未进入主反应的产物 MY。体系中没有参加主反应的 M 的总浓度记为 [M′]，用副反应系数 $\alpha_{M(L)}$ 表示：

$$\alpha_{M(L)}=\frac{[M']}{[M]}=\frac{[M]+[ML]+[ML_2]+\cdots+[ML_n]}{[M]}=1+\sum_{i=1}^{n}\beta_i[L]^i \qquad (6\text{-}10)$$

其中下标 M 表示 α 是 M 的副反应系数，括号中的 L 表示该副反应是由 L 所引起的。副反应系数的大小与金属离子的浓度无关；无副反应发生时，副反应系数达到最小值等于 1；配体 [L] 越大，副反应系数越大，副反应越严重。羟基（—OH）只是 L 的一个特例，因此有

$$\alpha_{M(OH)}=1+\sum_{i=1}^{n}\beta_i[OH]^i \qquad (6\text{-}11)$$

金属离子的水解效应也称为羟基效应。酸度较低时该效应较严重，不仅影响主反应的完全程度，甚至可能形成金属离子氢氧化物沉淀，因此滴定分析体系的 pH 值不宜过高。不同 pH 值时各种金属离子的 $\lg\alpha_{M(OH)}$ 见表 6-3。

表 6-3　常见金属离子的 $\lg\alpha_{M(OH)}$ 值

金属离子	离子强度	$\lg\alpha_{M(OH)}$													
		pH=1	pH=2	pH=3	pH=4	pH=5	pH=6	pH=7	pH=8	pH=9	pH=10	pH=11	pH=12	pH=13	pH=14
Al^{3+}	2					0.4	1.3	5.3	9.3	13.3	17.3	21.3	25.3	29.3	33.3
Bi^{3+}	3	0.1	0.5	1.4	2.4	3.4	4.4	5.4							
Ca^{2+}	0.1													0.3	1.0
Cd^{2+}	3									0.1	0.5	2.0	4.5	8.1	12.0
Co^{2+}	0.1								0.1	0.4	1.1	2.2	4.2	7.2	10.2
Cu^{2+}	0.1								0.2	0.8	1.7	2.7	3.7	4.7	5.7
Fe^{2+}	1									0.1	0.6	1.5	2.5	3.5	4.5

续表

金属离子	离子强度	$\lg\alpha_{M(OH)}$													
		pH=1	pH=2	pH=3	pH=4	pH=5	pH=6	pH=7	pH=8	pH=9	pH=10	pH=11	pH=12	pH=13	pH=14
Fe^{3+}	3			0.4	1.8	3.7	5.7	7.7	9.7	11.7	13.7	15.7	17.7	19.7	21.7
Hg^{2+}	0.1			0.5	1.9	3.9	5.9	7.9	9.9	11.9	13.9	15.9	17.9	19.9	21.9
La^{3+}	3										0.3	1.0	1.9	2.9	3.9
Mg^{2+}	0.1											0.1	0.5	1.3	2.3
Mn^{2+}	0.1										0.1	0.5	1.4	2.4	3.4
Ni^{2+}	0.1									0.1	0.7	1.6			
Pb^{2+}	0.1							0.1	0.5	1.4	2.7	4.7	7.4	10.4	13.4
Th^{4+}	1				0.2	0.8	1.7	2.7	3.7	4.7	5.7	6.7	7.7	8.7	9.7
Zn^{2+}	0.1									0.2	2.4	5.4	8.5	11.8	15.5

(2) 金属离子的总副反应系数

当体系中有两种辅助配位剂 L、A 同时存在时，总副反应系数为

$$\alpha_M=\frac{[M]+[ML]+[ML_2]+\cdots+[ML_n]+[MA]+[MA_2]+\cdots+[MA_n]}{[M]}$$

$$=\frac{[M]+[ML]+[ML_2]+\cdots+[ML_n]}{[M]}+\frac{[M]+[MA]+[MA_2]+\cdots+[MA_n]}{[M]}-\frac{[M]}{[M]}$$

$$=\alpha_{M(L)}+\alpha_{M(A)}-1 \tag{6-12}$$

依此类推，当辅助配位剂 L_1，L_2，…，L_n 和 A 共存时，总副反应系数为

$$\alpha_M=\alpha_{M(L_1)}+\alpha_{M(L_2)}+\alpha_{M(L_3)}+\cdots+\alpha_{M(L_n)}+\alpha_{M(A)}-(n-1) \tag{6-13}$$

由于辅助配位剂存在时的副反应系数远大于 1，因此也简记为

$$\alpha_M=\alpha_{M(L_1)}+\alpha_{M(L_2)}+\alpha_{M(L_3)}+\cdots+\alpha_{M(L_n)}+\alpha_{M(A)} \tag{6-14}$$

即副反应系数是具有加和性的。

计算副反应系数时，由于各项通常大小悬殊，仅少数几项（1～3）占优，其他各项可忽略不计以简化计算。

【例 6-2】 在 0.010mol/L 锌氨溶液中，$c(NH_3)=0.10$mol/L，pH=10.0 和 pH=11.0 时，计算 Zn^{2+} 的总副反应系数。

解：查表得 $[Zn(NH_3)_4]^{2+}$ 的各级累积常数为：$\lg\beta_1=2.27$，$\lg\beta_2=4.61$，$\lg\beta_3=7.01$，$\lg\beta_4=9.06$。

根据式（6-10）得

$$\alpha_{Zn(NH_3)}=1+\beta_1[NH_3]+\beta_2[NH_3]^2+\beta_3[NH_3]^3+\beta_4[NH_3]^4$$

$$=1+10^{2.27}\times0.10+10^{4.61}\times0.10^2+10^{7.01}\times0.10^3+10^{9.06}\times0.10^4\approx10^{5.06}$$

查表得，pH=10.0 时 $\lg\alpha_{Zn(OH)}=2.4$，即 $\alpha_{Zn(OH)}=10^{2.4}$。根据式(6-12) 得

$$\alpha_{Zn}=\alpha_{Zn(NH_3)}+\alpha_{Zn(OH)}-1=10^{5.06}+10^{2.4}-1\approx10^{5.06}$$

总副反应系数 $\alpha_{Zn}=10^{5.06}$，主要存在型体为 $[Zn(NH_3)_4]^{2+}$ 和 $[Zn(NH_3)_3]^{2+}$

查表得，pH=11.0 时 $\lg\alpha_{Zn(OH)}=5.4$，即 $\alpha_{Zn(OH)}=10^{5.4}$。根据式(6-12) 得

$$\alpha_{Zn}=\alpha_{Zn(NH_3)}+\alpha_{Zn(OH)}-1=10^{5.06}+10^{5.4}-1\approx10^{5.56}$$

2. 配位剂Y（EDTA）的副反应系数

配位剂Y在溶液中的副反应主要有两种，由H^+所引起的酸效应和共存离子效应。

(1) EDTA的酸效应系数

随着溶液酸度的增加，Y的质子化反应逐级进行，导致Y^{4-}减少，与金属离子M的配位能力降低，这种现象称为EDTA的酸效应。所有未与M配位（未参与主反应）的EDTA各种型体的浓度之和用[Y′]表示。酸效应系数为

$$\alpha_{Y(H)}=\frac{[Y']}{[Y^{4-}]} \tag{6-15}$$

式中 $[Y']=[Y^{4-}]+[HY^{3-}]+[H_2Y^{2-}]+[H_3Y^-]+[H_4Y]+[H_5Y^+]+[H_6Y^{2+}]$

$$\alpha_{Y(H)}=\frac{[Y^{4-}]+[HY^{3-}]+[H_2Y^{2-}]+[H_3Y^-]+[H_4Y]+[H_5Y^+]+[H_6Y^{2+}]}{[Y^{4-}]}$$

$$=1+\frac{[H^+]}{K_{a6}}+\frac{[H^+]^2}{K_{a5}K_{a6}}+\frac{[H^+]^3}{K_{a4}K_{a5}K_{a6}}+\frac{[H^+]^4}{K_{a3}K_{a4}K_{a5}K_{a6}}+\frac{[H^+]^5}{K_{a2}K_{a3}K_{a4}K_{a5}K_{a6}}+\frac{[H^+]^6}{K_{a1}K_{a2}K_{a3}K_{a4}K_{a5}K_{a6}}$$

$$=1+K_{稳1}[H^+]+K_{稳1}K_{稳2}[H^+]^2+\cdots+K_{稳1}K_{稳2}K_{稳3}K_{稳4}K_{稳5}K_{稳6}[H^+]^6$$

$$=1+\beta_{H1}[H^+]+\beta_{H2}[H^+]^2+\cdots+\beta_{H5}[H^+]^5+\beta_{H6}[H^+]^6=1+\sum_{i=1}^{6}\beta_i[H^+]^i$$

$$\alpha_{Y(H)}=1+\sum_{i=1}^{6}\beta_i[H^+]^i \tag{6-16}$$

$$\alpha_{Y(H)}=1+\frac{[H^+]}{K_{a6}}+\frac{[H^+]^2}{K_{a5}K_{a6}}+\frac{[H^+]^3}{K_{a4}K_{a5}K_{a6}}+\frac{[H^+]^4}{K_{a3}K_{a4}K_{a5}K_{a6}}+\frac{[H^+]^5}{K_{a2}K_{a3}K_{a4}K_{a5}K_{a6}}+\frac{[H^+]^6}{K_{a1}K_{a2}K_{a3}K_{a4}K_{a5}K_{a6}} \tag{6-17}$$

【例6-3】 计算pH=5.0时EDTA的酸效应系数$\alpha_{Y(H)}$和$\lg\alpha_{Y(H)}$。

解： 查附录表得$K_{a1}=10^{-0.9}$，$K_{a2}=10^{-1.6}$，$K_{a3}=10^{-2.0}$，$K_{a4}=10^{-2.67}$，$K_{a5}=10^{-6.16}$，$K_{a6}=10^{-10.26}$

pH=5.0 即 $[H^+]=10^{-5}$ mol/L

$$\alpha_{Y(H)}=1+\frac{[H^+]}{K_{a6}}+\frac{[H^+]^2}{K_{a5}K_{a6}}+\frac{[H^+]^3}{K_{a4}K_{a5}K_{a6}}+\frac{[H^+]^4}{K_{a3}K_{a4}K_{a5}K_{a6}}+\frac{[H^+]^5}{K_{a2}K_{a3}K_{a4}K_{a5}K_{a6}}+\frac{[H^+]^6}{K_{a1}K_{a2}K_{a3}K_{a4}K_{a5}K_{a6}}$$

$$=1+\frac{10^{-5}}{10^{-10.26}}+\frac{(10^{-5})^2}{10^{-6.16}\times10^{-10.26}}+\frac{(10^{-5})^3}{10^{-2.67}\times10^{-6.16}\times10^{-10.26}}+\frac{(10^{-5})^4}{10^{-2.0}\times10^{-2.67}\times10^{-6.16}\times10^{-10.26}}+\frac{(10^{-5})^5}{10^{-1.6}\times10^{-2.0}\times10^{-2.67}\times10^{-6.16}\times10^{-10.26}}+\frac{(10^{-5})^6}{10^{-0.9}\times10^{-1.6}\times10^{-2.0}\times10^{-2.67}\times10^{-6.16}\times10^{-10.26}}$$

$$=1+10^{5.26}+10^{6.42}+10^{4.09}+10^{1.09}+10^{-2.31}+10^{-6.41}=10^{6.45}$$

$$\lg\alpha_{Y(H)}=6.45$$

由以上计算和分析可知：酸效应系数与 EDTA 的各级解离常数（或累积稳定常数）和溶液酸度有关。在温度一定时，解离常数为定值，因而 EDTA 的酸效应系数 $\alpha_{Y(H)}$ 仅是溶液中［H^+］的函数。溶液酸度越大，$\alpha_{Y(H)}$ 越大，酸效应引起的副反应越严重，仅在 pH≈12 以上时，$\alpha_{Y(H)}$ 才接近 1。由于多数配位滴定均在 pH≈12 以下进行，因此需要特别注意滴定体系酸度的控制。为应用方便，通常用其对数值 $\lg\alpha_{Y(H)}$。表 6-4 列出了不同 pH 值的溶液中 EDTA 酸效应系数的 $\lg\alpha_{Y(H)}$ 值。可将 pH 值与 $\lg\alpha_{Y(H)}$ 的对应值绘成 pH-$\lg\alpha_{Y(H)}$ 曲线，此曲线是 EDTA 酸效应曲线（林邦曲线 Ringbom curve），如图 6-3 所示。

表 6-4　不同 pH 值的溶液中 EDTA 酸效应系数的 $\lg\alpha_{Y(H)}$ 值

pH 值	$\lg\alpha_{Y(H)}$	pH 值	$\lg\alpha_{Y(H)}$	pH 值	$\lg\alpha_{Y(H)}$	pH 值	$\lg\alpha_{Y(H)}$	pH 值	$\lg\alpha_{Y(H)}$
0.0	23.64	2.5	11.90	5.0	6.45	7.5	2.78	10.0	0.45
0.1	23.06	2.6	11.62	5.1	6.26	7.6	2.68	10.1	0.39
0.2	22.47	2.7	11.35	5.2	6.07	7.7	2.57	10.2	0.33
0.3	21.89	2.8	11.09	5.3	5.88	7.8	2.47	10.3	0.28
0.4	21.32	2.9	10.84	5.4	5.69	7.9	2.37	10.4	0.24
0.5	20.75	3.0	10.60	5.5	5.51	8.0	2.27	10.5	0.20
0.6	20.18	3.1	10.37	5.6	5.33	8.1	2.17	10.6	0.16
0.7	19.62	3.2	10.14	5.7	5.15	8.2	2.07	10.7	0.13
0.8	19.08	3.3	9.92	5.8	4.98	8.3	1.97	10.8	0.11
0.9	18.54	3.4	9.70	5.9	4.81	8.4	1.87	10.9	0.09
1.0	18.01	3.5	9.48	6.0	4.65	8.5	1.77	11.0	0.07
1.1	17.49	3.6	9.27	6.1	4.49	8.6	1.67	11.1	0.06
1.2	16.98	3.7	9.06	6.2	4.34	8.7	1.57	11.2	0.05
1.3	16.49	3.8	8.85	6.3	4.20	8.8	1.48	11.3	0.04
1.4	16.02	3.9	8.65	6.4	4.06	8.9	1.38	11.4	0.03
1.5	15.55	4.0	8.44	6.5	3.92	9.0	1.28	11.5	0.02
1.6	15.11	4.1	8.24	6.6	3.97	9.1	1.19	11.6	0.02
1.7	14.68	4.2	8.04	6.7	3.67	9.2	1.10	11.7	0.02
1.8	14.27	4.3	7.84	6.8	3.55	9.3	1.01	11.8	0.01
1.9	13.88	4.4	7.64	6.9	3.43	9.4	0.92	11.9	0.01
2.0	13.51	4.5	7.44	7.0	3.32	9.5	0.83	12.0	0.01
2.1	13.16	4.6	7.24	7.1	3.21	9.6	0.75	12.1	0.01
2.2	12.82	4.7	7.04	7.2	3.10	9.7	0.67	12.2	0.005
2.3	12.50	4.8	6.84	7.3	2.99	9.8	0.59	13.0	0.0008
2.4	12.19	4.9	6.65	7.4	2.88	9.9	0.52	13.9	0.0001

（2）EDTA 的共存离子效应系数

当溶液中存在干扰金属离子 N 时，与被测金属离子 M 争夺 Y，从而使 EDTA 参与主反应的能力降低的现象称为 EDTA 的共存离子效应，其大小用共存离子效应系数 $\alpha_{Y(N)}$ 表示。

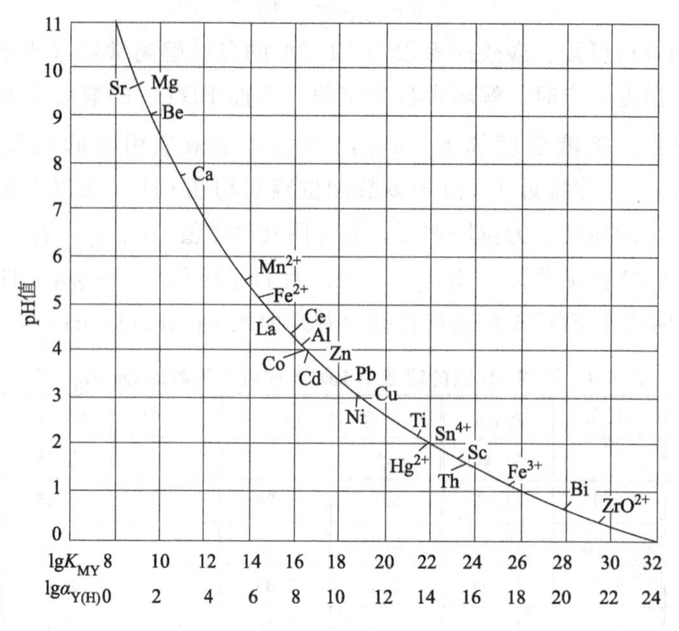

图 6-3　EDTA 的酸效应曲线

$$
\begin{array}{ccc}
M + & Y & \rightleftharpoons MY \\
 & \Updownarrow +N & \\
 & NY & K_{NY}=\dfrac{[NY]}{[N][Y]}
\end{array}
$$

$$\alpha_{Y(N)}=\frac{[Y']}{[Y]}=\frac{[NY]+[Y]}{[Y]}=1+K_{NY}[N] \tag{6-18}$$

式中，K_{NY} 为配合物 NY 的稳定常数；[N] 为游离 N 的平衡浓度。游离 N 的平衡浓度越大，所形成配合物 NY 的稳定常数越大，则 $\alpha_{Y(N)}$ 越大，N 引起的副反应越严重。若溶液中有多种金属离子如 N_1，N_2，N_3，…，N_n，与 M 共存，则

$$\alpha_{Y(N)}=\frac{[Y']}{[Y]}=\frac{[Y]+[N_1Y]+[N_2Y]+\cdots+[N_nY]}{[Y]}$$

$$\alpha_{Y(N)}=\alpha_{Y(N_1)}+\alpha_{Y(N_2)}+\cdots+\alpha_{Y(N_n)}-(n-1) \tag{6-19}$$

$\alpha_{Y(N)}$ 的大小由其中影响最大的一种或几种金属离子决定。

(3) EDTA 的总副反应系数 α_Y

若溶液中 H^+ 和共存干扰离子 N 的影响同时存在，此时 EDTA 的总副反应系数为

$$\alpha_Y=\frac{[Y']}{[Y]}=\frac{[Y]+[HY]+[H_2Y]+\cdots+[H_6Y]+[NY]}{[Y]}$$

$$=\frac{[Y]+[HY]+\cdots+[H_6Y]}{[Y]}+\frac{[NY]+[Y]}{[Y]}-\frac{[Y]}{[Y]}$$

$$\alpha_Y=\alpha_{Y(H)}+\alpha_{Y(N)}-1 \tag{6-20}$$

实际工作中，当 $\alpha_{Y(H)}\gg\alpha_{Y(N)}$ 时，酸效应是主要的；当 $\alpha_{Y(N)}\gg\alpha_{Y(H)}$ 时，共存离子效应是主要的。一般情况下，在滴定剂 Y 的副反应中酸效应的影响大，因此 $\alpha_{Y(H)}$ 是重要的副反应系数。

【例 6-4】 pH＝6.0 时，在含 Zn^{2+} 和 Ca^{2+} 的浓度均为 0.010mol/L 的 EDTA 溶液中，$\alpha_{Y(Ca)}$ 及 α_Y 应当是多少？

解：欲求 $\alpha_{Y(Ca)}$ 及 α_Y 值，应将 Zn^{2+} 与 Y 的反应看作主反应，Ca^{2+} 作为共存离子。Ca^{2+} 与 Y 的副反应系数为 $\alpha_{Y(Ca)}$，酸效应系数为 $\alpha_{Y(H)}$，α_Y 值为总副反应系数。

查表得 $K_{CaY}=10^{10.69}$；当 pH＝6.0 时，$\alpha_{Y(H)}=10^{4.65}$。代入式（6-18），得

$$\alpha_{Y(Ca)}=1+K_{CaY}[Ca^{2+}]=1+10^{10.69}\times 0.010\approx 10^{8.7}$$

$$\alpha_Y=\alpha_{Y(H)}+\alpha_{Y(N)}-1=10^{4.65}+10^{8.7}-1\approx 10^{8.7}$$

【例 6-5】 pH＝5.0 时，用 EDTA 滴定 Pb^{2+}，试液中含有浓度为 0.010mol/L 的共存干扰离子 Ca^{2+} 和 Mg^{2+}，计算 α_Y。

解：查表得 pH＝5.0 时，$\lg\alpha_{Y(H)}=6.45$；

查表得 $K_{PbY}=10^{18.04}$，$K_{CaY}=10^{10.69}$，$K_{MgY}=10^{8.7}$。

由于 PbY 的稳定常数远大于 CaY 和 MgY 的稳定常数，可以认为 Y 优先与 Pb^{2+} 反应时，Ca^{2+} 和 Mg^{2+} 基本保持初始浓度不变。

$$\alpha_Y=\alpha_{Y(H)}+\alpha_{Y(Ca)}+\alpha_{Y(Mg)}-2=\alpha_{Y(H)}+K_{CaY}[Ca^{2+}]+K_{MgY}[Mg^{2+}]-2$$

$$=10^{6.45}+10^{10.69}\times 0.010+10^{8.7}\times 0.010-2=10^{8.7}$$

3. 配合物 MY 的副反应系数

在较高酸度下，MY 生成酸式配合物 MHY；在较低酸度时，MY 生成碱式配合物 M(OH)Y。二者均使 EDTA 对 M 的总配位能力增强。形成酸式配合物 MHY 的副反应系数为

$$\alpha_{MY(H)}=\frac{[MY']}{[MY]}=\frac{[MY]+[MHY]}{[MY]}$$

$$=1+K_{MHY}^{H}[H^+] \tag{6-21}$$

式中

$$K_{MHY}^{H}=\frac{[MHY]}{[MY][H^+]}$$

同理得到碱式配合物 M(OH)Y 的副反应系数为

$$\alpha_{MY(OH)}=1+K_{M(OH)Y}^{OH}[OH^-] \tag{6-22}$$

式中

$$K_{M(OH)Y}^{OH}=\frac{[M(OH)Y]}{[MY][OH^-]}$$

则

$$\alpha_{MY}=\alpha_{MY(H)}+\alpha_{MY(OH)}-1 \tag{6-23}$$

由于酸式配合物 MHY 和碱式配合物 M(OH)Y 一般不太稳定，一般计算中可忽略不计。

4. 条件稳定常数

在进行配位滴定时，如果没有副反应发生，M 和 Y 反应生成 MY，此时平衡常数为

$$M+Y \rightleftharpoons MY$$

$$K_{MY}=\frac{[MY]}{[M][Y]}$$

此时的稳定常数 K_{MY} 称为绝对稳定常数，是衡量配位反应进行程度的主要标志，K_{MY} 可以从有关表格中直接查到。但实际滴定中没有副反应发生的反应是看不到的。所以整个平衡将受到M、Y及MY的副反应的影响。设未参加主反应的金属离子M的总浓度为［M′］，Y（或EDTA）的总浓度为［Y′］，生成MY、MHY及M(OH)Y的总浓度为［MY′］，达到平衡时，可以得到以［M′］、［Y′］及［MY′］表示的配位平衡稳定常数

$$M'+Y' \rightleftharpoons MY'$$

$$K'_{MY}=\frac{[MY']}{[M'][Y']} \tag{6-24}$$

平衡常数 K'_{MY} 称为条件稳定常数，又称为表观稳定常数（因可以将我们表面知道的各种离子的总浓度联系起来，有的教科书称为“有效平衡常数”），表示在有副反应存在时配位化合物进行反应的程度，很符合实际，但缺点是每一个具体的实际滴定反应条件都不一样，所以很难对实际进行的每一个反应都测得其条件平衡常数，制成数值表，供我们实际使用时查阅。但我们可以根据以上讲解的副反应系数对绝对稳定常数 K_{MY} 进行校正就可以得到 K'_{MY}。

由以上副反应系数讨论可知：

$$[M']=\alpha_M[M]$$

$$[Y']=\alpha_Y[Y]$$

$$[MY']=\alpha_{MY}[MY]$$

将这些代入式(6-24）得

$$K'_{MY}=\frac{[MY]\alpha_{MY}}{[M]\alpha_M[Y]\alpha_Y}=\frac{[MY]}{[M][Y]}\times\frac{\alpha_{MY}}{\alpha_M\alpha_Y}=K_{MY}\times\frac{\alpha_{MY}}{\alpha_M\alpha_Y} \tag{6-25a}$$

两边同时取对数，得到

$$\lg K'_{MY}=\lg K_{MY}+\lg\alpha_{MY}-\lg\alpha_M-\lg\alpha_Y \tag{6-25b}$$

当所有的副反应系数都为1时，M和Y的反应程度最高，此时：$K'_{MY}=K_{MY}$。多数情况下（溶液的酸碱性不是太强时）不形成酸式或碱式配合物，故 $\lg\alpha_{MY}$ 忽略不计，式(6-25b）可简化成：

$$\lg K'_{MY}=\lg K_{MY}-\lg\alpha_M-\lg\alpha_Y \tag{6-26}$$

其中 α_M 和 α_Y 均为总副反应系数。很多情况下有

$$\lg K'_{MY}=\lg K_{MY}-\lg(\alpha_{M(L)}+\alpha_{M(OH)})-\lg(\alpha_{Y(N)}+\alpha_{Y(H)})$$

当滴定反应条件一定时，pH、辅助配位剂、共存离子浓度一定，K'_{MY} 即为常数。辅助配位剂和共存离子浓度过高均会导致 K'_{MY} 下降，需要注意的是，当pH过高时，$\lg\alpha_{M(OH)}$ 较大，对主反应不利；而pH过低时，$\lg\alpha_{Y(H)}$ 较大，对主反应也不利。因此配位滴定中须用恰当的缓冲溶液将酸度控制在适宜的范围内。实际体系中存在各种因素，均会不同程度造成 $K'_{MY}<K_{MY}$，影响MY配合物的稳定性，若 K'_{MY} 过小，则主反应不能定量进行，定量分析也就不能完成。应用 K'_{MY} 可以判断滴定金属离子的可行性和混合金属离子分别滴定的可行性及进行滴定终点时金属离子的浓度计算等。

如果只有酸效应，式(6-26）又可简化成：

$$\lg K'_{MY}=\lg K_{MY}-\lg\alpha_{Y(H)} \tag{6-27}$$

条件稳定常数是利用副反应系数进行校正后的实际稳定常数。

【例 6-6】 计算 pH＝5.00，$[AlF_6]^{3-}$ 的浓度为 0.1mol/L，溶液中游离 F^- 的浓度为 0.010mol/L 时 EDTA 与 Al^{3+} 的配合物的条件稳定常数 K'_{AlY}。

解： 金属离子 Al^{3+} 发生副反应（配位效应），Y 也发生副反应（酸效应）时，K'_{AlY}的条件稳定常数的对数值为：

$$\lg K'_{AlY}=\lg K_{AlY}-\lg\alpha_{Al(F)}-\lg\alpha_{Y(H)}$$

查表得 pH＝5.00 时，$\lg\alpha_{Y(H)}=6.45$；查表得 $\lg K_{AlY}=16.3$；查附录得累积稳定常数 $\beta_1=10^{6.1}$，$\beta_2=10^{11.15}$，$\beta_3=10^{15.0}$，$\beta_4=10^{17.7}$，$\beta_5=10^{19.4}$，$\beta_6=10^{19.7}$ 则

$$\begin{aligned}\alpha_{Al(F)}&=1+\beta_1[F^-]+\beta_2[F^-]^2+\beta_3[F^-]^3+\beta_4[F^-]^4+\beta_5[F^-]^5+\beta_6[F^-]^6\\&=1+10^{6.1}\times0.010+10^{11.15}\times0.010^2+10^{15.0}\times0.010^3+10^{17.7}\times0.010^4+\\&\quad 10^{19.4}\times0.010^5+10^{19.7}\times0.010^6=10^{9.93}\end{aligned}$$

故　$\lg K'_{AlY}=\lg K_{AlY}-\lg\alpha_{Al(F)}-\lg\alpha_{Y(H)}=16.3-9.93-6.45=-0.08$

可见条件稳定常数很小，说明 AlY^- 已被 F^- 破坏，用 EDTA 滴定已不可能。

【例 6-7】 计算 pH＝2.00、pH＝5.00 时的 $\lg K'_{ZnY}$。

解： 查表得 $\lg K_{ZnY}=16.5$；当 pH＝2.00 时，$\lg\alpha_{Y(H)}=13.51$。按题意，溶液中只存在酸效应，根据式(6-27)

$$\lg K'_{ZnY}=\lg K_{ZnY}-\lg\alpha_{Y(H)}=16.5-13.51=2.99$$

同样查表得当 pH＝5.00 时，$\lg\alpha_{Y(H)}=6.45$，因此

$$\lg K'_{ZnY}=\lg K_{ZnY}-\lg\alpha_{Y(H)}=16.5-6.45=10.05$$

答： pH＝2.00 时的 $\lg K'_{ZnY}$为 2.99，pH＝5.00 时的 $\lg K'_{ZnY}$为 10.05。

由以上计算可以看出，尽管 $\lg K_{ZnY}=16.5$，但 pH＝2.00 时 $\lg K'_{ZnY}$仅为 2.99，此时 ZnY^{2-} 极不稳定，在此条件下不能准确滴定 Zn^{2+}；而在 pH＝5.00 时 $\lg K'_{ZnY}$为 10.05，ZnY^{2-} 已稳定，Zn^{2+} 的配位滴定可以进行，可见配位滴定中控制溶液酸度是十分重要的。

5. 金属离子缓冲溶液

一组弱酸或弱碱的共轭对可以组成酸碱缓冲溶液，其 pH 为

$$pH=pK_a+\lg\frac{c_{碱}}{c_{酸}}$$

同样配合物和配位体也可以组成金属离子缓冲溶液。同理可推出金属离子缓冲溶液的计算公式。如：金属离子 M 和 Y 配位反应为

$$M+Y\rightleftharpoons MY$$

若无副反应，则

$$K_{MY}=\frac{[MY]}{[M][Y]}$$

即

$$pM=\lg K_{MY}+\lg\frac{[Y]}{[MY]} \tag{6-28a}$$

考虑 Y 的副反应，则以相应的条件稳定常数来表示：

$$pM=\lg K'_{MY}+\lg\frac{[Y']}{[MY]}=\lg K_{MY}-\lg\alpha_{Y(H)}+\lg\frac{[Y']}{[MY]} \tag{6-28b}$$

当配合物与配位体足够大时，加入少量的金属离子 M，由于大量存在的配位剂可与 M 形成配合物，从而抑制了 pM 的降低。相同的道理也可以说明：当加入能与 M 形成配合物的配位剂时，pM 也不会明显地增大，因为大量的 M 会在外加配位体的作用下解离出来。

对于多配位体的配合物 ML_n 与配位体 L 组成的金属离子缓冲溶液体系，其计算公式为

$$pM = \lg K'_{ML_n} + \lg \frac{[L']^n}{[ML_n]} \tag{6-29}$$

第二节 金属指示剂

配位滴定与其他滴定一样，判断滴定终点的方法有多种，其中最常用的是以金属指示剂判断滴定终点的方法。

一、金属指示剂的作用原理

金属指示剂是一种有机染料，也是一种配位剂，能与某些金属离子反应，生成与其本身颜色显著不同的配合物以指示终点。

在滴定前加入金属指示剂（用 In 表示金属指示剂的配位基团），则 In 与待测金属离子 M 有如下反应（省去电荷）

$$\underset{\text{甲色}}{M+In} \rightleftharpoons \underset{\text{乙色}}{MIn}$$

这时溶液呈 MIn 乙色的颜色。当滴入 EDTA 溶液后，Y 先与游离的 M 结合。至化学计量点附近，Y 夺取 MIn 中的 M，使指示剂 In 游离出来，溶液由乙色变为甲色（即由金属和金属指示剂配合物 MIn 的颜色变为游离金属指示剂 In 的颜色），指示滴定终点到达。

$$\underset{\text{乙色}}{MIn}+Y \rightleftharpoons MY+\underset{\text{甲色}}{In}$$

例如，铬黑 T 在 pH=10 的水溶液中呈蓝色，与 Mg^{2+} 的配合物的颜色为紫红色。若在 pH=10 时用 EDTA 滴定 Mg^{2+}，滴定开始前加入指示剂铬黑 T，则铬黑 T 与溶液中部分 Mg^{2+} 反应，此时溶液呈 Mg^{2+}-铬黑 T 的紫红色。随着 EDTA 的加入，EDTA 逐渐与 Mg^{2+} 反应，在化学计量点附近，Mg^{2+} 的浓度降至很低，加入的 EDTA 进而夺取 Mg^{2+}-铬黑 T 配合物中的 Mg^{2+}，使铬黑 T 游离出来，此时溶液呈现出蓝色，指示滴定终点到达。

二、金属指示剂应具备的条件

作为金属指示剂必须具备以下条件。

① 金属指示剂与金属离子形成的配合物的颜色应与金属指示剂本身的颜色有明显的不同，这样才能借助颜色的明显变化来判断终点的到达。

② 金属指示剂与金属离子形成的配合物 MIn 要有适当的稳定性。如果 MIn 稳定性过高（K_{MIn} 太大），就会使终点拖后，而且有可能使 EDTA 不能夺取出其中的金属离子，使显色反应失去可逆性，得不到终点，通常要求 $K_{MY}/K_{MIn} \geqslant 10^2$。如果 MIn 稳定性过低，则未到达化学计量点时 MIn 就会分解，变色不敏锐，影响滴定的准确度，一般要求 $K_{MIn} \geqslant 10^4$。

③ 金属指示剂与金属离子之间的反应要迅速，变色可逆，这样才便于滴定。

④ 金属指示剂应易溶于水，不易变质，便于使用和保存。

三、金属指示剂的理论变色点

如果金属指示剂与待测金属离子形成 1∶1 的有色配合物，其配位反应为

$$M + In \rightleftharpoons MIn$$

考虑指示剂的酸效应，则

$$K'_{MIn} = \frac{[MIn]}{[M][In']}$$

$$\lg K'_{MIn} = pM + \lg \frac{[MIn]}{[In']}$$

与酸碱指示剂类似，当[MIn]=[In']（[In'] 表示具有不同颜色型体的浓度总和）时，溶液呈现 MIn 与 In 的混合色，此时 pM 即为金属指示剂的理论变色点 pM_t

$$pM_t = \lg K'_{MIn} = \lg K_{MIn} - \lg \alpha_{In(H)} \tag{6-30}$$

金属指示剂是弱酸，存在酸效应。式(6-30) 说明，指示剂与金属离子 M 形成配合物的条件稳定常数 K'_{MIn} 随 pH 变化而变化，它不可能像酸碱指示剂那样有一个确定的变色点。因此，在选择指示剂时应考虑体系的酸度，使变色点 pM_t 尽量靠近滴定的化学计量点 pM_{sp}。实际工作中，大多采用实验的方法选择合适的指示剂，即先试验其终点颜色变化的敏锐程度，然后检查滴定结果是否准确，这样就可以确定指示剂是否符合要求。

四、常用金属指示剂

1. 铬黑 T（EBT）

铬黑 T 化学名称为 1-(1-羟基-2-萘偶氮)-6-硝基-2-萘酚-4-磺酸，是三元酸，通常用其钠盐，结构如下所示

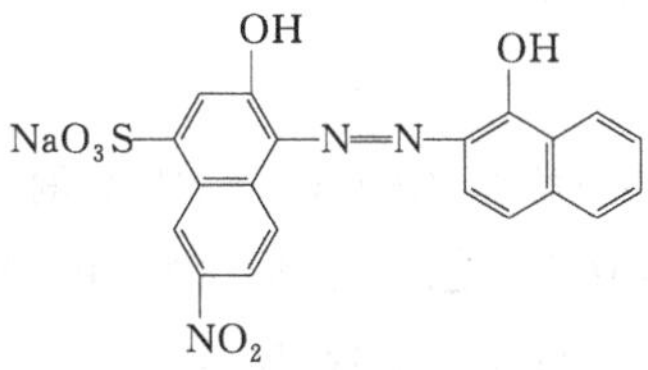

HIn^{2-}（蓝色）

铬黑 T 在溶液中有如下平衡：

$$\underset{紫红色}{H_2In^-} \xrightleftharpoons{pK_{a2}=6.3} \underset{蓝色}{HIn^{2-}} \xrightleftharpoons{pK_{a3}=11.6} \underset{橙色}{In^{3-}}$$

在 pH<6.3 时，铬黑 T 在水溶液中呈紫红色；pH>11.6 时，铬黑 T 呈橙色。铬黑 T 与 2 价离子形成的配合物颜色为红色或紫红色，所以只有在 pH 值为 7～11 范围内使用，指

示剂与配合物的颜色才有明显差别。实验表明，最适宜的酸度是 pH 值为 9～10.5。

铬黑 T 的水溶液不稳定，仅能保存几天，因其发生聚合反应。聚合后的铬黑 T 不能再与金属离子结合显色。其在 pH<6.5 的溶液中聚合更为严重。但其固体相当稳定，故常用其与 NaCl 比例为 1∶100 的固体混合物。

铬黑 T 是在弱碱性溶液中滴定 Mg^{2+}、Zn^{2+}、Pb^{2+} 等离子的常用指示剂。

2. 二甲酚橙（XO）

二甲酚橙为多元酸。在 pH 值为 0～6.0 时，二甲酚橙呈黄色，它与金属离子形成的配合物为红色，是酸性溶液中许多离子配位滴定所使用的极好指示剂，常用于锆、铪、钍、钪、铟、钇、铋、铅、锌、镉、汞的直接滴定法中。

铝、镍、钴、铜、镓等离子会封闭（参见本节“五”）二甲酚橙，可采用返滴定法，即在 pH 值为 5.0～5.5（六亚甲基四胺缓冲溶液）时加入过量 EDTA 标准溶液，再用锌或铅标准溶液返滴定。Fe^{3+} 在 pH 值为 2～3 时以硝酸铋返滴定法测定。

3. PAN

PAN 与 Cu^{2+} 的显色反应非常灵敏，但很多其他金属离子如 Ni^{2+}、Co^{2+}、Zn^{2+}、Pb^{2+}、Bi^{3+}、Ca^{2+} 等与 PAN 反应慢或显色灵敏度低，所以有时利用 Cu-PAN 作间接指示剂来测定这些金属离子。Cu-PAN 指示剂是 CuY^{2-}（蓝色）和少量 PAN（黄色）的混合液（黄绿色）。将此液加到含有被测金属离子 M 的试液中时，发生如下置换反应：

$$\underset{\text{黄绿色（蓝色 + 黄色）}}{CuY + PAN} + M \rightleftharpoons MY + \underset{\text{紫红色}}{Cu\text{-}PAN}$$

此时溶液呈现紫红色。当加入的 EDTA 与 M 定量反应后，在化学计量点附近 EDTA 将夺取 Cu-PAN 中的 Cu^{2+}，从而使 PAN 游离出来：

$$\underset{\text{紫红色}}{Cu\text{-}PAN} + Y \rightleftharpoons \underset{\text{（蓝色 + 黄色）黄绿色}}{CuY + PAN}$$

溶液由紫红色变为黄绿色，指示终点到达。因滴定前加入的 CuY 与最后生成的 CuY 是相等的，故加入的 CuY 并不影响测定结果。

在几种离子的连续滴定中，若分别使用几种指示剂，往往发生颜色干扰。由于 Cu-PAN 可在很宽的 pH 值范围（pH 值为 1.9～12.2）内使用，因而可以在同一溶液中连续指示终点。

类似 Cu-PAN 这样的间接指示剂，还有 Mg-EBT。

4. 其他指示剂

除前面所介绍的指示剂外，还有磺基水杨酸、钙指示剂（NN）等常用指示剂。磺基水杨酸（无色）在 pH=2 时与 Fe^{3+} 形成紫红色配合物，因此可用作滴定 Fe^{3+} 的指示剂。钙指示剂（蓝色）在 pH=12.5 时与 Ca^{2+} 形成酒红色配合物，因此可用作滴定 Ca^{2+} 的指示剂。

常用的金属指示剂列于表 6-5 中。

表 6-5 常用的金属指示剂

指示剂	解离常数	滴定元素	颜色变化	配制方法	对指示剂封闭离子
酸性铬蓝 K	$pK_{a1}=6.7$ $pK_{a2}=10.2$ $pK_{a3}=14.6$	Mg(pH=10) Ca(pH=12)	红→蓝	0.1%乙醇溶液	

续表

指示剂	解离常数	滴定元素	颜色变化	配制方法	对指示剂封闭离子
钙指示剂	$pK_{a2}=3.8$ $pK_{a3}=9.4$ $pK_{a4}=13\sim14$	Ca(pH=12～13)	酒红→蓝	与 NaCl 按 1∶100 的质量比混合	Co^{2+}，Ni^{2+}，Cu^{2+}，Fe^{3+}，Al^{3+}，Ti^{4+}
铬黑 T	$pK_{a1}=3.9$ $pK_{a2}=6.4$ $pK_{a3}=11.5$	Ca(pH=10，加入 EDTA-Mg) Mg(pH=10) Pb(pH=10，加入酒石酸钾) Zn(pH=6.8～10)	红→蓝 红→蓝 红→蓝 红→蓝	与 NaCl 按 1∶100 的质量比混合	Co^{2+}，Ni^{2+}，Cu^{2+}，Fe^{3+}，Al^{3+}，Ti(Ⅳ)
紫脲酸铵	$pK_{a1}=1.6$ $pK_{a2}=8.7$ $pK_{a3}=10.3$ $pK_{a4}=13.5$ $pK_{a5}=14$	Ca(pH>10，$\varphi=25\%$乙醇) Cu(pH=7～8) Ni(pH=8.5～11.5)	红→紫 黄→紫 黄→紫红	与 NaCl 按 1∶100 的质量比混合	
PAN	$pK_{a1}=2.9$ $pK_{a2}=11.2$	Cu(pH=6) Zn(pH=5～7)	红→黄 粉红→黄	1g/L 乙醇溶液	
磺基水杨酸	$pK_{a1}=2.6$ $pK_{a2}=11.7$	Fe(Ⅲ)(pH=1.5～3)	红紫→黄	10～20g/L 水溶液	

五、使用金属指示剂中存在的问题

1. 指示剂的封闭现象

有的指示剂与某些金属离子生成很稳定的配合物（MIn），其稳定性超过了相应的金属离子与 EDTA 的配合物（MY），即 $\lg K_{MIn}>\lg K_{MY}$。例如，EBT 与 Al^{3+}、Fe^{3+}、Cu^{2+}、Ni^{2+}、Co^{2+} 等生成的配合物非常稳定，若用 EDTA 滴定这些离子，过量较多的 EDTA 也无法将 EBT 从 MIn 中置换出来，因此滴定这些离子不用 EBT 作指示剂。如滴定 Mg^{2+} 时有少量 Al^{3+}、Fe^{3+} 杂质存在，到化学计量点仍不能变色，这种现象称为指示剂的封闭现象。解决的办法是加入掩蔽剂，使干扰离子生成更稳定的配合物，从而不再与指示剂作用。Al^{3+}、Fe^{3+} 对铬黑 T 的封闭可加三乙醇胺予以消除；Cu^{2+}、Ni^{2+}、Co^{2+} 可用 KCN 掩蔽；Fe^{3+} 也可先用抗坏血酸还原为 Fe^{2+}，再加 KCN 掩蔽。若干扰离子的量太大，则需预先分离除去。

2. 指示剂的僵化现象

有些指示剂 In 或金属-指示剂配合物 MIn 在水中的溶解度太小，使得滴定剂与金属-指示剂配合物（MIn）交换缓慢，终点拖长，这种现象称为指示剂僵化。解决的办法是加入有机溶剂或加热，以增大其溶解度。例如，用 PAN 作指示剂时，经常加入乙醇或在加热条件下滴定。

3. 指示剂的氧化变质现象

金属指示剂大多为含双键的有色化合物，易被日光、氧化剂、空气所分解，在水溶液中多不稳定，日久会变质。若配成固体混合物则较稳定，保存时间较长。例如，铬黑 T 和钙指示剂，常用固体 NaCl 或 KCl 作稀释剂来配制。

第三节 配位滴定原理

正确选择滴定条件是所有滴定分析的一个重要内容，特别是配位滴定，因为溶液的酸度和其他配位剂的存在都会影响生成的配合物的稳定性。如何选择合适的滴定条件使滴定顺利进行是本节的主要内容。

一、配位滴定曲线

在酸碱滴定中，随着滴定剂的加入，溶液中 H^+ 的浓度也在变化，当到达化学计量点时，溶液 pH 发生突变。配位滴定的情况与酸碱滴定相似。在一定 pH 条件下，随着配位滴定剂的加入，金属离子不断与配位剂反应生成配合物，其浓度不断减少。当滴定到达化学计量点时，金属离子浓度（pM）发生突变。若将滴定过程中各点 pM 与对应的配位剂的加入体积绘成曲线，即可得到配位滴定曲线。配位滴定曲线反映了滴定过程中配位滴定剂的加入量与待测金属离子浓度之间的变化关系。

1. 曲线绘制

配位滴定曲线可通过计算绘制，也可通过仪器测量绘制。现以 pH＝12 时用 0.01000mol/L 的 EDTA 标准溶液滴定 20.00mL 0.01000mol/L 的 Ca^{2+} 溶液为例，通过计算滴定过程中的 pM，说明配位滴定过程中配位滴定剂的加入量与待测金属离子浓度之间的变化关系。

$$Ca^{2+} + Y \rightleftharpoons CaY$$

由于 Ca^{2+} 既不易水解也不与其他配位剂反应，因此在处理此配位平衡时只需考虑 EDTA 的酸效应。即在 pH 值为 12 的条件下，CaY 的条件稳定常数为

$$\lg K'_{CaY} = \lg K_{CaY} - \lg\alpha_{Y(H)} = 10.69 - 0 = 10.69$$

① 滴定前。溶液中只有 Ca^{2+}，$[Ca^{2+}]=0.01000mol/L$，所以 pCa＝2.00。

② 化学计量点前。溶液中有剩余的金属离子 Ca^{2+} 和滴定产物 CaY。由于 $\lg K'_{CaY}$ 较大，剩余的 Ca^{2+} 对 CaY 的解离又有一定的抑制作用，可忽略 CaY 的解离，按剩余的金属离子 $[Ca^{2+}]$ 浓度计算 pCa 值。

当滴入的 EDTA 溶液体积为 18.00mL 时：

$$[Ca^{2+}] = \frac{c_{Ca}V_{Ca} - c_Y V_Y}{V_{Ca} + V_Y} = \frac{2.00 \times 0.01000}{20.00 + 18.00} mol/L = 5.26 \times 10^{-4} mol/L$$

$$pCa = -\lg[Ca^{2+}] = 3.28$$

当滴入的 EDTA 溶液体积为 19.98mL 时：

$$[Ca^{2+}] = \frac{0.02 \times 0.01000}{20.00 + 19.98} mol/L = 5.00 \times 10^{-6} mol/L$$

即 $$pCa=-\lg[Ca^{2+}]=5.3$$

此时刚好是化学计量点（sp）前 0.1%时，已滴定 99.9%，未滴定 0.1%。则

$$[M']=0.1\%c_M^{sp}=0.1\%\times\frac{c_{M_0}}{2}=10^{-3}\times\frac{0.01000}{2}\text{mol/L}=5.00\times10^{-6}\text{mol/L}$$

$$pM'_{下}=-\lg[0.1\%\ c_M^{sp}]=3+pc_M^{sp}$$

即配位滴定突跃下限计算公式为：

$$pM'_{下}=3+pc_M^{sp} \tag{6-31}$$

当然，在十分接近化学计量点时剩余的金属离子极少，计算 pCa 时应该考虑 CaY 的解离，有关内容在此不予赘述。在一般要求的计算中，化学计量点之前的 pM 可按此方法计算。

③ 化学计量点时。因为 pH≥12，$\lg\alpha_{Y(H)}=0$，$K_{CaY}=10^{10.69}$ 很大，Ca^{2+} 与 EDTA 几乎全部形成 CaY，所以

$$[CaY]=\frac{20.00\times0.01000}{20.00+20.00}\text{mol/L}=5.00\times10^{-3}\text{mol/L}$$

又因为溶液中的 Y 和 Ca^{2+} 主要来源于 CaY 的解离，所以 $[Y]=[Y]_{总}$，同时 $[Ca^{2+}]=[Y]$，则

$$K'_{CaY}=\frac{[CaY]}{[Ca^{2+}][Y]_{总}}=\frac{[CaY]}{[Ca^{2+}]^2}$$

$$\frac{5.00\times10^{-3}}{[Ca^{2+}]^2}=10^{10.69}$$

$$[Ca^{2+}]=3.20\times10^{-7}\text{mol/L}$$

即 $$pCa=6.5$$

由此可得到化学计量点的 pM'_{sp}。计算公式如下：

$$[M']_{sp}=\sqrt{\frac{[MY']_{sp}}{K'_{MY}}}$$

当 MY 足够稳定时，很少解离。

所以 $$[MY]_{sp}\approx c_M^{sp}=\frac{V_{M_0}c_{M_0}}{V_{M_0}+V_{Y加}}$$

又因 $$[M']_{sp}=[Y']_{sp}$$

可得 $$K'_{MY}=\frac{[MY]_{sp}}{[M']_{sp}\ [Y']_{sp}}=\frac{[MY]_{sp}}{[M']_{sp}^2}=\frac{[MY]_{sp}}{[Y']_{sp}^2}$$

$$[M']_{sp}=\sqrt{\frac{c_M^{sp}}{K'_{MY}}}$$

$$pM'_{sp}=\frac{1}{2}(\lg K'_{MY}+pc_M^{sp}) \tag{6-32a}$$

④ 化学计量点后。当加入的 EDTA 溶液体积为 20.02mL 时，过量的 EDTA 溶液为 0.02mL。此时

$$[Y]_{总}=\frac{0.02\times0.01000}{20.00+20.02}\text{mol/L}=5.00\times10^{-6}\text{mol/L}$$

$$K'_{CaY}=\frac{[CaY]}{[Ca^{2+}][Y]_{总}}$$

$$\frac{5.00\times10^{-3}}{[Ca^{2+}]\times5.00\times10^{-6}}=10^{10.69}$$

$$[Ca^{2+}]=10^{-7.69}\text{mol/L}$$

即

$$pCa=7.69$$

即可得化学计量点后的计算公式

$$[M']=\frac{[MY]}{[Y']K'_{MY}}=\frac{c_M^{sp}}{[Y']K'_{MY}}$$

化学计量点后 0.1%时：此时已滴定 100.1%，过量 0.1%。

$$[Y']=0.1\%c_M^{sp}$$

$$[M']=\frac{[MY]}{[Y']K'_{MY}}=\frac{c_M^{sp}}{[Y']K'_{MY}}=\frac{c_M^{sp}}{0.1\%c_M^{sp}K'_{MY}}=\frac{10^3}{K'_{MY}}$$

$$pM'_{上}=\lg K'_{MY}-3 \tag{6-32b}$$

所得数据列于表 6-6。

表 6-6 pH=12 时用 0.01000mol/L EDTA 标准滴定溶液滴定 20.00mL 0.01000mol/L Ca^{2+} 溶液中 pCa 的变化

EDTA 加入量		Ca^{2+} 被滴定的百分数/%	EDTA 过量的百分数/%	pCa	
/mL	/%				
0	0			2.0	
18.00	90.0	90.0		3.3	
19.80	99.0	99.0		4.3	
19.98	99.9	99.9		5.3	突跃范围
20.00	100.0	100.0		6.5	
20.02	100.1		0.1	7.7	
20.20	101.0		1.0	8.7	
40.00	200.0		100	10.7	

根据表 6-6 所列数据，以 pCa 值为纵坐标、加入 EDTA 的体积为横坐标作图，得到如图 6-4 的滴定曲线。

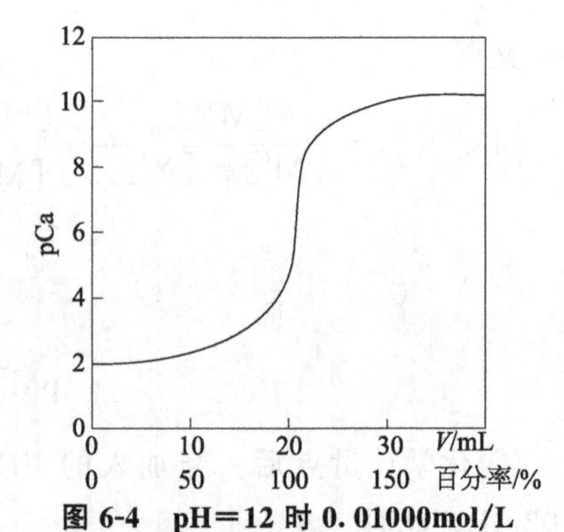

图 6-4 pH=12 时 0.01000mol/L EDTA 标准滴定溶液滴定 0.01000mol/L Ca^{2+} 溶液的滴定曲线

从表 6-6 或图 6-4 可以看出，在 pH=12 时，用 0.01000mol/L EDTA 标准滴定溶液滴定 0.01000mol/L Ca^{2+}，化学计量点时的 pCa 为 6.5，滴定突跃的 pCa 为 5.3～7.7。可见滴定突跃较大，可以准确滴定。

由上述计算可知配位滴定比酸碱滴定复杂，不过两者有许多相似之处，酸碱滴定中的一些处理方法也适用于配位滴定。

2. 影响滴定突跃范围的主要因素

配位滴定中滴定突跃越大，就越容易准确地指示终点。由式(6-31) 和式(6-32b) 结合可得滴定误差在0.1%范围内的滴定突跃计算公式：

$$\Delta pM'=pM'_{上}-pM'_{下}=\lg K'_{MY}-pc_{M}^{sp}-6=\lg K'_{MY}+\lg c_{M}^{sp}-6 \qquad (6\text{-}33)$$

从式(6-33) 可以看出，配位滴定突跃与配合物的条件稳定常数 K'_{MY} 和被滴定金属离子的初始浓度 c_M 两个因素有关。从图6-5不同 K'_{MY} 时的滴定曲线和图6-6不同浓度的EDTA滴定M的曲线，也可以看出影响滴定突跃是这两个主要因素。具体分析如下。

(1) 金属初始离子浓度 c_M 对滴定突跃 $\Delta pM'$ 大小的影响

我们知道滴定突跃的下限决定于被测金属离子的浓度（$pM'_{下}=3+pc_{M}^{sp}$），图6-6是当 $K'_{MY}=10$ 时，用不同浓度EDTA滴定相应浓度金属离子溶液（即 $c_M=c_Y$）时的滴定曲线。由图6-6可以看出，金属离子 c_M 越大，滴定曲线起点越低，因此滴定突跃越大；反之则相反。

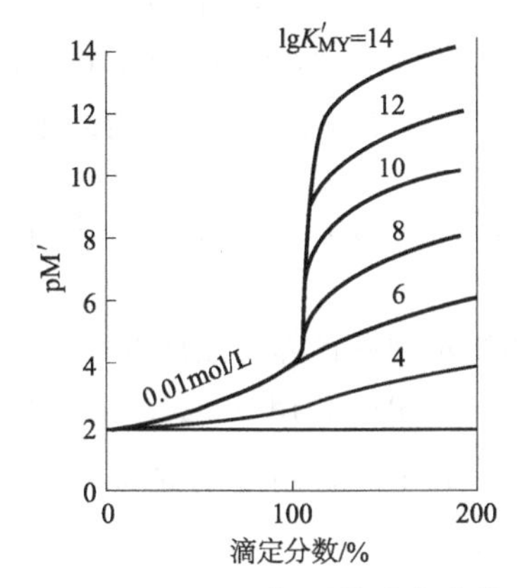

图 6-5　不同 $\lg K'_{MY}$ 时的滴定曲线

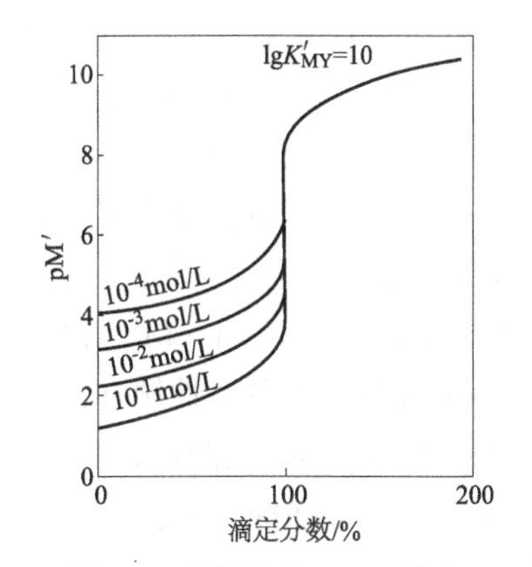

图 6-6　不同浓度EDTA滴定金属离子溶液的滴定曲线（$c_M=c_Y$）

(2) 条件稳定常数 K'_{MY} 对滴定突跃 $\Delta pM'$ 大小的影响

从式(6-33) 和图6-5可以看出，条件稳定常数 K'_{MY} 是影响滴定突跃的重要因素之一，而 K'_{MY} 值取决于绝对稳定常数 K_{MY}、酸效应系数 $\alpha_{Y(H)}$ 和配位效应系数 $\alpha_{M(L)}$。一般来说，绝对稳定常数 K_{MY} 越大，K'_{MY} 也就越大，滴定突跃 $\Delta pM'$ 就越大；反之就小。但对于给定的金属离子来说，这个绝对稳定常数是一个定值，不需在此做进一步讨论，只需讨论外部因素即酸效应和配位效应对条件稳定常数的影响。

① 酸度（酸效应）的影响

例如，上例用pH=12时，用EDTA滴定同浓度的 Ca^{2+}，当溶液的pH=9时，查表得 $\lg\alpha_{Y(H)}=1.28$，则

$$\lg K'_{CaY}=\lg K_{CaY}-\lg\alpha_{Y(H)}=10.69-1.28=9.41$$

同样方法可绘制出不同pH值，用0.01000mol/L EDTA标准滴定溶液滴定0.01000mol/L Ca^{2+} 的滴定曲线，如图6-7所示。

也可以根据式(6-33) 计算不同pH值时的滴定突跃。

pH=12时

$\Delta pM'=\lg K'_{CaY}+\lg c_{Ca}^{sp}-6=10.69+\lg 0.005-6=2.39$

pH＝9 时

$\Delta pM'=\lg K'_{CaY}+\lg c_{Ca}^{sp}-6=10.69-1.28+\lg 0.005-6=1.11$

从图 6-7 和以上计算可知，滴定突跃的大小随溶液的 pH 值的不同而改变。这是由于 pH 值越小，$\alpha_{Y(H)}$ 越大，K'_{MY}值越小，使化学计量点后突跃变短；pH 值越大，$\alpha_{Y(H)}$ 越小，K'_{MY}值越大，使化学计量点后突跃变长。

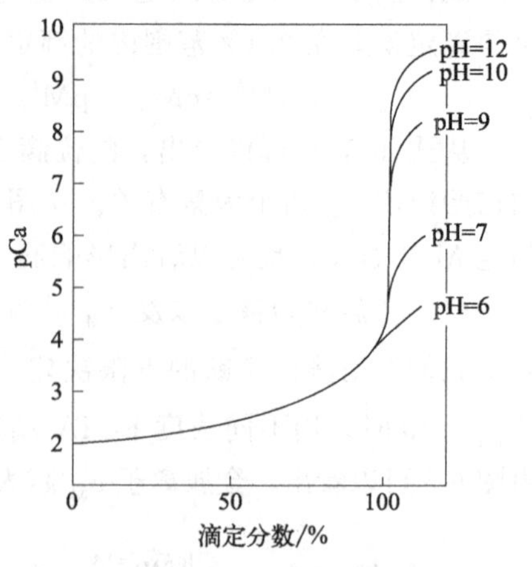

图 6-7　不同 pH 值时 EDTA 滴定同浓度 Ca^{2+} 的滴定曲线

② 配位效应（掩蔽剂、缓冲剂、辅助配位剂）的影响

滴定过程中加入掩蔽剂、缓冲剂及辅助配位剂会增大 $\alpha_{M(L)}$ 值，使 $\lg K'_{MY}$变小，因此滴定突跃减小。

有的缓冲剂有配位效应，如在 pH＝10 的氨性缓冲溶液中，用 EDTA 滴定 Zn^{2+} 时，NH_3 对 Zn^{2+} 有配位效应。或为了防止 M 的水解，加入辅助配位剂阻止水解沉淀的析出时，OH^- 和所加入的辅助配位剂 L 对 M 就有配位效应。缓冲剂或辅助配位剂 L 浓度越大，$\alpha_{M(L)}$ 值就越大，K'_{MY}值就越小，使滴定突跃变小。

化学计量点的 pM_{sp} 和 pM'_{sp}值是很重要的，是选择指示剂和计算终点误差的主要依据。

【例 6-8】 pH＝10 的氨性缓冲溶液中，$[NH_3]$ 为 0.2mol/L，用 0.02000mol/L EDTA 标准溶液滴定 0.02000mol/L Cu^{2+} 溶液，计算 sp 时的 pCu′；若滴定的是 0.02000mol/L Mg^{2+} 溶液，计算 sp 时的 pMg′。

解：化学计量点时 $c_{Cu}^{sp}=0.01000$mol/L，$[NH_3]_{sp}=0.1$mol/L

$$\begin{aligned}\alpha_{Cu(NH_3)}&=1+\beta_1[NH_3]+\beta_2[NH_3]^2+\beta_3[NH_3]^3+\beta_4[NH_3]^4\\&=1+10^{4.13}\times0.1+10^{7.61}\times0.1^2+10^{10.48}\times0.1^3+10^{12.59}\times0.1^4\\&=1+10^{3.13}+10^{5.61}+10^{7.48}+10^{8.59}\approx10^{7.48}+10^{8.59}=10^{8.62}\end{aligned}$$

pH＝10 时，$\alpha_{Cu(OH)}=10^{1.7}$

$$\alpha_{Cu}=\alpha_{Cu(NH_3)}+\alpha_{Cu(OH)}-1=10^{8.62}+10^{1.7}-1=10^{8.62}$$

pH＝10 时，$\lg\alpha_{Y(H)}=0.45$

故
$$\lg K'_{CuY}=\lg K_{CuY}-\lg\alpha_{Y(H)}-\lg\alpha_{Cu}=18.80-0.45-8.62=9.73$$

$$pCu'=\frac{1}{2}(\lg K'_{CuY}+pc_{Cu}^{sp})=\frac{1}{2}\times(9.73+2)=5.87$$

滴定 Mg^{2+} 时，由于不形成配合物，形成羟基配合物的倾向亦很小，故 $\lg\alpha_{Mg}=0$，因此

$$\lg K'_{MgY}=\lg K_{MgY}-\lg\alpha_{Y(H)}=8.7-0.45=8.25$$

$$pMg'=\frac{1}{2}(\lg K'_{MgY}+pc_{Mg}^{sp})=\frac{1}{2}\times(8.25+2)=5.13$$

计算结果表明，尽管 K_{CuY} 与 K_{MgY} 相差颇大，但在氨性溶液中，由于 Cu^{2+} 的副反应，使 K'_{CuY}与 K'_{MgY}相差很小，化学计量点时的 pM′值也很接近。因此如果溶液中有 Cu^{2+} 和 Mg^{2+} 共存，它们将同时被 EDTA 滴定，得到 Cu^{2+} 与 Mg^{2+} 的合量。

二、终点误差

一般以指示剂变色点时金属离子的浓度作为滴定终点的浓度 $[M']_{ep}$，它与化学计量点时金属离子的浓度 $[M']_{sp}$ 不完全一致，所造成的误差称为配位滴定的终点误差或滴定误差。

设 c_Y^{ep}、c_M^{ep}、V_Y^{ep}、V_M^{ep} 分别为终点时滴定剂 Y 的总浓度、金属离子 M 的总浓度、滴定剂 Y 的体积、金属离子 M 溶液的体积。终点误差的意义为

$$E_t=\frac{\text{滴定剂 Y 过量或不足的物质的量}}{\text{待测金属离子 M 的物质的量}} \tag{6-34}$$

由于同处一个滴定体系，因此 $V_Y^{ep}=V_M^{ep}$。

$$E_t=\frac{c_Y^{ep}V_Y^{ep}-c_M^{ep}V_M^{ep}}{c_M^{ep}V_M^{ep}}=\frac{c_Y^{ep}-c_M^{ep}}{c_M^{ep}}$$

由物料平衡得

$$c_Y^{ep}=[MY]_{ep}+[Y']_{ep}$$

$$c_M^{ep}=[MY]_{ep}+[M']_{ep}$$

可得 $c_Y^{ep}-c_M^{ep}=[Y']_{ep}-[M']_{ep}$，所以终点误差可表示为

$$E_t=\frac{[Y']_{ep}-[M']_{ep}}{c_M^{ep}} \tag{6-35}$$

当用 EDTA 的浓度计算金属离子的浓度时，上式的正负与终点误差的正负具有相同的意义。将终点 ep 时刻的变量合理地转化为化学计量点 sp 时刻的变量，将使终点误差 E_t 便于计算。令

$$\Delta pM=pM'_{ep}-pM'_{sp}=\lg\frac{[M']_{sp}}{[M']_{ep}}$$

$$\Delta pY=pY'_{ep}-pY'_{sp}=\lg\frac{[Y']_{sp}}{[Y']_{ep}}$$

则有

$$[M']_{ep}=[M']_{sp}\times 10^{-\Delta pM'} \tag{1}$$

$$[Y']_{ep}=[Y']_{sp}\times 10^{-\Delta pY'} \tag{2}$$

终点与化学计量点滴定体系的条件几乎一致，所以

$$K'_{MY,ep}\approx K'_{MY,sp}$$

$$\frac{[MY]_{ep}}{[M']_{ep}[Y']_{ep}}=\frac{[MY]_{sp}}{[M']_{sp}[Y']_{sp}}$$

终点与化学计量点非常接近，所以上式中 $[MY]_{ep}\approx[MY]_{sp}$，约去并整理得

$$\frac{[M']_{ep}}{[M']_{sp}}=\frac{[Y']_{sp}}{[Y']_{ep}} \tag{3}$$

$$pM'_{ep}-pM'_{sp}=pY'_{sp}-pY'_{ep}$$

$$\Delta pM'=-\Delta pY' \tag{4}$$

化学计量点时

$$[Y']_{sp}=[M']_{sp}=\sqrt{\frac{c_M^{sp}}{K'_{MY}}} \tag{5}$$

$$c_M^{ep} \approx c_M^{sp} = K'_{MY}[M']_{sp} \tag{6}$$

将式(1)～式(6)代入终点误差公式(6-35)，并整理得

$$E_t = \frac{10^{\Delta pM'} - 10^{-\Delta pM'}}{\sqrt{K'_{MY} c_M^{sp}}} \times 100\% \tag{6-36}$$

这就是林邦终点误差公式。由此式可知，终点误差既与 $c_M^{sp} K'_{MY}$ 有关，还与 $\Delta pM'$ 有关；K'_{MY} 越大，被测金属离子在化学计量点时的分析浓度越大，终点误差越小；$\Delta pM'$ 值越小，即终点离化学计量点越近，终点误差就越小。

【例 6-9】 在 pH＝10 的氨性溶液中，以铬黑 T（EBT）为指示剂，用 0.02000mol/L EDTA 标准溶液滴定 0.02000mol/L Ca^{2+} 溶液，计算终点误差。若滴定的是 0.02000mol/L Mg^{2+} 溶液，终点误差为多少？

解： pH＝10 时，$\lg\alpha_{Y(H)} = 0.45$

$$\lg K'_{CaY} = \lg K_{CaY} - \lg\alpha_{Y(H)} = 10.69 - 0.45 = 10.24$$

$$[Ca^{2+}]_{sp} = \sqrt{\frac{c_{Ca}^{sp}}{K'_{CaY}}} = \sqrt{\frac{\frac{0.02000}{2}}{10^{10.24}}} = 10^{-6.12}(\text{mol/L})$$

$$pCa_{sp} = 6.1$$

EBT 的 $pK_{a1} = 6.3$，$pK_{a2} = 11.6$，故 pH＝10 时

$$\alpha_{EBT(H)} = 1 + \frac{[H^+]}{K_{a2}} + \frac{[H^+]^2}{K_{a2}K_{a1}} = 1 + 10^{11.6} \times 10^{-10} + 10^{11.6} \times 10^{6.3} \times (10^{-10})^2 \approx 40$$

$$\lg\alpha_{EBT(H)} = 1.6$$

已知 $\lg K_{Ca\text{-}EBT} = 5.4$，故

$$\lg K'_{Ca\text{-}EBT} = \lg K_{Ca\text{-}EBT} - \lg\alpha_{EBT(H)} = 5.4 - 1.6 = 3.8$$

$$pCa_{ep} = \lg K'_{Ca\text{-}EBT} = 3.8$$

$$\Delta pCa = pCa_{ep} - pCa_{sp} = 3.8 - 6.1 = -2.3$$

故

$$E_t = \frac{10^{\Delta pM'} - 10^{-\Delta pM'}}{\sqrt{K'_{MY} c_M^{sp}}} \times 100\% = \frac{10^{-2.3} - 10^{2.3}}{\sqrt{10^{10.24} \times 10^{-2}}} \times 100\% = -1.5\%$$

若滴定的是 Mg^{2+}，则

$$\lg K'_{MgY} = \lg K_{MgY} - \lg\alpha_{Y(H)} = 8.7 - 0.45 = 8.25$$

$$[Mg^{2+}]_{sp} = \sqrt{\frac{c_{Mg}^{sp}}{K'_{MgY}}} = \sqrt{\frac{\frac{0.02000}{2}}{10^{8.25}}} = 10^{-5.1}(\text{mol/L})$$

$$pMg_{sp} = 5.1$$

已知 $\lg K_{Mg\text{-}EBT} = 7.0$，故

$$\lg K'_{Mg\text{-}EBT} = \lg K_{Mg\text{-}EBT} - \lg\alpha_{EBT(H)} = 7.0 - 1.6 = 5.4$$

$$pMg_{ep} = \lg K'_{Mg\text{-}EBT} = 5.4$$

$$\Delta pMg = pMg_{ep} - pMg_{sp} = 5.4 - 5.1 = 0.3$$

故

$$E_t=\frac{10^{\Delta pM'}-10^{-\Delta pM'}}{\sqrt{K'_{MY}c_M^{sp}}}\times 100\%=\frac{10^{0.3}-10^{-0.3}}{\sqrt{10^{8.25}\times 10^{-2}}}\times 100\%=0.11\%$$

计算结果表明，采用铬黑 T 作指示剂时，尽管 CaY 较 MgY 稳定，但终点误差较大。这是由于铬黑 T 与 Ca^{2+} 显色不很灵敏所致。

【例 6-10】 在 pH＝10 的氨性溶液中，以铬黑 T(EBT) 为指示剂，用 0.02000mol/L EDTA 标准溶液滴定 0.02000mol/L Zn^{2+} 溶液，终点时游离氨的浓度为 0.20mol/L。计算终点误差。

解： 查表得，在 pH＝10 时，$\lg\alpha_{Zn(OH)}=2.4$

$$\alpha_{Zn(NH_3)}=1+\beta_1[NH_3]+\beta_2[NH_3]^2+\beta_3[NH_3]^3+\beta_4[NH_3]^4$$

$$=1+10^{2.37}\times 0.20+10^{4.61}\times 0.20^2+10^{7.31}\times 0.20^3+10^{9.46}\times 0.20^4=4.78\times 10^6\approx 10^{6.68}$$

故

$$\alpha_{Zn}=\alpha_{Zn(NH_3)}+\alpha_{Zn(OH)}-1=10^{6.68}+10^{2.4}-1=10^{6.68}$$

查表（附录五）得 pH＝10 时，$pZn_{ep}=12.2$。但此时有副反应，故 pZn'_{sp} 要比 pZn_{ep} 小，即 $[Zn^{2+}]_{sp}$ 要比 $[Zn^{2+}]_{ep}$ 大。

$$pZn'_{ep}=pZn_{ep}-\lg\alpha_{Zn}=12.2-6.68=5.52$$

$$\lg K'_{ZnY}=\lg K_{ZnY}-\lg\alpha_{Y(H)}-\lg\alpha_{Zn}=16.5-0.45-6.68=9.37$$

$$pZn'_{sp}=\frac{1}{2}(\lg K'_{ZnY}+pc_{Zn}^{sp})=\frac{1}{2}\times(9.37+2)=5.69$$

$$\Delta pZn=pZn'_{ep}-pZn'_{sp}=5.52-5.69=-0.17$$

故

$$E_t=\frac{10^{\Delta pM'}-10^{-\Delta pM'}}{\sqrt{K'_{MY}c_M^{sp}}}\times 100\%=\frac{10^{-0.17}-10^{0.17}}{\sqrt{10^{9.37}\times 10^{-2}}}\times 100\%=-0.02\%$$

【例 6-11】 配位滴定时，通常以铬黑 T（EBT）为指示剂，在 pH 值为 9.5～10.5 的氨性溶液中进行。试以 0.01000mol/L EDTA 标准溶液滴定 0.02000mol/L Mg^{2+} 溶液为例，讨论酸度与终点误差的关系。

解： 已知 $\lg K_{MgY}=8.70$，$\lg K_{Mg\text{-}EBT}=7.0$，EBT 的 $pK_{a2}=6.3$，$pK_{a3}=11.6$，$K_{Mg(OH)}=10^{2.6}$。

按以上两例的方法，计算 pH 9.5～10.5 间的 pMg_{sp}、pMg_{ep}、ΔpMg 及 E_t 的结果如下：

pH 值	pMg_{sp}	pMg_{ep}	ΔpMg	$E_t/\%$
9.0	4.86	4.4	−0.46	−0.70
9.5	5.09	4.9	−0.19	−0.15
9.7	5.17	5.09	−0.08	−0.05
9.8	5.21	5.19	−0.02	−0.01
9.9	5.24	5.29	0.05	0.03
10.0	5.28	5.39	0.11	0.05
10.5	5.38	5.82	0.44	0.20

分别以 pMg_{sp} 和 pMg_{ep} 对 pH 值作图，得两条相交的曲线（见图 6-8），交点处对应的 pH 值为 9.84，即化学计量点与终点一致时的 pH 值为 9.84。小于此 pH 值，产生负误差，且 pH 值愈小，终点误差愈大；反之产生正误差，且 pH 值愈大，终点误差愈大。由此可见配位滴定中酸度的控制是十分重要的。

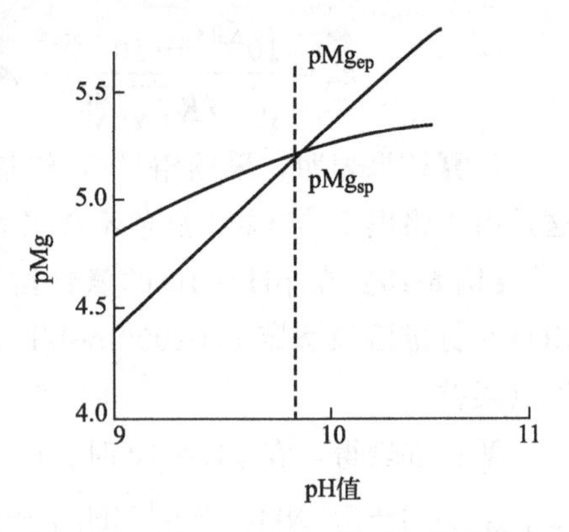

图 6-8　pMg_{sp}、pMg_{ep} 与 pH 值的关系

若用指示剂指示终点，还要考虑指示剂的酸效应等引起终点与化学计量点的偏高，否则会引起一定的误差。

误差计算总结：通过上面的实例可知，应用终点误差处理配位滴定的定量计算的一般步骤如下。

① 理清 M 和 Y 的所有副反应，逐个计算副反应系数，得到各自的总副反应系数 α_M 和 α_Y。

② 计算滴定反应产物的条件稳定常数 $\lg K'_{MY}=\lg K_{MY}-\lg\alpha_Y-\lg\alpha_M$。

③ 计算化学计量点金属离子的浓度 $pM'_{sp}=\frac{1}{2}(\lg K'_{MY}+pc_M^{sp})$。

④ 查表（附录五）获得指示剂变色点金属离子的浓度 pM_{ep}，然后计算 $pM'_{ep}=pM_{ep}-\lg\alpha_M$。

⑤ 计算 $\Delta pM=pM'_{ep}-pM'_{sp}$，代入林邦误差计算公式得到计算结果。

三、单一离子准确滴定判别式

在配位滴定中，通常采用指示剂确定滴定终点，由于人眼判断颜色的局限性，即使指示剂的变色点与化学计量点完全一致，仍有可能造成±(0.2～0.5)pM′单位的不确定性。设 $\Delta pM'=\pm0.2$，用等浓度的 EDTA 标准溶液滴定初始浓度为 c 的金属离子，若要使终点误差 $E_t\leqslant\pm0.1\%$，则由林邦终点误差公式可得

$$0.001\geqslant\frac{10^{0.2}-10^{-0.2}}{\sqrt{c_M^{sp}K'_{MY}}}$$

$$c_M^{sp}K'_{MY}\geqslant\left(\frac{10^{0.2}-10^{-0.2}}{0.001}\right)^2$$

即　$$c_M^{sp}K'_{MY}\geqslant10^6 \text{ 或 } \lg(c_M^{sp}K'_{MY})\geqslant6 \quad (6\text{-}37)$$

如果 $c_M^{sp}=0.100\text{mol/L}$，则要求　$$\lg K'_{MY}\geqslant8 \quad (6\text{-}38)$$

式(6-37) 通常作为能否用配位滴定法测定单一金属离子的判别式。当然这是有约定前提的，如果有不同的约定，其判别式也不相同。例如：

$$\Delta pM'<0.2, E_t\leqslant\pm0.1\%, \lg(c_M^{sp}K'_{MY})\geqslant6$$

$$\Delta pM'<0.2, E_t\leqslant\pm0.3\%, \lg(c_M^{sp}K'_{MY})\geqslant5$$

$$\Delta pM'<0.2, E_t\leqslant\pm1\%, \lg(c_M^{sp}K'_{MY})\geqslant4$$

$$\Delta pM'<0.5, E_t\leqslant\pm0.3\%, \lg(c_M^{sp}K'_{MY})\geqslant6$$

为了减小误差。可采取以下措施：

① 适当增加取样量，提高待测金属离子的浓度。

② 减少副反应的发生，使滴定产物较稳定。

③ 选择恰当的指示剂，减小终点与化学计量点的偏差。改进终点观测方法，降低终点的不确定性。

有关判别式的推导，也可采用如下方法：

设金属离子的原始浓度为 c_M（对终点体积而言，$c_M = c_M^{sp}$），用等浓度的 EDTA 标准溶液滴定，滴定分析的允许误差为 E_t，在化学计量点时：被测定的金属离子几乎全部发生配位反应，即 $[MY] = c_M$；被测定的金属离子的剩余量应符合准确滴定的要求，即 $c_{M(余)} \leqslant c_M E_t$；滴定时过量的 EDTA 也符合准确度的要求，即 $c_{EDTA(余)} \leqslant c_{EDTA} E_t$。

将这些数值代入条件稳定常数的关系式得：

$$K'_{MY} = \frac{[MY]}{c_{M(余)} c_{EDTA(余)}}$$

$$K'_{MY} \geqslant \frac{c_M}{c_M E_t c_{EDTA} E_t} = \frac{1}{c_{EDTA} E_t^2}$$

由于 $c_M = c_{EDTA}$，不等式两边同时取对数，整理后得

$$\lg(c_M K'_{MY}) \geqslant -2\lg E_t$$

若允许误差 $E_t = 0.1\%$，得

$$\lg(c_M K'_{MY}) \geqslant 6$$

【例 6-12】 在 pH＝2.00 和 5.00 的介质中（$\alpha_{Zn} = 1$），能否用 0.02000mol/L EDTA 标准滴定溶液准确滴定 0.02000mol/L Zn^{2+} 溶液？

解： 查表得 $\lg K_{ZnY} = 16.50$；当 pH＝2.00 时，$\lg\alpha_{Y(H)} = 13.51$，按题意

$$\lg(c_{Zn}^{sp} K'_{ZnY}) = \lg K_{ZnY} - \lg\alpha_{Y(H)} + \lg c_{Zn}^{sp} = 16.50 - 13.51 + \lg\frac{0.02000}{2} = 0.99 < 6$$

或
$$\lg K'_{ZnY} = \lg K_{ZnY} - \lg\alpha_{Y(H)} = 16.50 - 13.51 = 2.99 < 8$$

查表得 pH＝5.00 时，$\lg\alpha_{Y(H)} = 6.45$，则

$$\lg K'_{ZnY} = \lg K_{ZnY} - \lg\alpha_{Y(H)} = 16.50 - 6.45 = 10.05 > 8$$

所以，当 pH＝2.00 时 Zn^{2+} 是不能被准确滴定的，而 pH＝5.00 时可以被准确滴定。

由此例计算可看出，用 EDTA 滴定金属离子，若要准确滴定，必须选择适当的 pH 值。因为酸度是金属离子被准确滴定的重要影响因素。下面就讲述如何确定金属离子被准确滴定时的合适酸度范围。

第四节　配位滴定条件的确定和控制

通过前几节内容的讨论研究，我们已初步看到配位滴定不如酸碱滴定那么简单。因为滴定过程中还存在很多不希望被看到的副反应的发生，影响滴定的准确进行，因此必须采取措施消除这些不利因素。在诸多因素中滴定溶液的酸度是最重要的，我们首先对酸度进行讨论。

一、单一金属离子配位滴定酸度范围的确定和控制

在以EDTA二钠盐溶液进行配位滴定过程中，随着配合物的生成，不断有H^+释放，使溶液的酸度增大，K'_{MY}变小，造成pM′突跃减小；同时配位滴定所用的指示剂的变色点也随pH值而变，导致产生较大误差。通常较低的酸度条件对滴定有利，但金属离子在酸度较低的条件下发生羟基化反应甚至生成氢氧化物沉淀，对滴定不利。两种因素相互制约，必然存在最佳点或适宜的酸度范围。

确定酸度范围的原则是：在该酸度范围内，配合物有足够的稳定性，即必须保证$\lg K'_{MY} \geqslant 8$；同时金属离子绝不能生成氢氧化物沉淀。另外，指示剂也是在一定酸度范围才起作用的。

1. 单一离子滴定适宜酸度范围的确定

最高酸度和最低酸度之间的pH值范围称为配位滴定的“适宜酸度范围”。如果滴定在此范围内进行，就有可能做到准确滴定，但在实际操作中能否达到预期的准确度，还需结合指示剂的变色点来考虑。

(1) 最高酸度（最低pH值）

由林邦终点误差公式可知，当c_M^{sp}、$\Delta pM'$和E_t一定时，K'_{MY}必须大于某一数值，否则就会超过规定的误差。

当$\Delta pM' = \pm 0.2$，$E_t = \pm 0.1\%$时，必须符合判别式$\lg(c_M^{sp} K'_{MY}) \geqslant 6$，得

$$\lg K'_{MY} \geqslant 6 - \lg c_M^{sp} \tag{a}$$

假设配位反应中除EDTA的酸效应和M的水解效应外，没有其他副反应，则

$$\lg K'_{MY} = \lg K_{MY} - \lg \alpha_{Y(H)} - \lg \alpha_{M(OH)}$$

在高酸度下，$\lg \alpha_{M(OH)}$很小，可以忽略不计，所以

$$\lg K'_{MY} = \lg K_{MY} - \lg \alpha_{Y(H)} \tag{b}$$

式(a)和式(b)联合得 $\lg \alpha_{Y(H)} \leqslant \lg K_{MY} - 6 + \lg c_M^{sp}$ (6-39a)

若被测金属离子的浓度c_M^{sp}为0.01mol/L，则

$$\lg \alpha_{Y(H)} \leqslant \lg K_{MY} - 6 + \lg 10^{-2} = \lg K_{MY} - 8 \tag{6-39b}$$

根据式(6-39b) $\lg \alpha_{Y(H)}$的值求出的酸度，称为“最高酸度”或“最低pH值”，当超过此酸度时，$\alpha_{Y(H)}$值就变大，K'_{MY}值变小，E_t增大。

【例6-13】 用0.02000mol/L EDTA标准溶液滴定0.02000mol/L Pb^{2+}溶液，若要求$\Delta pPb' = \pm 0.2$，$E_t = \pm 0.1\%$，计算滴定Pb^{2+}的最高酸度。

解： 因为$c_{Pb}^{sp} = 0.02000/2 = 0.01000$mol/L，$\Delta pPb' = \pm 0.2$，$E_t = \pm 0.1\%$，

所以 $\lg \alpha_{Y(H)} \leqslant \lg K_{PbY} - 8 = 18.04 - 8 = 10.04$

查表得pH≈3.2，所以滴定0.02000mol/L Pb^{2+}时最高酸度为pH=3.2。

在配位滴定中，了解金属离子滴定时的最高酸度，对解决实际问题具有一定的意义。前面已经讨论过，c_M、$\Delta pM'$及E_t不同时，最高酸度也不同。假设$c_{M_0} = 0.02000$mol/L，$\Delta pM = \pm 0.2$，$E_t = \pm 0.1\%$，可以计算出各种金属离子滴定时的最高允许酸度。将部分金属离子滴定时的最低允许pH值直接标在EDTA的酸效应曲线上，供实际工作参考（见图6-3）。

(2) 最低酸度（最高 pH 值）

在配位滴定中，为了减小滴定误差，总是尽可能使 K'_{MY}最大化。这样就必须提高溶液的 pH 值，才能降低酸效应；但溶液酸度太低，金属离子由于水解效应析出 $M(OH)_n$ 沉淀（尤其是高价金属离子），影响配位反应的进行，不利于滴定。因此需要考虑滴定时金属离子不水解的最低酸度（最高 pH 值）。在没有其他配位剂存在的条件下，金属离子不水解的最低酸度可由 $M(OH)_n$ 的溶度积求得。

【例 6-14】 用 0.02000mol/L EDTA 标准溶液滴定 0.02000mol/L Fe^{3+} 溶液，若要求 $\Delta pM'=\pm0.2$，$E_t=\pm0.1\%$，计算适宜 Fe^{3+} 的酸度范围。

解：因为 $\Delta pM=\pm0.2$，$E_t=\pm0.1\%$，且 $c_{Fe^{3+}}^{sp}=\dfrac{0.02000}{2}=0.01000\text{mol/L}$

$$\lg\alpha_{Y(H)}\leqslant\lg K_{FeY}-8=25.1-8=17.1$$

查表得最高酸度 pH 值　　$pH\approx1.2$

$$K_{sp}[Fe(OH)_3]=10^{-37.4}$$

$$[OH^-]=\sqrt[3]{\frac{K_{sp}}{c(Fe^{3+})}}=\sqrt[3]{\frac{10^{-37.4}}{0.02000}}=10^{-11.9}\text{mol/L}$$

此处 $c(Fe^{3+})$ 为初始浓度，因为滴定开始已生成沉淀，会影响滴定，故不用 $c_{Fe^{3+}}^{sp}$。

$$pH=14.0-11.9=2.1(\text{水解酸度})$$

故滴定 Fe^{3+} 的适宜酸度范围为 pH=1.2～2.1。

同样的方法，可以得出滴定 Cu^{2+} 的适宜酸度范围为 2.9～5.9；Zn^{2+} 溶液应在 pH 值为 4.0～7.2 时滴定，滴定 pH 值越近高限，K'_{MY}就越大，滴定突跃也越大。若加入辅助配位剂（如氨水、酒石酸等），则 pH 值还会更高些。例如，在氨性缓冲溶液存在的条件下，可在 pH=10 时滴定 Zn^{2+}。若加入酒石酸或氨水，可防止金属离子生成沉淀。但辅助配位剂的加入会导致 K'_{MY}降低，因此必须严格控制其用量，否则将因为 K'_{MY}太小而无法准确滴定。

2. 用指示剂确定终点时滴定的最佳酸度

由于滴定剂和指示剂都受到酸效应的影响，所以 pM'_{sp}和 pM'_{ep}均随溶液的 pH 值而变化，但两者的变化速率不同。如在选择并控制的滴定酸度下，使 pM'_{sp}和 pM'_{ep}最接近或完全相符，则可使误差达到最小，此酸度即为配位滴定的最佳酸度。当然，此时指示剂的变色必须是敏锐的。

$$pM_{ep}=\lg K'_{MIn}=\lg K_{MIn}-\lg\alpha_{In(H)}$$

或

$$pM'_{ep}=pM_{ep}-\lg\alpha_M=\lg K_{MIn}-\lg\alpha_{In(H)}-\lg\alpha_M$$

$$pM'_{sp}=\frac{1}{2}(\lg K'_{MY}+pc_M^{sp})$$

$pM'_{ep}=pM'_{sp}$时的酸度为滴定的最佳酸度。在实际工作中，最佳酸度是通过实验确定的。

例如，用 0.020mol/L EDTA 标准溶液滴定 0.020mol/L Zn^{2+}溶液，若要求 $\Delta pM'=\pm0.2$，$E_t=\pm0.1\%$，前面已计算适宜酸度范围是 pH 值为 4.0～7.2。如果用二甲酚橙作指示剂，必须使 pH 值<6.0 才可以使用。所以滴定的最佳酸度应是 pH 为 4.0～6.0。

3. 选用合适的缓冲剂控制溶液的酸度

在配位滴定中，随着配合物的生成，不断有 H^+ 释放出来，使溶液的酸度逐渐增高。

$$M^{n+}+H_2Y^{2-}\longrightarrow MY^{(4-n)-}+2H^+ \text{或} M+H_2Y\longrightarrow MY+2H^+$$

酸度增高会使MY的条件稳定常数减小，降低配位滴定的完全程度；另外，配位滴定指示剂通常是有机弱酸，显色反应也要求在一定的pH值范围内，溶液酸度的变化，可能会影响指示剂的变色点和自身的颜色，导致终点误差变大，甚至不能准确滴定。因此，溶液的酸度对配位滴定的影响是多方面的，通常要加入缓冲溶液以保持溶液的酸度基本恒定。

配位滴定常用的弱酸性缓冲溶液（pH值为4～6）有HAc-NaAc和六次甲基四胺-HCl（pH值为4～6）；弱碱性缓冲溶液（pH值为8～10）有NH_3-NH_4Cl等。若在pH＜2或pH＞12进行滴定，则用强酸或强碱溶液来控制溶液的酸度。如在pH值为1.0时滴定Bi^{3+}，加入0.10mol/L HNO_3溶液；在pH值为12～13时测定Ca^{2+}，则加入20% NaOH溶液，因为强酸或强碱本身就是缓冲溶液，具有一定的缓冲作用。选择缓冲剂时，不仅要考虑缓冲剂所能缓冲的pH值范围，还要考虑缓冲剂是否会引起金属离子的副反应而影响反应的完全程度。例如，在pH＝5时，用EDTA滴定Pb^{2+}，通常不能用醋酸缓冲溶液，因为Ac^-会与Pb^{2+}配位，降低Pb^{2-}的K'_{PbY}(条件稳定常数)。此外，所选的缓冲溶液还必须有足够量的缓冲容量，这样才能控制溶液pH值基本不变。

二、混合离子的选择性滴定

以上讨论的是单一金属离子配位滴定的情况。实际工作中遇到的常为多种离子共存的试样，而EDTA又是具有广泛配位能力的配位剂，因此必须提高配位滴定的选择性。提高配位滴定的选择性常用控制酸度和使用掩蔽剂等方法。

1. 控制酸度分别滴定

(1) 控制酸度分别滴定的判别式

一种最简单的混合离子滴定情况，设溶液中仅有M和N两种金属离子，而且K_{MY}＞K_{NY}。如果不考虑M离子的副反应，溶液中的平衡关系如下：

$$\begin{array}{ccccc} M & + & Y & \rightleftharpoons & MY \\ & & H\swarrow\;\searrow N & & \\ & & HY \quad NY & & \\ & & \cdots & & \\ & & H_6Y & & \\ & & \alpha_{Y(H)} \quad \alpha_{Y(N)} & & \end{array}$$

测定M离子的条件稳定常数$\lg K'_{MY}=\lg K_{MY}-\lg\alpha_Y=\lg K_{MY}-\lg\alpha_{Y(H)}-\lg\alpha_{Y(N)}$。要准确滴定M的含量，则共存离子N是否对测定M有干扰，需要考虑N的副反应系数$\alpha_{Y(N)}$和溶液酸度，即酸效应系数$\alpha_{Y(H)}$的影响。已知$\alpha_Y=\alpha_{Y(H)}+\alpha_{Y(N)}-1$，当溶液酸度较高时，$\alpha_{Y(H)}\gg\alpha_{Y(N)}$，$\alpha_Y\approx\alpha_{Y(H)}$；若滴定剂EDTA不与N反应，则共存离子N对滴定M没有影响，和单独滴定M离子一样，只考虑酸效应；如果$\alpha_{Y(H)}\approx\alpha_{Y(N)}$，这时EDTA的酸效应和共存离子效应都应考虑，即求得α_Y后，再计算条件稳定常数$\lg K'_{MY}$；如果$\alpha_{Y(H)}\ll\alpha_{Y(N)}$，此时酸效应可以忽略，可只考虑共存离子配位效应的影响。此时

$$\alpha_{Y(N)}=\frac{[NY]+[Y]}{[Y]}=1+K_{NY}[N]$$

$$K'_{MY}=\frac{[MY]}{[M']\times[Y']}=\frac{[MY]}{[M]\times[Y']}=\frac{[MY]}{[M][Y]\alpha_{Y(N)}}=\frac{K_{MY}}{\alpha_{Y(N)}}=\frac{K_{MY}}{1+K_{NY}c_N}$$

一般情况下 $[N]=c_N-[NY]\approx c_N$　　$K_{NY}\gg 1$，则上式变为

$$K'_{MY}=\frac{K_{MY}}{K_{NY}c_N}$$

两边同时取对数得

$$\lg K'_{MY}=\lg K_{MY}-\lg K_{NY}+pN=\Delta\lg K+pN \tag{6-40}$$

两边同乘 c_M，并取对数得

$$\lg(c_M K'_{MY})=\lg K_{MY}-\lg K_{NY}+\lg\frac{c_M}{c_N} \tag{6-41a}$$

或

$$\lg(c_M K'_{MY})=\Delta\lg K+\lg\frac{c_M}{c_N} \tag{6-41b}$$

式(6-41b) 说明，两种金属离子配合物的稳定常数相差越大，被测离子浓度（c_M）越大，干扰离子浓度（c_N）越小，则在 N 离子存在下滴定 M 离子的可能性越大。至于两种金属离子配合物的稳定常数要相差多大才能准确滴定 M 离子而 N 离子不干扰，决定于所要求的分析准确度和两种金属离子的浓度比（c_M/c_N）及终点和化学计量点 pM 的差值（ΔpM）等因素。

当 $\Delta pM=\pm0.2$，$E_t\leqslant\pm0.1\%$ 时，要准确滴定 M 离子而 N 离子不干扰，必须使 $\lg(c_M K'_{MY})\geqslant 6$，即

$$\lg(c_M K'_{MY})=\Delta\lg K+\lg\frac{c_M}{c_N}\geqslant 6 \tag{6-42a}$$

若 $c_M=c_N$，则

$$\Delta\lg K\geqslant 6 \tag{6-42b}$$

式(6-42) 是判断能否用控制酸度的办法准确滴定 M 离子而 N 离子不干扰的判别式。滴定 M 离子后，若 $\lg(c_N K'_{NY})\geqslant 6$，则可继续准确滴定 N 离子。

如果 $\Delta pM=\pm0.2$，$E_t\leqslant\pm0.5\%$（混合离子滴定通常允许误差 $\leqslant\pm0.5\%$），则 $\lg(c_M K'_{MY})\geqslant 5$，可用下式判别控制酸度分别滴定的可能性：

$$\Delta\lg K+\lg\frac{c_M}{c_N}\geqslant 5 \tag{6-43}$$

如果 $\Delta pM=\pm0.2$，$E_t\leqslant\pm1.0\%$，则 $\lg(c_M K'_{MY})\geqslant 4$，可用下式判别控制酸度分别滴定的可能性：

$$\Delta\lg K+\lg\frac{c_M}{c_N}\geqslant 4 \tag{6-44}$$

对于有干扰离子存在的配位滴定，一般允许有 0.5% 的相对误差，即指示剂检测终点时，如 $\Delta pM=\pm0.2$，$c_M=c_N$，通常 $\Delta\lg K\geqslant 5$ 作为判断能否利用控制酸度进行分别滴定的条件。

(2) 控制酸度进行混合离子的分步滴定

从前面的讨论已经知道，当 $\alpha_{Y(H)}\gg\alpha_{Y(N)}$ 时，同单一离子滴定，酸度控制也同单一离子滴定；当 $\alpha_{Y(H)}\ll\alpha_{Y(N)}$ 时，$\lg K'_{MY}=\Delta\lg K+pN$，从公式看，滴定 M 的条件稳定常数似

乎不受酸度影响，实际上是指酸度变化不引起其他副反应时的情况，但对其最低酸度有要求，应在不使金属离子水解的情况下，尽量使 K'_{MY}达到最大。

分别滴定的酸度控制一般希望在 K'_{MY}最大时进行，此时的 pH 值通常粗略认为是 $\alpha_{Y(H)}=\alpha_{Y(N)}$ 时的 pH 值，由 c_N 和 K_{NY} 计算出 $\alpha_{Y(N)}$，查此 $\alpha_{Y(H)}$ 对应的 pH 值，即可作为最高酸度的参考值，对于少数极易水解的离子，还需考虑选择更高的酸度进行滴定，但此时的条件稳定常数 K'_{MY}必须满足滴定误差要求。

前述滴定时的最佳酸度，取决于所用指示剂，理论上为指示剂的变色点 pM_{ep} 和滴定时化学计量点 pM_{sp} 相等时的 pH 值，此时滴定误差为零。指示剂变色点 pM_{ep} 应在 pM 突跃范围内变色，即 $pM_{ep} \leqslant pM_{sp} \pm \Delta pM'$，由于指示剂有酸效应，所以变色点 pM_{ep} 随 pH 值的不同而变化。在求出滴定的适宜 pH 值范围和突跃范围即 pM_{sp} 和 $\Delta pM'$后，再从指示剂的有关常数表找出接近 pM_{sp} 时的 pH 值即可，这是实际工作中的近似求法。精确求法为先在同一坐标系上分别作出 pM_{sp} 和 pM_{ep} 对 pH 值的曲线，两曲线交点处的 pH 值即为最佳酸度(参考例 6-11)。

【例 6-15】一混合溶液中含有 Bi^{3+} 和 Pb^{2+}，浓度均为 0.02000mol/L，问能否用 0.02000mol/L EDTA 溶液分别滴定 Bi^{3+} 和 Pb^{2+}，如能滴定，适宜的 pH 值是多少？用何种指示剂？

解：查表得 $\lg K_{BiY}=27.9$，$\lg K_{PbY}=18.0$

$\Delta \lg K=27.9-18.0=9.9>6.0$，故能准确滴定 Bi^{3+} 而不干扰 Pb^{2+}，$E_t=\pm 0.1\%$。

根据 $\lg\alpha_{Y(H)} \leqslant \lg K_{BiY}-8=27.9-8=19.9$（也可以直接查林邦曲线即酸效应曲线）

查表得滴定 Bi^{3+} 的最低 pH=0.7，为使 K'_{BiY}尽量大，求

$$\alpha_Y \approx \alpha_{Y(N)}=\alpha_{Y(Pb)}=1+K_{PbY}[Pb^{2+}]=10^{18.0}\times 0.02000=10^{16.0}$$

$\lg\alpha_{Y(H)}=16.0$，查表对应的 pH=1.40，理论上应选择 pH=1.40，根据溶度积表，此时 Bi^{3+} 易水解，因而将 pH 值降低至 1.0，此时 $\alpha_{Y(H)}=10^{18}$，$\alpha_Y=\alpha_{Y(N)}+\alpha_{Y(H)}-1$

$$\lg K'_{BiY}=\lg K_{BiY}-\lg\alpha_Y=27.9-\lg(10^{18}+10^{16})=9.9$$

因此 pH=1.0 时仍可以准确滴定 Bi^{3+}。

查酸效应曲线得滴定 Pb^{2+} 的最低 pH=3.4，或根据

$$\lg\alpha_{Y(H)} \leqslant \lg K_{PbY}-8=18.0-8=10.0$$

查表得滴定 Pb^{2+} 的最低酸度 pH=3.4，最高 pH 值根据溶度积计算

$$[OH^-]=\sqrt{\frac{K_{sp}}{c(Pb^{3+})}}=\sqrt{\frac{1.2\times 10^{-15}}{0.02000}}\text{mol/L}=2.4\times 10^{-7}\text{mol/L}, pOH=6.6, pH=7.4$$

可继续在 pH 值为 3.4～7.4 之间滴定 Pb^{2+}。

查指示剂表，可选择二甲酚橙指示剂，二甲酚橙能与 Bi^{3+} 和 Pb^{2+} 生成红色配合物，终点变为亮黄色。在 pH=1.0 时滴定 Bi^{3+}，滴定完后，调节酸度至 pH=5.0～6.0 滴定 Pb^{2+} 至终点。

【例 6-16】以 0.02000mol/L EDTA 溶液滴定 0.02000mol/L Zn^{2+} 和 0.1mol/L Ca^{2+} 混合溶液中的 Zn^{2+}，计算滴定的适宜酸度范围。若以二甲酚橙为指示剂，最佳 pH 值为多少？

解：查表得 $\lg K_{ZnY}=16.50$，$\lg K_{CaY}=10.69$

$\Delta \lg K=16.50-10.69=5.81>5.0$，故能准确滴定 Zn^{2+} 而 Ca^{2+} 不干扰，$E_t<0.5\%$。

滴定 Zn^{2+} 的最高酸度：

根据 $\lg\alpha_{Y(H)} \leqslant \lg K_{ZnY} - 8 = 16.50 - 8 = 8.50$；查表得 pH=3.9，查林邦曲线得 pH=3.9。

为使 K'_{ZnY} 尽量大，求

$$\alpha_Y = \alpha_{Y(Ca)} = 1 + K_{CaY}[Ca^{2+}] = 1 + 10^{10.69} \times 0.02000 = 10^{8.7}$$

$\lg\alpha_{Y(H)} = 8.7$，查表对应的 pH≈3.90，滴定 Zn^{2+} 的最低酸度：$K_{sp}[Zn(OH)_2] = 10^{-16.924}$

$$[OH^-] = \sqrt{\frac{K_{sp}}{c(Zn^{2+})}} = \sqrt{\frac{10^{-16.924}}{0.02000}} \text{mol/L} = 10^{-7.61} \text{mol/L}$$

$$pH = 14.0 - 7.61 \approx 6.4 (\text{水解酸度})$$

故滴定的适宜酸度范围为 pH=3.9～6.4。

最佳酸度计算：

$$\lg K'_{ZnY} = \lg K_{ZnY} - \lg\alpha_Y = 16.50 - 8.7 = 7.8$$

$$pZn'_{sp} = \frac{1}{2}(\lg K'_{ZnY} + pc^{sp}_{Zn}) = \frac{1}{2} \times (7.8 + 2) = 4.9$$

把 $E_t < 0.1\%$，$\lg K'_{ZnY} = 7.8$，$c^{sp}_{Zn} = 0.01000 \text{mol/L}$ 代入林邦终点误差计算公式：

$$E_t = \frac{10^{\Delta pZn} - 10^{-\Delta pZn}}{\sqrt{c^{sp}_{Zn} K'_{ZnY}}} \times 100\%$$

得 $\Delta pZn' = 0.17$，$pZn'_{ep} = 4.9 \pm 0.17$，即 $pZn'_{ep} = 4.73 \sim 5.07$，查二甲酚橙指示剂表，pH=5.0 时，$pZn_{ep} = 4.8$，接近 pZn'_{sp}，所以 pH=5.0 为最佳酸度。

【例 6-17】 某溶液中含有 Fe^{3+}、Al^{3+}、Ca^{2+} 和 Mg^{2+}，能否控制溶液酸度用 EDTA 滴定 Fe^{3+}？

解： 查表得 $\lg K_{FeY} = 25.1$、$\lg K_{AlY} = 16.3$、$\lg K_{CaY} = 10.69$、$\lg K_{MgY} = 8.7$，滴定 Fe^{3+} 时，最可能发生干扰的是 Al^{3+}，假设它们的浓度均为 10^{-2}mol/L，则

$\Delta\lg K = 25.1 - 16.30 = 8.8 > 6.0$，故能准确滴定 Fe^{3+} 而 Al^{3+} 不干扰，$E_t < 0.1\%$。

滴定 Fe^{3+} 的最高酸度：

根据 $\lg\alpha_{Y(H)} \leqslant \lg K_{FeY} - 8 = 25.1 - 8 = 17.1$，查表得 pH=1.2；查林邦曲线得 pH=1.2。

为使 K'_{FeY} 尽量大，求

$$\alpha_Y = \alpha_{Y(Al)} = 1 + K_{AlY}[Al^{3+}] = 1 + 10^{16.3} \times 10^{-2} = 10^{14.3}$$

$\lg\alpha_{Y(H)} = 14.3$，查表对应的 pH≈1.80。

滴定 Fe^{3+} 的最低酸度：$K_{sp}[Fe(OH)_3] = 3.5 \times 10^{-38}$

$$[OH^-] = \sqrt[3]{\frac{K_{sp}}{c(Fe^{3+})}} = \sqrt[3]{\frac{3.5 \times 10^{-38}}{10^{-2}}} \text{mol/L} = 1.52 \times 10^{-12} \text{mol/L}$$

$$pH = 14.00 - 11.8 \approx 2.2 (\text{水解酸度})$$

故滴定的适宜酸度范围为 pH=1.2～2.2。

查指示剂表，可选择 Ssal 作指示剂，它在 pH=1.5～2.2 范围内与配合物显红色，应控制 pH 值为 1.5～2.2 用 EDTA 滴定 Fe^{3+}。

【例 6-18】 在 pH=10.00 的氨性溶液中，含 Zn^{2+} 和 Mg^{2+} 都为 0.02000mol/L，以 0.02000mol/L EDTA 溶液能否选择性滴定 Zn^{2+}（$\Delta pZn' = \pm 0.2$，$E_t = \pm 0.3\%$，化学计量点时，$[NH_3] = 0.20$mol/L)？

解：查表得 $\lg K_{ZnY}=16.5$，$\lg K_{MgY}=8.7$

pH=10.00 时 $\lg\alpha_{Y(H)}=0.45$，$[OH^-]=10^{-4.0}mol/L$

$[NH_3]=0.20mol/L$

$Zn(OH)_4^{2-}$ 的 $\lg\beta_1\sim\lg\beta_4$ 为 4.4，10.1，14.4，15.5

$Zn(NH_3)_4^{2+}$ 的 $\lg\beta_1\sim\lg\beta_4$ 为 2.37，4.81，7.31，9.46

$Mg(OH)^+$ 的 $\lg\beta_1=2.6$

$$\alpha_{Zn(OH)}=1+\beta_1[OH^-]+\beta_2[OH^-]^2+\beta_3[OH^-]^3+\beta_4[OH^-]^4$$

$$=1+10^{4.4}\times10^{-4.0}+10^{10.1}\times10^{-4.0\times2}+10^{14.4}\times10^{-4.0\times3}+10^{15.5}\times10^{-4.0\times4}=10^{2.58}$$

$$\alpha_{Zn(NH_3)}=1+\beta_1[NH_3]+\beta_2[NH_3]^2+\beta_3[NH_3]^3+\beta_4[NH_3]^4$$

$$=1+10^{2.37}\times0.20+10^{4.81}\times0.20^2+10^{7.31}\times0.20^3+10^{9.46}\times0.20^4=10^{6.68}$$

$$\alpha_{Zn}=\alpha_{Zn(OH)}+\alpha_{Zn(NH_3)}-1=10^{2.58}+10^{6.68}-1=10^{6.68}$$

$$\alpha_{Mg(OH)}=1+\beta_1[OH^-]=1+10^{2.6}\times10^{-4.0}=1$$

$$\lg K'_{ZnY}=\lg K_{ZnY}-\lg\alpha_{Y(H)}-\lg\alpha_{Zn}=16.5-0.45-6.68=9.37$$

$$\lg K'_{MgY}=\lg K_{MgY}-\lg\alpha_{Y(H)}-\lg\alpha_{Mg(OH)}=8.7-0.45-0=8.25$$

$$\Delta\lg(cK')=\lg(c_{Zn}^{sp}K'_{ZnY})-\lg(c_{Mg}^{sp}K'_{MgY})=\lg\left(\frac{0.02000}{2}\times10^{9.37}\right)-\lg\left(\frac{0.02000}{2}\times10^{8.25}\right)=1.12<5$$

所以不能准确滴定 Zn^{2+}，Mg^{2+} 有干扰。

2. 使用掩蔽剂提高配位滴定的选择性

通过前面的讨论可以看出：如果溶液中有共存金属离子，进行分别分析测定，简单的办法就是调节酸度分别滴定，这就必须使 $\Delta\lg(cK)>5$（或 $\Delta\lg K>5$）。但在实际工作中大多数金属离子的 K_{MY} 相差不大，也就是说 $\Delta\lg K<5$ [或 $\Delta\lg(cK)<5$]，这时就必须设法降低 $\lg(c_N K_{NY})$ 的值，使其变得很小，以至于 $\Delta\lg cK=\lg(c_M K_{MY})-\lg(c_N K_{NY})>5$。方法有两种，一是使用掩蔽剂降低 c_N 的值；二是改用其他滴定剂，就是改变 K 值。下面我们分别进行谈论。

掩蔽法就是加入一种能与干扰离子 N 发生反应的试剂，来降低干扰离子 N 的浓度，就可以使 $\alpha_{Y(N)}$ 变小，以使 $\lg K'_{MY}$ 增大至满足滴定误差的要求，这样的方法叫掩蔽（masking），加入的试剂称为掩蔽剂（masking agent）。掩蔽方法按掩蔽反应类型的不同分为配位掩蔽法、氧化还原掩蔽法和沉淀掩蔽法等。

(1) 配位掩蔽法

配位掩蔽法在化学分析中应用最广泛，它是通过加入能与干扰离子形成更稳定配合物的配位剂（通称掩蔽剂）掩蔽干扰离子，从而能够更准确地滴定待测离子。

溶液中有 M、N 离子共存，如果

$$\Delta\lg(cK)<5$$

在选择性滴定 M 时，N 就有干扰。加入配位掩蔽剂后，使 N 与 L 形成稳定的配合物，降低溶液中 N 的游离浓度。此时 $\alpha_{Y(N)}=1+K_{NY}[N]=1+K_{NY}\dfrac{c_N^{sp}}{\alpha_{N(L)}}$，即 $c_N^{sp}K_{NY}$ 值降低至原来的 $\dfrac{1}{\alpha_{Y(L)}}$，可使 $\Delta\lg(cK)\geqslant5$，达到选择性滴定 M 的目的。

具体实施方法如下：

① 先加入配位掩蔽剂，再用EDTA滴定M。

如测定Al^{3+}和Zn^{2+}共存溶液中的Zn^{2+}时，可加入NH_4F与干扰离子Al^{3+}形成十分稳定的AlF_6^{3-}，从而消除Al^{3+}的干扰。又如测定水中Ca^{2+}、Mg^{2+}总量（即水的硬度）时，Fe^{3+}、Al^{3+}的存在干扰测定，在pH=10时加入三乙醇胺，可以掩蔽Fe^{3+}和Al^{3+}，消除其干扰。

② 先加入配位掩蔽剂L，使N生成NL后，用EDTA准确滴定M，再用X破坏NL，从NL中将N释放出来，以EDTA再准确滴定N。由于X起了消除掩蔽剂的作用，故称其为解蔽剂（demasking agent）。例如，某铜合金中Cu^{2+}、Zn^{2+}和Pb^{2+}三种金属离子共存，今欲测定其中的Zn^{2+}和Pb^{2+}。首先用氨水中和溶液，加入适量KCN试剂，使之生成$[Cu(CN)_4]^{2-}$和$[Zn(CN)_4]^{2-}$以掩蔽Cu^{2+}和Zn^{2+}，然后在pH=10.0时，加入铬黑T指示剂，用EDTA滴定Pb^{2+}。滴定后的溶液，加入解蔽剂甲醛后（也可以用三氯乙醛）破坏其中的配离子$[Zn(CN)_4]^{2-}$：

$$[Zn(CN)_4]^{2-} + 4HCHO + 4H_2O \rightleftharpoons Zn^{2+} + 4\underset{\text{羟基乙腈}}{H_2C(OH)—CN} + 4OH^-$$

释放出来的Zn^{2+}再用EDTA继续滴定。而$[Cu(CN)_4]^{2-}$配离子比较稳定，不易被醛类解蔽。但要注意甲醛应分次滴加，用量适当；如用量多且温度较高，也可以使配离子$[Cu(CN)_4]^{2-}$被部分破坏而影响Zn^{2+}的准确测定。

采用配位掩蔽法，在选择掩蔽剂时应注意如下几个问题。

a. 掩蔽剂与干扰离子形成的配合物应远比待测离子与EDTA形成的配合物稳定（即$\lg K'_{NL} \gg \lg K'_{MY}$），而且所形成的配合物应为无色或浅色。

b. 掩蔽剂与待测离子不发生配位反应或形成的配合物稳定性远小于待测离子与EDTA配合物的稳定性（即$\lg K'_{MY} \gg \lg K'_{ML}$）。

c. 掩蔽作用与滴定反应的pH条件大致相同。例如，在pH=8～10时测定Al^{3+}和Zn^{2+}共存溶液中的Zn^{2+}时，用铬黑T作指示剂，用NH_4F就可掩蔽Al^{3+}。但是在测定含有Ca^{2+}、Mg^{2+}和Al^{3+}溶液中的Ca^{2+}、Mg^{2+}总量时，于pH=10滴定，因为F^-与被测物Ca^{2+}会生成CaF_2沉淀，所以就不能用氟化物来掩蔽Al^{3+}。此外，选用掩蔽剂还要注意它的性质和加入时的pH条件。如KCN是剧毒物，只允许在碱性溶液中使用；若将它加入酸性溶液中，则产生剧毒的HCN呈气体逸出，对环境与人有严重危害；含有CN^-的废液必须加入过量$FeSO_4$，使之生成$Fe(CN)_6^{4-}$，以消除CN^-的毒性；抗坏血酸只能在酸性溶液中使用；而三乙醇胺仅能在碱性溶液中来掩蔽Fe^{3+}、Al^{3+}，但必须在酸性溶液中加入，然后再碱化，否则Fe^{3+}、Al^{3+}将水解生成氢氧化物沉淀而不能与三乙醇胺产生配位反应达到掩蔽的目的。

常见的配位掩蔽剂见表6-7。

表6-7　一些常见的配位掩蔽剂

名称	pH值范围	被掩蔽离子	备注
氰化钾	>8.0	Co^{2+},Ni^{2+},Cu^{2+},Hg^{2+},Cd^{2+},Ag^+,Ti^{2+}及铂系元素	

续表

名称	pH 值范围	被掩蔽离子	备注
氟化铵	4.0～6.0	Al^{3+}，Ti(Ⅳ)，Sn(Ⅳ)，Zn^{2+}，W(Ⅵ)等	NH_4F 比 NaF 好，加入后溶液 pH 变化不大
	10.0	Al^{3+}，Mg^{2+}，Ca^{2+}，Sr^{2+}，Ba^{2+} 及稀土	
邻二氮菲	5.0～6.0	Cu^{2+}，Co^{2+}，Ni^{2+}，Cd^{2+}，Mn^{2+}，Zn^{2+}，Hg^{2+}	
三乙醇胺（TEA）	10.0	Al^{3+}，Ti(Ⅳ)，Sn(Ⅳ)，Fe^{3+}	与 KCN 并用，可提高掩蔽效果
	11.0～12.0	Al^{3+}，Fe^{3+} 及少量 Mn^{2+}	
二巯基丙醇	10.0	Hg^{2+}，Cd^{2+}，Zn^{2+}，Bi^{3+}，Pb^{2+}，Ag^{+}，As^{3+}	
		Sn(Ⅳ)及少量 Cu^{2+}，Co^{2+}，Ni^{2+}，Fe^{3+}	
硫脲	弱酸性	Cu^{2+}，Hg^{2+}，Ti^{+}	
铜试剂(DDTC)		能与 Cu^{2+}，Hg^{2+}，Pb^{2+}，Cd^{2+}，Bi^{3+} 生成沉淀，其中 Cu-DDTC 为褐色，Bi-DDTC 为黄色，故其存在量分别应小于 2mg 和 10mg	
酒石酸	1.5～2.0	Sb^{3+}，Sn(Ⅳ)	
	5.5	Al^{3+}，Sn(Ⅳ)，Fe^{3+}，Ca^{2+}	在抗坏血酸存在下
	6.0～7.5	Mg^{2+}，Cu^{2+}，Fe^{3+}，Al^{3+}，Mo^{4+}	
	10.0	Al^{3+}，Sn(Ⅳ)，Fe^{3+}	
乙酰丙酮	5.0～6.0	Al^{3+}，Fe^{3+}	
柠檬酸	5.0～6.0	Al^{3+}，Fe^{3+}	
碘化物	弱酸性	Hg^{2+}，Cd^{2+}	

【例 6-19】 滴定含有 Al^{3+} 和 Zn^{2+} 的溶液中的 Zn^{2+} 时，两者的浓度均为 0.02000mol/L。若用 KF 掩蔽 Al^{3+}，并调节溶液 pH 值为 5.5。已知终点时 $[F^-]$ 为 0.1mol/L，问可否掩蔽 Al^{3+} 而准确滴定 Zn^{2+} （0.02000mol/L）？

解：查表得 $\lg K_{ZnY}=16.5$，$\lg K_{AlY}=16.3$；

pH=5.5 时 $\lg\alpha_{Y(H)}=5.51$，$\lg\alpha_{Zn(OH)}=0$。

$[F^-]=0.1\text{mol/L}$，$c_{Zn}^{sp}=c_{Al}^{sp}=0.01000\text{mol/L}$

AlF_6^{3-} 的 $\lg\beta_1\sim\lg\beta_6$ 为 6.1，11.15，15.00，17.7，19.4，19.7。

$$\begin{aligned}\alpha_{Al(F)}&=1+\beta_1[F^-]+\beta_2[F^-]^2+\beta_3[F^-]^3+\beta_4[F^-]^4+\beta_5[F^-]^5+\beta_6[F^-]^6\\&=1+10^{6.1}\times0.1+10^{11.15}\times0.1^2+10^{15.00}\times0.1^3+10^{17.7}\times0.1^4+10^{19.4}\times0.1^5+10^{19.7}\times0.1^6\\&=10^{14.55}\end{aligned}$$

忽略终点时 Al^{3+} 与 Y 的配位反应，则有

$$[Al^{3+}]=\frac{c_{Al}^{sp}}{\alpha_{Al(F)}}=\frac{0.01000}{10^{14.55}}=10^{-16.55}(\text{mol/L})$$

$$\alpha_{Y(Al)}=1+K_{AlY}[Al^{3+}]=1+10^{16.3}\times10^{-16.55}=1.6$$

$$\text{pH}=5.5\text{ 时},\alpha_{Y(H)}=10^{5.51}\gg\alpha_{Y(Al)}$$

显然此时 Al^{3+} 已经完全被掩蔽，对 Zn^{2+} 的滴定无干扰，$\alpha_Y=\alpha_{Y(H)}$

$$\lg K'_{ZnY}=\lg K_{ZnY}-\lg\alpha_Y=16.5-5.51=10.99$$

$\lg(c_{Zn}^{sp}K'_{ZnY})=-2.00+10.99=8.99>6$，所以 Zn^{2+} 能被准确滴定。

【例 6-20】 在 pH=5.5 时，用 0.02000mol/L EDTA 标准溶液滴定混合溶液，在滴定含有 Cd^{2+} 和 Zn^{2+} 的溶液中的 Zn^{2+} 时，两者的浓度均为 0.02000mol/L。若用 KI 掩蔽 Cd^{2+}，已知终点时 $[I^-]$ 为 1.0mol/L，问能否准确滴定 Zn^{2+}？

解： 查表得 $\lg K_{ZnY}=16.5$，$\lg K_{CdY}=16.46$

pH=5.5 时 $\lg\alpha_{Y(H)}=5.51$，$\lg\alpha_{Zn(OH)}=0$

$[I^-]=1.0mol/L$，$c_{Zn}^{sp}=c_{Cd}^{sp}=0.01000mol/L$

CdI_4^{2-} 的 $\lg\beta_1\sim\lg\beta_4$ 为 2.4，3.4，5.0，6.15

$$\alpha_{Cd(I)}=1+\beta_1[I^-]+\beta_2[I^-]^2+\beta_3[I^-]^3+\beta_4[I^-]^4$$

$$=1+10^{2.4}\times1.0+10^{3.4}\times1.0^2+10^{5.0}\times1.0^3+10^{6.15}\times1.0^4=10^{6.18}$$

忽略终点时 Cd^{2+} 与 Y 的配位反应，则有

$$[Cd^{2+}]=\frac{c_{Cd}^{sp}}{\alpha_{Cd(I)}}=\frac{0.01000}{10^{6.18}}=10^{-8.18}(mol/L)$$

$$\alpha_{Y(Cd)}=1+K_{CdY}[Cd^{2+}]=1+10^{16.46}\times10^{-8.18}=10^{8.28}$$

pH=5.5 时，$\alpha_{Y(H)}=10^{5.51}$　　$\alpha_{Y(Cd)}\gg\alpha_{Y(H)}$

显然酸效应已经可以忽略，此时 $\alpha_Y=\alpha_{Y(Cd)}$

$$\lg K'_{ZnY}=\lg K_{ZnY}-\lg\alpha_Y=16.5-8.28=8.22$$

$\lg(c_{Zn}^{sp}K'_{ZnY})=-2.00+8.22=6.22>6$，所以 Zn^{2+} 能被准确滴定。

(2) 氧化还原掩蔽法

氧化还原掩蔽法是加入一种氧化剂或还原剂改变干扰离子价态，以消除干扰。例如，锆铁矿中锆的滴定，由于 Zr^{4+} 和 Fe^{3+} 与 EDTA 配合物的稳定常数相差不够大（$\Delta\lg K=29.9-25.1=4.8$），$Fe^{3+}$ 干扰 Zr^{4+} 的滴定。此时可加入抗坏血酸或盐酸羟胺使 Fe^{3+} 还原为 Fe^{2+}，由于 $\lg K_{FeY^{2-}}=14.3$，比 K_{FeY^-} 小得多，因而避免了干扰。又如前面提到 pH=1 时测定 Bi^{3+} 不能使用三乙醇胺掩蔽 Fe^{3+}，此时同样可采用抗坏血酸或盐酸羟胺使 Fe^{3+} 还原为 Fe^{2+}，消除干扰。其他如滴定 Th^{4+}、In^{3+}、Hg^{2+} 时，也可用同样方法消除 Fe^{3+} 的干扰。

(3) 沉淀掩蔽法

沉淀掩蔽法是加入选择性沉淀剂与干扰离子形成沉淀，从而降低干扰离子的浓度，以消除干扰的一种方法。例如在 Ca^{2+}、Mg^{2+} 共存溶液中加入 NaOH，使 pH>12.0，生成 $Mg(OH)_2$ 沉淀，这时 EDTA 就可直接滴定 Ca^{2+}；另取一份试样在 pH=10.0，采用 EBT 指示剂，用 EDTA 滴定 Ca^{2+} 和 Mg^{2+} 的总量。

【例 6-21】 溶液中含 Ca^{2+}、Mg^{2+} 浓度均为 0.01000mol/L，用相同浓度 EDTA 标准滴定溶液滴定 Ca^{2+}，使溶液 pH 值调到 12，问：若要求 $E_t\leqslant\pm0.1\%$，Mg^{2+} 对滴定有无干扰？

解： 查表得 $\lg K_{CaY}=10.69$，$\lg K_{MgY}=8.69$。

pH=12 时，$\lg\alpha_{Y(H)}=0$；查表得 $K_{sp,Mg(OH)_2}=1.8\times10^{-11}$

$$[Mg^{2+}]=\frac{K_{sp,Mg(OH)_2}}{[OH^-]^2}=\frac{1.8\times10^{-11}}{(10^{-2})^2}=10^{-6.7}(mol/L)$$

$$\alpha_{Y(Mg)}=1+K_{MgY}[Mg^{2+}]=1+10^{8.69}\times10^{-6.7}=10^{1.99}$$

pH=12 时，$\alpha_{Y(H)}=1$，$\alpha_{Y(Mg)}\gg\alpha_{Y(H)}$，显然酸效应已经可以忽略，此时 $\alpha_Y=\alpha_{Y(Mg)}$

$$\lg K'_{CaY}=\lg K_{CaY}-\lg\alpha_Y=10.69-1.99=8.7$$

$$\lg(c_{Ca}^{sp}K'_{CaY})=-2.00+8.7=6.7>6$$

所以 Ca^{2+} 能被准确滴定。

用于沉淀掩蔽法的沉淀反应必须满足以下条件：

a. 生成的沉淀溶解度要足够小，使反应完全。

b. 生成的沉淀应是无色或浅色的致密沉淀，最好是晶型沉淀，对被测离子和指示剂吸附很弱。

在实际中，能满足以上条件的沉淀掩蔽剂不多。由于沉淀掩蔽法效率有时不高，共沉淀影响滴定的准确度，沉淀吸附指示剂影响终点观察，一些沉淀颜色深，或体积庞大，妨碍终点观察，因此沉淀掩蔽法应用较少。部分沉淀掩蔽剂见表 6-8。

表 6-8 部分沉淀掩蔽剂

掩蔽剂	被掩蔽离子	被测离子	pH 值	指示剂
氢氧化物	Mg^{2+}	Ca^{2+}	≥12	钙指示剂
KI	Cu^{2+}	Zn^{2+}	5.0～6.0	PAN
氟化物	Ba^{2+},Sr^{2+},Ca^{2+},Mg^{2+},Al^{3+}	Zn^{2+},Cd^{2+},Mn^{2+}	10.0	EBT
	Ti(Ⅳ)及稀土元素离子	Cu^{2+},Co^{2+},Ni^{2+}	10.0	紫脲酸铵
硫酸盐	Ba^{2+},Sr^{2+}	Ca^{2+},Mg^{2+}	10.0	EBT
硫化钠或铜试剂	Hg^{2+},Pb^{2+},Ba^{2+},Cu^{2+},Cd^{3+}	Ca^{2+},Mg^{2+}	10.0	EBT
$K_4[Fe(CN)_6]$	微量 Zn^{2+}	Pb^{2+}	5.0～6.0	二甲酚橙

3. 其他滴定剂的应用

氨羧配位剂的种类很多，除 EDTA 外还有不少种类氨羧配位剂，它们与金属离子形成的配位化合物的稳定性各具特点。选用不同的氨羧配位剂作为滴定剂，可以选择性地滴定某些离子。

(1) EGTA（乙二醇二乙醚二胺四乙酸）

EGTA 和 EDTA 与 Mg^{2+}、Ca^{2+}、Sr^{2+}、Ba^{2+} 所形成的配合物的 $\lg K$ 值比较如表 6-9 所示。

表 6-9 EGTA 和 EDTA 与 Mg^{2+}、Ca^{2+}、Sr^{2+}、Ba^{2+} 所形成的配合物的 lgK 值

$\lg K$ 值	Mg^{2+}	Ca^{2+}	Sr^{2+}	Ba^{2+}
$\lg K_{M\text{-}EGTA}$	5.2	11.0	8.5	8.4
$\lg K_{M\text{-}EDTA}$	8.7	10.7	8.6	7.6

可见，如果在大量 Mg^{2+} 存在下采用 EDTA 为滴定剂对 Ca^{2+} 进行滴定，则 Mg^{2+} 干扰严重。若用 EGTA 为滴定剂滴定，Mg^{2+} 的干扰就很小，这是因为 Mg^{2+} 与 EGTA 配合物的稳定性差，而 Ca^{2+} 与 EGTA 配合物的稳定性却很高。因此，测定 Ca^{2+}、Mg^{2+} 溶液中的 Ca^{2+}，选用 EGTA 作滴定剂选择性高于 EDTA。

(2) EDTP（乙二胺四丙酸）

EDTP 与金属离子形成的配合物的稳定性普遍比相应的 EDTA 配合物稳定性差，但 Cu-EDTP 除外，其稳定性仍很高。EDTP 和 EDTA 与 Cu^{2+}、Zn^{2+}、Cd^{2+}、Mn^{2+}、Mg^{2+} 所形成的配合物的 $\lg K$ 值比较如表 6-10 所示。

表 6-10　EDTP 和 EDTA 与 Cu^{2+}、Zn^{2+}、Cd^{2+}、Mn^{2+}、Mg^{2+} 所形成的配合物的 lg*K* 值

lg*K* 值	Cu^{2+}	Zn^{2+}	Cd^{2+}	Mn^{2+}	Mg^{2+}
$\lg K_{M\text{-}EDTP}$	15.4	7.8	6.0	4.7	1.8
$\lg K_{M\text{-}EDTA}$	18.8	16.5	16.5	14.0	8.7

因此，在一定的 pH 条件下用 EDTP 滴定 Cu^{2+}，则 Zn^{2+}、Cd^{2+}、Mn^{2+}、Mg^{2+} 不干扰。

(3) CyDTA

CyDTA 的最大特点就是滴定 Al^{3+} 时的速度特别快，且可在室温下进行滴定，故可作测定 Al^{3+} 的滴定剂。EDTA 用来滴定 Al^{3+} 时则需要返滴定，且需要煮沸，耗时较长。

若采用上述控制酸度、掩蔽干扰离子或选用其他滴定剂等方法仍不能消除干扰离子的影响，只有采用分离的方法除去干扰离子。

第五节　EDTA 标准滴定溶液的配制与标定

乙二胺四乙酸难溶于水，实际工作中通常用它的二钠盐（$Na_2H_2Y \cdot 2H_2O$）配制标准溶液。乙二胺四乙酸二钠盐是白色微晶粉末，易溶于水，经提纯后可作基准物质直接配制标准滴定溶液，但提纯方法较复杂。配制溶液时，由于蒸馏水的质量不高也会引入杂质，因此实验室中使用的标准滴定溶液一般采用间接法配制。

一、EDTA 标准滴定溶液的配制

1. 配制方法

常用的 EDTA 标准滴定溶液的浓度为 0.01～0.05mol/L。配制时，称取一定量（按所需浓度和体积计算）EDTA [$Na_2H_2Y \cdot 2H_2O$，$M(Na_2H_2Y \cdot 2H_2O)=372.2$g/mol]，用适量二次蒸馏水或去离子水溶解（必要时可加热），溶解后稀释至所需体积，并充分混匀，转移至试剂瓶中待标定。

EDTA 二钠盐溶液的 pH 值正常为 4.8，市售的试剂如果不纯，pH 值常小于 2，有时 pH 值小于 4。当室温较低时易析出难溶于水的乙二胺四乙酸，使溶液变浑浊，并且溶液的浓度也发生变化。因此配制溶液时可用 pH 试纸检查，若溶液 pH 值较低，可加几滴 0.1mol/L 的 NaOH 溶液，使溶液的 pH 值为 5～6.5，直至变清为止。

2. 蒸馏水质量

在配位滴定中，使用的蒸馏水质量是否符合要求（符合 GB/T 6682—2008 中“分析实验室用水规格”）十分重要。若配制溶液的蒸馏水中含有 Al^{3+}、Fe^{3+}、Cu^{2+} 等，会使指示剂封闭，影响终点观察；若蒸馏水中含有 Ca^{2+}、Mg^{2+}、Pb^{2+} 等，在滴定中会消耗一定量的 EDTA，对结果产生影响。因此在配位滴定中所用的蒸馏水一定要进行质量检查。为了

保证水的质量，常用二次蒸馏水或去离子水配制溶液。

3. EDTA溶液的贮存

配制好的EDTA溶液应贮存在聚乙烯塑料瓶或硬质玻璃瓶中。若贮存在软质玻璃瓶中，EDTA会不断地溶解玻璃中的Ca^{2+}、Mg^{2+}等离子，形成配合物，使其浓度不断降低。

二、 EDTA标准滴定溶液的标定

1. 标定EDTA常用的基准试剂

用于标定EDTA溶液的基准试剂很多，常用的基准试剂如表6-11所示，表6-11中所列的纯金属，如Bi、Cd、Cu、Zn、Mg、Ni、Pb等，要求纯度在99.99%以上。金属表面如有一层氧化膜，应先用酸洗去，再用水或乙醇洗涤，并在105℃烘干数分钟后再称量。金属氧化物或其盐类，如Bi_2O_3、$CaCO_3$、MgO、$MgSO_4 \cdot 7H_2O$、ZnO、$ZnSO_4$等试剂，在使用前应预先处理。

实验室中常用金属锌或氧化锌为基准物质，由于它们的摩尔质量不大，标定时通常采用“称大样”法，即先准确称取基准物质，溶解后定量转移至一定体积的容量瓶中配制，然后再移取一定量溶液标定。

2. 标定的条件

为了使测定结果具有较高的准确度，标定的条件与测定的条件应尽可能相同。在可能的情况下，最好选用被测元素的纯金属或化合物为基准物质。这是因为不同的金属离子ED-TA反应的完全程度不同，允许的酸度不同，因而对结果的影响也不同。如Al^{3+}与EDTA的反应，在过量EDTA存在下控制酸度并加热，配位率也只能达到99%左右，因此要准确测定Al^{3+}含量最好采用纯铝或含铝标样标定EDTA溶液，使误差抵消。又如，由实验用水中引入的杂质（如Ca^{2+}、Pb^{2+}）在不同条件下有不同影响，在碱性溶液中滴定时两者均会与EDTA配位，在酸性溶液中只有Pb^{2+}与EDTA配位，在强酸溶液中则两者均不与ED-TA配位。因此，若在相同酸度下标定和测定，这种影响就可以被抵消。

3. 标定方法

在pH＝4～12时Zn^{2+}均能与EDTA定量配位，多采用如下方法：

① 在pH＝10的NH_3-NH_4Cl缓冲溶液中，以铬黑T为指示剂，直接标定。

② 在pH＝5的六亚甲基四胺缓冲溶液中，以二甲酚橙为指示剂，直接标定。

表6-11 标定EDTA溶液的常用基准试剂

基准试剂	基准试剂处理	滴定条件		终点颜色变化
		pH值	指示剂	
铜片	稀HNO_3溶解，除去氧化膜，用水或无水乙醇充分洗涤，在105℃烘箱中烘3min，冷却后称量，以1∶1 HNO_3溶解，再以H_2SO_4蒸发除去NO_2	4.3（HAc-Ac^-缓冲溶液）	PAN	红→黄
铅	稀HNO_3溶解，除去氧化膜，用水或无水乙醇充分洗涤，在105℃烘箱中烘3min，冷却后称量，以1∶2 HNO_3溶解，加热除去NO_2	10（NH_3-NH_4^+缓冲溶液）	铬黑T	红→蓝
		5～6（六亚甲基四胺）	二甲酚橙	红→黄

续表

基准试剂	基准试剂处理	滴定条件		终点颜色变化
		pH 值	指示剂	
锌片	用 1∶5 HCl 溶解，除去氧化膜，用水或无水乙醇充分洗涤，在 105℃烘箱中烘 3min，冷却后称量，以 1∶1 HCl 溶解	10 （NH_3-NH_4^+ 缓冲溶液）	铬黑 T	红→蓝
		5～6 （六亚甲基四胺）	二甲酚橙	红→黄
$CaCO_3$	在 105℃烘箱中烘 120min，冷却后称量，以 1∶1 HCl 溶解	12.5～12.9（KOH） ≥12.5	甲基百里酚蓝 钙指示剂	蓝→灰 酒红→蓝
MgO	在 1000℃灼烧后，以 1∶1 HCl 溶解	10 （NH_3-NH_4^+ 缓冲溶液）	铬黑 T K-B	红→蓝

第六节　配位滴定方法及应用

在配位滴定中采用不同的滴定方法，可以扩大配位滴定的应用范围。配位滴定法中常用的滴定方法有以下几种。

一、直接滴定法

直接滴定法（表 6-12）是配位滴定中的基本方法。凡符合 $\lg(c_M K'_{MY}) \geqslant 6$ 且又有合适指示剂的金属离子都可以用直接滴定法进行滴定。这种方法是将试样处理成溶液后，加合适缓冲溶液调节至所需的酸度，再用 EDTA 直接滴定被测离子。在多数情况下，直接滴定法引入的误差较小，操作简便、快速。

可用下式表示滴定过程的等量关系：

$$n(M)=n(EDTA)$$

有以下任何一种情况，都不宜直接滴定：

① 待测离子与 EDTA 不形成配合物或形成的配合物不稳定。

② 待测离子与 EDTA 的配位反应很慢，如 Al^{3+}、Cr^{3+}、Zr^{3+} 等的配合物虽稳定，但在常温下反应进行得很慢。

③ 没有适当的指示剂，或金属离子对指示剂有严重的封闭或僵化现象。

④ 在滴定条件下，待测金属离子水解或生成沉淀，滴定过程中沉淀不易溶解，也不能用加入辅助配位剂的方法防止这种现象发生。

大多数金属离子都可采用直接滴定法。例如，测定钙、镁有多种方法，但以直接配位滴定法最为简便。钙、镁联合测定的方法是：先在 pH=10 的氨性溶液中，以铬黑 T 为指示剂，用 EDTA 进行滴定。由于 CaY 比 MgY 稳定，故先滴定的是 Ca^{2+}，但它们与铬黑 T 配位化合物的稳定性相反（$\lg K_{CaIn}=5.4$，$\lg K_{MgIn}=7.0$），因此当溶液由紫红色变为蓝色时，

表示 Mg^{2+} 已被定量滴定，此时 Ca^{2+} 早已定量反应，故由此测得的是 Ca^{2+}、Mg^{2+} 总量。另取同量试液，加入 NaOH 调节溶液酸度至 pH 值大于 12。此时镁以 $Mg(OH)_2$ 沉淀形式被掩蔽，选用钙指示剂，用 EDTA 滴定 Ca^{2+}。由前后两次测定之差即得到镁含量。

$$n(Ca^{2+}+Mg^{2+})=n(EDTA)_1$$

$$n(Ca^{2+})=n(EDTA)_2$$

$$n(Mg^{2+})= n(EDTA)_1-n(EDTA)_2$$

表 6-12　直接滴定法示例

金属离子	pH 值	指示剂	其他主要条件	终点颜色变化
Bi^{3+}	1	二甲酚橙	介质	紫红→黄
Ca^{2+}	12～13	钙指示剂		酒红→蓝
Cd^{2+},Fe^{2+},Pb^{2+},Zn^{2+}	5～6	二甲酚橙	六亚甲基四胺	紫红→黄
Co^{2+}	5～6	二甲酚橙	六亚甲基四胺,加热至 80℃	紫红→黄
Cd^{2+},Mg^{2+},Zn^{2+}	9～10	铬黑 T	氨性缓冲溶液	红→蓝
Cu^{2+}	2.5～10	PAN	加热或加乙醇	红→黄绿
Fe^{3+}	1.5～2.5	磺基水杨酸	加热	紫红→黄
Mn^{2+}	9～10	铬黑 T	氨性缓冲溶液,维生素 C 或盐酸羟胺或酒石酸	红→蓝
Ni^{2+}	9～10	紫脲酸铵	加热至 50～60℃	黄绿→紫红
Pb^{2+}	9～10	铬黑 T	氨性缓冲溶液加酒石酸,并加热至 40～70℃	红→蓝
Th^{2+}	1.7～3.5	二甲酚橙	介质	紫红→黄

二、返滴定法

返滴定法是在适当的酸度下，在试液中加入一定量且过量的 EDTA 标准滴定溶液，加热（或不加热）使待测离子与 EDTA 配位完全，然后调节溶液的 pH 值，加入指示剂，以适当的金属离子标准滴定溶液作为返滴定剂滴定过量的 EDTA。

返滴定法适用于如下一些情况：

① 被测离子与 EDTA 反应缓慢。

② 被测离子在滴定的 pH 值下会发生水解，又找不到合适的辅助配位剂。

③ 被测离子对指示剂有封闭作用，又找不到合适的指示剂。

可用下式表示滴定过程的等量关系：

$$n(M)=n(EDTA)- n(M)_{标}$$

例如，Al^{3+} 与 EDTA 配位反应速率缓慢，而且对二甲酚橙指示剂有封闭作用；酸度不高时，Al^{3+} 还易发生一系列水解反应，形成多种多核羟基配合物。因此 Al^{3+} 不能直接滴定。用返滴定法测定 Al^{3+} 时，先在试液中加入一定量并且过量的 EDTA 标准滴定溶液，调节 pH=3.5，煮沸以加速 Al^{3+} 与 EDTA 的反应（此时溶液的酸度较高，又有过量 EDTA 存在，Al^{3+} 不会形成羟基配合物）。冷却后，调节 pH 值至 5～6，以保证 Al^{3+} 与 EDTA 定量配位，然后以二甲酚橙为指示剂（此时 Al^{3+} 已形成 AlY，不再封闭指示剂），用 Zn^{2+} 标准滴定溶液滴定过量的 EDTA。

$$n(Al^{3+})=n(EDTA)-n(Zn^{2+})$$

返滴定法中用作返滴定剂的金属离子 N 与 EDTA 的配合物 NY 应有足够的稳定性，以保证测定的准确度。但 NY 又不能比待测离子 M 与 EDTA 的配合物 MY 更稳定，否则将发生下列反应（略去电荷），使测定结果偏低。

$$N+MY \rightleftharpoons NY+M$$

上例中 ZnY 虽比 AlY 稍稳定（$\lg K_{ZnY}=16.5$，$\lg K_{AlY}=16.1$），但因 Al^{3+} 与 EDTA 配位缓慢，一旦形成解离也慢，因此在滴定条件下 Zn^{2+} 不会把 AlY 中的 Al^{3+} 置换出来。但是，如果返滴定时温度较高，AlY 活性增大，就有可能发生置换反应，使终点难以确定。表 6-13 列出了常用作返滴定剂的部分金属离子及其滴定条件。

表 6-13　常用作返滴定剂的金属离子和滴定条件

待测金属离子	pH 值	返滴定剂	指示剂	终点颜色变化
Al^{3+}、Ni^{2+}	5～6	Zn^{2+}	二甲酚橙	黄→紫
Al^{3+}	5～6	Cu^{2+}	PAN	黄→蓝紫（或紫红）
Fe^{3+}	9	Zn^{2+}	铬黑 T	蓝→红
Hg^{2+}	10	Mg^{2+}，Zn^{2+}	铬黑 T	蓝→红
Sn^{4+}	2	Th^{4+}	二甲酚橙	黄→红

三、置换滴定法

配位滴定中用到的置换滴定有下列两类。

1. 置换出金属离子 M

例如，Ag^{+} 与 EDTA 形成的配合物不够稳定（$\lg K_{AgY}=7.3$），不能用 EDTA 直接滴定。若在 Ag^{+} 试液中加入过量的$[Ni(CN)_4]^{2-}$，则会发生如下置换反应

$$2Ag^{+}+[Ni(CN)_4]^{2-} \longrightarrow 2[Ag(CN)_2]^{-}+Ni^{2+}$$

此反应的平衡常数 $\lg K=10.9$，反应进行较完全。在 pH=10 的氨性溶液中，（因 $\lg K'_{NiY}=\lg K_{NiY}-\lg\alpha_{Y(H)}=18.60-0.45=18.15>8$）以紫脲酸铵为指示剂，用 EDTA 滴定置换出的 Ni^{2+}，即可求得 Ag^{+} 含量。

$$n(Ag^{+})=n\left(\frac{1}{2}Ni^{2+}\right)=n\left(\frac{1}{2}EDTA\right)=\frac{c(EDTA)V_{EDTA}}{2}$$

要测定银币试样中的银与铜，通常的做法是：先将试样溶于硝酸，然后加入氨调溶液的 pH=8，（因 $\lg K'_{CuY}=\lg K_{CuY}-\lg\alpha_{Y(H)}=18.80-2.27=16.53$）以紫脲酸铵为指示剂，用 EDTA 滴定 Cu^{2+}，再加入过量的 $[Ni(CN)_4]^{2-}$ 用置换滴定法测 Ag^{+}。

$$n(Cu^{2+})=n(EDTA)_1$$

$$n(Ag^{+})=n\left(\frac{1}{2}Ni^{2+}\right)=n\left(\frac{1}{2}EDTA\right)_2=\frac{c(EDTA)V_{EDTA2}}{2}$$

紫脲酸铵是配位滴定 Ca^{2+}、Ni^{2+}、Co^{2+} 和 Cu^{2+} 的一个经典指示剂，在强氨性溶液中

滴定 Ni^{2+} 时，溶液由配合物的紫色变为指示剂的黄色，变色敏锐。由于 Cu^{2+} 与指示剂的稳定性差，只能在弱氨性溶液中滴定。

2. 置换出 EDTA

用返滴定法测定可能含有铜、铅、锌、铁等杂质离子的某复杂试样中的 Al^{3+} 时，实际测得的是这些离子的总量。为了得到准确的 Al^{3+} 量，在返滴定至终点后，加入 NH_4F（或 NaF）与溶液中的 AlY^- 反应，生成更稳定的 AlF_6^{3-}，置换出与 Al^{3+} 相当量的 EDTA。

$$AlY^- + 6F^- + 2H^+ \longrightarrow AlF_6^{3-} + H_2Y^{2-}$$

置换出的 EDTA 再用 Zn^{2+} 标准滴定溶液滴定，由此可得 Al^{3+} 的准确含量。

$$n(Al^{3+}) = n(EDTA)_{置换出} = n(Zn^{2+})$$

锡的测定也常用此法。如测定锡-铅焊料中锡、铅含量，试样溶解后加入一定量并过量的 EDTA，煮沸，冷却后用六亚甲基四胺调节溶液 pH 值至 5～6，以二甲酚橙作指示剂，用 Pb^{2+} 标准滴定溶液滴定 Sn^{4+} 和 Pb^{2+} 的总量。然后再加入过量的 NH_4F，置换出 SnY 中的 EDTA，再用 Pb^{2+} 标准滴定溶液滴定，即可求得 Sn^{4+} 的含量。

$$n(Pb^{2+}+Sn^{4+}) = n(EDTA) - n(Pb^{2+})_{标1} = c(EDTA)V_{EDTA} - n(Pb^{2+})_{标} V_1$$

$$n(Sn^{4+}) = n(EDTA)_{置换出} = n(Pb^{2+})_{标2} = n(Pb^{2+})_{标} V_2$$

$$n(Pb^{2+}) = n(Pb^{2+}+Sn^{4+}) - n(Sn^{4+}) = c(EDTA)V_{EDTA} - n(Pb^{2+})_{标}(V_1+V_2)$$

置换滴定法不仅能扩大配位滴定法的应用范围，还可以提高配位滴定法的选择性。

四、间接滴定法

有些离子和 EDTA 生成的配合物不稳定，如 Na^+、K^+ 等阳离子；有些离子和 EDTA 不配位，如 SO_4^{2-}、PO_4^{3-}、CN^-、Cl^- 等阴离子。这些离子可采用间接滴定法测定。表 6-14 列出了常用的部分离子的间接滴定法，以供参考。

表 6-14　常用的部分离子的间接滴定法

待测离子	主要步骤
K^+	沉淀为 $K_2Na[Co(NO_2)_6]\cdot 6H_2O$，经过滤、洗涤、溶解后测出其中的 Co^{3+}
Na^+	沉淀为 $NaZn(UO_2)_3Ac_9 \cdot 9H_2O$
PO_4^{3-}	沉淀为 $MgNH_4PO_4 \cdot 6H_2O$，沉淀经过滤、洗涤、溶解，测定其中的 Mg^{2+}，或测定滤液中过量的 Mg^{2+}
S^{2-}	沉淀为 CuS，测定滤液中过量的 Cu^{2+}
SO_4^{2-}	沉淀为 $BaSO_4$，测定滤液中过量的 Ba^{2+}，用 MgY-铬黑 T 作指示剂
CN^-	加一定量并过量的 Ni^{2+}，使形成 $Ni(CN)_4^{2-}$，测定过量的 Ni^{2+}
Cl^-、Br^-、I^-	沉淀为卤化银，过滤，滤液中过量的 Ag^+ 与 $Ni(CN)_4^{2-}$ 置换，测定置换出的 Ni^{2+}

如：

$$n(K^+) = n\left(\frac{1}{2}Co^{3+}\right) = n\left(\frac{1}{2}EDTA\right) = \frac{c(EDTA)V_{EDTA}}{2}$$

$$n(SO_4^{2-}) = n(Ba^{2+}) - n(EDTA)$$

$$n(CN^-)=n\left(\frac{1}{4}Ni^{2+}\right)-n\left(\frac{1}{4}EDTA\right)=\frac{c(Ni^{2+})V(Ni^{2+})-c(EDTA)V_{EDTA}}{4}$$

习　题

1. 将 0.020mol/L EDTA 溶液与 0.010mol/L 的 Mg^{2+} 溶液等体积混合后，调节 pH=9.6，求此时未配位的 Mg^{2+} 浓度。

2. 计算 pH=9.26 时 EDTA 的酸效应系数 $\alpha_{Y(H)}$ 和 $\lg\alpha_{Y(H)}$ 的值，并指出此时未与金属离子配位的 EDTA 的主要型体。

3. 计算 pH 值为 2.0 和 5.0 时的 $\lg K'_{ZnY}$。

4. 假设 Mg^{2+} 和 EDTA 的浓度均为 10^{-2}mol/L，在 pH=6.0 时，Mg^{2+} 与 EDTA 配合物的条件稳定常数是多少（不考虑羟基配位等副反应）？并说明在此条件下能否用 EDTA 标准溶液准确滴定 Mg^{2+}。如不能准确滴定，求其允许的最小 pH 值。

5. 计算用 2.00×10^{-2}mol/L EDTA 标准溶液滴定同浓度的 Cu^{2+} 溶液时的适宜 pH 值范围。

6. 用配位滴定法测定氯化锌的含量。称取 0.2500g 试样，溶于水后稀释至 250.0mL，吸取 25.00mL，在 pH=5.0～6.0 时，用二甲酚橙作指示剂，用 0.01024mol/L EDTA 标准溶液滴定，用去 17.61mL。计算试样中含氯化锌的质量分数。

7. 滴定血清钙时，取血清 2.00mL 置于离心管中，加 5%三氯乙酸 8mL（用于沉淀血清中的蛋白质），搅拌均匀，离心。准确吸取上清液 5.00mL 移入 50mL 锥形瓶中，滴加 5%的 NaOH 溶液至碱性，再加 5%的 NaOH 溶液 2mL 及适量钙指示剂，用 0.00500mol/L EDTA 标准溶液滴定至终点。用去 0.52mL EDTA，求血清中钙的含量，以 mg/100mL 表示。

8. 今有一水样，取 100.0mL 一份，调节溶液的 pH=10.0，以铬黑 T 为指示剂，用 0.01000mol/L EDTA 标准溶液滴定至终点，用去 25.40mL；另取一份 100.0mL 水样，加 10% NaOH 溶液调节溶液的 pH=12.5，用钙指示剂指示终点，用 0.01000mol/L EDTA 标准溶液滴定至终点，用去 14.25mL；求每升水样中所含 Ca 和 Mg 的质量（以 mg 计）。

9. 测定奶粉中的 Ca 含量，称取 2.500g 试样，经灰化处理，制备为试液，然后用 EDTA 标准溶液滴定消耗了 25.10mL。称取 0.6256g 高纯锌，用稀 HCl 溶液溶解后，定容为 1.000L。吸取 20.00mL，用上述 EDTA 标准溶液滴定消耗了 21.60mL。求奶粉中的 Ca 含量（以 mg/g 表示）。

10. 称取干燥的 $Al(OH)_3$ 凝胶 0.3986g，于 250mL 容量瓶中溶解后稀释至刻度，吸取 25.00mL，精确加入 0.05140mol/L EDTA 标准溶液 25.00mL，过量的

EDTA 标准溶液用 0.04998mol/L Zn^{2+} 标准溶液回滴，用去 15.02mL，求样品中 Al_2O_3 的含量。

11. 分析铜锌镁合金时，称取试样 0.5000g，溶解后定容于 100mL 容量瓶中，移取试液 20.00mL，调至 pH＝6.0 时，用 PAN 作指示剂，用 29.90mL 0.05000mol/L EDTA 标准溶液滴定 Cu^{2+} 和 Zn^{2+}。另取同量试液调至 pH＝10.0，加 KCN 掩蔽 Cu^{2+} 和 Zn^{2+} 后，用 3.15mL 的同浓度的 EDTA 标准溶液滴定 Mg^{2+}，然后再滴加甲醛解蔽 Zn^{2+}，又用上述 EDTA 标准溶液 10.75mL 滴定至终点。计算试样中铜、锌、镁的质量分数。

12. 称取含 Bi、Pb、Cd 的合金试样 1.936g，用 HNO_3 溶解并定容至 100.0mL。移取 25.00mL 试液于 250mL 锥形瓶中，调节 pH＝1.0，以二甲酚橙为指示剂，用 0.02479mol/L EDTA 标准溶液滴定，消耗 25.67mL；然后用六亚甲基四胺缓冲溶液将 pH 值调至 5.0，再以上述 EDTA 标准溶液滴定，消耗 EDTA 标准溶液 24.76mL；加入邻二氮菲，置换出 EDTA 配合物中的 Cd^{2+}，用 0.02174mol/L $Pb(NO_3)_2$ 标准溶液滴定游离 EDTA，消耗 6.76mL。计算此合金试样中 Bi、Pb、Cd 的质量分数。

13. 称取苯巴比妥钠（$C_{12}H_{11}N_2O_3Na$，M_r＝254.2g/mol）试样 0.2014g 于稀碱溶液中，加热（60℃），使之溶解，冷却，用乙酸酸化后转移至 250mL 容量瓶中，加入 25.00mL 0.03000mol/L $Hg(ClO_4)_2$ 标准溶液，稀释至刻度，放置待下述反应完全：$Hg^{2+} + 2C_{12}H_{11}N_2O_3^- = Hg(C_{12}H_{11}N_2O_3)_2\downarrow$，过滤弃去沉淀，滤液用干烧杯盛接。移取 25.00mL 滤液，加入 10mL 0.01mol/L MgY 溶液，释放出的 Mg^{2+} 在 pH＝10.0 时以 EBT 为指示剂，用 1.00×10^{-2}mol/L EDTA 标准溶液滴定，至终点时消耗 3.60mL。计算试样中苯巴比妥钠的质量分数。

参考答案

第七章

氧化还原滴定法

氧化还原滴定法是以溶液中氧化剂和还原剂之间的电子转移为基础的一种滴定分析方法。其特点是反应机理比较复杂。在氧化还原反应中，除了主反应外，还经常伴有各种副反应，且介质对反应也有很大的影响。因此，我们讨论氧化还原反应时，除了从平衡观点判断反应的可能性外，还应该考虑各种反应条件及滴定条件对氧化还原反应的影响，因此在氧化还原反应中要根据不同情况选择适当的反应及滴定条件。

与酸碱滴定法和配位滴定法相比较，氧化还原滴定法应用非常广泛，它不仅可用于无机分析，而且也可广泛用于有机分析，许多具有氧化性或还原性的有机化合物可以用氧化还原滴定法来加以测定。也可以用来间接测定一些能与氧化剂或还原剂发生定量反应的物质。

根据所用氧化剂或还原剂的不同，可以将氧化还原滴定法分为多种。常用的有高锰酸钾法、重铬酸钾法、碘量法及溴酸盐法等。

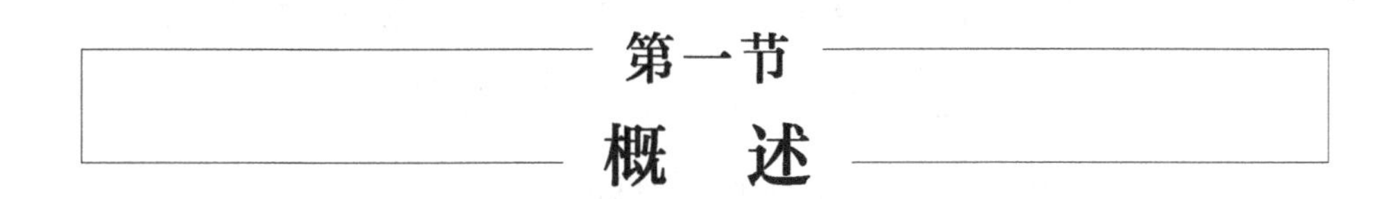

第一节 概 述

一、氧化还原滴定法特点

氧化还原滴定法是基于溶液中氧化剂和还原剂之间电子转移进行反应的一种分析方法。在酸碱反应中，质子交换和酸碱共轭对相对应。与此类似，在氧化还原反应中，电子转移和氧化还原共轭相对应。

$$\text{Ox(氧化态)} + n\text{e}^- \longrightarrow \text{Red(还原态)}$$

这里 Ox 是一个电子接受体，即氧化剂；Red 是一个电子给予体，即还原剂。

氧化还原滴定法较其他滴定分析方法有如下不同的特点。

① 氧化还原反应的机理较复杂，副反应多，因此与化学计量有关的问题更复杂。

② 氧化还原反应比其他所有类型的反应速率都慢。

对反应速率相对快一些且化学计量关系已知的反应而言，如若没有其他复杂的因素存在，一般认为一个化学计量的反应可由两个可逆的半反应得来：

$$Ox_2 + n_2e^- \longrightarrow \underset{试样}{Red_2}$$

$$\underset{滴定剂}{Ox_1} + n_1e^- \longrightarrow Red_1$$

将两式合并 $$n_2Ox_1 + n_1Red_2 \longrightarrow n_2Red_1 + n_1Ox_2$$

滴定中的任何一点，即每加入一定量的滴定剂，当反应达到平衡时，两个体系的电极电位相等。

③ 氧化还原滴定可以用氧化剂作滴定剂，也可用还原剂作滴定剂，因此有多种方法。

④ 氧化还原滴定法主要用于测定氧化剂或还原剂，也可以用于测定不具有氧化性或还原性的金属离子或阴离子，所以应用范围较广。

二、条件电极电位

1. 标准电极电位

各种不同的氧化剂的氧化能力和还原剂的还原能力是不相同的，其氧化还原能力的大小可以用电极电位衡量。对于任何一个氧化还原电对的半反应为

$$Ox(氧化态) + ne^- \longrightarrow Red(还原态)$$

氧化还原电对粗略地分为可逆的和不可逆的两大类。可逆电对［如 Fe^{3+}/Fe^{2+}、I_2/I^-、$Fe(CN)_6^{3-}/Fe(CN)_6^{4-}$ 等］在氧化还原反应的任一瞬间，都能迅速地建立起氧化还原平衡，其电极电位基本符合能斯特方程计算出的理论电极电位。不可逆电对（MnO_4^-/Mn^{2+}、$Cr_2O_7^{2-}/Cr^{3+}$、$S_4O_6^{2-}/S_2O_3^{2-}$、$CO_2/C_2O_4^{2-}$、O_2/H_2O_2、H_2O_2/H_2O 等）则不能在氧化还原反应的任一瞬间立即建立起符合能斯特方程的平衡，实际电极电位与理论电极电位相差较大。如果上述氧化还原半反应是可逆的，则其电极电位 φ 的大小符合能斯特方程式：

当达到平衡时，其电极电位与氧化态、还原态之间的关系遵循能斯特方程：

$$\varphi(Ox/Red) = \varphi^{\ominus}(Ox/Red) + \frac{RT}{nF}\ln\frac{a_{Ox}}{a_{Red}} \tag{7-1}$$

式中 $\varphi^{\ominus}(Ox/Red)$——电对 Ox/Red 的标准电极电位；

a_{Ox}，a_{Red}——电对氧化态和还原态的活度；

R——气体常数，8.314J/(mol·K)；

T——绝对温度，K；

F——法拉第常数，96485C/mol；

n——电极反应中转移的电子数。

将以上常数代入式(7-1)，并取常用对数，于 25℃时得

$$\varphi(Ox/Red) = \varphi^{\ominus}(Ox/Red) + \frac{0.059V}{n}\lg\frac{a_{Ox}}{a_{Red}} \tag{7-2}$$

可见，在一定温度下，电对的电极电位与氧化态和还原态的活度有关。

当 $a_{Ox} = a_{Red} = 1mol/L$ 时

$$\varphi(Ox/Red) = \varphi^{\ominus}(Ox/Red) \tag{7-3}$$

因此，$\varphi^{\ominus}$标准电极电位是指在一定的温度下（通常为 25℃），当 $a_{Ox} = a_{Red} = 1mol/L$ 时（若反应物有气体参加，则其分压等于 100kPa）的电极电位。

电对的电位值越高，其氧化态的氧化能力越强；电对的电位值越低，其还原态的还原能力越强。

2. 条件电极电位

实际应用中，通常知道的是物质在溶液中的浓度，而不是其活度。为简化起见，常常忽略溶液中离子强度的影响，用浓度值代替活度值进行计算。但是只有在浓度极稀时这种处理方法才是正确的，当浓度较大，尤其是高价离子参与电极反应时，或有其他强电解质存在下，计算结果就会与实际测定值发生较大偏差。

对于氧化还原半反应：

$$Fe^{3+}+e^{-}\rightleftharpoons Fe^{2+}$$

25℃时其电极电位为

$$\begin{aligned}\varphi(Fe^{3+}/Fe^{2+})&=\varphi^{\ominus}(Fe^{3+}/Fe^{2+})+0.059V\lg\frac{a_{Fe^{3+}}}{a_{Fe^{2+}}}\\&=\varphi^{\ominus}(Fe^{3+}/Fe^{2+})+0.059V\lg\frac{\gamma_{Fe^{3+}}[Fe^{3+}]}{\gamma_{Fe^{2+}}[Fe^{2+}]}\end{aligned}\tag{7-4}$$

溶液中的铁不仅以游离态形式存在，例如在HCl溶液中，除Fe^{2+}、Fe^{3+}之外，还存在$FeOH^{+}$、$FeCl^{+}$、$FeCl_2$、$FeOH^{2+}$、$FeCl^{2+}$等，如果用$c_{Fe(Ⅱ)}$和$c_{Fe(Ⅲ)}$分别表示溶液中二价铁和三价铁的总浓度，那么

$$c_{Fe(Ⅲ)}=[Fe^{3+}]+[FeOH^{2+}]+[FeCl^{2+}]+\cdots$$

$$c_{Fe(Ⅱ)}=[Fe^{2+}]+[FeOH^{+}]+[FeCl^{+}]+\cdots$$

令

$$\alpha_{Fe(Ⅲ)}=\frac{c_{Fe(Ⅲ)}}{[Fe^{3+}]}\tag{7-5}$$

则$\alpha_{Fe(Ⅲ)}$为Fe^{3+}的副反应系数，在Fe(Ⅲ)所有型体中型体分布系数的倒数$\alpha_{Fe(Ⅲ)}=\frac{1}{\delta_{Fe(Ⅲ)}}$。

同理

$$\alpha_{Fe(Ⅱ)}=\frac{c_{Fe(Ⅱ)}}{[Fe^{2+}]}\tag{7-6}$$

将式(7-5)和式(7-6)代入式(7-4)得

$$\varphi(Fe^{3+}/Fe^{2+})=\varphi^{\ominus}(Fe^{3+}/Fe^{2+})+0.059V\lg\frac{\gamma_{Fe^{3+}}\alpha_{Fe(Ⅱ)}c_{Fe(Ⅲ)}}{\gamma_{Fe^{2+}}\alpha_{Fe(Ⅲ)}c_{Fe(Ⅱ)}}\tag{7-7}$$

当溶液的离子浓度较大时，γ值不易求得；当副反应很多时，求α值也很麻烦。所以式(7-7)计算很复杂，把该式展开得

$$\varphi(Fe^{3+}/Fe^{2+})=\varphi^{\ominus}(Fe^{3+}/Fe^{2+})+0.059V\lg\frac{\gamma_{Fe^{3+}}\alpha_{Fe(Ⅱ)}}{\gamma_{Fe^{2+}}\alpha_{Fe(Ⅲ)}}+0.059V\lg\frac{c_{Fe(Ⅲ)}}{c_{Fe(Ⅱ)}}\tag{7-8}$$

当$c_{Fe(Ⅱ)}=c_{Fe(Ⅲ)}=1mol/L$时，有

$$\varphi(Fe^{3+}/Fe^{2+})=\varphi^{\ominus}(Fe^{3+}/Fe^{2+})+0.059V\lg\frac{\gamma_{Fe^{3+}}\alpha_{Fe(Ⅱ)}}{\gamma_{Fe^{2+}}\alpha_{Fe(Ⅲ)}}$$

在条件一定时，式中α和γ为定值，所以此式的值为常数，用条件电极电位（conditional electrode potential）$\varphi^{\ominus\prime}$来表示

$$\varphi^{\ominus\prime}(Fe^{3+}/Fe^{2+})=\varphi^{\ominus}(Fe^{3+}/Fe^{2+})+0.059V\lg\frac{\gamma_{Fe^{3+}}\alpha_{Fe(II)}}{\gamma_{Fe^{2+}}\alpha_{Fe(III)}}$$

此时式(7-8) 变为

$$\varphi(Fe^{3+}/Fe^{2+})=\varphi^{\ominus\prime}(Fe^{3+}/Fe^{2+})+0.059V\lg\frac{c_{Fe(III)}}{c_{Fe(II)}}$$

推广到一般情况，某氧化还原电对的条件电位是指在某一特定条件下，电对的氧化态的总浓度和还原态的总浓度（或分析浓度）均为 1mol/L 时的实际电极电位，它在条件不变时为一常数。25℃时能斯特方程式可以表示为

$$\varphi(Ox/Red)=\varphi^{\ominus\prime}(Ox/Red)+\frac{0.059V}{n}\lg\frac{c_{Ox}}{c_{Red}} \tag{7-9}$$

$$\varphi^{\ominus\prime}(Ox/Red)=\varphi^{\ominus}(Ox/Red)+\frac{0.059V}{n}\lg\frac{\gamma_{Ox}\alpha_{Red}}{\gamma_{Red}\alpha_{Ox}} \tag{7-10}$$

在此，标准电极电位 $\varphi^{\ominus}$与条件电极电位 $\varphi^{\ominus\prime}$的关系，如同稳定常数 K 和条件稳定常数 K'之间的关系。条件电极电位反映了离子强度与各种副反应影响的总结果，应用条件电极电位比用标准电极电位更能准确地判断氧化还原反应的方向、次序和反应完全的程度，这样处理问题既简便又与实际情况比较相符。

3. 影响条件电位的因素

影响电对的条件电位的主要因素是离子强度和各种副反应（包括在溶液中可能发生的配位、沉淀、酸效应等各种副反应)。

(1) 离子强度

从条件电位的定义式(7-10) 可以看出，活度系数 γ 是 $\varphi^{\ominus\prime}$的影响因素之一，活度系数 γ 又取决于溶液离子强度。当离子强度不同时，同一电对的 $\varphi^{\ominus\prime}$就不同。在氧化还原反应中，溶液的离子强度一般均比较大，故以离子形态存在的电对的氧化态或还原态的活度系数往往小于 1，其条件电极电位与标准电极电位相差较大。由于活度系数往往不易计算，而各种副反应等外界条件的影响通常是主要因素，所以一般可忽略离子强度对条件电位的影响，即近似认为各组分或型体的活度系数均等于 1，以相应的平衡浓度代替活度进行计算。

(2) 生成沉淀的影响

在氧化还原反应中，加入一种可与氧化态或还原态形成沉淀的沉淀剂，将会改变氧化态或还原态的浓度，从而改变体系的电极电位。若氧化态产生沉淀时电对的电极电位降低，而还原态产生沉淀时电对的电极电位升高。因而就有可能影响反应进行的方向。

例如，用氧化还原滴定法中的碘量法测定 Cu^{2+} 含量时，利用反应：

$$2Cu^{2+}+4I^{-}\longrightarrow 2CuI\downarrow+I_2$$

$$I_2+2S_2O_3^{2-}\longrightarrow S_4O_6^{2-}+2I^{-}$$

若从标准电极电位 $\varphi^{\ominus}(Cu^{2+}/Cu^{+})=0.16V$，$\varphi^{\ominus}(I_2/I^{-})=0.54V$ 判断，似乎应当是 I_2 氧化 Cu^{+}，即反应向左进行；而事实上却是 Cu^{2+} 氧化 I^{-}，反应向右进行。原因即在于生成了溶解度很小的 CuI 沉淀，溶液中的 $[Cu^{+}]$ 变得很小，使 $\varphi(Cu^{2+}/Cu^{+})>\varphi(I_2/I^{-})$，从而使反应可以正向进行。

【例 7-1】 计算 $[I^{-}]$ 浓度为 1.5mol/L 的条件下，$\varphi(Cu^{2+}/Cu^{+})$ 电对的条件电极电位

(忽略离子强度影响)。已知 $\varphi^{\ominus}(Cu^{2+}/Cu^{+})=0.16V$，$K_{sp,CuI}=1.1\times10^{-12}$。

解：依据能斯特方程式

$$\begin{aligned}\varphi(Cu^{2+}/Cu^{+})&=\varphi^{\ominus}(Cu^{2+}/Cu^{+})+0.059V\ \lg\frac{[Cu^{2+}]}{[Cu^{+}]}\\&=\varphi^{\ominus}(Cu^{2+}/Cu^{+})+0.059V\ \lg\frac{[Cu^{2+}]}{K_{sp,CuI}/[I^{-}]}\\&=\varphi^{\ominus}(Cu^{2+}/Cu^{+})+0.059V\ \lg\frac{[Cu^{2+}][I^{-}]}{K_{sp,CuI}}\\&=\varphi^{\ominus}(Cu^{2+}/Cu^{+})-0.059V\ \lg K_{sp,CuI}+0.059V\ \lg[Cu^{2+}]+0.059\lg[I^{-}]\end{aligned}$$

因 Cu^{2+} 没有副反应发生，故 $[Cu^{2+}]=c(Cu^{2+})$，当 $c(Cu^{2+})=1mol/L$ 时，体系的电位即为该电对的条件电极电位 $\varphi^{\ominus\prime}(Cu^{2+}/Cu^{+})$。

$$\begin{aligned}\varphi^{\ominus\prime}(Cu^{2+}/Cu^{+})&=\varphi^{\ominus}(Cu^{2+}/Cu^{+})-0.059V\ \lg K_{sp,CuI}+0.059V\ \lg[I^{-}]\\&=0.16V-0.059V\ \lg(1.1\times10^{-12})+0.059V\ \lg1.5=0.88V\end{aligned}$$

从上例可知，由于生成溶解度很小的 CuI 沉淀，使溶液中 Cu^{+} 浓度大为降低，Cu^{2+}/Cu^{+} 电对的电极电位由+0.16V 增高至 0.88V，比 0.54V 大得多，所以 Cu^{2+} 可以氧化 I^{-}，而且反应进行得很完全。

(3) 生成配合物的影响

溶液中常有多种阴离子存在，它们常能与氧化态和还原态形成不同配合物，从而引起电极电位的改变。氧化态形成配合物越稳定，其游离状态浓度越低，电极电位降低得越低（或氧化态和还原态都能形成配合物时，氧化态配合物较还原态配合物更稳定）。相反，还原态形成配合物越稳定，电位值升得越高（或氧化态和还原态都能形成配合物时，还原态配合物较氧化态配合物更稳定）。例如用碘量法测 Cu^{2+} 的含量时，如果试样中含有 Fe^{3+}，它将与 Cu^{2+} 一起氧化 I^{-}，从而干扰 Cu^{2+} 的测定。如果在试液中加入 F^{-}，F^{-} 与氧化态 Fe^{3+} 形成稳定的铁氟配合物，干扰就消除了。

【例 7-2】 计算溶液中 $c(Fe^{3+})=0.1mol/L$，$c(Fe^{2+})=1.0\times10^{-5}mol/L$，游离态 F^{-} 浓度为 1mol/L 的 $\varphi^{\ominus\prime}(Fe^{3+}/Fe^{2+})$ 的电极电位值（忽略离子强度的影响）。

解：查表得铁氟配合物的累积稳定常数分别为：

$$\beta_1=1.9\times10^{5},\beta_2=2.2\times10^{9},\beta_3=1.2\times10^{12}$$

$$\begin{aligned}\alpha_{Fe(F)}&=1+\beta_1[F^{-}]+\beta_2[F^{-}]^2+\beta_3[F^{-}]^3\\&=1+1.9\times10^{5}\times1+2.2\times10^{9}\times1^2+1.2\times10^{12}\times1^3\approx1.2\times10^{12}\end{aligned}$$

$$[Fe^{3+}]=\frac{c(Fe^{3+})}{\alpha_{Fe(F)}}=\frac{0.1}{1.2\times10^{12}}mol/L=8.3\times10^{-14}mol/L$$

所以

$$\begin{aligned}\varphi^{\ominus\prime}(Fe^{3+}/Fe^{2+})&=\varphi(Fe^{3+}/Fe^{2+})=\varphi^{\ominus}(Fe^{3+}/Fe^{2+})+0.059V\ \lg\frac{[Fe^{3+}]}{[Fe^{2+}]}\\&=0.77V+0.059V\ \lg\frac{8.3\times10^{-14}}{1.0\times10^{-5}}=+0.29V\end{aligned}$$

计算结果说明，加入 F^{-} 后（Fe^{3+} 与 F^{-} 形成稳定的配合物），导致 $\varphi(Fe^{3+}/Fe^{2+})$ 的电位由+0.77V 降低到+0.29V，小于+0.54V。这样 Fe^{3+} 不能氧化 I^{-}，从而消除了 Fe^{3+} 的干扰。

4. 溶液酸度

有些氧化剂的氧化作用必须在酸性溶液中才能发生，而且酸性越强，其氧化能力往往越强，如 $KMnO_4$、$K_2Cr_2O_7$ 和 $(NH_4)_2S_2O_8$ 等。许多有 H^+ 或 OH^- 参加的氧化还原反应，溶液的酸度将直接影响其电位。此外，溶液的酸度会影响弱酸及弱碱存在型体的浓度，若电对的氧化态或还原态是弱酸或弱碱，当溶液的酸度发生变化时，也将影响其电位的大小，因而就有可能改变反应进行的方向。

例如对于反应： $H_3AsO_4+2I^-+2H^+ \rightleftharpoons HAsO_2+I_2+H_2O$

有关电对的标准电极电位分别为：$\varphi^{\ominus}(H_3AsO_4/HAsO_2)=0.56V$，$\varphi^{\ominus}(I_2/I^-)=0.54V$，二者相差不大。其中 I_2/I^- 电对的电位与溶液的酸度基本无关，而 $H_3AsO_4/HAsO_2$ 电对的电位则受酸度的影响很大。因此该反应进行的方向也必然受到溶液酸度的很多影响。只有在强酸性条件下，例如 $[H^+]=1.0mol/L$ 时，反应才向右进行；而酸度降低时反应将向左进行，在碘量法中常用此原理测 As(Ⅲ)。

【例 7-3】 碘量法的重要反应。

$$H_3AsO_4+2I^-+2H^+ \rightleftharpoons HAsO_2+I_2+2H_2O$$

求 pH=8.0 时，$NaHCO_3$ 溶液中的条件电极电位 $\varphi^{\ominus\prime}(H_3AsO_4/HAsO_2)$，判断反应进行的方向（忽略离子强度的影响）。已知 $\varphi^{\ominus}(H_3AsO_4/HAsO_2)=0.56V$，$H_3AsO_4$ 的 $pK_{a1}=2.2$、$pK_{a2}=7.0$、$pK_{a3}=11.5$；$HAsO_2$ 的 $pK_a=9.2$。

解： $H_3AsO_4/HAsO_2$ 电对的半反应

$$H_3AsO_4+2H^++2e^- \rightleftharpoons HAsO_2+2H_2O$$

根据能斯特公式

$$\varphi(H_3AsO_4/HAsO_2)=\varphi^{\ominus}(H_3AsO_4/HAsO_2)+\frac{0.059}{2}V\lg\frac{[H_3AsO_4][H^+]^2}{[HAsO_2]}$$

将 $[H_3AsO_4]=c_{H_3AsO_4}\delta_{H_3AsO_4}$，$[HAsO_2]=c_{HAsO_2}\delta_{HAsO_2}$ 代入上式，整理得

$$\varphi(H_3AsO_4/HAsO_2)=\varphi^{\ominus}(H_3AsO_4/HAsO_2)+\frac{0.059}{2}V\lg\frac{\delta_{H_3AsO_4}[H^+]^2}{\delta_{HAsO_2}}+\frac{0.059}{2}V\lg\frac{c_{H_3AsO_4}}{c_{HAsO_2}}$$

根据条件电极电位的定义此时必须 $c(H_3AsO_4)=c(HAsO_2)=1mol/L$，可得

$$\varphi^{\ominus\prime}(H_3AsO_4/HAsO_2)=\varphi^{\ominus}(H_3AsO_4/HAsO_2)+\frac{0.059}{2}V\lg\frac{\delta_{H_3AsO_4}[H^+]^2}{\delta_{HAsO_2}}$$

当 pH=8 时，有 $\delta_{H_3AsO_4}=\dfrac{[H^+]^3}{[H^+]^3+[H^+]^2K_{a1}+[H^+]K_{a1}K_{a2}+K_{a1}K_{a2}K_{a3}}$

$$=\frac{10^{-24}}{10^{-24}+10^{(-16-2.2)}+10^{(-8-2.2-7.0)}+10^{(-2.2-7.0-11.5)}}$$

$$=10^{-6.8}$$

$$\delta_{HAsO_2}=\frac{[H^+]}{[H^+]+K_a}=\frac{10^{-8}}{10^{-8}+10^{-9.2}}=0.94$$

于是有

$$\varphi^{\ominus\prime}(H_3AsO_4/HAsO_2)=0.56V+\frac{0.059}{2}V\lg\frac{10^{-6.8}\times(10^{-8})^2}{0.94}=-0.11V$$

由此可见，pH=8 时，$H_3AsO_4/HAsO_2$ 电对条件电极电位变小，而电对 I_2/I^- 的电极电位在 pH≤8 时与 pH 无关，这时 $\varphi^{\ominus\prime}(H_3AsO_4/HAsO_2)<\varphi^{\ominus}(I_2/I^-)$，所以上述反应改变方向即向左进行，$I_2$ 氧化 $HAsO_2$ 为 H_3AsO_4。

$$HAsO_2+I_2+2H_2O \rightleftharpoons H_3AsO_4+2I^-+2H^+$$

三、氧化还原反应进行的程度和准确滴定的判断依据

1. 氧化还原反应的平衡常数

氧化还原反应的平衡常数 K 的大小可以用来衡量反应进行的完全程度，而 K 与有关电对的标准电极电位有着确定的量的关系。若条件电极电位 $\varphi^{\ominus\prime}$代替标准电极电位 $\varphi^{\ominus}$计算，即可得到与之相应的条件平衡常数（conditional equilibrium constant）K'，更能反映在实际情况下反应的完全程度。

在 1.0mol/L H_2SO_4 溶液中，以 $Ce(SO_4)_2$ 为滴定剂滴定 Fe^{2+} 的反应为

$$Ce^{4+}+Fe^{2+}\longrightarrow Ce^{3+}+Fe^{3+}$$

根据能斯特方程式，Ce^{4+}/Ce^{3+} 和 Fe^{3+}/Fe^{2+} 两电对的电极电位为

$$\varphi(Fe^{3+}/Fe^{2+})=\varphi^{\ominus}(Fe^{3+}/Fe^{2+})+0.059\text{V}\ \lg\frac{[Fe^{3+}]}{[Fe^{2+}]}$$

$$\varphi(Ce^{4+}/Ce^{3+})=\varphi^{\ominus}(Ce^{4+}/Ce^{3+})+0.059\text{V}\ \lg\frac{[Ce^{4+}]}{[Ce^{3+}]}$$

当反应达到平衡时，两电对的电位相等，即

$$\varphi^{\ominus}(Ce^{4+}/Ce^{3+})+0.059\text{V}\ \lg\frac{[Ce^{4+}]}{[Ce^{3+}]}=\varphi^{\ominus}(Fe^{3+}/Fe^{2+})+0.059\text{V}\ \lg\frac{[Fe^{3+}]}{[Fe^{2+}]}$$

整理后

$$\varphi^{\ominus}(Ce^{4+}/Ce^{3+})-\varphi^{\ominus}(Fe^{3+}/Fe^{2+})=0.059\text{V}\ \lg\frac{[Fe^{3+}][Ce^{3+}]}{[Fe^{2+}][Ce^{4+}]}=0.059\text{V}\ \lg K$$

所以

$$\lg K=\frac{\varphi^{\ominus}(Ce^{4+}/Ce^{3+})-\varphi^{\ominus}(Fe^{3+}/Fe^{2+})}{0.059\text{V}}$$

若 $\varphi^{\ominus}(Ce^{4+}/Ce^{3+})=1.61\text{V}$，$\varphi^{\ominus}(Fe^{3+}/Fe^{2+})=0.77\text{V}$，则

$$\lg K=\frac{1.61\text{V}-0.77\text{V}}{0.059\text{V}}=14.24$$

即
$$K=1.74\times10^{14}$$

推广到一般氧化还原反应：

$$n_2Ox_1+n_1Red_2\longrightarrow n_2Red_1+n_1Ox_2$$

两电对的半反应的电极电位分别为

$$\varphi_1=\varphi_1^{\ominus\prime}+\frac{0.059\text{V}}{n_1}\lg\frac{c_{Ox_1}}{c_{Red_1}};\varphi_2=\varphi_2^{\ominus\prime}+\frac{0.059\text{V}}{n_2}\lg\frac{c_{Ox_2}}{c_{Red_2}}$$

当反应达到平衡时，两电对的电位相等 $\varphi_1=\varphi_2$，即

$$\varphi_1^{\ominus\prime}+\frac{0.059\text{V}}{n_1}\lg\frac{c_{Ox_1}}{c_{Red_1}}=\varphi_2^{\ominus\prime}+\frac{0.059\text{V}}{n_2}\lg\frac{c_{Ox_2}}{c_{Red_2}}$$

整理后得

$$\varphi_1^{\ominus\prime}-\varphi_2^{\ominus\prime}=\frac{0.059}{n_1n_2}\lg\left[\left(\frac{c_{\mathrm{Red}_1}}{c_{\mathrm{Ox}_1}}\right)^{n_2}\left(\frac{c_{\mathrm{Ox}_2}}{c_{\mathrm{Red}_2}}\right)^{n_1}\right]=\frac{0.059\mathrm{V}}{n_1n_2}\lg K'$$

$$\lg K'=\lg\left(\frac{c_{\mathrm{Red}_1}}{c_{\mathrm{Ox}_1}}\right)^{n_2}\left(\frac{c_{\mathrm{Ox}_2}}{c_{\mathrm{Red}_2}}\right)^{n_1}$$

$$\lg K'=\frac{n_1n_2(\varphi_1^{\ominus\prime}-\varphi_2^{\ominus\prime})}{0.059\mathrm{V}} \tag{7-11a}$$

也即

$$\Delta\varphi^{\ominus\prime}=\varphi_1^{\ominus\prime}-\varphi_2^{\ominus\prime}=\frac{0.059\mathrm{V}}{n_1n_2}\lg K' \tag{7-11b}$$

若设 $n_1n_2=n$（n 为最小公倍数），则

$$\lg K'=\frac{n(\varphi_1^{\ominus\prime}-\varphi_2^{\ominus\prime})}{0.059\mathrm{V}}=\frac{n\Delta\varphi^{\ominus\prime}}{0.059\mathrm{V}} \tag{7-12}$$

由此可知，条件平衡常数 K' 的大小是由氧化剂和还原剂的两个电对的条件电极电位之差 $\Delta\varphi^{\ominus\prime}$ 和转移电子的数目决定的。$\Delta\varphi^{\ominus\prime}$ 越大，条件平衡常数越大，反应进行得越完全。可见通过氧化还原反应的条件平衡常数来判断反应进行的完全程度，可以表现为直接比较两个有关电对的条件电极电位来判断。实际上，大多数氧化还原反应的 $\Delta\varphi^{\ominus\prime}$ 较大，所以条件平衡常数 K' 也较大。

【例 7-4】 计算下列氧化还原反应的平衡常数。

$$2MnO_4^- + 3Mn^{2+} + 2H_2O \longrightarrow 5MnO_2\downarrow + 4H^+$$

解：已知 $MnO_4^- + 4H^+ + 3e^- \longrightarrow MnO_2(s) + 2H_2O \quad \varphi^{\ominus}=1.695\mathrm{V}$

$$MnO_2(s) + 4H^+ + 2e^- \longrightarrow Mn^{2+} + 2H_2O \quad \varphi^{\ominus}=1.23\mathrm{V}$$

$$\lg K=\frac{n(\varphi_1^{\ominus\prime}-\varphi_2^{\ominus\prime})}{0.059\mathrm{V}}$$

$$\lg K=\frac{2\times3\times(1.695-1.23)\mathrm{V}}{0.059\mathrm{V}}=47.288$$

$$K=1.94\times10^{47}$$

【例 7-5】 求在 1.0mol/L H_2SO_4 溶液中下列反应的条件平衡常数。

$$3I^- + 2Fe^{3+} \longrightarrow I_3^- + 2Fe^{2+}$$

解：查附录表得 $\varphi^{\ominus\prime}(Fe^{3+}/Fe^{2+})=0.68\mathrm{V}$，$\varphi^{\ominus\prime}(I_3^-/I^-)=0.55\mathrm{V}$

$$\lg K'=\frac{n(\varphi_1^{\ominus\prime}-\varphi_2^{\ominus\prime})}{0.059\mathrm{V}}$$

$$\lg K'=\frac{2\times(0.68-0.55)\mathrm{V}}{0.059\mathrm{V}}=4.407$$

$$K'=2.55\times10^4$$

2. 准确滴定的判断——化学计量点时反应进行的完全程度

$\Delta\varphi^{\ominus\prime}$ 至少多大反应能定量完成，满足定量分析的要求？若一个氧化还原反应能用于滴定分析，化学计量点时滴定误差必须小于或等于 0.1%，也就是反应必须完成 99.9% 以上，才满足定量分析的要求。因此在化学计量点时，要求：反应产物的浓度≥99.9%，即 $[Ox_2]\geq99.9\%$，$[Red_1]\geq99.9\%$；而剩余反应物的量≤0.1%，即 $[Ox_1]\leq0.1\%$，$[Red_2]\leq0.1\%$。则

$$\frac{c_{Red_1}}{c_{Ox_1}} \geqslant \frac{99.9\%}{0.1\%} \approx 10^3 \qquad \frac{c_{Ox_2}}{c_{Red_2}} \geqslant \frac{99.9\%}{0.1\%} \approx 10^3$$

$$\lg K' = \lg\left(\frac{c_{Red_1}}{c_{Ox_1}}\right)^{n_2}\left(\frac{c_{Ox_2}}{c_{Red_2}}\right)^{n_1} \geqslant \lg(10^{3n_2} \times 10^{3n_1}) = 3(n_1+n_2)$$

则

$$\lg K' \geqslant 3(n_1+n_2) \tag{7-13}$$

式(7-13)为满足氧化还原反应定量分析误差要求的平衡常数判断式。根据能斯特方程，我们已经推导出 $\Delta\varphi^{\ominus\prime}$ 与平衡常数 K' 之间的定量关系，所以我们有时可以根据两电对之差 $\Delta\varphi^{\ominus\prime}$ 快速判断出将要进行的滴定反应能否定量进行。

根据式(7-13)，满足滴定分析要求的最小电位差值应为

$$\Delta\varphi^{\ominus\prime} = \frac{0.059V}{n_1 n_2}\lg K' \geqslant 3(n_1+n_2)\frac{0.059V}{n_1 n_2} \tag{7-14}$$

所以，当分析误差≤0.1%时，两电对最小的电位差值应为

若 $n_1=n_2=1$ 时　　$\Delta\varphi \geqslant 3\times(1+1)\times\frac{0.059V}{1\times1}=0.35V$

若 $n_1=n_2=2$ 时　　$\Delta\varphi \geqslant 3\times(2+2)\times\frac{0.059V}{2\times2}=0.18V$

若 $n_1=2$，$n_2=1$ 时　　$\Delta\varphi \geqslant 3\times(2+1)\times\frac{0.059V}{2\times1}=0.27V$

可见，当反应类型不同时，K' 值的要求也不同，实际运用中要根据反应平衡常数 K 和 $\Delta\varphi^{\ominus\prime}$ 的大小进行判断。一般认为两电对的条件电极电位之差大于0.4V，反应就能定量地进行。在氧化还原滴定中往往通过选择强氧化剂作滴定剂或控制介质改变电对电位来满足这个条件。

上述计算表明，如果仅考虑反应的完全程度，通常认为 $\Delta\varphi^{\ominus\prime} \geqslant 0.4V$ 的氧化还原反应就能满足滴定分析的要求。需要注意的是，某些氧化还原反应虽然两电对的条件电极电位之差 $\Delta\varphi^{\ominus\prime}$ 符合上述要求，但是由于副反应的发生，该氧化还原反应的氧化剂和还原剂之间没有一定的计量关系。例如：$KMnO_4$ 与 H_3AsO_4 的反应（在稀 H_2SO_4 存在下），虽然 $\Delta\varphi^{\ominus\prime}$ 达到0.95V，远远大于0.4V，但由于 AsO_3^{3-} 只能将 MnO_4^- 还原为平均氧化数为3.3的一系列不同价态锰的化合物，因此该反应不能用于定量分析。$K_2Cr_2O_7$ 与 $Na_2S_2O_3$ 的反应也是如此，由于 $S_2O_3^{2-}$ 可被氧化为 SO_4^{2-} 及S等产物，而使两者之间的计量关系不确定，因此碘量法中以 $K_2Cr_2O_7$ 作基准物标定 $Na_2S_2O_3$ 溶液浓度时，并不是采用它们之间的直接反应进行滴定，而是以 I_2 作为媒介，采用间接的置换滴定法进行测定。有关内容将在碘量法中介绍，此外还要考虑化学反应速度问题。

【例 7-6】 计算1mol/L HCl介质中 Fe^{3+} 与 Sn^{2+} 反应的平衡常数，并判断反应能否定量进行。

解： Fe^{3+} 与 Sn^{2+} 的反应式为

$$2Fe^{3+} + Sn^{2+} \longrightarrow 2Fe^{2+} + Sn^{4+}$$

查表可知，1mol/L HCl介质中，两电对的条件电极电位值分别为

$$Fe^{3+} + e^- \longrightarrow Fe^{2+} \qquad \varphi^{\ominus\prime}(Fe^{3+}/Fe^{2+}) = 0.70V$$

$$Sn^{4+} + 2e^- \longrightarrow Sn^{2+} \qquad \varphi^{\ominus\prime}(Sn^{4+}/Sn^{2+}) = 0.14V$$

由于 $n_1=1$，$n_2=2$，根据式(7-13)

$$\lg K' \geqslant 3(n_1+n_2)$$

得

$$\lg K' \geqslant 9$$

根据式(7-12)，反应式的平衡常数为

$$\lg K'=\frac{n(\varphi_1^{\ominus\prime}-\varphi_2^{\ominus\prime})}{0.059\mathrm{V}}=\frac{2\times(0.70-0.14)\mathrm{V}}{0.059\mathrm{V}}=18.98\geqslant 9$$

所以此反应能定量进行。

【例 7-7】 估算用 $KMnO_4$ 标准溶液滴定 Fe^{2+} 溶液（在 1.0mol/L H_2SO_4 溶液中）达到化学计量点时体系的平衡常数，并求计量点时溶液中的 $c(Fe^{3+})/c(Fe^{2+})$。

解：滴定反应：

$$MnO_4^-+5Fe^{2+}+8H^+ \longrightarrow Mn^{2+}+5Fe^{3+}+4H_2O$$

查表条件标准电极电位得 $\varphi^{\ominus\prime}(MnO_4^-/Mn^{2+})=1.51\mathrm{V}$，$\varphi^{\ominus\prime}(Fe^{3+}/Fe^{2+})=0.77\mathrm{V}$

$$n_1=5, n_2=1$$

$$\lg K'=\frac{n[\varphi^{\ominus\prime}(MnO_4^-/Mn^{2+})-\varphi^{\ominus\prime}(Fe^{3+}/Fe^{2+})]}{0.059\mathrm{V}}=\frac{5\times(1.51-0.77)\mathrm{V}}{0.059\mathrm{V}}=62.71$$

$$K'=5.12\times 10^{62}$$

化学计量点时 $c(Fe^{3+})=5c(Mn^{2+})$，$c(Fe^{2+})=5c(MnO_4^-)$，则 $\frac{c(Mn^{2+})}{c(MnO_4^-)}=\frac{c(Fe^{3+})}{c(Fe^{2+})}$

$$K'=\frac{c(Mn^{2+})c^5(Fe^{3+})}{c(MnO_4^-)c^5(Fe^{2+})[H^+]^8}=\frac{c^6(Fe^{3+})}{c^6(Fe^{2+})[H^+]^8}$$

$$[H^+]=1.0\mathrm{mol/L}$$

$$\frac{c(Fe^{3+})}{c(Fe^{2+})}=\sqrt[6]{[H^+]^8K'}=\sqrt[6]{1.0^8\times 5.12\times 10^{62}}=2.83\times 10^{10}$$

反应后生成的 $c(Fe^{3+})$ 是未被滴定的 $c(Fe^{2+})$ 的 2.83×10^{10} 倍，表明在化学计量点时，该反应进行得很完全，可以用于滴定分析。

四、影响氧化还原反应速率的因素

1. 氧化还原反应的速率

在氧化还原反应中，平衡常数 K 和 $\Delta\varphi^{\ominus\prime}$ 的大小只能表示氧化还原反应的完全程度，不能说明氧化还原反应的速率。例如，H_2 与 O_2 反应生成水，反应的平衡常数高达 10^{41}，但在常温下几乎觉察不到该反应的进行，只有在点火或有催化剂存在的条件下，反应才能很快地进行，甚至发生爆炸。又如，$KMnO_4$ 和 $K_2Cr_2O_7$ 溶液的氧化还原反应速率均较慢，需要一定时间才能完成。因此，在氧化还原滴定分析中，不仅要从平衡观点来考虑反应的理论可能性，还应从其反应速率来考虑其现实可行性。

某些氧化还原反应的过程比较复杂，反应方程式只表示了反应的最初状态和最终状态，不能说明反应进行的真实历程，实际的反应经历了一系列中间步骤，即反应是分步进行的，其中速率最慢的一步决定总反应的反应速率。

例如，$K_2Cr_2O_7$ 氧化 Fe^{2+} 的反应：

$$Cr_2O_7^{2-}+6Fe^{2+}+14H^+ \longrightarrow 2Cr^{3+}+6Fe^{3+}+7H_2O$$

反应可能经过如下过程完成：

$$Cr(\text{Ⅵ})+Fe(\text{Ⅱ}) \longrightarrow Cr(\text{Ⅴ})+Fe(\text{Ⅲ})(快)$$

$$Cr(\text{Ⅴ})+Fe(\text{Ⅱ}) \longrightarrow Cr(\text{Ⅳ})+Fe(\text{Ⅲ})(慢)$$

$$Cr(\text{Ⅳ})+Fe(\text{Ⅱ}) \longrightarrow Cr(\text{Ⅲ})+Fe(\text{Ⅲ})(快)$$

其中第二步为慢反应，其反应速率决定整个反应的速率。

如 Ce^{4+} 与 H_3AsO_3 的反应：

$$2Ce^{4+}+H_3AsO_3+H_2O \xrightarrow{0.5mol/L\ H_2SO_4 溶液} 2Ce^{3+}+H_3AsO_4+2H^+$$

$$\varphi^{\ominus}(Ce^{4+}/Ce^{3+})=1.45V \quad \varphi^{\ominus}(As^{5+}/As^{3+})=0.56V$$

$$\lg K'=\frac{(\varphi_1^{\ominus\prime}-\varphi_2^{\ominus\prime})n}{0.059V}=\frac{2\times(1.45-0.56)V}{0.059V}=30.17$$

计算得该反应的平衡常数为 $K'\approx 10^{30.17}$。若仅从平衡考虑，此常数很大，反应可以进行得很完全。实际上此反应速率极慢，若不加催化剂，反应则无法实现。因此在氧化还原滴定中反应的速率是很关键的问题。

2. 氧化还原反应速率的影响因素

(1) 氧化剂、还原剂的性质

不同的氧化还原反应速率不一样，这是由其参加反应的氧化剂和还原剂本性决定的，与电子层结构、化学键、电极电位和反应历程等内在有关，我们在此不再讨论。我们着重讨论影响氧化还原反应速率的外部因素，即浓度、酸度、温度和催化剂等。

(2) 反应物浓度（包括酸度）

根据质量作用定律，反应速率与反应物浓度的乘积成正比，但由于氧化还原反应机理比较复杂，一般不能从反应方程式来判断反应物浓度对反应速率的影响。但一般说来，增大反应物的浓度可以加速反应的进行。对于有 H^+ 参加的反应，反应速率也受溶液酸度的影响。

例如 $Cr_2O_7^{2-}$ 与 I^- 的反应：

$$Cr_2O_7^{2-}+6I^-+14H^+ \longrightarrow 2Cr^{3+}+3I_2+7H_2O \qquad (慢)$$

此反应速率慢，但增大 I^- 的浓度或提高溶液酸度可加速反应。实验证明，在 H^+ 浓度为 0.4mol/L 时，KI 过量约 5 倍，放置 5min，反应即可进行完全。不过用增加反应物浓度来加快反应速率的方法只适用于滴定前预氧化还原处理的一些反应，在直接滴定时不能用此法来加快反应速率。

(3) 温度

对大多数反应来说，升高溶液的温度可以使活化分子或活化离子在反应物中的比例提高，从而加快反应速率。通常溶液温度每升高 10℃，反应速率可增大 2～3 倍。例如在酸性溶液中 MnO_4^- 和 $C_2O_4^{2-}$ 的反应：

$$2MnO_4^-+5C_2O_4^{2-}+16H^+ \longrightarrow 2Mn^{2+}+10CO_2\uparrow+8H_2O$$

在室温下反应速率缓慢，如果将溶液加热至 70～85℃，反应速率就大大加快，滴定便可以顺利进行。但 $K_2Cr_2O_7$ 与 KI 的反应就不能用加热的方法来加快反应速率，因为生成的 I_2 会挥发而引起损失。又如草酸溶液加热的温度过高、时间过长，草酸分解引起的误差也会增大。有些还原性物质如 Fe^{2+}、Sn^{2+} 等也会因加热而更容易被空气中的氧所氧化。因此，对那些加热引起挥发或加热易被空气中氧氧化的反应不能用提高温度来加速，只能寻求其他方法来提高反应速率。

(4) 催化剂

催化剂的使用是提高反应速率的有效方法。催化剂可以分为正催化剂和负催化剂。正催化剂可以加快反应速率，负催化剂则减慢反应速率，故又称阻化剂。通常所说的催化剂都是指正催化剂。催化剂以循环方式参加化学反应，从而提高反应速率，但最终并不改变其本身的状态和数量。催化剂主要作用在于可能产生一些不稳定的中间价态离子、自由基或活泼的中间配合物，从而改变原来反应历程，或降低原来反应的活化能来改变反应速率。例如，前面提到的 Ce^{4+} 与 As(Ⅲ) 的反应，实际上是分两步进行的：

$$\mathrm{As(III)} \xrightarrow{Ce^{4+}(慢)} \mathrm{As(IV)} \xrightarrow{Ce^{4+}(快)} \mathrm{As(V)}$$

由于前一步的影响，总的反应速率很慢。如果加入少量的 I^-，则发生如下反应：

$$Ce^{4+} + I^- \longrightarrow I^0 + Ce^{3+}$$

$$2I^0 \longrightarrow I_2$$

$$I_2 + H_2O \longrightarrow HIO + H^+ + I^-$$

$$H_3AsO_3 + HIO \longrightarrow H_3AsO_4 + H^+ + I^-$$

由于所有涉及碘的反应都是快速的，少量的 I^- 起了催化剂的作用，加速了 Ce^{4+} 与 As(Ⅲ) 的反应。基于此，可用 As_2O_3 标定 Ce^{4+} 溶液的浓度。

又如，在酸性溶液中，MnO_4^- 与 $C_2O_4^{2-}$ 的反应

$$2MnO_4^- + 5C_2O_4^{2-} + 16H^+ \xrightarrow{70\sim85℃} 2Mn^{2+} + 10CO_2\uparrow + 8H_2O$$

即使加热仍较慢，但若加入 Mn^{2+}，能催化反应迅速进行。其反应机理可能是

$$\mathrm{Mn(VII)} \xrightarrow[\mathrm{Mn(II)},快]{慢} \mathrm{Mn(III)}$$

$$\mathrm{Mn(III)} \xrightarrow{C_2O_4^{2-}} \mathrm{Mn(III)}(C_2O_4)_n^{3-2n}$$

$$\mathrm{Mn(III)}(C_2O_4)_n^{3-2n} \xrightarrow{快} \mathrm{Mn(II)} + CO_2\uparrow$$

如果不加入 Mn^{2+}，而利用 MnO_4^- 与 $C_2O_4^{2-}$ 发生作用后生成的微量 Mn^{2+} 作催化剂，反应也可进行。这种生成物本身引起的催化作用的反应称为自动催化反应。这类反应有一个特点，就是开始时的反应速率较慢，随着生成物逐渐增多，反应速率逐渐加快。经一个最高点后，由于反应物的浓度越来越低，反应速率又逐渐降低。

负催化剂在分析化学中也经常用到。例如，多元醇的加入可以减慢 $SnCl_2$ 与溶液中的氧的作用，加入 AsO_3^{3-} 可以防止 SO_3^{2-} 与溶液中的氧起反应。

(5) 诱导作用

在氧化还原反应中，有些反应在一般情况下进行得非常缓慢或实际上并不发生，可是当存在另一反应的情况下，此反应就会加速进行。这种因某一氧化还原反应的发生而促进另一种氧化还原反应进行的现象称为诱导作用，先发生的反应称为诱导反应。如 $KMnO_4$ 氧化 Cl^- 反应速率极慢，对滴定几乎无影响。但如果溶液中同时存在 Fe^{2+}，MnO_4^- 与 Fe^{2+} 的反

应可以加速 MnO_4^- 与 Cl^- 的反应，使测定的结果偏高。这种现象就是诱导作用，MnO_4^- 与 Fe^{2+} 的反应就是诱导反应。

$$\underset{\text{作用体}}{2MnO_4^-}+\underset{\text{诱导体}}{5Fe^{2+}}+16H^+ \longrightarrow 2Mn^{2+}+5Fe^{3+}+8H_2O \quad \text{(诱导反应)}$$

$$2MnO_4^-+\underset{\text{受诱体}}{10Cl^-}+16H^+ \longrightarrow 2Mn^{2+}+5Cl_2+8H_2O \quad \text{(受诱反应)}$$

反应中 $KMnO_4$ 称为作用体，Fe^{2+} 称为诱导体，Cl^- 称为受诱体。

此类诱导反应的产生，与氧化还原反应的中间步骤中所产生的不稳定中间离子价态等因素有关。上例中，就是由于 MnO_4^- 被还原时，经过了 1 个电子的氧化还原反应，产生 Mn(Ⅵ)、Mn(Ⅴ)、Mn(Ⅳ)、Mn(Ⅲ) 等不稳定的中间价态离子，它们都能和 Cl^- 发生反应，因而出现诱导反应。注意诱导反应和催化反应是有区别的：在诱导反应中，诱导体参与反应变为其他物质；但催化反应中，催化剂参与反应后恢复到原来的状态。

若在上述溶液中加入过量的 Mn^{2+}，则 Mn^{2+} 能使 Mn(Ⅶ) 迅速转变为 Mn(Ⅲ)，而此时又因溶液中有大量 Mn^{2+}。故可降低 Mn(Ⅲ)/Mn(Ⅱ) 电对的电位，从而使 Mn(Ⅲ) 只和 Fe^{2+} 反应而不和 Cl^- 起反应，这样就可以防止 Cl^- 对 MnO_4^- 的还原作用。所以只要在溶液中加入 $MnSO_4$-H_2SO_4-H_3PO_4 混合液，就能够使高锰酸钾法测铁的反应在稀盐酸中进行。

需要指出，诱导反应在滴定分析中往往是有害的。但是利用一些诱导效应很大的反应，也有可能进行选择性的分离和鉴定。例如，SnO_2^{2-} 还原 Pb(Ⅱ) 为金属 Pb 的反应很慢，但只要有少量的 Bi^{3+} 存在，反应速度即可以大大加快。利用这一诱导反应来鉴定 Bi^{3+}，与直接用 Na_2SnO_2 还原法鉴定 Bi^{3+} 相比，灵敏度约提高 250 倍。由此可见，选择和控制适当的反应条件和滴定条件（包括浓度、酸度和温度等），是使氧化还原反应能够按所需的方向定量地、迅速地进行的关键所在。

第二节 氧化还原滴定原理

一、氧化还原滴定过程电位计算及滴定曲线

在酸碱滴定中，研究的是滴定过程中溶液 pH 的变化；而在氧化还原滴定中，要研究的则是由氧化剂和还原剂的浓度变化所引起的体系电位的改变。随着滴定剂的加入和反应的进行，体系中反应物的氧化态和还原态的浓度逐渐变化，体系电位 φ 随着滴定剂的加入而变化的情况可以用氧化还原滴定曲线来表示。滴定曲线一般通过实验测得的数据进行绘制，但对于所涉及的两个电对均为可逆电对的滴定体系，根据能斯特方程由理论计算得出的滴定曲线与实测所得数据可以很好地吻合。

1. 一般氧化还原滴定过程分析及电位计算

对于一般的可逆对称氧化还原反应

$$n_2Ox_1+n_1Red_2 \longrightarrow n_2Red_1+n_1Ox_2$$

设 n_1 和 n_2 分别为物质1电对和物质2电对的电子转移数目，Ox_1 为滴定剂，Red_2 为试样，把滴定过程分为四个阶段。

① 滴定前。试样中有微量样品被氧化，但数量不清，无法计算，则滴定曲线开始不与纵坐标接触。

② 滴定开始到化学计量点前。滴定过程中任何一点，即每加入一次滴定剂，反应达到平衡时，两个体系的电极电位相等，可以根据任一电对计算。通常由样品的氧化还原电对已知浓度求得电极电位

$$\varphi=\varphi_2^{\ominus\prime}+\frac{0.059V}{n_2}\lg\frac{c_{Ox_2}}{c_{Red_2}}$$

设 x 为所加入氧化剂按化学计量的百分数（%）

当 $0<x<100$ 时，$\varphi=\varphi_2^{\ominus\prime}+\frac{0.059V}{n_2}\lg\frac{x}{100-x}$

即 $x=50$ 时，$\varphi=\varphi_2^{\ominus\prime}$

$x=91$ 时，$\varphi=\varphi_2^{\ominus\prime}+\frac{0.059V}{n_2}$

$x=99$ 时，$\varphi=\varphi_2^{\ominus\prime}+\frac{0.059V\times2}{n_2}$

$x=99.9$ 时，$\varphi=\varphi_2^{\ominus\prime}+\frac{0.059V\times3}{n_2}$

所以化学计量点前体系电极电位通常都在 $\varphi_2^{\ominus\prime}$ 左右。

③ 化学计量点。此时 c_{Red_2} 和 c_{Ox_1} 均不知道，必须按两电对的能斯特方程式和化学计量关系计算 φ_{sp}。

$$\varphi_{sp}=\varphi_1^{\ominus\prime}+\frac{0.059V}{n_1}\lg\frac{c_{Ox_1}^{sp}}{c_{Red_1}^{sp}}$$

$$\varphi_{sp}=\varphi_2^{\ominus\prime}+\frac{0.059V}{n_2}\lg\frac{c_{Ox_2}^{sp}}{c_{Red_2}^{sp}}$$

整理上两式，得

$$(n_1+n_2)\varphi_{sp}=n_1\varphi_1^{\ominus\prime}+n_2\varphi_2^{\ominus\prime}+0.059V\lg\frac{c_{Ox_1}^{sp}c_{Ox_2}^{sp}}{c_{Red_1}^{sp}c_{Red_2}^{sp}}$$

因为化学计量点时

$$\frac{c_{Ox_1}^{sp}}{c_{Red_2}^{sp}}=\frac{n_2}{n_1};\frac{c_{Ox_2}^{sp}}{c_{Red_1}^{sp}}=\frac{n_1}{n_2}$$

$$\lg\frac{c_{Ox_1}^{sp}c_{Ox_2}^{sp}}{c_{Red_1}^{sp}c_{Red_2}^{sp}}=0$$

所以 $$\varphi_{sp}=\frac{n_1\varphi_1^{\ominus\prime}+n_2\varphi_2^{\ominus\prime}}{n_1+n_2} \tag{7-15a}$$

如果 $n_1=n_2$，那么 $$\varphi_{sp}=\frac{\varphi_1^{\ominus\prime}+\varphi_2^{\ominus\prime}}{2} \tag{7-15b}$$

④ 化学计量点后。通常由滴定剂氧化还原电对的浓度比求得电极电位。

$$\varphi=\varphi_1^{\ominus\prime}+\frac{0.059\text{V}}{n_1}\lg\frac{[\text{Ox}_1]}{[\text{Red}_1]}$$

设 x 为所加入氧化剂按化学计量的百分数（%）

当 $x>100$ 时， $$\varphi=\varphi_1^{\ominus\prime}+\frac{0.059\text{V}}{n_1}\lg\frac{x-100}{100}$$

即 $x=100.1$ 时， $$\varphi=\varphi_1^{\ominus\prime}-\frac{0.059\text{V}\times 3}{n_1}$$

$x=101.0$ 时， $$\varphi=\varphi_1^{\ominus\prime}-\frac{0.059\text{V}\times 2}{n_1}$$

$x=200.0$ 时， $$\varphi=\varphi_1^{\ominus\prime}$$

所以化学计量点后电极电位通常在 $\varphi_1^{\ominus\prime}$左右。

综上所述，化学计量点附近电极电位突跃范围是由滴定剂缺少 0.1%到过量 0.1%的电极电位范围，即

$$\varphi_2^{\ominus\prime}+\frac{0.059\times 3}{n_2}\text{V}\sim\varphi_1^{\ominus\prime}-\frac{0.059\times 3}{n_1}\text{V} \tag{7-16}$$

若用指示剂确定终点时，则要求此突跃范围必须大于 0.2V。

以上推导是对可逆电对中对称电对（氧化态和还原态系数相同）的推导。而对于不对称电对反应：

$$n_2\text{Ox}_1+n_1\text{Red}_2 \longrightarrow n_2\text{Red}_1+n_1\text{Ox}_2$$

$$\varphi_{\text{sp}}=\frac{n_1\varphi_1^{\ominus\prime}+n_2\varphi_2^{\ominus\prime}}{n_1+n_2}+\frac{0.059\text{V}}{n_1+n_2}\lg\frac{1}{a[\text{Red}_1]^{a-1}} \tag{7-17}$$

如不对称电对反应：$Cr_2O_7^{2-}+6Fe^{2+}+14H^+ \longrightarrow 2Cr^{3+}+6Fe^{3+}+7H_2O$

例如，对于像 $Cr_2O_7^{2-}/Cr^{3+}$ 这样的电对，其半反应为：

$$Cr_2O_7^{2-}+14H^++6e^- \longrightarrow 2Cr^{3+}+7H_2O$$

$$\varphi_{\text{sp}}=\frac{6\varphi^{\ominus\prime}(Cr_2O_7^{2-}/Cr^{3+})+\varphi^{\ominus\prime}(Fe^{3+}/Fe^{2+})}{7}+\frac{0.059\text{V}}{7}\lg\frac{1}{2c(Cr^{3+})}+\frac{0.059\text{V}}{7}\lg[H^+]^{14}$$

2. 氧化还原滴定实例

以下面的滴定为例，说明可逆、对称的氧化还原电对滴定曲线绘制。

在 0.5mol/L H_2SO_4 溶液中，用 0.1000mol/L $Ce(SO_4)_2$ 溶液滴定 20.00mL 0.1000mol/L $FeSO_4$ 溶液，其滴定反应为

$$Ce^{4+}+Fe^{2+} \longrightarrow Ce^{3+}+Fe^{3+}$$

$$\varphi^{\ominus\prime}(Ce^{4+}/Ce^{3+})=1.44\text{V} \quad \varphi^{\ominus\prime}(Fe^{3+}/Fe^{2+})=0.68\text{V}$$

滴定过程中两电对电位的变化可由能斯特方程式求得

$$\varphi(Fe^{3+}/Fe^{2+})=\varphi^{\ominus\prime}(Fe^{3+}/Fe^{2+})+0.059\text{V}\lg\frac{[Fe^{3+}]}{[Fe^{2+}]}$$

$$\varphi(Ce^{4+}/Ce^{3+})=\varphi^{\ominus\prime}(Ce^{4+}/Ce^{3+})+0.059\text{V}\lg\frac{[Ce^{4+}]}{[Ce^{3+}]}$$

滴定开始后，溶液中同时存在两个电对。在滴定过程中，每加入一定量滴定剂，反应达到一

个新的平衡，此时两个电对的电极电位相等，$\varphi(Fe^{3+}/Fe^{2+})=\varphi(Ce^{4+}/Ce^{3+})$，即

$$\varphi^{\ominus\prime}(Fe^{3+}/Fe^{2+})+0.059V\lg\frac{[Fe^{3+}]}{[Fe^{2+}]}=\varphi^{\ominus\prime}(Ce^{4+}/Ce^{3+})+0.059V\lg\frac{[Ce^{4+}]}{[Ce^{3+}]}$$

因此，可以根据滴定过程中不同的具体阶段，选择其中比较方便计算的公式来计算电位的变化。为此，将滴定过程分为四个阶段。

(1) 滴定开始前

滴定开始前溶液中只有 Fe^{2+}，无电对存在，其电位无法计算，只能空白。

(2) 滴定开始到化学计量点前

在达到化学计量点前，此时滴入的 Ce^{4+} 几乎全部被 Fe^{2+} 还原成 Ce^{3+}，溶液中 Ce^{4+} 浓度极小，不易直接求得，因此体系的电位不宜采用 Ce^{4+}/Ce^{3+} 电对来计算。每当加入一定量 Ce^{4+} 标准溶液后，溶液中产生的 Fe^{3+} 和剩余的 Fe^{2+} 是可知的，因此，可通过计算 $\varphi(Fe^{3+}/Fe^{2+})$ 的变化来计算滴定曲线电位的变化。

若加入 10.00mL 0.1000mol/L 的 Ce^{4+} 标准溶液，则溶液中生成的 Fe^{3+} 和剩余的 Fe^{2+} 的浓度分别为：

$$[Fe^{3+}]=\frac{c(Ce^{4+})V_{加}}{V_0+V_{加}}=\frac{0.1000\times10.00}{20.00+10.00}mol/L=0.0333mol/L$$

$$[Fe^{2+}]=\frac{c(Fe^{2+})V_0-c(Ce^{4+})V_{加}}{V_0+V_{加}}=\frac{0.1000\times20.00-0.1000\times10.00}{20.00+10.00}mol/L=0.0333mol/L$$

此时 $\varphi(Fe^{3+}/Fe^{2+})$ 的电位为

$$\varphi(Fe^{3+}/Fe^{2+})=\varphi^{\ominus\prime}(Fe^{3+}/Fe^{2+})+0.059V\lg\frac{[Fe^{3+}]}{[Fe^{2+}]}=0.68V+0.059V\lg\frac{0.0333}{0.0333}=0.68V$$

可以计算出此时有 10.00/20.00=50%的 Fe^{2+} 转化为 Fe^{3+}，也即滴定分数为 $x=50\%$，剩余的 Fe^{2+} 为 $1-x=50\%$。

$$\begin{aligned}\varphi(Fe^{3+}/Fe^{2+})&=\varphi^{\ominus\prime}(Fe^{3+}/Fe^{2+})+0.059V\lg\frac{[Fe^{3+}]}{[Fe^{2+}]}\\&=0.68V+0.059V\lg\frac{x}{1-x}\\&=0.68V+0.059V\lg\frac{50\%}{50\%}\\&=0.68V\end{aligned}$$

此时可得出滴定分数为 50%的电极电位刚好是被滴定还原剂的条件电极电位。

同样可以计算出当加入 Ce^{4+} 溶液 19.98mL 时，此时 19.98/20.00=99.9%的 Fe^{2+} 转化为 Fe^{3+}，也即滴定分数为 $x=99.9\%$，剩余的 Fe^{2+} 为 $1-x=0.1\%$。

$$\begin{aligned}\varphi(Fe^{3+}/Fe^{2+})&=\varphi^{\ominus\prime}(Fe^{3+}/Fe^{2+})+0.059V\lg\frac{[Fe^{3+}]}{[Fe^{2+}]}=0.68V+0.059V\lg\frac{x}{1-x}\\&=0.68V+0.059V\lg\frac{99.9\%}{0.1\%}=0.68V+0.059V\lg10^3\\&=0.68V+0.059V\times3=0.86V\end{aligned}$$

此时的电极电势为该氧化还原滴定突跃的下限电位。

(3) 化学计量点时

当加入 20.00mL 0.1000mol/L 的 Ce^{4+} 标准溶液，此时 Ce^{4+} 和 Fe^{2+} 都定量地变成 Ce^{3+} 和 Fe^{3+}。未反应 Ce^{4+} 和 Fe^{2+} 的浓度很小，不宜直接单独按某一电对来计算电极电位，而要有两个能斯特方程联立求得。因为在滴定过程中二者电极电位一直都相等，此时也应相等。设此时电位为 φ_{sp}。

则
$$\varphi_{sp}=\varphi(Fe^{3+}/Fe^{2+})=\varphi(Ce^{4+}/Ce^{3+})$$

$$\varphi_{sp}=\varphi(Fe^{3+}/Fe^{2+})=\varphi^{\ominus\prime}(Fe^{3+}/Fe^{2+})+0.059V\lg\frac{[Fe^{3+}]}{[Fe^{2+}]}$$

$$\varphi_{sp}=\varphi(Ce^{4+}/Ce^{3+})=\varphi^{\ominus\prime}(Ce^{4+}/Ce^{3+})+0.059V\lg\frac{[Ce^{4+}]}{[Ce^{3+}]}$$

两式相加得

$$2\varphi_{sp}=\varphi^{\ominus\prime}(Fe^{3+}/Fe^{2+})+\varphi^{\ominus\prime}(Ce^{4+}/Ce^{3+})+0.059V\lg\frac{[Ce^{4+}][Fe^{3+}]}{[Ce^{3+}][Fe^{2+}]}$$

反应达到化学计量点时，根据反应方程式，生成的产物浓度相等，即

$$[Fe^{3+}]=[Ce^{3+}]$$

由于化学计量点时 Ce^{4+} 和 Fe^{2+} 已经定量反应完毕，溶液中存在的极少量的 Ce^{4+} 和 Fe^{2+} 来自反应物发生的逆反应，根据反应方程式，二者物质的量浓度也相等，即

$$[Fe^{2+}]=[Ce^{4+}]$$

所以
$$\lg\frac{[Ce^{4+}][Fe^{3+}]}{[Ce^{3+}][Fe^{2+}]}=\lg1=0$$

即
$$\varphi_{sp}=\frac{\varphi^{\ominus\prime}(Ce^{4+}/Ce^{3+})+\varphi^{\ominus\prime}(Fe^{3+}/Fe^{2+})}{2}=\frac{1.44V+0.68V}{2}=1.06V$$

(4) 化学计量点后

化学计量点后加入过量的 Ce^{4+}，此时 Fe^{2+} 几乎全部被 Ce^{4+} 氧化为 Fe^{3+}，$c(Fe^{2+})$ 很小，不易直接求得，但只要知道加入过量的 Ce^{4+} 的百分数，就可以用 $c(Ce^{4+})/c(Ce^{3+})$ 电位值计算。设加入了 $x Ce^{4+}$，则过量的 Ce^{4+} 为 $x-100\%$，因无 Fe^{2+} 被氧化，所以 Ce^{3+} 保持不变为 100%。

当加入 Ce^{4+} 溶液 20.02mL 时，此时加入 Ce^{4+} 的滴定分数为 100.1%，过量的 Ce^{4+} 为 0.1%，即

$$\frac{[Ce^{4+}]}{[Ce^{3+}]}=\frac{0.1\%}{100\%}$$

此时电极电势为

$$\varphi(Ce^{4+}/Ce^{3+})=\varphi^{\ominus\prime}(Ce^{4+}/Ce^{3+})+0.059\lg\frac{[Ce^{4+}]}{[Ce^{3+}]}$$
$$=1.44V+0.059V\lg10^{-3}=1.44V-0.059V\times3=1.26V$$

此时的电极电势为该氧化还原滴定突跃的上限电势。

当加入 Ce^{4+} 溶液 40.00mL 时，此时加入 Ce^{4+} 的滴定分数为 200.0%，过量的 Ce^{4+} 为 100%，即

当 $x=200.0\%$ 时，$\varphi(Ce^{4+}/Ce^{3+})=\varphi^{\ominus\prime}(Ce^{4+}/Ce^{3+})=1.44V$

此时可得出滴定分数为200%的电极电位刚好是滴定氧化剂的条件电极电位。

根据以上计算滴定过程的所有数据见表7-1，以滴定剂加入的百分数为横坐标、电对的电位为纵坐标作图，可得到如图7-1的滴定曲线。

表7-1 在1mol/L H_2SO_4 中用0.1000mol/L $Ce(SO_4)_2$ 溶液滴定0.1000mol/L Fe_2SO_4 溶液体系的电极电位

加入 Ce^{4+} 溶液体积 V/mL	滴定分数 x/%	$\frac{c(Fe^{3+})}{c(Fe^{2+})}$	$\frac{c(Ce^{4+})}{c(Ce^{3+})}$	体系的电极电位 φ/V
1.00	5.0	5.26×10^{-2}		0.60
2.00	10.0	1.11×10^{-1}		0.62
4.00	20.0	2.50×10^{-1}		0.64
8.00	40.0	6.67×10^{-1}		0.67
10.00	50.0	1.00×10^{0}		0.68
12.00	60.0	1.50×10^{0}		0.69
18.00	90.0	9.00×10^{0}		0.74
19.00	99.0	1.90×10^{1}		0.80
19.98	99.9	9.99×10^{2}		0.86 } 突跃范围
20.00	100.0			1.06 } 突跃范围
20.02	100.1		1.00×10^{-3}	1.26 } 突跃范围
22.00	110.0		1.00×10^{-1}	1.38
30.00	150.0		5.00×10^{-1}	1.42
40.00	200.0		1.00×10^{0}	1.44

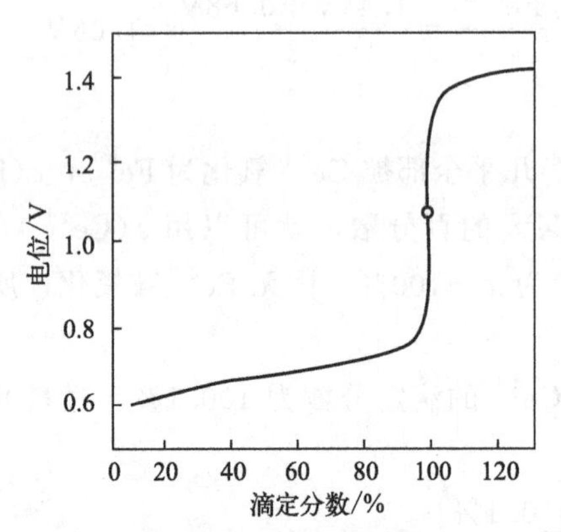

图7-1 在1mol/L H_2SO_4 中用0.1000mol/L $Ce(SO_4)_2$ 溶液滴定0.1000mol/L Fe_2SO_4 溶液体系的滴定曲线

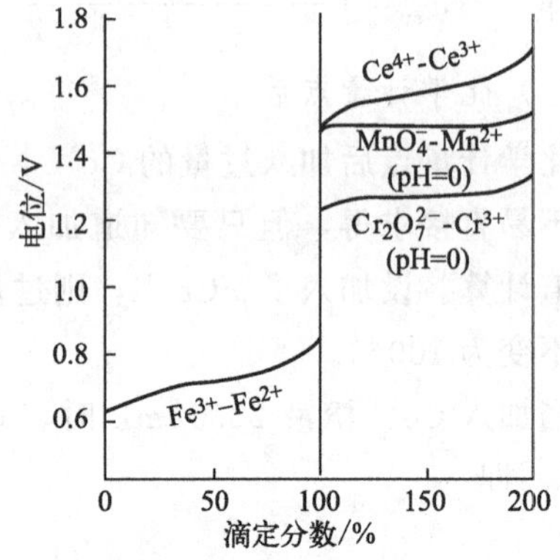

图7-2 不同的氧化剂滴定 Fe^{2+} 的滴定曲线

二、影响滴定突跃的因素

1. 两个电对的条件电极电位之差 $\Delta\varphi$ 越大，计量点附近的电位突跃也越大

如 Ce^{4+} 滴定 Fe^{2+} 的突跃大于 $Cr_2O_7^{2-}$ 滴定 Fe^{2+}；电对的电子转移数越小，滴定突跃越大，如 Ce^{4+} 滴定 Fe^{2+} 的突跃大于 MnO_4^- 滴定 Fe^{2+}。图7-2是以不同的氧化剂分别滴定还原剂 Fe^{2+} 时所绘成的滴定曲线。

2. 参与氧化还原反应的电对是否为可逆电对

图 7-1 为 Ce^{4+} 滴定 Fe^{2+} 的滴定曲线，Fe^{3+}/Fe^{2+} 和 Ce^{4+}/Ce^{3+} 电对都是可逆电对，实际电位符合能斯特方程的计算结果，理论计算得到的滴定曲线与实验结果一致；且 $n_1=n_2=1$，化学计量点在滴定突跃中间。图 7-2 是在 1mol/L H_2SO_4 介质中用 $KMnO_4$ 滴定 Fe^{2+} 的滴定曲线。在化学计量点前，体系的电位由可逆电对 Fe^{3+}/Fe^{2+} 所决定，实验值与理论值一致；但在化学计量点后，由于体系的电位主要由不可逆电对 MnO_4^-/Mn^{2+} 决定，实测滴定曲线与理论曲线有明显差别；$n_1 \neq n_2$，化学计量点不在滴定突跃的中心而是偏向失电子较多一方。

3. 滴定反应的介质不同会影响氧化还原滴定曲线的位置和突跃大小

图 7-3 为在不同介质中用 $KMnO_4$ 滴定 Fe^{2+} 的滴定曲线。

化学计量点前：滴定曲线的位置由 $\varphi(Fe^{3+}/Fe^{2+})$ 确定，其大小取决于溶液中的 $[Fe^{3+}]/[Fe^{2+}]$ 比值（因 Fe^{3+} 和介质阴离子的配位作用不同）。在 HCl＋H_3PO_4 介质中，由于 PO_4^{3-} 易与 Fe^{3+} 形成稳定的无色的 $[Fe(PO_4)_2]^{3-}$ 配合物而使 $\varphi(Fe^{3+}/Fe^{2+})$ 降低。所以有 H_3PO_4 存在时，在 HCl 溶液中用溶液 $KMnO_4$ 滴定 Fe^{2+} 的曲线起始位置最低，滴定突跃范围最长，且由于形成无色的 $[Fe(PO_4)_2]^{3-}$ 配合物，消除了 Fe^{3+} 的颜色干扰，终点时颜色变化敏锐。而在 $HClO_4$ 介质中，ClO_4^- 不与 Fe^{3+} 形成配合物，所以 $\varphi(Fe^{3+}/Fe^{2+})$ 较高，其曲线在化学计量点前部分最高。

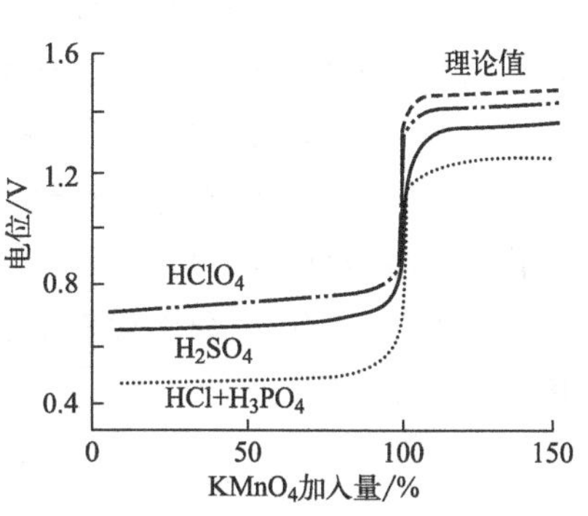

图 7-3　不同介质中用 $KMnO_4$ 滴定 Fe^{2+} 的滴定曲线

化学计量点后：由于 $KMnO_4$ 溶液过量，但实际决定电位的是 Mn(Ⅲ)/Mn(Ⅱ) 电对，因而曲线的位置取决于 $\varphi^{\ominus\prime}$[Mn(Ⅲ)/Mn(Ⅱ)]。由于 Mn(Ⅲ) 易与 PO_4^{3-}、SO_4^{2-} 等阴离子形成配合物而降低其条件电极电位，而在 $HClO_4$ 介质中，ClO_4^- 不与 Mn（Ⅲ）形成配合物，所以 $\varphi^{\ominus\prime}$[Mn(Ⅲ)/Mn(Ⅱ)] 较高，其曲线在化学计量点后部分还是最高。

三、氧化还原指示剂

氧化还原滴定中所用的指示剂有以下几类。

1. 自身指示剂

自身指示剂是指以滴定剂本身颜色指示滴定终点的指示剂。

有些滴定剂本身有很深的颜色，而滴定产物为无色或颜色很浅，在这种情况下，滴定时可不必另加指示剂。例如，$KMnO_4$ 本身显紫红色，用它来滴定 Fe^{2+}、$C_2O_4^{2-}$ 溶液时，反应产物 Mn^{2+}、Fe^{3+} 等颜色很浅或是无色，滴定到化学计量点后，只要 $KMnO_4$ 稍微过量半滴就能使溶液呈现淡红色，指示滴定终点的到达。实验证明，$KMnO_4$ 浓度为 2×10^{-6} mol/L 时，就可以看到粉红色。即在 100mL 水溶液中有 0.01mL $c(KMnO_4)=0.02$mol/L 的溶液，肉眼就能观察到粉红色。

2. 专属指示剂

这种指示剂本身并不具有氧化还原性，但能与滴定剂或被测定物质发生显色反应，而且显色反应是可逆的，因而可以指示滴定终点。这类指示剂最常用的是淀粉，如可溶性淀粉与碘溶液反应生成深蓝色的配合物，当 I_2 被还原为 I^- 时，蓝色就突然退去。因此，在碘量法中多用淀粉溶液作指示液。用淀粉指示液可以检出约 10^{-5} mol/L 的碘溶液，但淀粉指示液和 I_2 的显色灵敏度与淀粉的性质、加入时间、温度及反应介质等条件有关（详见碘量法），如温度升高，显色灵敏度下降。

此外，Fe^{3+} 溶液滴定 Sn^{2+} 时，可用 KSCN 为专属指示剂，化学计量点时，全部反应完毕。稍过量的 Fe^{3+} 即可与 SCN^- 结合，生产红色的 $[Fe(SCN)_5]^{2-}$ 配合物，指示终点。

3. 氧化还原指示剂

这类指示剂本身是氧化剂或还原剂，它的氧化态和还原态具有不同的颜色。在滴定过程中，指示剂由氧化态转为还原态或由还原态转为氧化态时，溶液颜色随之发生变化，从而指示滴定终点。例如，用 $K_2Cr_2O_7$ 滴定 Fe^{2+} 时，常用二苯胺磺酸钠为指示剂。二苯胺磺酸钠的还原态无色，当滴定至化学计量点时，稍过量的 $K_2Cr_2O_7$ 使二苯胺磺酸钠由还原态转变为氧化态，溶液显紫红色，指示滴定终点的到达。

若以 In_{Ox} 和 In_{Red} 分别代表指示剂的氧化态和还原态，滴定过程中，指示剂的电极反应可用式(7-18) 表示：

$$In_{Ox} + ne^- \longrightarrow In_{Red}$$

$$\varphi = \varphi_{In}^{\ominus\prime} + \frac{0.059V}{n}\lg\frac{[In_{Ox}]}{[In_{Red}]} \tag{7-18}$$

可见，当 $\frac{[In_{Ox}]}{[In_{Red}]} \geqslant 10$ 时，溶液呈氧化态颜色，这时

$$\varphi \geqslant \varphi_{In}^{\ominus} + \frac{0.059V}{n}\lg 10 = \varphi_{In}^{\ominus} + \frac{0.059V}{n}$$

当 $\frac{[In_{Ox}]}{[In_{Red}]} \geqslant \frac{1}{10}$ 时，溶液呈还原态颜色，这时

$$\varphi \leqslant \varphi_{In}^{\ominus} + \frac{0.059V}{n}\lg\frac{1}{10} = \varphi_{In}^{\ominus} - \frac{0.059V}{n}$$

所以氧化还原反应指示剂的理论变色范围为

$$\varphi_{In}^{\ominus\prime} - \frac{0.059V}{n} \sim \varphi_{In}^{\ominus\prime} + \frac{0.059V}{n} \tag{7-19}$$

$\varphi_{In}^{\ominus\prime}$ 为指示剂在一定条件下的条件电位，当被滴定的溶液电位恰好等于此值时指示剂呈中间颜色，称为 $\varphi_{In}^{\ominus\prime}$ 指示剂的变色点。表 7-2 列出了一些常用的氧化还原指示剂。

表 7-2 常用的氧化还原指示剂

指示剂	$\varphi_{In}^{\ominus\prime}$/V ($[H^+]$=1mol/L)	颜色变化		配制方法
		还原态	氧化态	
次甲基蓝	+0.52	无	蓝	0.5g/L 水溶液
二苯胺磺酸钠	+0.85	无	紫红	0.5g 指示剂，2g Na_2CO_3，加水稀释至 100mL

续表

指示剂	$\varphi_{In}^{\ominus\prime}$/V ($[H^+]$=1mol/L)	颜色变化		配制方法
		还原态	氧化态	
邻苯氨基苯甲酸	+0.89	无	紫红	0.11g 指示剂溶于 20mL 50g/L Na_2CO_3 中,用水稀释至 100mL
邻二氮菲亚铁	+1.06	红	浅蓝	1.485g 邻二氮菲亚铁,0.495g $FeSO_4 \cdot 7H_2O$,用水稀释至 100mL

选择这类指示剂的原则是：指示剂变色点的电位 $\varphi_{In}^{\ominus\prime}$应当处在滴定体系的电位突跃范围内，并尽量与化学计量点电位 φ_{sp} 一致，以减少终点误差。

$$\varphi_2^{\ominus\prime}+\frac{0.059V\times 3}{n_2}\leqslant\varphi_{In}^{\ominus\prime}\leqslant\varphi_1^{\ominus\prime}-\frac{0.059V\times 3}{n_1} \tag{7-20}$$

例如，在 1mol/L 的 H_2SO_4 溶液中，用 Ce^{4+} 滴定 Fe^{2+}，前面已经计算出滴定到化学计量点后 0.1%的电位突跃范围是 0.86～1.26V。显然，选择邻苯氨基苯甲酸和邻二氮菲亚铁是合适的。若选二苯胺磺酸钠，终点会提前，终点误差将会大于允许误差。

应该指出，指示剂本身会消耗滴定剂。例如，0.1mL 0.2%二苯胺磺酸钠会消耗 0.1mL 0.017mol/L 的 $K_2Cr_2O_7$ 溶液，因此，若 $K_2Cr_2O_7$ 溶液的浓度是 0.01mol/L 或更稀，则应做指示剂的空白校正。

第三节 氧化还原反应的预处理

一、氧化还原滴定前的预处理

在利用氧化还原滴定法分析某些具体试样时，往往需要将欲测组分预先处理成特定的价态。例如，测定铁矿中总铁量时，将 Fe^{3+} 预先还原为 Fe^{2+}，然后用氧化剂 $K_2Cr_2O_7$ 滴定。测定锰和铬时，先将试样溶解，如果它们是以 Cr^{2+} 或 Mn^{2+} 形式存在，就很难找到合适的强氧化剂直接滴定。可先用 $(NH_4)_2S_2O_8$ 将它们氧化成 MnO_4^-、$Cr_2O_7^{2-}$，再选用合适的还原剂（如 $FeSO_4$ 溶液）进行滴定。又如 Sn^{4+} 的测定，要找一种强还原剂直接滴定它是不可能的，需将 Sn^{4+} 预还原成 Sn^{2+}，然后选用合适的氧化剂（如碘溶液）滴定。这种测定前的氧化还原步骤称为氧化还原预处理。

预处理时所选用的氧化剂或还原剂必须满足如下条件。

① 氧化或还原必须将欲测组分定量地氧化或还原成一定的价态。

② 过剩的氧化剂或还原剂必须易于完全除去。除去的方法有以下几种。

a. 加热分解。例如，$(NH_4)_2S_2O_8$、H_2O_2、Cl_2 等易分解或易挥发的物质可借加热煮沸分解除去。

b. 过滤。如 $NaBiO_3$、Zn 等难溶于水的物质，可过滤除去。

c. 利用化学反应。如用 $HgCl_2$ 除去过量 $SnCl_2$：

$$2HgCl_2+SnCl_2 \longrightarrow SnCl_4+Hg_2Cl_2\downarrow$$

$HgCl_2$ 沉淀一般不被滴定剂氧化，不必过滤除去。

③ 氧化或还原反应的选择性要好，以避免试样中其他组分干扰。例如，钛铁矿中铁的测定，若用金属锌 [$\varphi^{\ominus}(Zn^{2+}/Zn)=-0.76V$] 为预还原剂，不仅还原 Fe^{3+}，而且也还原 Ti^{4+}[$\varphi^{\ominus\prime}(Ti^{4+}/Ti^{3+})=0.10V$]，此时用 $K_2Cr_2O_7$ 滴定测出的是两者的合量。如若用 $SnCl_2$[$\varphi^{\ominus\prime}(Sn^{4+}/Sn^{2+})=0.14V$] 为预还原剂，则仅还原 Fe^{3+}，因而提高了反应的选择性。

④ 反应速率要快。

二、常用的预氧化剂和预还原剂

预处理是氧化还原滴定法中关键性步骤之一，熟练掌握各种氧化剂、还原剂的特点，选择合理的预处理步骤，可以提高方法的选择性。下面介绍几种常用的预氧化和预还原时采用的试剂。

1. 氧化剂

(1) 过硫酸铵 [$(NH_4)_2S_2O_8$]

过硫酸铵在酸性溶液中，并有催化剂银盐存在时，是一种很强的氧化剂。

$$S_2O_8^{2-}+2e^- \longrightarrow 2SO_4^{2-} \qquad \varphi^{\ominus}(S_2O_8^{2-}/SO_4^{2-})=2.01V$$

$S_2O_8^{2-}$ 可以定量地将 Ce^{3+} 氧化成 Ce^{4+}，将 Cr^{3+} 氧化成 Cr(Ⅵ)，将 V(Ⅳ) 氧化成 V(Ⅴ)，以及将 W(Ⅴ) 氧化成 W(Ⅵ)。在硝酸-磷酸或硫酸-磷酸介质中，过硫酸铵能将 Mn(Ⅱ) 氧化成 Mn(Ⅶ)。磷酸的存在可以防止锰被氧化成 MnO_2 沉淀析出，并保证全部氧化成 MnO_4^-。

如果 Mn^{2+} 溶液中含有 Cl^-，应该先加 H_2SO_4 蒸发并加热至冒 SO_3 白烟，以除尽 HCl，然后再加入 H_3PO_4，用过硫酸铵进行氧化。Cr(Ⅲ) 和 Mn(Ⅱ) 共存时，能同时被氧化成 Cr(Ⅵ) 和 Mn(Ⅶ)。如果在 Cr^{3+} 氧化完全后加入盐酸或氯化钠煮沸，则 Mn(Ⅶ) 被还原而 Cr(Ⅵ) 不被还原，可以提高选择性。过量的 $(NH_4)_2S_2O_8$ 可用煮沸的方法除去，其反应为：

$$2S_2O_8^{2-}+2H_2O \xrightarrow{\text{煮沸}} 4HSO_4^-+O_2\uparrow$$

(2) 过氧化氢 (H_2O_2)

在碱性溶液中，过氧化氢是较强的氧化剂，可以把 Cr(Ⅲ) 氧化成 CrO_4^{2-}。在酸性溶液中，过氧化氢既可作氧化剂，也可作还原剂。例如，在酸性溶液中它可以把 Fe^{2+} 氧化成 Fe^{3+}，其反应式如下：

$$2Fe^{2+}+H_2O_2+2H^+ \longrightarrow 2Fe^{3+}+2H_2O$$

也可将 MnO_4^- 还原为 Mn^{2+}：

$$2MnO_4^-+5H_2O_2+6H^+ \longrightarrow 2Mn^{2+}+5O_2\uparrow+8H_2O$$

因此，如果在碱性溶液中用过氧化氢进行预氧化，过量的过氧化氢应该在碱性溶液中除去，否则在酸化后已经被氧化的产物可能再次被还原。例如，Cr^{3+} 在碱性条件下被 H_2O_2 氧化成 CrO_4^{2-}，当溶液被酸化后，CrO_4^{2-} 能被剩余的 H_2O_2 还原成 Cr^{3+}。

(3) 高锰酸钾 ($KMnO_4$)

高锰酸钾是一种很强的氧化剂，在冷的酸性介质中，可以在 Cr^{3+} 存在时将 V(Ⅳ) 氧化成 V(Ⅴ)，此时 Cr^{3+} 被氧化的速率很慢，但在加热煮沸的硫酸溶液中 Cr^{3+} 可以被定量氧化成 Cr(Ⅵ)。

$$2MnO_4^- + 2Cr^{3+} + 3H_2O \longrightarrow 2MnO_2 \downarrow + Cr_2O_7^{2-} + 6H^+$$

过量的 MnO_4^- 和生成的 MnO_2 可以加入盐酸或氯化钠一起煮沸破坏。当有氟化物或磷酸存在时，$KMnO_4$ 可选择性地将 Ce^{3+} 氧化成 Ce^{4+}，过量的 MnO_4^- 可以用亚硝酸盐还原，多余的亚硝酸盐用尿素分解除去。

$$2MnO_4^- + 5NO_2^- + 6H^+ \longrightarrow 2Mn^{2+} + 5NO_3^- + 3H_2O$$

$$2NO_2^- + CO(NH_2)_2 + 2H^+ \longrightarrow 2N_2 \uparrow + CO_2 \uparrow + 3H_2O$$

(4) 高氯酸 ($HClO_4$)

高氯酸既是最强的酸，在热而浓度很高时又是很强的氧化剂。其电对半反应如下：

$$ClO_4^- + 8H^+ + 8e^- \longrightarrow Cl^- + 4H_2O \qquad \varphi^{\ominus}(ClO_4^-/Cl^-) = 1.37V$$

在钢铁分析中，通常用它来分解试样并同时将铬氧化成 CrO_4^{2-}，钒氧化成 VO_3^-，而 Mn^{2+} 不被氧化。当有 H_3PO_4 存在时，高氯酸 ($HClO_4$) 可将 Mn^{2+} 定量地氧化成 $[Mn(H_2P_2O_7)_3]^{3-}$ (其中锰为 3 价状态)。在预氧化结束后，冷却并稀释溶液，高氯酸就失去氧化能力。

应当注意，热而浓的高氯酸遇到有机物会发生爆炸。因此，在处理含有机物的试样时，必须先用浓 HNO_3 加热破坏试样中的有机物，然后再使用高氯酸氧化。

还有其他的预氧化剂，见表 7-3。

表 7-3 部分常用的预氧化剂

氧化剂	用途	使用条件	过量氧化剂除去的方法
$NaBiO_3$	$Mn^{2+} \longrightarrow MnO_4^-$ $Cr^{3+} \longrightarrow Cr_2O_7^{2-}$ $Ce^{3+} \longrightarrow Ce^{4+}$	在硝酸溶液中	$NaBiO_3$ 微溶于水，过量时可过滤除去
KIO_4	$Ce^{3+} \longrightarrow Ce^{4+}$ $VO^{2+} \longrightarrow VO^{3+}$ $Cr^{3+} \longrightarrow Cr_2O_7^{2-}$	在酸性介质中加热	加入 Hg^{2+}，与过量的 KIO_4 作用生成 $Hg(IO_4)_2$ 沉淀，过滤除去
Cl_2 或 Br_2	$I^- \longrightarrow IO_3^-$	酸性或中性	煮沸或通空气流
H_2O_2	$Cr^{3+} \longrightarrow CrO_4^{2-}$	碱性介质	碱性溶液中煮沸

2. 还原剂

在氧化还原滴定中，由于还原剂的保存比较困难，氧化剂标准滴定溶液的使用比较广泛，这就要求待测组分必须处于还原状态，因而预先还原更显重要。

(1) 二氯化锡 ($SnCl_2$)

$SnCl_2$ 是一种中等强度的还原剂，在 1mol/L 盐酸中 $\varphi^{\ominus\prime}(Sn^{4+}/Sn^{2+}) = 0.139V$。$SnCl_2$ 常用于预还原 Fe^{3+}，还原速率随氯离子浓度的增高而加快。在热的盐酸溶液中，$SnCl_2$ 可以将 Fe^{3+} 定量并迅速地还原为 Fe^{2+}，过量的 $SnCl_2$ 加入 $HgCl_2$ 除去。

$$2HgCl_2 + SnCl_2 \longrightarrow SnCl_4 + Hg_2Cl_2 \downarrow$$

但要注意，如果加入 $SnCl_2$ 的量过多，就会进一步将 Hg_2Cl_2 还原为汞，而汞将与氧化剂作用，使分析结果产生误差。所以预还原 Fe^{3+} 时，$SnCl_2$ 不能过量太多。

$SnCl_2$ 也可将 Mo(Ⅵ) 还原为 Mo(Ⅴ) 及 Mo(Ⅳ)，将 As(Ⅴ) 还原为 As(Ⅲ) 等。

(2) 三氯化钛 ($TiCl_3$)

$TiCl_3$ 是一种强还原剂，在 1mol/L 盐酸中 $\varphi^{\ominus\prime}(Ti^{4+}/Ti^{3+})=-0.04V$。在测定铁时，为了避免使用剧毒的 $HgCl_2$，可以采用 $TiCl_3$ 还原 Fe^{3+} (详见本章第四节)。此法的缺点是选择性不如 $SnCl_2$ 好。

(3) 金属还原剂

常用的金属还原剂有铁、铝和锌等，它们都是非常强的还原剂。在 HCl 介质中铝可以将 Ti^{4+} 还原为 Ti^{3+}，Sn^{4+} 还原为 Sn^{2+}，过量的金属可以过滤除去。为了方便，通常将金属装入柱内使用，一般称作还原器。例如，常用的有锌汞齐还原器（琼斯还原器）、银还原器（瓦尔登还原器）、铅还原器等。溶液以一定的流速通过还原器，流出时待测组分已被还原至一定的价态，还原器可以长期连续使用。表 7-4 列出了部分常用的预还原剂，供选择时参考。

表 7-4 常见的预还原剂

还原剂	用途	使用条件	过量还原剂除去的办法
SO_2	$Fe^{3+}\longrightarrow Fe^{2+}$ $AsO_4^{3-}\longrightarrow AsO_3^{3-}$ $Sb^{5+}\longrightarrow Sb^{3+}$ $V^{5+}\longrightarrow V^{4+}$ $Cu^{2+}\longrightarrow Cu^{+}$	H_2SO_4 溶液 SCN^- 催化 SCN^- 存在下	煮沸或通 CO_2 气流
联胺	$As^{5+}\longrightarrow As^{3+}$ $Sb^{5+}\longrightarrow Sb^{3+}$		浓 H_2SO_4 中煮沸
Al	$Sn^{4+}\longrightarrow Sn^{2+}$ $Ti^{4+}\longrightarrow Ti^{3+}$	HCl 溶液	过滤
H_2S	$Fe^{3+}\longrightarrow Fe^{2+}$ $MnO_4^-\longrightarrow Mn^{2+}$ $Ce^{4+}\longrightarrow Ce^{3+}$ $Cr_2O_7^{2-}\longrightarrow Cr^{3+}$	强酸性溶液	煮沸

第四节 常用的氧化还原滴定法

一、高锰酸钾法

1. 方法概述

高锰酸钾是一种强氧化剂，它的氧化能力和还原产物与溶液的酸度有关。

在强酸性溶液中，$KMnO_4$ 与还原剂作用，被还原为 Mn^{2+}。

$$MnO_4^- + 8H^+ + 5e^- \longrightarrow Mn^{2+} + 4H_2O \qquad \varphi^{\ominus}(MnO_4^-/Mn^{2+}) = 1.51V$$

基本单元为：$\frac{1}{5}KMnO_4$

由于在强酸性溶液中 $KMnO_4$ 有更强的氧化性，因而高锰酸钾滴定法一般多在 0.5～1mol/L H_2SO_4 强酸性介质中使用，而不使用盐酸介质，这是由于盐酸具有还原性，能诱发一些副反应，干扰滴定。硝酸由于含有氮氧化物，容易产生副反应，也很少采用。

在弱酸性、中性或碱性溶液中，$KMnO_4$ 被还原为 MnO_2。

$$MnO_4^- + 2H_2O + 3e^- \longrightarrow MnO_2\downarrow + 4OH^- \qquad \varphi^{\ominus}(MnO_4^-/MnO_2) = 0.593V$$

基本单元为：$\frac{1}{3}KMnO_4$

由于反应产物为棕色的 MnO_2 沉淀，妨碍终点观察，所以很少使用。

在 pH 大于 12 的强碱性溶液中用 $KMnO_4$ 氧化有机物时，由于在强碱性（大于 2mol/L NaOH 溶液）条件下的反应速度比在酸性条件下更快，所以常利用 $KMnO_4$ 在强碱性溶液中与有机物的反应测定有机物。

$$MnO_4^- + e^- \longrightarrow MnO_4^{2-} \qquad \varphi^{\ominus}(MnO_4^-/MnO_4^{2-}) = 0.564V$$

基本单元为：$KMnO_4$

$KMnO_4$ 法有如下特点：

① $KMnO_4$ 氧化能力强，应用广泛，可直接或间接地测定多种无机物和有机物。例如，可直接滴定许多还原性物质，如 Fe^{2+}、As(Ⅲ)、Sb(Ⅲ)、W(Ⅴ)、U(Ⅳ)、H_2O_2、$C_2O_4^{2-}$、NO_2^- 等；返滴定时可测 MnO_2、PbO_2 等物质；也可以通过 MnO_4^- 与 $C_2O_4^{2-}$ 反应间接测定一些非氧化还原物质，如 Ca^{2+}、Th^{4+} 等。

② $KMnO_4$ 溶液呈紫红色，当试液为无色或颜色很浅时，滴定不需要外加指示剂。

③ 由于 $KMnO_4$ 氧化能力强，因此该方法的选择性欠佳，而且 $KMnO_4$ 与还原性物质的反应历程比较复杂，易发生副反应。

④ $KMnO_4$ 标准滴定溶液不能直接配制，且标准滴定溶液不够稳定，不能久置，需经常标定。

2. 高锰酸钾标准滴定溶液的制备（执行 GB/T 601—2016）

市售高锰酸钾试剂常含有少量的 MnO_2 及其他杂质，使用的蒸馏水中也含有少量如尘埃、有机物等还原性物质，这些物质都能使 $KMnO_4$ 还原，因此 $KMnO_4$ 标准滴定溶液不能直接配制，必须先配成近似浓度的溶液，放置 1 周后滤去沉淀（具体配制方法及操作见 GB/T 601—2016），然后再用基准物质标定。

标定 $KMnO_4$ 溶液的基准物质很多，如 $FeSO_4\cdot(NH_4)_2SO_4\cdot 2H_2O$、$Na_2C_2O_4$、$H_2C_2O_4\cdot 2H_2O$ 和纯铁丝等。其中常用的是 $Na_2C_2O_4$，这是因为它易提纯，且性质稳定，不含结晶水，在 105～110℃烘至恒重，即可使用。

MnO_4^- 与 $C_2O_4^{2-}$ 的标定反应在 H_2SO_4 介质中进行，其反应如下：

$$2MnO_4^- + 5C_2O_4^{2-} + 16H^+ \longrightarrow 2Mn^{2+} + 10CO_2\uparrow + 8H_2O$$

此时滴定反应的等量关系：$n\left(\frac{1}{5}KMnO_4\right) = n\left(\frac{1}{2}Na_2C_2O_4\right)$

为了使标定反应能定量地较快进行，标定时应注意以下滴定条件。

(1) 温度

$Na_2C_2O_4$ 溶液加热至 70～85℃再进行滴定。不能使温度超过 90℃，否则 $H_2C_2O_4$ 分解，导致标定结果偏高。

$$H_2C_2O_4 \xrightarrow{\geqslant 90℃} H_2O + CO_2\uparrow + CO\uparrow$$

(2) 酸度

溶液应保持足够大的酸度，一般控制酸度为 0.5～1mol/L。如果酸度不足，易生成 MnO_2 沉淀；酸度过高，则又会使 $H_2C_2O_4$ 分解。

(3) 滴定速率

MnO_4^- 与 $C_2O_4^{2-}$ 的反应开始时速率很慢，当有 Mn^{2+} 生成之后，反应速率逐渐加快。因此，开始滴定时，应该等第一滴 $KMnO_4$ 溶液褪色后，再加第二滴。此后，因反应生成的 Mn^{2+} 有自动催化作用而加快了反应速率，随之可加快滴定速率，但不能过快，否则加入的 $KMnO_4$ 溶液会因来不及与 $C_2O_4^{2-}$ 反应，就在热的酸性溶液中分解，导致标定结果偏低。

$$4MnO_4^- + 12H^+ \longrightarrow 4Mn^{2+} + 6H_2O + 5O_2\uparrow$$

若滴定前加入少量的 $MnSO_4$ 为催化剂，则在滴定的最初阶段就以较快的速率进行。

(4) 滴定终点

用 $KMnO_4$ 溶液滴定至溶液呈淡粉红色 30s 不褪色即为终点。放置时间过长，空气中还原性物质能使 $KMnO_4$ 还原而褪色。

标定好的 $KMnO_4$ 溶液在放置一段时间后，若发现有 $MnO(OH)_2$ 沉淀析出，应重新过滤并标定。标定结果按下式计算：

$$c\left(\frac{1}{5}KMnO_4\right) = \frac{m(Na_2C_2O_4)}{(V-V_0)\times M\left(\frac{1}{2}Na_2C_2O_4\right)\times 10^{-3}} \tag{7-21}$$

式中　$m(Na_2C_2O_4)$——称取 $Na_2C_2O_4$ 的质量，g；

V——滴定时消耗 $KMnO_4$ 标准滴定溶液的体积，mL；

V_0——空白试验时消耗 $KMnO_4$ 标准滴定溶液的体积，mL；

$M\left(\frac{1}{2}Na_2C_2O_4\right)$——以 $\frac{1}{2}Na_2C_2O_4$ 为基本单元的 $Na_2C_2O_4$ 摩尔质量，67.00g/mol。

【例 7-8】配制 1.5L $c\left(\frac{1}{5}KMnO_4\right)=0.2mol/L$ 的 $KMnO_4$ 溶液，应称取 $KMnO_4$ 多少克？配制 1L $T_{Fe/KMnO_4}=0.00600g/mL$ 的 $KMnO_4$ 溶液，应称取 $KMnO_4$ 多少克？

解：已知 $M(KMnO_4)=158g/mol$，$M(Fe)=55.85g/mol$。

① $m(KMnO_4)=c\left(\frac{1}{5}KMnO_4\right)V(KMnO_4)M\left(\frac{1}{5}KMnO_4\right)=0.2\times1.5\times\frac{1}{5}\times158g=9.5g$

答：配制 1.5L $c\left(\frac{1}{5}KMnO_4\right)=0.2mol/L$ 的 $KMnO_4$ 溶液，应称取 $KMnO_4$ 9.5g。

② 按题意，$KMnO_4$ 与 Fe^{2+} 的反应为

$$MnO_4^- + 5Fe^{2+} + 8H^+ \longrightarrow Mn^{2+} + 5Fe^{3+} + 4H_2O$$

基本单元：Fe　$\frac{1}{5}KMnO_4$

等量关系：$n\left(\frac{1}{5}KMnO_4\right)=n(Fe)$

$$c\left(\frac{1}{5}KMnO_4\right)=\frac{T\times1000}{M(Fe)}=\frac{0.00600\times1000}{55.85}(mol/L)=0.1074mol/L$$

所需 $KMnO_4$ 的质量为：

$$m(KMnO_4)=c\left(\frac{1}{5}KMnO_4\right)V(KMnO_4)M\left(\frac{1}{5}KMnO_4\right)=0.1074\times1\times\frac{1}{5}\times158g=3.4g$$

答：配制 1L $T_{Fe/KMnO_4}=0.00600g/mL$ 的 $KMnO_4$ 溶液应称取 $KMnO_4$ 3.4g。

3. $KMnO_4$ 法的应用示例

（1）直接滴定法测定 H_2O_2

在酸性溶液中 H_2O_2 被 MnO_4^- 定量氧化：

$$2MnO_4^-+5H_2O_2+6H^+\longrightarrow2Mn^{2+}+5O_2\uparrow+8H_2O$$

此反应在室温下即可顺利进行。滴定开始时反应较慢，随着 Mn^{2+} 生成而加速。也可先加入少量 Mn^{2+} 为催化剂。

若 H_2O_2 中含有机物质，后者会消耗 $KMnO_4$，使测定结果偏高。这时，应改用碘量法或铈量法测定 H_2O_2。

等量关系是：$n\left(\frac{1}{5}KMnO_4\right)=n\left(\frac{1}{2}H_2O_2\right)$

（2）间接滴定法测定 Ca^{2+}

Ca^{2+}、Th^{4+} 等在溶液中没有可变价态，通过生成草酸盐沉淀，再用高锰酸钾法间接测定。

以 Ca^{2+} 的测定为例，先沉淀为 CaC_2O_4，再经过滤、洗涤后，将沉淀溶于热的稀 H_2SO_4 溶液中，最后用 $KMnO_4$ 标准滴定溶液滴定 $H_2C_2O_4$，根据所消耗的 $KMnO_4$ 的量间接求得 Ca^{2+} 的含量。

等量关系是：$n\left(\frac{1}{5}KMnO_4\right)=n\left(\frac{1}{2}H_2C_2O_4\right)=n\left(\frac{1}{2}Ca\right)$

为了保证 Ca^{2+} 与 $C_2O_4^{2-}$ 间的 1∶1 的计量关系，以及获得颗粒较大的 CaC_2O_4 沉淀，以便于过滤和洗涤，必须采取以下相应的措施。

① 在酸性试液中先加入过量 $(NH_4)_2C_2O_4$，后用稀氨水慢慢中和试液至甲基橙显黄色，使沉淀缓慢地生成。

② 沉淀完全后，须放置陈化一段时间。

③ 用蒸馏水洗去沉淀表面吸附的 $C_2O_4^{2-}$。若在中性或弱碱性溶液中沉淀，会有部分 $Ca(OH)_2$ 或碱式草酸钙生成，使测定结果偏低。为减少沉淀溶解损失，应用尽可能少的冷水洗涤沉淀。

（3）返滴定法测定软锰矿中 MnO_2

软锰矿中 MnO_2 的测定是利用 MnO_2 与 $C_2O_4^{2-}$ 在酸性溶液中的反应，其反应式如下：

$$MnO_2+C_2O_4^{2-}+4H^+\longrightarrow Mn^{2+}+2CO_2\uparrow+2H_2O$$

加入一定量过量的 $Na_2C_2O_4$ 于磨细的矿样中，加 H_2SO_4 并加热，当样品中无棕黑色颗粒存在时，表示试样分解完全。用 $KMnO_4$ 标准滴定溶液趁热返滴定剩余的草酸，由 $Na_2C_2O_4$ 的加入量和 $KMnO_4$ 溶液消耗量之差求出 MnO_2 的含量。

等量关系是：$n\left(\frac{1}{2}MnO_2\right)=n\left(\frac{1}{2}Na_2C_2O_4\right)-n\left(\frac{1}{5}KMnO_4\right)$

(4) 水中化学耗氧量 COD_{Mn} 的测定

化学耗氧量 COD 是 1L 水中还原性物质（无机的或有机的）在一定条件下被氧化时所消耗的氧含量，通常用 COD_{Mn}（O，mg/L）表示。它是反映水体被还原性物质污染的主要指标。还原性物质包括有机物、亚硝酸盐、亚铁盐和硫化物等，但多数水受有机物污染极为普遍，因此，化学耗氧量可作为有机物污染程度的指标，目前它已经成为环境监测分析的主要任务之一。

COD_{Mn} 的测定方法是：在酸性条件下，加入过量的 $KMnO_4$ 溶液，将水样中的某些有机物及还原性物质氧化，反应后在剩余的 $KMnO_4$ 中加入过量的 $Na_2C_2O_4$ 还原，再用 $KMnO_4$ 溶液返滴定过量的 $Na_2C_2O_4$，从而计算出水样中所含还原性物质所消耗的 $KMnO_4$，再换算为 COD_{Mn}。测定过程所发生的有关反应如下：

$$4KMnO_4+5C+6H_2SO_4 \longrightarrow 2K_2SO_4+4MnSO_4+5CO_2\uparrow+6H_2O$$

$$2MnO_4^-+5C_2O_4^{2-}+16H^+ \longrightarrow 2Mn^{2+}+10CO_2\uparrow+8H_2O$$

$KMnO_4$ 法测定的化学耗氧量 COD_{Mn}，只适用于较为清洁水样的测定。

等量关系是：$n\left(\frac{1}{4}O_2\right)=n\left(\frac{1}{4}C\right)=n\left(\frac{1}{5}KMnO_4\right)-n\left(\frac{1}{2}Na_2C_2O_4\right)$

(5) 一些有机物的测定

氧化有机物的反应在碱性溶液中比在酸性溶液中快，采用加入过量 $KMnO_4$ 并加热的方法可进一步加速反应。例如，测定甘油时，加入一定量过量的 $KMnO_4$ 标准滴定溶液到含有试样的 2mol/L NaOH 溶液中，放置片刻，溶液中发生如下反应：

$$\begin{array}{l}CH_2OH \\ | \\ CHOH \\ | \\ CH_2OH\end{array} +14MnO_4^-+20OH^- \longrightarrow 3CO_3^{2-}+14MnO_4^{2-}+14H_2O$$

待溶液中反应完全后，将溶液酸化，MnO_4^{2-} 歧化成 MnO_4^- 和 MnO_2，加入过量的 $Na_2C_2O_4$ 标准滴定溶液还原所有高价锰为 Mn^{2+}，最后再以 $KMnO_4$ 标准滴定溶液滴定剩余的 $Na_2C_2O_4$，由两次加入的 $KMnO_4$ 量和 $Na_2C_2O_4$ 的量计算甘油的质量分数。

等量关系是：$n\left(\frac{1}{14}C_3H_8O_3\right)=n\left(\frac{1}{5}KMnO_4\right)-n\left(\frac{1}{2}Na_2C_2O_4\right)$

甲醛、甲酸、酒石酸、柠檬酸、苯酚、葡萄糖等都可按此法测定。

二、重铬酸钾法

1. 方法概述

重铬酸钾是一种常用的氧化剂，它具有较强的氧化性。在酸性介质中 $Cr_2O_7^{2-}$ 被还原为 Cr^{3+}，其电极反应如下：

$$Cr_2O_7^{2-}+14H^++6e^-\longrightarrow 2Cr^{3+}+7H_2O \qquad \varphi^{\ominus}(Cr_2O_7^{2-}/Cr^{3+})=1.33V$$

基本单元为：$\frac{1}{6}K_2Cr_2O_7$

重铬酸钾的氧化能力不如高锰酸钾强，因此重铬酸钾可以测定的物质不如高锰酸钾广泛。但与高锰酸钾法相比，它有自己的优点，如下所示。

① $K_2Cr_2O_7$ 易提纯，可以制成基准物质，在 140～150℃干燥 2h 后，可直接称量，配制标准溶液。$K_2Cr_2O_7$ 标准滴定溶液相当稳定，保存在密闭容器中，浓度可长期保持不变。

② 室温下，当 HCl 溶液浓度低于 3mol/L 时，$Cr_2O_7^{2-}$ 不会诱导氧化 Cl^-，因此 $K_2Cr_2O_7$ 法可在盐酸介质中进行滴定。$Cr_2O_7^{2-}$ 的滴定还原产物是 Cr^{3+}，呈绿色，滴定时须用指示剂指示滴定终点。常用的指示剂为二苯胺磺酸钠。

2. $K_2Cr_2O_7$ 标准滴定溶液的制备

（1）直接配制法

$K_2Cr_2O_7$ 标准滴定溶液可用直接法配制，但在配制前应将 $K_2Cr_2O_7$ 基准试剂在 105～110℃温度下烘至恒重。

（2）间接配制法（执行 GB/T 601—2016）

若使用分析纯 $K_2Cr_2O_7$ 试剂配制标准滴定溶液，则需进行标定，其标定原理是：移取一定体积的 $K_2Cr_2O_7$ 溶液，加入过量的 KI 和 H_2SO_4，用已知浓度的 $Na_2S_2O_3$ 标准滴定溶液进行滴定，以淀粉指示液指示滴定终点。其反应式为

$$Cr_2O_7^{2-}+6I^-+14H^+\longrightarrow 2Cr^{3+}+3I_2+7H_2O$$

$$I_2+2S_2O_3^{2-}\longrightarrow S_4O_6^{2-}+2I^-$$

等量关系是：$n\left(\frac{1}{6}K_2Cr_2O_7\right)=n\left(\frac{1}{2}I_2\right)=n(Na_2S_2O_3)$

$K_2Cr_2O_7$ 标准滴定溶液的浓度按式(7-22) 计算：

$$c\left(\frac{1}{6}K_2Cr_2O_7\right)=\frac{(V_1-V_2)c(Na_2S_2O_3)}{V} \tag{7-22}$$

式中　$c\left(\frac{1}{6}K_2Cr_2O_7\right)$——重铬酸钾标准滴定溶液的浓度，mol/L；

$c(Na_2S_2O_3)$——硫代硫酸钠标准滴定溶液的浓度，mol/L；

V_1——滴定时消耗硫代硫酸钠标准滴定溶液的体积，mL；

V_2——空白试验消耗硫代硫酸钠标准滴定溶液的体积，mL；

V——重铬酸钾标准滴定溶液的体积，mL。

3. 重铬酸钾法的应用实例

（1）铁矿石中全铁量的测定

重铬酸钾法是测定矿石中全铁量的标准方法。根据预氧化还原方法的不同分为 $SnCl_2$-$HgCl_2$ 法和 $SnCl_2$-$TiCl_3$ 法（无汞测定法）。

① $SnCl_2$-$HgCl_2$ 法。试样用热浓盐酸溶解，用 $SnCl_2$ 趁热将 Fe^{3+} 还原为 Fe^{2+}。冷却后，过量的 $SnCl_2$ 用 $HgCl_2$ 氧化，再用水稀释，并加入 H_2SO_4-H_3PO_4 混合酸和二苯胺磺酸钠指示剂，立即用 $K_2Cr_2O_7$ 标准滴定溶液滴定至溶液由浅绿色（Cr^{3+}）变为紫红色。

用盐酸溶解时，反应为：$Fe_2O_3+6H^+ \longrightarrow 2Fe^{3+}+3H_2O$

滴定反应为：$Cr_2O_7^{2-}+6Fe^{2+}+14H^+ \longrightarrow 2Cr^{3+}+6Fe^{3+}+7H_2O$

测定中加入 H_3PO_4 的目的有两个：一是降低 Fe^{3+}/Fe^{2+} 电对的电极电位，使滴定突跃范围增大，让二苯胺磺酸钠变色点的电位落在滴定突跃范围之内；二是使滴定反应的产物生成无色的 $[Fe(HPO_4)_2]^-$，消除 Fe^{3+} 黄色的干扰，有利于滴定终点的观察。

② 无汞测定法。样品用酸溶解后，以 $SnCl_2$ 趁热将大部分 Fe^{3+} 还原为 Fe^{2+}，再以钨酸钠为指示剂，用 $TiCl_3$ 还原剩余的 Fe^{3+}。反应为

$$2Fe^{3+}+Sn^{2+} \longrightarrow 2Fe^{2+}+Sn^{4+}$$

$$Fe^{3+}+Ti^{3+} \longrightarrow Fe^{2+}+Ti^{4+}$$

当 Fe^{3+} 定量还原为 Fe^{2+} 之后，稍过量的 $TiCl_3$ 即可使溶液中作为指示剂的 6 价钨还原为蓝色的 5 价钨（俗称“钨蓝”），此时溶液呈现蓝色。然后滴入重铬酸钾溶液，使钨蓝刚好褪色，或者以 Cu^{2+} 为催化剂使稍过量的 Ti^{3+} 被水中溶解的氧所氧化，从而消除少量还原剂的影响。最后以二苯胺磺酸钠为指示剂，用重铬酸钾标准滴定溶液滴定溶液中的 Fe^{2+}，即可求出全铁含量。

等量关系是：$n\left(\frac{1}{6}K_2Cr_2O_7\right)=n(Fe)=n\left(\frac{1}{2}Fe_2O_3\right)$

(2) 利用 $Cr_2O_7^{2-}$-Fe^{2+} 反应测定其他物质

$Cr_2O_7^{2-}$ 与 Fe^{2+} 的反应可逆性强，速率快，计量关系好，无副反应发生，指示剂变色明显。此反应不仅用于测铁，还可利用它间接地测定多种物质。

① 测定氧化剂。NO_3^-（或 ClO_3^-）等氧化剂被还原的反应速率较慢，测定时可加入过量的 Fe^{2+} 标准溶液与其反应：

$$3Fe^{2+}+NO_3^-+4H^+ \longrightarrow 3Fe^{3+}+NO\uparrow+2H_2O$$

待反应完全后，用 $K_2Cr_2O_7$ 标准滴定溶液返滴定剩余的 Fe^{2+}，即可求得 NO_3^- 含量。

等量关系是：$n\left(\frac{1}{3}NO_3^-\right)=n(Fe^{2+})-n\left(\frac{1}{6}K_2Cr_2O_7\right)$

② 测定还原剂。一些强还原剂如 Ti^{3+} 等极不稳定，易被空气中氧所氧化。为使测定准确，可将 Ti^{4+} 流经还原柱后，用盛有 Fe^{3+} 溶液的锥形瓶接收，此时发生如下反应：

$$Fe^{3+}+Ti^{3+} \longrightarrow Fe^{2+}+Ti^{4+}$$

置换出的 Fe^{2+} 再用 $K_2Cr_2O_7$ 标准滴定溶液滴定。

等量关系是：$n(Ti^{3+})=n(Fe)=n\left(\frac{1}{6}K_2Cr_2O_7\right)$

③ 测定污水的化学耗氧量（COD_{Cr}）。$KMnO_4$ 法测定的化学耗氧量（COD_{Mn}）只适用于较为清洁水样的测定。若需要测定污染严重的生活污水和工业废水，则需要用 $K_2Cr_2O_7$ 法。用 $K_2Cr_2O_7$ 法测定的化学耗氧量用 COD_{Cr}（O，mg/L）表示。COD_{Cr} 是衡量污水被污染程度的重要指标。其测定原理是：水样中加入一定量的重铬酸钾标准滴定溶液，在强酸性（H_2SO_4）条件下，以 Ag_2SO_4 为催化剂，加热回流 2h，使重铬酸钾与有机物和还原性物质充分作用。过量的重铬酸钾以试亚铁灵为指示剂，用硫酸亚铁铵标准滴定溶液返滴定，其滴定反应为

$$Cr_2O_7^{2-}+6Fe^{2+}+14H^+\longrightarrow 2Cr^{3+}+6Fe^{3+}+7H_2O$$

等量关系是：$n\left(\frac{1}{4}O_2\right)=n\left(\frac{1}{4}C\right)=n\left(\frac{1}{6}K_2Cr_2O_7\right)-n(Fe^{2+})$

由所消耗的硫酸亚铁铵标准滴定溶液的量及加入水样中的重铬酸钾标准滴定溶液的量，便可以按式(7-23)计算出水样中还原性物质消耗氧的量：

$$COD_{Cr}=\frac{(V_0-V_1)c(Fe^{2+})\times 8.000\times 1000}{V} \tag{7-23}$$

式中 V_0——滴定空白时消耗硫酸亚铁铵标准滴定溶液体积，mL；

V_1——滴定水样时消耗硫酸亚铁铵标准滴定溶液体积，mL；

V——水样体积，mL；

$c(Fe^{2+})$——硫酸亚铁铵标准滴定溶液浓度，mol/L；

8.000——氧$\left(\frac{1}{4}O_2\right)$摩尔质量，g/mol。

④ 测定非氧化还原性物质。测定 Pb^{2+}（或 Ba^{2+}）等物质时，先将其沉淀为 $PbCrO_4$，然后过滤沉淀，沉淀经洗涤后溶解于酸中，再以 Fe^{2+} 标准滴定溶液滴定 $Cr_2O_7^{2-}$，从而间接求出 Pb^{2+} 的含量。

等量关系是：$n\left(\frac{1}{3}Pb\right)=n\left(\frac{1}{3}PbCrO_4\right)=n\left(\frac{1}{6}K_2Cr_2O_7\right)=n(Fe^{2+})$

三、碘量法

1. 方法概述

碘量法是利用 I_2 的氧化性和 I^- 的还原性进行滴定的方法，其基本反应是

$$I_2+2e^-\longrightarrow 2I^- \qquad \varphi^\ominus(I_2/I^-)=0.545V$$

基本单元：$\frac{1}{2}I_2$

固体 I_2 在水中溶解度很小（298K 时为 1.18×10^{-3} mol/L），且易于挥发。通常将 I_2 溶解于 KI 溶液中，此时它以 I_3^- 配离子形式存在，其半反应为

$$I_3^-+2e^-\longrightarrow 3I^- \qquad \varphi^\ominus(I_3^-/I^-)=0.545V$$

从 $\varphi^\ominus$ 值可以看出，I_2 是较弱的氧化剂，能与较强的还原剂作用；I^- 是中等强度的还原剂，能与许多氧化剂作用。因此碘量法可以用直接或间接的两种方式进行。

碘量法既可测定氧化剂，又可测定还原剂。I_3^-/I^- 电对反应可逆性好，副反应少，又有很灵敏的淀粉指示剂指示终点，因此碘量法的应用范围很广。

(1) 直接碘量法

在酸性、中性、弱碱性溶液中，用 I_2 配成的标准滴定溶液可以直接测定电位值比 $\varphi^\ominus(I_3^-/I^-)$ 小的还原性物质，如 S^{2-}、SO_3^{2-}、Sn^{2+}、$S_2O_3^{2-}$、As(Ⅲ)、维生素 C 等，这种碘量法称为直接碘量法，又叫碘滴定法。直接碘量法不能在碱性溶液中进行滴定，因为碘与碱发生歧化反应：

$$I_2+2OH^-\longrightarrow IO^-+I^-+H_2O$$

$$3IO^- \longrightarrow IO_3^- + 2I^-$$

(2) 间接碘量法

电位值比 $\varphi^{\ominus}(I_3^-/I^-)$ 高的氧化性物质可在一定的条件下用 I^- 还原，然后用 $Na_2S_2O_3$ 标准滴定溶液滴定释放出的 I_2，这种方法称为间接碘量法，又叫滴定碘法。间接碘量法的基本反应为

$$2I^- - 2e^- \longrightarrow I_2$$

$$I_2 + 2S_2O_3^{2-} \longrightarrow S_4O_6^{2-} + 2I^-$$

利用这一方法可以测定很多氧化性物质，如 Cu^{2+}、$Cr_2O_7^{2-}$、IO_3^-、BrO_3^-、AsO_4^{3-}、ClO^-、NO_2^-、H_2O_2、MnO_4^- 和 Fe^{3+} 等。

间接碘量法多在中性或弱酸性溶液中进行，因为在碱性溶液中 I_2 与 $S_2O_3^{2-}$ 将发生如下反应：

$$4I_2 + S_2O_3^{2-} + 10OH^- \longrightarrow 2SO_4^{2-} + 8I^- + 5H_2O$$

同时，I_2 在碱性溶液中还会发生歧化反应：

$$3I_2 + 6OH^- \longrightarrow IO_3^- + 5I^- + 3H_2O$$

在强酸性溶液中，$Na_2S_2O_3$ 溶液会发生分解反应：

$$S_2O_3^{2-} + 2H^+ \longrightarrow SO_2 + S\downarrow + H_2O$$

同时，I^- 在酸性溶液中易被空气中的 O_2 氧化。

$$4I^- + 4H^+ + O_2 \longrightarrow 2I_2 + 2H_2O$$

(3) 碘量法的终点指示——淀粉指示液法

I_2 与淀粉呈现蓝色，其显色灵敏度除与 I_2 的浓度有关以外，还与淀粉的性质、加入的时间、温度及反应介质等条件有关。因此在使用淀粉指示液指示终点时要注意以下几点。

① 所用的淀粉必须是可溶性淀粉。

② I_3^- 与淀粉的蓝色在热溶液中会消失，因此，不能在热溶液中进行滴定。

③ 要注意反应介质的条件。淀粉在弱酸性溶液中灵敏度很高，显蓝色；当 pH 小于 2 时，淀粉会水解成糊精，与 I_2 作用显红色；当 pH 大于 9 时，I_2 转变为 IO^-，与淀粉不显色。

④ 直接碘量法用淀粉指示液指示终点时，应在滴定开始时加入，终点时溶液由无色突变为蓝色。间接碘量法用淀粉指示液指示终点时，应等滴至 I_2 的黄色很浅时再加入淀粉指示液（若过早加入淀粉，它与 I_2 形成的蓝色配合物会吸留部分 I_2，往往易使终点提前且不明显），终点时溶液由蓝色转无色。

⑤ 淀粉指示液的用量一般为 2～5mL（5g/L 淀粉指示液）。

(4) 碘量法的误差来源和防止措施

碘量法的误差来源于两个方面：一是 I_2 易挥发，二是在酸性溶液中 I^- 易被空气中的氧氧化。为了防止 I_2 挥发和空气中的氧氧化 I^-，测定时要加入过量的 KI，使 I_2 生成 I_3^-，并使用碘瓶，滴定时不要剧烈摇动，以减少 I_2 的挥发。由于 I^- 被空气氧化的反应随光照及酸度增高而加快，因此在反应时应将碘瓶置于暗处，滴定前调节好酸度，析出 I_2 后立即进行滴定。此外，Cu^{2+}、NO_2^- 等离子催化空气对 I^- 的氧化，应设法消除干扰。

2. 碘量法标准滴定溶液的制备

碘量法中需要配制和标定 I_2 和 $Na_2S_2O_3$ 两种标准滴定溶液。

(1) $Na_2S_2O_3$ 标准滴定溶液的制备 (GB/T 601—2016)

市售硫代硫酸钠 ($Na_2S_2O_3 \cdot 5H_2O$) 一般含有少量杂质，因此配制 $Na_2S_2O_3$ 标准滴定溶液不能用直接法，只能用间接法。

配制好的 $Na_2S_2O_3$ 溶液在空气中不稳定，容易分解。这是由于在水中的微生物、CO_2、空气中 O_2 作用下发生下列反应：

$$Na_2S_2O_3 \xrightarrow{\text{微生物}} Na_2SO_3 + S\downarrow$$

$$3Na_2S_2O_3 + 4CO_2 + 3H_2O \longrightarrow 2NaHSO_4 + 4NaHCO_3 + 4S\downarrow$$

$$2Na_2S_2O_3 + O_2 \longrightarrow 2Na_2SO_4 + 2S\downarrow$$

此外，水中微量的 Cu^{2+} 或 Fe^{3+} 等也能促进 $Na_2S_2O_3$ 溶液分解，因此配制 $Na_2S_2O_3$ 溶液时应当用新煮沸并冷却的蒸馏水，并加入少量 Na_2CO_3，使溶液呈弱碱性，以抑制细菌生长。配制好的 $Na_2S_2O_3$ 溶液应贮于棕色瓶中，于暗处放置两星期后，过滤除去沉淀然后再标定。标定后的 $Na_2S_2O_3$ 溶液在贮存过程中如发现溶液变浑浊，应重新标定，或弃去重配。

标定 $Na_2S_2O_3$ 溶液的基准物质有 $K_2Cr_2O_7$、KIO_3、$KBrO_3$、$K_3[Fe(CN)_6]$、纯 Cu 及升华 I_2 等。除 I_2 外，其他物质都需在酸性溶液中与 KI 作用析出 I_2 后，再用配制的 $Na_2S_2O_3$ 溶液滴定。

$$Cr_2O_7^{2-} + 6I^- + 14H^+ \longrightarrow 2Cr^{3+} + 3I_2 + 7H_2O$$

$$BrO_3^- + 6I^- + 6H^+ \longrightarrow Br^- + 3I_2 + 3H_2O$$

$$IO_3^- + 5I^- + 6H^+ \longrightarrow 3I_2 + 3H_2O$$

$$2[Fe(CN)_6]^{3-} + 2I^- \longrightarrow 2[Fe(CN)_6]^{4-} + I_2$$

$$2Cu^{2+} + 4I^- \longrightarrow I_2 + 2CuI\downarrow$$

反应析出的 I_2 以淀粉为指示剂，用待标定的 $Na_2S_2O_3$ 溶液滴定。

$$I_2 + 2S_2O_3^{2-} \longrightarrow S_4O_6^{2-} + 2I^-$$

用 $K_2Cr_2O_7$ 标定 $Na_2S_2O_3$ 溶液时应注意：$Cr_2O_7^{2-}$ 与 I^- 反应较慢，为加速反应，须加入过量的 KI 并提高酸度，但酸度过高会加速空气氧化 I^-。因此，一般应控制酸度为 0.2～0.4mol/L。并在暗处放置 10min，以保证反应顺利完成。

标定过程的总等量关系为：$n(Na_2S_2O_3) = n\left(\frac{1}{2}I_2\right) = n\left(\frac{1}{6}K_2Cr_2O_7\right)$

根据称取 $K_2Cr_2O_7$ 的质量和滴定时消耗 $Na_2S_2O_3$ 标准滴定溶液的体积，可计算出 $Na_2S_2O_3$ 标准滴定溶液的浓度。计算公式如下：

$$c(Na_2S_2O_3) = \frac{m(K_2Cr_2O_7) \times 1000}{(V - V_0)M\left(\frac{1}{6}K_2Cr_2O_7\right)} \tag{7-24}$$

式中 $m(K_2Cr_2O_7)$——$K_2Cr_2O_7$ 的质量，g；

V——滴定时消耗 $Na_2S_2O_3$ 标准滴定溶液的体积，mL；

V_0——空白试验消耗 $Na_2S_2O_3$ 标准滴定溶液的体积，mL；

$M\left(\frac{1}{6}K_2Cr_2O_7\right)$——以$\frac{1}{6}K_2Cr_2O_7$为基本单元的$K_2Cr_2O_7$摩尔质量，49.03g/mol。

(2) I_2标准滴定溶液的制备

① I_2标准滴定溶液的配制。用升华法制得的纯碘可直接配制成标准滴定溶液。但通常是用市售的碘先配成近似浓度的碘溶液，然后用基准试剂或已知准确浓度的$Na_2S_2O_3$标准滴定溶液标定碘溶液的准确浓度。由于I_2难溶于水，易溶于KI溶液，故配制时应将I_2、KI与少量水一起研磨后再用水稀释，并保存在棕色试剂瓶中待标定。

② I_2标准滴定溶液的标定。I_2溶液可用As_2O_3基准物质标定。As_2O_3难溶于水，多用NaOH溶液溶解，使之生成亚砷酸钠，再用I_2溶液滴定AsO_3^{3-}。

$$As_2O_3+6NaOH \longrightarrow 2Na_3AsO_3+3H_2O$$

$$AsO_3^{3-}+I_2+H_2O \longrightarrow AsO_4^{3-}+2I^-+2H^+$$

等量关系：$n\left(\frac{1}{2}I_2\right)=n\left(\frac{1}{2}Na_3AsO_3\right)=n\left(\frac{1}{4}As_2O_3\right)$

此反应为可逆反应，为使反应快速定量地向右进行，可加$NaHCO_3$以保持溶液$pH\approx8$。

根据称取的As_2O_3质量和滴定时消耗I_2溶液的体积可计算出I_2标准滴定溶液的浓度。计算公式如下：

$$c\left(\frac{1}{2}I_2\right)=\frac{m(As_2O_3)\times1000}{(V-V_0)M\left(\frac{1}{4}As_2O_3\right)} \tag{7-25}$$

式中 $m(As_2O_3)$——称取As_2O_3的质量，g；

V——滴定时消耗I_2溶液的体积，mL；

V_0——空白试验消耗I_2溶液的体积，mL；

$M\left(\frac{1}{4}As_2O_3\right)$——以$\frac{1}{4}As_2O_3$为基本单元的$As_2O_3$摩尔质量，g/mol。

由于As_2O_3为剧毒物，一般常用已知浓度的$Na_2S_2O_3$标准滴定溶液标定I_2溶液。

3. 碘量法应用实例

(1) 直接碘量法测硫化钠

在弱酸性溶液中，I_2能氧化Na_2S：

$$Na_2S+I_2 \longrightarrow S\downarrow+2NaI$$

测定时，应用移液管加硫化钠试液于过量的酸性碘溶液中，以防止S^{2-}在酸性条件下生成H_2S而损失。反应完成后，再用$Na_2S_2O_3$标准滴定溶液滴定过量的碘。需要指出，硫化钠中常含有Na_2SO_3及$Na_2S_2O_3$等还原性物质，它们也能与I_2作用，所以测定结果实际上是硫化钠的总还原能力。

其他能与酸作用生成H_2S的试样（如钢铁中的硫，石油和废水中的硫化物，某些含硫的矿石及有机物中的硫等），采用适当方法均可使其转化为H_2S，然后用镉盐或锌盐的氨溶液吸收生成的H_2S，而后加入一定量过量的I_2标准溶液，用HCl将溶液酸化，最后用$Na_2S_2O_3$标准滴定溶液滴定过量的I_2（以淀粉为指示剂），即可测定其中的含硫量。

$$I_2+2S_2O_3^{2-} \longrightarrow S_4O_6^{2-}+2I^-$$

等量关系是：$n\left(\frac{1}{2}Na_2S\right)=n\left(\frac{1}{2}I_2\right)-n(Na_2S_2O_3)$

(2) 直接碘量法测定海波中 $Na_2S_2O_3$ 的含量

$Na_2S_2O_3 \cdot 5H_2O$ 俗称大苏打或海波，是无色透明的单斜晶体，易溶于水，水溶液呈弱碱性，有还原作用，可用作定影剂、去氯剂和分析试剂。$Na_2S_2O_3$ 的含量可在 pH＝5 的 HAc-NaAc 缓冲溶液存在下，用 I_2 标准滴定溶液直接滴定测得。样品中可能存在杂质（亚硫酸钠）的干扰，可借加入甲醛来消除。

$$I_2+2S_2O_3^{2-} \longrightarrow S_4O_6^{2-}+2I^-$$

等量关系是：$n\left(\frac{1}{2}I_2\right)=n(Na_2S_2O_3)$

(3) 直接碘量法测辉锑矿中的锑

辉锑矿的主要组成是 Sb_2S_3。测定辉锑矿中锑的含量时，应先将矿样用 HCl＋KCl 加热分解，加入酒石酸制成 $SbCl_3$ 溶液，然后在 $NaHCO_3$ 存在下，以淀粉为指示剂，用 I_2 标准滴定溶液滴定。其反应为

$$Sb_2S_3+6HCl = 2SbCl_3+3H_2S$$

$$SbCl_3+6NaHCO_3 = Na_3SbO_3+6CO_2+3NaCl+3H_2O$$

$$Na_3SbO_3+2NaHCO_3+I_2 = Na_3SbO_4+2NaI+2CO_2+H_2O$$

等量关系是：$n\left(\frac{1}{2}I_2\right)=n\left(\frac{1}{4}Sb_2S_3\right)=n\left(\frac{1}{2}Sb\right)$

在溶解矿样过程中，加入适量 KCl 是为防止 $SbCl_3$ 因加热而挥发。固体酒石酸（$H_2C_4H_4O_6$）的作用是使 $SbCl_3$ 生成不易水解的配合物 $H(SbO)C_4H_4O_6$，该配合物能与 I_2 标准滴定溶液定量反应。若滴定至终点后，淀粉蓝色很快退去，可能是所加的 $NaHCO_3$ 量不足，或锑的化合物有少量成为沉淀，与过剩的 I_2 反应所致。遇此情况，实验应重做。

(4) 有机物的测定

只要反应速度足够快，就可以用直接碘量法测定，如四乙基铅［$Pb(C_2H_5)_4$］、抗坏血酸、巯基乙酸及安乃近药物等。维生素 C 又称为抗坏血酸（$C_6H_8O_6$），摩尔质量为 171.62g/mol。由于维生素 C 分子中的烯二醇基具有还原性，所以它能被 I_2 定量地氧化成二酮基。其反应为：

```
 ┌───O────┐      H   OH              ┌───O────┐      H   OH
 |        |      |   |               |        |      |   |
 C──C══C──C──C──CH + I2  ⇌   C──C──C──C──C──CH + 2HI
 ‖  |  |  |   |   |              ‖  ‖  ‖  |   |   |
 O  OH OH H   OH  H              O  O  O  H   OH  H
```

维生素 C 的半反应式为：

$$C_6H_6O_6+2e^- \longrightarrow C_6H_8O_6 \qquad \varphi^{\ominus}(C_6H_6O_6/C_6H_8O_6)=+0.18V$$

等量关系：$n\left(\frac{1}{2}I_2\right)=n\left(\frac{1}{2}C_6H_8O_6\right)$

维生素 C 的还原性很强，在空气中极易被氧化，尤其在碱性介质中更甚，测定时应加入 HAc 使溶液呈现弱酸性，以减少维生素 C 的副反应。

维生素 C 含量的测定方法是：准确称取含维生素 C 的试样，溶解在新煮沸且冷却的蒸馏水中，以 HAc 酸化，加入淀粉指示液，迅速用 I_2 标准滴定溶液滴定至终点（呈现稳定的

蓝色）。维生素 C 在空气中易被氧化，所以在 HAc 酸化后应立即滴定。蒸馏水中溶解有氧，因此蒸馏水必须事先煮沸，否则会使测定结果偏低。如果试液中有能被 I_2 直接氧化的物质存在，则对测定有干扰。可见在碱性溶液中有利于反应向右进行，但碱性条件下，空气中的氧会将维生素 C 氧化，同时也会造成 I_2 的歧化反应。

有机物的测定更常用间接碘量法。比如在葡萄糖的碱性溶液中，加入一定量且过量的 I_2 标准滴定溶液，被 I_2 氧化的反应为

$$I_2+2OH^- \longrightarrow IO^- + I^- + H_2O$$

$$CH_2OH(CHOH)_4CHO+IO^- + OH^- \longrightarrow CH_2OH(CHOH)_4COO^- + I^- + H_2O$$

碱液中剩余的 IO^- 歧化为 IO_3^- 和 I^-：$3IO^- \longrightarrow IO_3^- + 2I^-$

溶液酸化后又析出 I_2：$IO_3^- + 5I^- + 6H^+ \longrightarrow 3I_2 + 3H_2O$

最终用 $Na_2S_2O_3$ 标准滴定溶液滴定析出的 I_2，根据加入的总 I_2 量与 $Na_2S_2O_3$ 标准溶液的用量计算葡萄糖的含量。

等量关系：$n\left[\frac{1}{2}CH_2OH(CHOH)_4CHO\right]=n\left(\frac{1}{2}I_2\right)-n(Na_2S_2O_3)$

(5) 间接碘量法

测定铜合金中 Cu 的含量——间接碘量法将铜合金（黄铜或青铜）试样溶于 HCl＋H_2O_2 溶液中，加热分解除去 H_2O_2。在弱酸性溶液中，Cu^{2+} 与过量 KI 作用，定量释出 I_2，此处 KI 是还原剂、沉淀剂和配位剂；释放出的 I_2 再用 $Na_2S_2O_3$ 标准滴定溶液滴定。反应如下：

$$Cu+2HCl+H_2O_2 \longrightarrow CuCl_2+2H_2O$$

$$4I^- + 2Cu^{2+} \longrightarrow 2CuI\downarrow + I_2$$

$$I_2+2S_2O_3^{2-} \longrightarrow S_4O_6^{2-} + 2I^-$$

等量关系是：$n(Cu)=n\left(\frac{1}{2}I_2\right)=n(Na_2S_2O_3)$

加入过量 KI，Cu^{2+} 的还原可趋于完全。由于 CuI 沉淀强烈地吸附 I_2，使测定结果偏低，故在滴定近终点时应加入适量 KSCN，使 CuI($K_{sp}=1.1\times10^{-12}$) 转化为溶解度更小的 CuSCN($K_{sp}=4.8\times10^{-15}$)，转化过程中释放出 I_2。

$$CuI+SCN^- \longrightarrow CuSCN\downarrow + I^-$$

测定过程中要注意以下几点。

① SCN^- 只能在近终点时加入，否则会直接还原 Cu^{2+}，使结果偏低。

② 溶液的 pH 应控制在 3.3～4.0。若 pH＞4，则 Cu^{2+} 水解，使反应不完全，结果偏低；酸度过高，则 I^- 被空气氧化为 I_2，Cu^{2+} 催化此反应，使结果偏高。

③ 合金中的杂质 As、Sb 在溶样时氧化为 As(Ⅴ)、Sb(Ⅴ)，当酸度过大时，As(Ⅴ)、Sb(Ⅴ) 能与 I^- 作用析出 I_2，干扰测定。控制适宜的酸度可消除其干扰。

④ Fe^{3+} 能氧化 I^- 而析出 I_2，可用 NH_4HF_2 掩蔽（生成 FeF_6^{3-}）。这里 NH_4HF_2 又是缓冲剂，可使溶液的 pH 保持在 3.3～4.0。

⑤ 淀粉指示液应在近终点时加入，过早加入会影响终点观察。

(6) 间接碘量法测油脂中过氧化值

油脂过氧化值（POV）是植物油脂的卫生检测指标，在各种色拉油、高级烹饪油国家

质量标准中规定为必检项目。过氧化值高的油脂及食品不能食用，我国国家标准规定食用油的 POV 不超过 0.13%。间接碘量法的测定原理是：油脂氧化过程中产生的过氧化物在酸性条件下与碘化钾作用，生成游离碘，以硫代硫酸钠滴定，计算含量。反应如下：

$$R—CH{=}CH—\underset{\displaystyle |\atop OOH}{CH}—CH_2—R' + 2KI \longrightarrow R—CH{=}CH—CH—\underset{\displaystyle |\atop OH}{CH_2}—R' + I_2 + K_2O$$

$$I_2 + 2S_2O_3^{2-} \longrightarrow S_4O_6^{2-} + 2I^-$$

等量关系是：$n(\text{过氧化油脂}) = n\left(\frac{1}{2}I_2\right) = n(Na_2S_2O_3)$

(7) 间接碘量法测漂白粉中有效氯

漂白粉的主要成分是 $Ca(ClO)Cl$，也可能是 $Ca(ClO_3)_2$、$CaCl_2$ 和 CaO 的混合物等。漂白粉的质量用能释放出来的氯量来衡量，叫作有效氯，以 Cl 的质量分数表示。

测漂白粉中的有效氯时，将试样溶于稀 H_2SO_4 溶液，加过量的 KI，反应生成的 I_2，用 $Na_2S_2O_3$ 标准溶液滴定，反应如下：

$$ClO^- + Cl^- + 2H^+ \longrightarrow Cl_2 + H_2O$$

$$Cl_2 + 2I^- \longrightarrow I_2 + 2Cl^-$$

$$I_2 + 2S_2O_3^{2-} \longrightarrow S_4O_6^{2-} + 2I^-$$

等量关系是：$n(Cl) = n(ClO^-) = n\left(\frac{1}{2}I_2\right) = n(Na_2S_2O_3)$

(8) 间接碘量法测水中的溶解氧

基于溶解氧的氧化性能，于水样中加入硫酸锰和氢氧化钠-碘化钾溶液，生成氢氧化锰棕色沉淀。氢氧化亚锰性质极不稳定，迅速和水中溶解氧化合，生成棕色锰酸锰沉淀。

$$Mn^{2+} + 2OH^- \longrightarrow Mn(OH)_2\downarrow(\text{白色沉淀})$$

$$Mn(OH)_2 + \frac{1}{2}O_2 \longrightarrow H_2MnO_3\downarrow(\text{棕色沉淀})$$

$$Mn(OH)_2 + H_2MnO_3 \longrightarrow MnMnO_3\downarrow(\text{棕色沉淀}) + 2H_2O$$

加入硫酸酸化，使已经化合的溶解氧与溶液中所加入的 I^- 起氧化还原反应，析出与溶解氧量相当的游离碘 I_2。溶解氧越多，析出的碘越多，溶液的颜色就越深。然后用硫代硫酸钠标准溶液滴定游离碘，从而测得溶解氧含量。其反应式如下：

$$MnMnO_3 + 2I^- + 6H^+ \longrightarrow 2Mn^{2+} + I_2 + 3H_2O$$

$$I_2 + 2S_2O_3^{2-} \longrightarrow S_4O_6^{2-} + 2I^-$$

等量关系是：$n\left(\frac{1}{2}O\right) = n\left(\frac{1}{2}I_2\right) = n(Na_2S_2O_3)$

(9) 费休法测定微量水分

卡尔·费休（Karl Fischer）1935 年提出了用碘量法测定微量水分的方法，由于其专一性强和准确性高，是长期以来被广泛应用于测定无机物和有机物中水含量的标准方法。近年来，虽可用气相色谱法测定水分，但对难于气化物质中的微量水分，费休法仍为较好而灵敏的测定方法。

费休法的基本原理是利用 I_2 氧化 SO_2 时，需要定量的水参加反应。

$$I_2 + SO_2 + 2H_2O \longrightarrow 2HI + H_2SO_4$$

但此反应是可逆的，为了使反应向右定量进行，需要加入适当的碱性物质（如吡啶 C_5H_5N）以中和反应后生成的酸。

$$C_5H_5N \cdot I_2 + C_5H_5N \cdot SO_2 + C_5H_5N + H_2O \longrightarrow 2C_5H_5N \cdot HI + C_5H_5N \cdot SO_3$$

同时还需加入甲醇，以防止上述反应的生成物 $C_5H_5N \cdot SO_3$ 与水发生副反应，消耗一部分水而干扰测定，相应的反应为

$$C_5H_5N \cdot SO_3 + CH_3OH \longrightarrow C_5H_5HNOSO_2OCH_3$$

费休法测定水的标准溶液是 I_2、SO_2、C_5H_5N、CH_3OH 的混合溶液，此溶液称为费休试剂，其中除 I_2 应严格计量外，其他组分都是过量的且不必严格计量，但必须严格控制它们的含水量在极低的范围内以保证不影响测定。

标定费休试剂时一般可采用纯水或含水的甲醇作为标准溶液，或采用稳定的含结晶水化合物作为基准物质。费休试剂由于 I_2 的存在而显棕色，与水反应后呈浅黄色。标定时，当其由浅黄色变为棕色时即为终点。此法属于非水滴定法，为了避免误差，测定中所用器皿都必须干燥。1L 费休试剂在配制和保存过程中，若混入 6g 水试剂就会失效。

费休法不仅可用于测定水的含量，而且还可以根据某些反应中生成水或消耗的水量，间接测定多种有机物，如醇、酸酐、羧酸、腈类、羰基化合物、伯胺、仲胺及过氧化物等。

四、其他氧化还原滴定法

1. 硫酸铈法

（1）方法原理

$Ce(SO_4)_2$ 是强氧化剂，其氧化性与 $KMnO_4$ 差不多，凡 $KMnO_4$ 能够测定的物质几乎都能用铈量法测定。在酸性溶液中，Ce^{4+} 与还原剂作用，被还原为 Ce^{3+}。其半反应为

$$Ce^{4+} + e^- \longrightarrow Ce^{3+} \qquad \varphi^{\ominus}(Ce^{4+}/Ce^{3+}) = 1.61V$$

基本单元：$Ce(SO_4)_2$

Ce^{4+}/Ce^{3+} 电对的电极电位值与酸性介质的种类和浓度有关。由于在 $HClO_4$ 中不形成配合物，所以在 $HClO_4$ 介质中 Ce^{4+}/Ce^{3+} 的电极电位值最高，因此应用也较多。

（2）方法特点

① $Ce(SO_4)_2$ 标准溶液可以用提纯的 $Ce(SO_4)_2 \cdot (NH_4)_2SO_4 \cdot 2H_2O$（该物质易提纯）配制，不必进行标定，溶液很稳定，放置较长时间或加热煮沸也不分解。

② $Ce(SO_4)_2$ 不会使 HCl 氧化，可在 HCl 溶液中直接用 Ce^{4+} 标准滴定溶液滴定还原剂。

③ Ce^{4+} 还原为 Ce^{3+} 时没有中间价态的产物，反应简单，副反应少。

④ $Ce(SO_4)_2$ 溶液为橙黄色，而 Ce^{3+} 无色，一般采用邻二氮菲铁（Ⅱ）作指示剂，终点变色敏锐。

⑤ Ce^{4+} 在酸度较低的溶液中易水解，所以 Ce^{4+} 不适宜在碱性或中性溶液中滴定。

（3）硫酸铈法的应用

可用硫酸铈滴定法测定的物质有 $[Fe(CN)_6]^{4-}$、NO_2^-、Sn^{2+} 等离子。由于铈盐价格高，实际工作中应用不多。

等量关系是：$n(Ce^{4+}) = n(Fe^{2+})$

2. 溴酸钾法

$KBrO_3$ 是一种强氧化剂，在酸性溶液中其电对的半反应式为

$$BrO_3^- + 6H^+ + 6e^- \longrightarrow Br^- + 3H_2O \qquad \varphi^\ominus(BrO_3^-/Br^-)=1.44V$$

基本单元是：$\frac{1}{6}KBrO_3$

$KBrO_3$ 容易提纯，在 180℃烘干后可以直接配制成标准滴定溶液，在酸性溶液中直接滴定一些还原性物质，如 As(Ⅲ)、Sb(Ⅲ)、Sn^{2+}、联胺（N_2H_4）等。

由于 $KBrO_3$ 本身与还原剂反应速率慢，实际上常是在 $KBrO_3$ 标准滴定溶液中加入过量 KBr，当溶液酸化时，BrO_3^- 即氧化 Br^- 析出 Br_2。

$$BrO_3^- + 5Br^- + 6H^+ \longrightarrow 3Br_2 + 3H_2O$$

等量关系是：$n\left(\frac{1}{6}KBrO_3\right)=n\left(\frac{1}{2}Br_2\right)$

定量析出的 Br_2 与待测还原性物质反应，反应达化学计量点后，稍过量的 Br_2 可使指示剂（如甲基橙或甲基红）变色，从而指示终点。

溴酸钾法常与碘量法配合使用，即在酸性溶液中加入一定量过量的 $KBrO_3$-KBr 标准滴定溶液，与被测物反应完全后，过量的 Br_2 与加入的 KI 反应，析出 I_2，再以淀粉为指示液，用 $Na_2S_2O_3$ 标准滴定溶液滴定。

$$Br_2(\text{过量}) + 2I^- \longrightarrow 2Br^- + I_2$$

$$I_2 + 2S_2O_3^{2-} \longrightarrow S_4O_6^{2-} + 2I^-$$

这种间接溴酸钾法在有机分析中应用较多。特别是利用 Br_2 的取代反应可测定许多芳香化合物，如苯酚的测定就是利用苯酚与溴的反应。

$$C_6H_5OH + 3Br_2 \longrightarrow C_6H_2Br_3OH \downarrow + 3H^+ + 3Br^-$$

待反应完全后，使剩余的 Br_2 与过量的 KI 作用，析出相当量的 I_2，再用 $Na_2S_2O_3$ 标准滴定溶液进行滴定，从加入的 $KBrO_3$-KBr 标准滴定溶液的量中减去剩余量，即可计算出试样中苯酚含量。

等量关系：$n\left(\frac{1}{6}KBrO_3\right)=n\left(\frac{1}{2}Br_2\right)=n\left(\frac{1}{6}C_6H_5OH\right)+n\left(\frac{1}{2}I_2\right)=n\left(\frac{1}{6}C_6H_5OH\right)+$
$n(Na_2S_2O_3)$

应用相同的方法还可测定甲酚、间苯二酚及苯胺等。

3. 亚砷酸钠-亚硝酸钠法

亚砷酸钠-亚硝酸钠法是使用 Na_3AsO_3-$NaNO_2$ 混合溶液进行滴定，可应用于普通钢和低合金钢中锰的测定。

试样用酸分解，锰转化为 Mn^{2+}，以 $AgNO_3$ 作催化剂，用 $(NH_4)_2S_2O_8$ 将 Mn^{2+} 氧化为 MnO_4^-，然后用 Na_3AsO_3-$NaNO_2$ 混合溶液滴定，反应如下：

$$2MnO_4^- + 5AsO_3^{3-} + 6H^+ \longrightarrow 2Mn^{2+} + 5AsO_4^{3-} + 3H_2O$$

$$2MnO_4^- + 5NO_2^- + 6H^+ \longrightarrow 2Mn^{2+} + 5NO_3^- + 3H_2O$$

单独用 Na_3AsO_3 溶液在 H_2SO_4 介质中滴定 MnO_4^-，Mn(Ⅶ) 只被还原为平均氧化数为+3.3的Mn。而单独用 $NaNO_2$ 溶液在酸性溶液中滴定 MnO_4^-，Mn(Ⅶ) 可定量地还原为Mn(Ⅱ)，但 HNO_2 和 MnO_4^- 作用缓慢，而且 HNO_2 不稳定。为此，采用 Na_3AsO_3-$NaNO_2$ 混合溶液来滴定 MnO_4^-。此时，NO_2^- 能使 MnO_4^- 定量地还原为 Mn^{2+}，AsO_3^{3-} 能加速反应进行，测量结果也较准确。Na_3AsO_3-$NaNO_2$ 混合溶液对锰的滴定度需用锰的标样来确定。

等量关系：$n\left(\frac{1}{5}Mn\right) = n\left(\frac{1}{5}MnO_4^-\right) = n\left(\frac{1}{2}Na_3AsO_3\right) + n\left(\frac{1}{2}NaNO_2\right)$

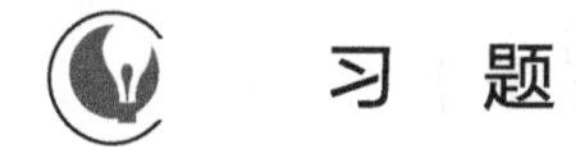

习题

1. 根据 $\varphi^\ominus(Hg_2^{2+}/Hg)$ 和 Hg_2Cl_2 的 K_{sp}，求 $\varphi^\ominus(Hg_2Cl_2/Hg)$。若溶液中 Cl^- 浓度为0.010mol/L，$\varphi(Hg_2Cl_2/Hg)$ 电对的电位是多少？

2. 求1mol/L H_2SO_4 溶液中下述反应的条件平衡常数：

$$Ce^{4+} + Fe^{2+} \longrightarrow Ce^{3+} + Fe^{3+}$$

3. 在1mol/L $HClO_4$ 溶液中用 $KMnO_4$ 标准溶液滴定 Fe^{2+} 溶液，计算体系的条件平衡常数，并求化学计量点时溶液中 $c_{Fe(Ⅲ)}$ 与 $c_{Fe(Ⅱ)}$ 之比。

4. 下列反应：

$$n_2Ox_1 + n_1Red_2 \rightleftharpoons n_1Ox_2 + n_2Red_1$$

如果 $n_1 = n_2 = 1$，要使化学计量点时反应的完全程度达99.9%以上，问 $\lg K$ 至少应是多少？$(\varphi_1^\ominus - \varphi_2^\ominus)$ 又至少应是多少？如果 $n_1 = n_2 = 2$，情况又怎样？

5. 求在1mol/L HCl介质中，用 Fe^{3+} 滴定 Sn^{2+} 的化学计量点电位和突跃范围。

6. 以0.01667mol/L $K_2Cr_2O_7$ 标准溶液滴定0.1000mol/L的 Fe^{2+} 至终点时，溶液的pH=2.0，求化学计量点的电位。若 $[H^+]$=1mol/L，化学计量点的电位又为多少？已知 $\varphi^\ominus(Fe^{3+}/Fe^{2+})$=0.77V，$\varphi^\ominus(Cr_2O_7^{2-}/Cr^{3+})$=1.33V。

7. 用 KIO_3 作基准物质，采用间接碘量法标定0.1000mol/L $Na_2S_2O_3$ 溶液的浓度。如果滴定时，想让消耗的 $Na_2S_2O_3$ 溶液控制在25mL左右，问应当称取 KIO_3 多少克？

8. 碘量法测定钢中的硫时，让硫燃烧生成 SO_2，用含有淀粉的水溶液吸收 SO_2，再用标准碘溶液滴定。如果称取含硫0.051%的标准钢样和被测钢样各500mg，滴定标准钢中的硫用去碘溶液11.6mL，滴定被测钢样中的硫用去碘溶液7.00mL。请用滴定度表示碘溶液的浓度，并求被测钢样中硫的质量分数。

9. 称取 Pb_3O_4 样品0.1000g，加HCl溶液后反应放出氯气。该氯气与KI溶液反应，析出 I_2，然后以 $Na_2S_2O_3$ 溶液滴定，用去25.00mL。已知1mL $Na_2S_2O_3$ 溶液相当于0.3249mg $KIO_3 \cdot HIO_3$ (389.9g/mol)。计算试样中 Pb_3O_4 的质量分数

（已知 $M_{Pb_3O_4}$＝685.6g/mol）。

10. 称取苯酚试样 0.5015g，用 NaOH 溶液溶解后，用水准确稀释成 250.0mL，移取 25mL 试样在碘量瓶中，加入 $KBrO_3$-KBr 标准溶液 25.00mL 及 HCl，使苯酚溴化为三溴苯酚。加入 KI 溶液，使未反应的 Br_2 还原并析出定量的 I_2，然后用 0.1012mol/L $Na_2S_2O_3$ 标准溶液滴定，用去 15.05mL。另取 25.00mL $KBrO_3$-KBr 标准溶液，加入 HCl 及 KI 溶液，析出的 I_2 用 0.1012mol/L $Na_2S_2O_3$ 滴定，用去 40.20mL。计算试样中苯酚的质量分数。

11. 某硅酸盐试样 1.000g，用重量法测得（Fe_2O_3＋Al_2O_3）的总量为 0.5000g。将沉淀溶解在酸性溶液中，并将 Fe^{3+} 还原为 Fe^{2+}，然后用 0.03000mol/L $K_2Cr_2O_7$ 溶液滴定，用去 25.00mL。计算试样中 Fe_2O_3 和 Al_2O_3 的质量分数。

12. 移取 20.00mL 乙二醇试样，加 50.00mL 0.02000mol/L $KMnO_4$ 碱性溶液。反应完毕后，酸化溶液，加 0.1010mol/L $Na_2C_2O_4$ 20.00mL，还原过量的 MnO_4^- 及 MnO_4^{2-} 的歧化产物 MnO_2 和 MnO_4^-；再以 0.02000mol/L $KMnO_4$ 溶液滴定过量的 $Na_2C_2O_4$，消耗了 15.20mL。求乙二醇试样的浓度。

13. 化学耗氧量（COD）是指每升水中的还原性物质（有机物与无机物），在一定条件下被强氧化剂氧化时所消耗的氧的质量（mg）。今取废水样 100.0mL，用 H_2SO_4 酸化后，加入 25.00mL 0.01667mol/L $K_2Cr_2O_7$ 溶液，以 Ag_2SO_4 为催化剂煮沸一定时间，待水样中还原性物质较完全地氧化后，以邻二氮菲亚铁为指示剂，用 0.1000mol/L $FeSO_4$ 滴定剩余的 $Cr_2O_7^{2-}$，用去了 15.00mL。计算废水样中化学耗氧量。

参考答案

第八章

沉淀滴定法

第一节 概　述

一、沉淀滴定反应的条件

沉淀滴定法是基于沉淀反应建立的一种滴定分析方法。沉淀反应是一类广泛存在的反应，但由于沉淀的生成过程比较复杂，因此沉淀反应虽然很多，但并不是所有的沉淀反应都能用于滴定分析。沉淀滴定法适用于符合下列几个条件的沉淀反应。

① 沉淀反应迅速、定量地进行，反应的完全程度高。

② 生成的沉淀物组成恒定，溶解度小，不易形成过饱和溶液和产生共沉淀。

③ 有确定化学计量点的简单方法。

④ 沉淀的吸附现象不影响滴定终点的确定。

由于上述条件的限制，能用于沉淀滴定的反应并不多，目前有实用价值的主要是银量法。

二、沉淀银量滴定法

沉淀银量滴定法是利用生成难溶银盐反应的测定方法。又称为银量法。基本原理如下：

$$Ag^{+} + X^{-} \longrightarrow AgX\downarrow \ (X = Cl^{-}、Br^{-}、I^{-})$$

$$Ag^{+} + SCN^{-} \longrightarrow AgSCN\downarrow$$

该法可用于化工、冶金、农业以及处理“三废”等生产部门的检测工作。银量法按照指示滴定终点的方法不同而分为三种：莫尔（Mohr）法、佛尔哈德（Volhard）法和法扬斯（Fajans）法。

三、银量法的基准物质和标准溶液

1. 基准物质

银量法常用的基准物质是市售的优级纯硝酸银和氯化钠。硝酸银的市售品如果纯度不够，可以在稀硝酸中重结晶提纯。精制过程中应避光并避免有机物（如滤纸纤维），防止被还原。所得结晶可再干燥除去表面水。$AgNO_3$ 纯晶不易吸潮，应密闭避光保存。

氯化钠有基准品规格的试剂，也可用一般试剂级规格的氯化钠进行精制，氯化钠极易吸潮，应置于干燥器中保存。

2. 标准溶液

（1）硝酸银标准溶液

① 直接法制备：可用定重法精密称取基准硝酸银，用蒸馏水溶解后定容制成。具体方法为：先将基准 $AgNO_3$ 结晶置于烘箱内，在 110℃烘 2h，以除去吸湿水，然后称取一定量烘干的 $AgNO_3$，溶解后转移至一定体积的容量瓶中，加水稀释至标线，即得一定浓度的标准溶液。

② 间接法制备：实际工作中，常使用分析纯或化学纯的 $AgNO_3$ 试剂，先配成近似一定浓度的溶液，再以基准物质 NaCl 进行标定。NaCl 易吸潮，使用前应置于洁净的瓷坩埚中，于 500～600℃灼烧至不再有爆破声为止。标定 $AgNO_3$ 溶液，可采用银量法中的任意一种。为了消除方法误差，最好做到标定方法与测定方法一致，硝酸银标准溶液见光容易分解，应于棕色瓶中避光保存，但存放一段时间后，还应重新标定。

（2）硫氰酸铵（或硫氰酸钾）标准溶液

NH_4SCN 和 KSCN 固体试剂一般含有杂质，而且易潮解，通常配制成近似一定浓度的溶液，然后标定，可按铁铵钒指示剂法用基准 $AgNO_3$ 或用 $AgNO_3$ 标准溶液进行比较而求得准确浓度。

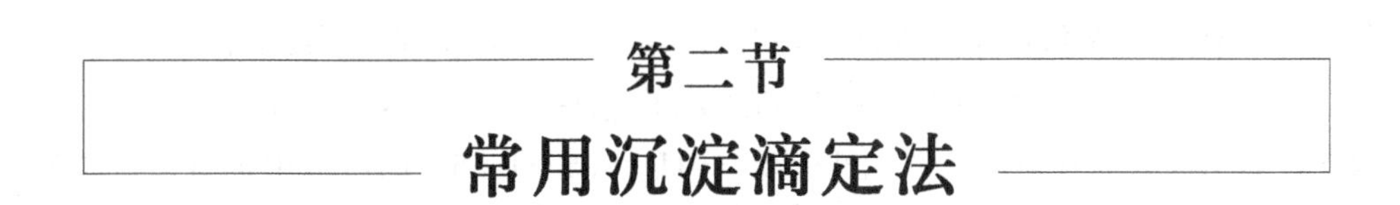

第二节 常用沉淀滴定法

一、莫尔法——铬酸钾作指示剂

本法以 K_2CrO_4 作指示剂，在中性或弱碱性溶液中，用 $AgNO_3$ 标准溶液可以直接滴定 Cl^- 或 Br^- 等离子。

1. 指示剂的作用原理

根据分步沉淀的原理，由于 AgCl 的溶解度小于 Ag_2CrO_4 的溶解度，因此在含有 Cl^-（或 Br^-）和 CrO_4^{2-} 的溶液中，用 $AgNO_3$ 标准溶液进行滴定过程中，AgCl 首先沉淀出来，当滴定到化学计量点附近时，溶液中 Cl^- 浓度越来越小，Ag^+ 浓度增加，直至 $[Ag^+]^2[CrO_4^{2-}] > K_{sp,Ag_2CrO_4}$，立即生成砖红色的 Ag_2CrO_4 沉淀，以此指示滴定终点。其反应为

$$Ag^+ + Cl^- \longrightarrow AgCl\downarrow（白色）$$

$$2Ag^+ + CrO_4^{2-} \longrightarrow Ag_2CrO_4\downarrow（砖红色）$$

2. 滴定条件

应用莫尔法，必须注意下列滴定条件。

（1）要严格控制 K_2CrO_4 的用量

如果指示剂 K_2CrO_4 的浓度过高或过低，Ag_2CrO_4 沉淀析出就会提前或滞后。已知

AgCl 和 Ag_2CrO_4 的溶度积是

$$[Ag^+][Cl^-]=1.77\times10^{-10}$$
$$[Ag^+]^2[CrO_4^{2-}]=1.12\times10^{-12}$$

根据溶度积原理，当滴定到达化学计量点时要有 Ag_2CrO_4 沉淀生成：

$$[Ag^+]=[Cl^-]=\sqrt{1.77\times10^{-10}}\text{ mol/L}=1.33\times10^{-5}\text{ mol/L}$$

$$[CrO_4^{2-}]=\frac{K_{sp,Ag_2CrO_4}}{[Ag^+]^2}=\frac{1.12\times10^{-12}}{(1.33\times10^{-5})^2}\text{ mol/L}=6.3\times10^{-3}\text{ mol/L}$$

以上的计算说明在滴定到化学计量点时，刚好生成砖红色的 Ag_2CrO_4 沉淀。由于 K_2CrO_4 溶液呈黄色，当其浓度高时，在实际操作过程中会影响终点判断，所以其浓度还是稍低一些为好，一般滴定溶液中所含指示剂 K_2CrO_4 的浓度约为 5.0×10^{-3} mol/L 为宜。但当试剂浓度较低时，还需做指示剂空白值校正，以减小误差。指示剂空白值校正的方法是：量取与实际滴定到终点时等体积的蒸馏水，加入与实际滴定时相同体积的 K_2CrO_4 指示剂溶液和少量纯净 $CaCO_3$ 粉末，配成与实际测定类似的状况，用 $AgNO_3$ 标准溶液滴定至同样的终点颜色，记下读数，为空白值，测定时要从试液所消耗的 $AgNO_3$ 体积中扣除此数。

(2) 莫尔法合适的酸度条件 ($6.5<pH<10.5$)

若 $pH<6.5$ 的酸性环境中

$$CrO_4^{2-}+2H^+\rightleftharpoons 2HCrO_4^-\rightleftharpoons Cr_2O_7^{2-}+H_2O \qquad K=4.3\times10^{14}$$

因为在酸性溶液中 CrO_4^{2-} 转化为 $Cr_2O_7^{2-}$，使 $[CrO_4^{2-}]$ 浓度降低，终点滞后，结果偏高。

若 pH 大于 10.5 溶液的碱度太强，将析出 Ag_2O 沉淀，使滴定不能进行。

$$2Ag^++2OH^-\longrightarrow 2AgOH\downarrow(\text{白色})\longrightarrow Ag_2O\downarrow+H_2O$$

因此，莫尔法只能在中性或弱碱性介质 ($pH=6.5\sim10.5$) 的溶液中进行。若试液为强酸性，以稀 $Na_2B_4O_7\cdot10H_2O$ 或 $NaHCO_3$ 调节中和；若为强碱性，以稀 HNO_3 调节酸度，然后再滴定。若有 NH_4^+ 存在，滴定范围应控制在 6.5～7.2。若 pH 大于 7.2，NH_4^+ 易转化为 NH_3，从而生成 $[Ag(NH_3)_2]^+$，会使 AgCl 沉淀溶解，使测定结果不准确。

$$AgCl+2NH_3\rightleftharpoons[Ag(NH_3)_2]^++Cl^-$$

3. 应用范围

莫尔法可用于测定 Cl^- 或 Br^- 和 Ag^+，如氯化物和溴化物纯度测定及天然水中氯含量的测定。当试样中 Cl^- 和 Br^- 共存时，测得的结果是它们的总量。若测定 Ag^+，应采用返滴定法，即向 Ag^+ 的试液中加入过量的 NaCl 标准溶液，然后再用 $AgNO_3$ 标准滴定溶液滴定剩余的 Cl^-（若直接滴定，先生成的 Ag_2CrO_4 转化为 AgCl 的速率缓慢，滴定终点难以确定）。莫尔法不能用于测定 I^- 和 SCN^-，因为 AgI、AgSCN 的吸附能力太强，滴定到终点时有部分 I^- 或 SCN^- 被吸附，将引起较大的负误差。AgCl 沉淀也容易吸附 Cl^-，在滴定过程中，应剧烈振荡溶液，可以减少吸附，以期获得正确的终点。

莫尔法注意事项：在试液中如有能与 CrO_4^{2-} 生成沉淀的 Ba^{2+}、Pb^{2+} 等阳离子，能与 Ag^+ 生成沉淀的 PO_4^{3-}、AsO_4^{3-}、SO_3^{2-}、S^{2-}、CO_3^{2-}、$C_2O_4^{2-}$ 等酸根，以及在中性或弱碱性溶液中能发生水解的 Fe^{3+}、Al^{3+}、Bi^{3+}、Sn^{4+} 等离子存在，都应预先分离。大量 Cu^{2+}、Ni^{2+}、Co^{2+} 等有色离子存在，也会影响滴定终点的观察。由此可知莫尔法的选择性较差。

二、佛尔哈德法——铁铵矾作指示剂

本法是在酸性介质中以铁铵矾 [$NH_4Fe(SO_4)_2 \cdot 12H_2O$] 作指示剂，用 KSCN 或 NH_4SCN 为标准溶液滴定。由于测定的对象不同，佛尔哈德法可分为直接滴定法和返滴定法。

1. 直接滴定法测定 Ag^+

在含有 Ag^+ 的硝酸溶液中加入铁铵矾指示剂，用 NH_4SCN 标准溶液滴定，先析出白色的 AgSCN 沉淀，到达化学计量点时，微过量的 NH_4SCN 就与 Fe^{3+} 生成红色 $[FeSCN]^{2+}$，指示滴定终点到达。其反应为

$$Ag^+ + SCN^- \longrightarrow AgSCN\downarrow \text{(白色)} \qquad K=(K_{sp,AgSCN})^{-1}=(4.9\times10^{-13})^{-1}=2.0\times10^{12}$$

$$Fe^{3+} + SCN^- \longrightarrow [FeSCN]^{2+} \text{(红色)} \qquad K=138$$

AgSCN 要吸附溶液中的 Ag^+，所以在滴定时必须剧烈振荡，避免指示剂过早显色，减小测定误差。直接滴定法的溶液中 [H^+] 一般控制在 0.3～1mol/L。若酸性太低，Fe^{3+} 将水解，生成棕色的 $Fe(OH)_3$ 或者 $Fe(H_2O)_5(OH)^{2+}$，影响终点的观察。此法的优点在于可以用来直接测定 Ag^+。

2. 返滴定法测定卤离子

佛尔哈德法测定卤离子（如 Cl^-、Br^-、I^- 和 SCN^-）时应采用返滴定法。即在酸性（硝酸介质）待测溶液中，加入一定量过量的 $AgNO_3$ 标准溶液，以铁铵矾为指示剂，用 NH_4SCN 为标准溶液回滴过量的 $AgNO_3$。例如，滴定 Cl^- 时的主要反应：

$$\underset{\text{(过量)}}{Ag^+} + Cl^- \longrightarrow AgCl\downarrow$$

$$\underset{\text{(剩余量)}}{Ag^+} + SCN^- \longrightarrow AgSCN\downarrow$$

当过量一滴 SCN^- 溶液时，Fe^{3+} 便与 SCN^- 反应生成红色的 $[FeSCN]^{2+}$，指示终点已到。由于 AgSCN 的溶解度小于 AgCl，加入过量 SCN^- 时，会将 AgCl 沉淀转化为 AgSCN 沉淀：

$$AgCl + SCN^- \longrightarrow AgSCN\downarrow + Cl^-$$

使分析结果产生较大误差。为了避免上述情况的发生，通常采用下列措施：

① 当加入过量 $AgNO_3$ 标准溶液后，立即加热煮沸试液，使 AgCl 沉淀凝聚，以减少对 Ag^+ 的吸附。过滤后，用稀 HNO_3 洗涤沉淀，且将洗涤液并入滤液中，然后用 NH_4SCN 标准溶液回滴滤液中过量的 Ag^+($AgNO_3$)。

② 在滴入 NH_4SCN 标准溶液前，先加入有机溶剂（如硝基苯、苯、四氯化碳或 1,2-二氯乙烷)，用力摇动溶液，使 AgCl 沉淀被有机溶剂包裹形成保护层，从而不与 SCN^- 接触发生沉淀转化。本法较为简便，但有毒需小心。

③ 提高 Fe^{3+} 的浓度，以减小终点 SCN^- 时的浓度，从而减小滴定误差。Swift 等人的实验证明：一般溶液中 $c(Fe^{3+})$ =0.2mol/L 时，终点误差将小于 0.1%。

佛尔哈德法测定 Br^-、I^- 和 SCN^- 时，终点十分明显，不会发生沉淀转化（因为 Ag-Br、AgI 的溶度积均比 AgSCN 的小）。不必采取上述措施，可在 AgBr 或 AgI 沉淀存在下进

行回滴。但要注意，Fe^{3+}能将I^-氧化成I_2。因此在测定I^-时，必须先加$AgNO_3$溶液后再加指示剂，否则会发生如下反应：

$$2Fe^{3+}+2I^- \longrightarrow 2Fe^{2+}+I_2$$

影响测定结果的准确度。

佛尔哈德法的滴定是在HNO_3介质中进行的，因此有些弱酸阴离子如PO_4^{3-}、AsO_4^{3-}、$C_2O_4^{2-}$等不会干扰卤素离子的测定。

3. 应用示例

（1）复混肥料中氯离子含量的测定

在微酸性试样溶液中加入一定量过量的硝酸银溶液，使氯离子转化为氯化银沉淀。用邻苯二甲酸二丁酯包裹沉淀，以硫酸铁铵为指示剂，用硫氰酸铵标准溶液滴定剩余的硝酸银。

（2）烧碱中NaCl含量的测定

对含有NaCl的烧碱溶液进行酸化处理后，在其中加入一定量过量的$AgNO_3$标准溶液，使Cl^-定量生成AgCl沉淀后，再加入铁铵矾指示剂，用NH_4SCN标准溶液返滴定剩余$AgNO_3$。

（3）有机卤化物中的卤素可采用佛尔哈德法测定

以农药“六六六”（$C_6H_6Cl_6$）为例，通常是将试样与KOH乙醇溶液一起加热回流煮沸，使有机氯以Cl^-形式转入溶液：

$$C_6H_6Cl_6+3OH^- \longrightarrow C_6H_3Cl_3+3Cl^-+3H_2O$$

溶液冷却后，加硝酸溶液调至酸性，用佛尔哈德法测定释放出的Cl^-。

在《中国药典》中收载的用银量法测定含量的药物，有无机卤化物、有机卤化物、可以形成氢卤酸盐的有机化合物及能与Ag^+作用产生沉淀的有机化合物等。

（4）银合金中银的测定

将银合金溶于HNO_3中，制成溶液。

$$2Ag+NO_3^-+2H^+ \longrightarrow 2Ag^++NO_2^-+H_2O$$

在溶解试样时，必须煮沸以除去氮的低价氧化物，因为它能与SCN^-作用生成红色化合物，而影响终点的观察。

$$HNO_2+H^++SCN^- \longrightarrow \underset{(红色)}{NOSCN}+H_2O$$

试样溶解后，加入铁铵矾指示剂，用NH_4SCN标准溶液滴定。

根据试样的质量、滴定用去NH_4SCN标准溶液的体积，计算银的含量。

三、法扬斯法——吸附指示剂法

1. 吸附指示剂的变色原理

吸附指示剂是一类有色的有机化合物。其变色原理：化学计量点后，胶体沉淀表面荷电状态发生变化，指示剂在胶体沉淀表面静电吸附导致其结构变化，进而导致颜色变化，指示滴定终点。例如，以$AgNO_3$标准溶液滴定Cl^-时，可用荧光黄吸附指示剂来指示滴定终点。荧光黄指示剂是一种有机弱酸，用HFIn表示，它在溶液中解离出黄绿色的FIn^-：

$$HFIn \rightleftharpoons H^+ + FIn^- \qquad K_a = 1.0 \times 10^{-7}$$

在化学计量点前，溶液中有剩余的 Cl^- 存在，AgCl 沉淀吸附 Cl^-，沉淀表面带负电荷，和荧光黄阴离子 FIn^- 带电荷同性，相互排斥，荧光黄阴离子 FIn^- 留在溶液中呈黄绿色。滴定进行到化学计量点后，AgCl 沉淀吸附 Ag^+ 而带正电荷，这时溶液中 FIn^- 被吸附，引起荧光黄结构发生变化，溶液颜色由黄绿色变为粉红色，指示滴定终点到达。其过程可以示意如下。

化学计量点前：Cl^- 过量时，$AgCl \cdot Cl^- + FIn^-$（黄绿色）

化学计量点时：Ag^+ 过量时，$AgCl \cdot Ag^+ + FIn^- \longrightarrow AgCl \cdot Ag^+ \mid FIn^-$

（黄绿色）（粉红色）

2. 使用吸附指示剂的注意事项

为了使终点变色敏锐，应用吸附指示剂需要注意以下几个条件。

① 因吸附指示剂的颜色变化是发生在沉淀表面，通常需加入一些保护胶体（如淀粉），使沉淀的表面积大一些，滴定终点变化明显。稀溶液中沉淀少，观察终点比较困难。

② 必须控制适当的酸度，使指示剂呈阴离子状态。例如，荧光黄（$pK_a=7$）只能在中性或弱碱性（pH=10）溶液中使用，若 pH 小于 7 则主要以 HFIn 形式存在，无法指示终点，因此溶液的 pH 应有利于吸附指示剂阴离子的存在。

③ 卤化银沉淀对光敏感，易分解而析出金属银使沉淀变为灰黑色，故滴定过程要避免强光，否则影响滴定终点的观察。

④ 指示剂吸附性能要适中。胶体微粒对指示剂的吸附能力要比对待测离子的吸附能力略小，否则指示剂将在化学计量点前变色。但如果太小，又将使颜色变化不敏锐。卤化银对卤化物和几种吸附指示剂的吸附能力的次序如下：

$$I^- > SCN^- > Br^- > \text{曙红} > Cl^- > \text{荧光黄}$$

因此，滴定 Cl^- 不能选曙红，而应选荧光黄。表 8-1 列出了几种常用的吸附指示剂及其应用。

表 8-1 常用吸附指示剂及其应用

指示剂	被测离子	滴定剂	滴定条件	终点颜色变化
荧光黄	Cl^-、Br^-、I^-	$AgNO_3$	pH 7～10	黄绿→粉红
二氯荧光黄	Cl^-、Br^-、I^-	$AgNO_3$	pH 4～10	黄绿→红
曙红	SCN^-、Br^-、I^-	$AgNO_3$	pH 2～10	橙黄→红紫
溴酚蓝	生物碱盐类	$AgNO_3$	弱酸性	黄绿→灰紫
甲基紫	Ag^+	NaCl	酸性溶液	黄红→红紫

3. 应用范围

法扬斯法可用于测定 Cl^-、Br^-、I^- 和 SCN^- 及生物碱盐类（如盐酸麻黄碱）等。测定 Cl^- 常用荧光黄或二氯荧光黄作指示剂，而测定 Br^-、I^- 和 SCN^- 常用曙红作指示剂。此法终点明显，方法简便，但反应条件要求较严，应注意溶液的酸度、浓度及胶体的保护等。

四、其他沉淀滴定法

其他沉淀滴定法不如银量法重要，所进行的系统研究也比较少。下面扼要介绍几种沉淀滴定法。

1. 亚铁氰化钾法测定锌

本法是在含锌溶液中加入过量的标准亚铁氰化钾溶液，使锌全部沉淀出来。再加入少量 $K_4[Fe(CN)_6]$，以二苯胺为指示剂，用标准锌回滴过量的亚铁氰化钾，反应如下：

$$3Zn^{2+} + 2K_4[Fe(CN)_6] \longrightarrow K_2Zn_3[Fe(CN)_6]_2 \downarrow + 6K^+$$

溶液由黄绿色变为蓝紫色为终点。该法应用于植物锌的测定，能获得准确的结果。本法要求锌量不能太多（应小于 60mg），否则沉淀太多，影响终点的观察。

2. 硝酸铋法测定磷

含磷样品用强酸处理成 H_3PO_4，加入指示剂二甲酚橙和捕捉剂 CCl_4，用标准 $Bi(NO_3)_3$ 溶液在不断摇动下滴定至指示剂由亮黄色变为红紫色。滴定反应为

$$Bi^{3+} + PO_4^{3-} = BiPO_4 \downarrow$$

由于滴定中生成的 $BiPO_4$ 沉淀会吸附 PO_4^{3-}，在接近终点时，应用力摇动溶液，使 PO_4^{3-} 尽可能地全部释放出来。

本测定方法用于磷矿中磷的测定。因为在强酸性溶液中进行滴定，所以很多离子，如 Al^{3+}、Ca^{2+}、NH_4^+、SO_4^{2-}、SiO_3^{2-}、AsO_4^{3-} 等不干扰测定；Fe^{3+} 用抗坏血酸还原成 Fe^{2+} 后也不干扰测定。

3. 钡盐法测定硫酸根

用 $BaCl_2$ 标准溶液滴定含 SO_4^{2-} 的溶液，生成的 $BaSO_4$ 沉淀吸附指示剂茜素红，在充分摇动下滴定至淡红色出现为终点。

溶液用 HAc 调节 pH 范围为 3.0～3.5，加入乙醇降低 $BaSO_4$ 的溶解度，改善终点的敏锐性。本方法应用于纯碱生产中 SO_4^{2-} 的质控分析，较重量法简便快捷。

4. 四苯硼酸钠 [$NaB(C_6H_5)_4$] 测钾

四苯硼酸钠可以和 K^+ 形成如下沉淀反应：

$$B(C_6H_5)_4^- + K^+ \longrightarrow [KB(C_6H_5)_4] \downarrow$$

习 题

1. 将 30.00mL $AgNO_3$ 溶液作用于 0.1357g NaCl，过量的银离子需用 2.50mL NH_4SCN 滴定至终点。预先知道滴定 20.00mL $AgNO_3$ 溶液需要 19.85mL NH_4SCN 溶液。试计算：

① $AgNO_3$ 溶液的浓度。

② NH_4SCN 溶液的浓度。

2. 将 0.1159mol/L $AgNO_3$ 溶液 30.00mL 加入含有氯化物试样 0.2255g 的溶液中，然后用 3.16mL 0.1033mol/L NH_4SCN 溶液滴定过量的 $AgNO_3$。计算试样中氯的质量分数。

3. 仅含有纯 NaCl 及纯 KCl 的试样 0.1325g，用 0.1032mol/L $AgNO_3$ 标准溶液滴定，用去 $AgNO_3$ 溶液 21.84mL。试求试样中 NaCl 及 KCl 的质量分数。

4. 称取一定量的约含 52% NaCl 和 44% KCl 的试样。将试样溶于水后，加入 0.1128mol/L $AgNO_3$ 溶液 30.00mL。过量的 $AgNO_3$ 需用 10.00mL NH_4SCN 标准溶液滴定。已知 1.00mL 标准 NH_4SCN 溶液相当于 1.15mL $AgNO_3$ 溶液。应称取试样多少克？

5. 称取纯 NaCl 0.1169g，加水溶解后，以 K_2CrO_4 为指示剂，用 $AgNO_3$ 标准溶液滴定时共用去 20.00mL，求该 $AgNO_3$ 溶液的浓度。

6. 称取纯试样 KIO_x 0.5000g，经还原为碘化物后，以 0.1000mol/L $AgNO_3$ 标准溶液滴定，消耗 23.36mL。求该盐的化学式。

7. 将 40.00mL 0.1020mol/L $AgNO_3$ 溶液加到 25.00mL $BaCl_2$ 溶液中，剩余的 $AgNO_3$ 溶液需用 15.00mL 0.09800mol/L NH_4SCN 溶液返滴定，问 25.00mL $BaCl_2$ 溶液中含 $BaCl_2$ 质量为多少？

8. 称取硅酸盐试样 0.5000g，经分解后得到 NaCl 和 KCl 的混合物，质量为 0.1803g。将该混合物溶解于水，加入 $AgNO_3$ 溶液得 AgCl 沉淀，称得该沉淀质量为 0.3904g，计算试样中 NaCl 和 KCl 的质量分数。

参考答案

第九章 重量分析法

第一节 概述

一、重量分析法的分类

重量分析法是用适当的方法先将试样中待测组分与其他组分分离，然后用称量的方法测定该组分的含量。根据分离方法的不同，重量分析法常分为四类。

1. 沉淀法

沉淀法是重量分析法中的主要方法，这种方法是利用试剂与待测组分生成溶解度很小的沉淀，经过滤、洗涤、烘干或灼烧成为组成一定的物质，然后称其质量，再计算待测组分的含量。例如，测定试样中 SO_4^{2-} 含量时，在试液中加入过量 $BaCl_2$ 溶液，使 SO_4^{2-} 完全生成难溶的 $BaSO_4$ 沉淀，经过滤、洗涤、烘干、灼烧后，称量 $BaSO_4$ 的质量，再计算试样中 SO_4^{2-} 的含量。

2. 气化法（挥发法）

利用物质的挥发性质，通过加热或其他方法使试样中的待测组分挥发逸出，然后根据试样质量的减少计算该组分的含量；或者用吸收剂吸收逸出的组分，根据吸收剂质量的增加计算该组分的含量。例如，测定氯化钡晶体（$BaCl_2 \cdot 2H_2O$）中结晶水的含量，可将一定质量的氯化钡试样加热，使水分逸出，根据氯化钡质量的减少计算出试样中水分的含量。也可以用吸湿剂（高氯酸镁）吸收逸出的水分，根据吸湿剂质量的增加计算水分的含量。

3. 电解法

利用电解的方法使待测金属离子在电极上还原析出，然后称量，根据电极增加的质量求得其含量。例如，测定合金中铜的含量，可以通过电解使 Cu 在阴极全部析出：

$$Cu^{2+} + 2e^- \xrightarrow{\text{电解}} Cu$$

4. 提取法

提取法是利用被测组分在两种互不相溶的溶剂中分配比的不同，加入某种提取剂使被测组分从原来的溶剂中定量地转入提取剂，蒸发除去提取剂，称量提取物的质量，从而确定被测组分含量的方法。

二、重量分析法的特点

重量分析法是经典的化学分析法，其优点是准确度较高。重量分析法直接用分析天平称量而获得分析结果，不需要标准溶液或基准物质进行比较，特别对于高含量组分的测定，其准确度较高，一般测定的相对误差不大于0.1%。对高含量的硅、磷、钨、镍、稀土元素等试样的精确分析至今仍常使用重量分析法。

重量分析法的缺点是操作较烦琐、耗时多、周期长，不适用于生产中的控制分析及微量或痕量组分测定。对低含量组分的测定误差较大。

重量分析法中以沉淀法应用最广，故习惯也常把沉淀重量法简称为重量分析法。它与滴定分析法同属于经典的定量化学分析法。

三、沉淀重量法对沉淀形式和称量形式的要求

1. 沉淀重量分析方法的一般步骤

一个完整的沉淀重量分析方法，一般包括以下步骤：

① 试样经前处理制得试样溶液。

② 选择合适的沉淀剂，控制适宜的沉淀条件生成沉淀得到“沉淀形式”。

③ 过滤、洗涤、在适当温度下烘干或灼烧沉淀至恒重得到“称量形式”。

④ 称量并根据称量形式的化学式计算被测组分在试样中的含量。

沉淀形式和称量形式可能相同，也可能不同。如：

试液　沉淀剂　沉淀形式　　　　　称量形式

$$SO_4^{2-} + Ba^{2+} \xrightarrow{\text{沉淀}} BaSO_4 \xrightarrow{\text{洗涤,过滤}} \xrightarrow{\text{灼烧}} BaSO_4$$

$$Ca^{2+} + C_2O_4^{2-} \xrightarrow{\text{沉淀}} CaC_2O_4 \cdot 2H_2O \xrightarrow{\text{洗涤,过滤}} \xrightarrow{\text{灼烧}} CaO$$

$$Fe^{3+} + OH^- \xrightarrow{\text{沉淀}} Fe(OH)_3 \xrightarrow{\text{洗涤,过滤}} \xrightarrow{\text{灼烧}} Fe_2O_3$$

在重量分析法中，为获得准确的分析结果，沉淀形式和称量形式必须满足以下要求。

2. 对沉淀形式的要求

① 沉淀的溶解度必须足够小，这样才能保证被测组分沉淀完全，不至于因沉淀溶解的损失而影响测定的准确度。要求沉淀的溶解损失应小于0.2mg，不应超过分析天平的称量误差。例如，测定Ca^{2+}时，不能用H_2SO_4为沉淀剂，因为形成$CaSO_4$的溶解度较大（$K_{sp}=2.45\times10^{-5}$），沉淀作用不可能完全。实际上采用草酸铵［$(NH_4)_2C_2O_4$］作为沉淀剂，以生成溶解度更小的CaC_2O_4（$K_{sp}=1.78\times10^{-9}$）；通过比较两种沉淀形式的溶解度，显然，用$(NH_4)_2C_2O_4$作沉淀剂比用H_2SO_4作沉淀剂沉淀得更完全。

② 沉淀必须纯净，并易于过滤和洗涤。沉淀纯净是获得准确分析结果的重要因素之一。颗粒较大的晶体沉淀（如$MgNH_4PO_4 \cdot 6H_2O$）过滤时不会堵塞滤纸的小孔，过滤容易；总比表面积较小，吸附杂质的机会较少，沉淀较纯净，洗涤也比较容易。颗粒细小的晶形沉淀（如CaC_2O_4、$BaSO_4$）能穿过或堵塞小孔，而且由于其总比表面积大，吸附杂质多，洗涤次数也相应增多，所以在进行沉淀反应时必须采取一定措施，尽可能使

得到的沉淀结晶的颗粒大些。非晶形沉淀［如 $Al(OH)_3$、$Fe(OH)_3$］体积庞大疏松，吸附杂质较多，过滤费时且不易洗净，对于这类沉淀必须选择适当的沉淀条件，以满足对沉淀形式的要求。

③ 沉淀形式应易于转化为称量形式。沉淀经烘干、灼烧时，应易于转化为称量形式。例如，Al^{3+} 的测定，若沉淀为8-羟基喹啉铝［$Al(C_9H_6NO)_3$］，在130℃烘干后即可称量；而沉淀为 $Al(OH)_3$，则必须在1200℃灼烧才能转变为无吸湿性的 Al_2O_3，方可称量。因此，测定 Al^{3+} 时选用前法比后法好。

3. 对称量形式的要求

① 称量形式的组成必须与化学式相符，这是定量计算的基本依据。例如，测定 PO_4^{3-}，可以形成磷钼酸铵沉淀，但组成不固定，无法利用它作为测定 PO_4^{3-} 的称量形式。若采用磷钼酸喹啉法测定 PO_4^{3-}，则可得到组成与化学式相符的称量形式 $\{(C_9H_7N)_3H_3[PO_4 \cdot 12MoO_3] \cdot H_2O\}$。

② 称量形式要有足够的稳定性，不易吸收空气中的 CO_2、H_2O。例如，测定 Ca^{2+} 时，若将 Ca^{2+} 沉淀为 $CaC_2O_4 \cdot 2H_2O$，灼烧后得到 CaO，易吸收空气中的 H_2O 和 CO_2，因此，CaO 不宜作为称量形式。

③ 称量形式的摩尔质量应尽可能大，这样可增大称量形式的质量，以减小称量误差。例如，在铝的测定中，分别用 Al_2O_3 和8-羟基喹啉铝［$Al(C_9H_6NO)_3$］两种称量形式进行测定，若被测组分铝的质量为0.1000g，则可分别得到0.1888g Al_2O_3 和1.7040g $Al(C_9H_6NO)_3$。两种称量形式由称量误差所引起的相对误差分别为±1%和±0.1%。显然，以 $Al(C_9H_6NO)_3$ 作为称量形式比用 Al_2O_3 作为称量形式测定铝的准确度高。

四、沉淀剂的选择

根据上述对沉淀形式和称量形式的要求，选择沉淀剂时应考虑以下几点。

1. 选用具有较好选择性的沉淀剂

所选的沉淀剂只能和待测组分生成沉淀，而与试液中的其他组分不起作用。例如，丁二酮肟和 H_2S 都可以沉淀 Ni^{2+}，但在测定 Ni^{2+} 时常选用前者。又如，沉淀锆离子时，选用在盐酸溶液中与锆有特效反应的苦杏仁酸作沉淀剂，这时即使有钛、铁、钡、铝、铬等十几种离子存在，也不产生干扰。

2. 选用能与待测离子生成溶解度最小的沉淀的沉淀剂

所选的沉淀剂应能使待测组分沉淀完全。例如，生成的难溶的钡化合物有 $BaCO_3$、$BaCrO_4$、BaC_2O_4 和 $BaSO_4$，根据其溶解度可知 $BaSO_4$ 溶解度最小，因此以 $BaSO_4$ 的形式沉淀 Ba^{2+} 比生成其他难溶化合物好。

3. 尽可能选用易挥发或经灼烧易除去的沉淀剂

这样沉淀中带有的沉淀剂即便未洗干净，也可以借助烘干或灼烧除去。一些铵盐和有机沉淀剂都能满足这项要求。例如，用氢氧化物沉淀 Fe^{3+} 时，选用氨水而不用 NaOH 作沉淀剂。

4. 选用溶解度较大的沉淀剂

用此类沉淀剂可以减少沉淀对沉淀剂的吸附作用。例如，利用生成难溶钡化合物沉淀 SO_4^{2-} 时，应选 $BaCl_2$ 作沉淀剂，而不用 $Ba(NO_3)_2$。这是因为 $Ba(NO_3)_2$ 的溶解度比 $BaCl_2$ 小，$BaSO_4$ 吸附 $Ba(NO_3)_2$ 比吸附 $BaCl_2$ 严重。

第二节 沉淀溶解度及其影响因素

在利用沉淀反应进行重量分析时，要求沉淀反应进行完全，一般可根据溶解度的大小来衡量。通常，在重量分析中要求被测组分在溶液中的残留量在 0.0001g 以内，即小于分析天平的称量允许误差。但是，很多沉淀不能满足这个条件。例如，在 1L 水中，$BaSO_4$ 的溶解度为 0.0023g，故沉淀的溶解损失是重量分析法误差的重要来源之一。因此，在重量分析法中，必须考虑各种影响沉淀溶解度的因素，以便选择和控制沉淀的条件。

一、溶解度与固有溶解度、溶度积与条件溶度积

1. 溶解度与固有溶解度

当水中存在 1∶1 型微溶化合物 MA 时，MA 溶解并达到饱和状态后，有下列平衡关系：

$$MA_{(固)} \rightleftharpoons MA_{(水)} \rightleftharpoons M^+ + A^-$$

在水溶液中，除了 M^+、A^- 外，还有未解离的分子状态的 MA。例如，AgCl 溶于水中：

$$AgCl_{(固)} \rightleftharpoons AgCl_{(水)} \rightleftharpoons Ag^+ + Cl^-$$

有些物质可能是离子化合物（M^+A^-），如 $CaSO_4$ 溶于水中：

$$CaSO_{4(固)} \rightleftharpoons CaSO_{4(水)} \rightleftharpoons Ca^{2+} + SO_4^{2-}$$

根据 MA（固）和 MA（水）之间的溶解平衡可得：

$$K'(平衡常数) = \frac{a_{MA(水)}}{a_{MA(固)}}$$

因固体物质的活度 $a_{MA(固)}=1$，而通常溶液中分子的活度系数 $\gamma \approx 1$，则

$$a_{MA(水)} = s^0 \tag{9-1}$$

可见溶液中分子状态或离子对化合物状态 MA（水）的浓度为一常数，等于 s^0。s^0 称为该物质的固有溶解度或分子溶解度，当温度一定时 s^0 为常数。

若溶液中不存在其他副反应，微溶化合物 MA 的溶解度 s 等于固有溶解度 s^0 和 M^+（或 A^-）离子浓度之和，即

$$s = s^0 + [M^+] = s^0 + [A^-] \tag{9-2}$$

如果 MA（水）几乎完全解离或 $s^0 \ll [M^+]$ 时（大多数的电解质属此类情况），s^0 可以忽略不计，则

$$s=[M^{+}]=[A^{-}] \tag{9-3}$$

对于 M_mA_n 型微溶化合物，溶解度 s 可按下式计算：

$$s=s^0+\frac{[M^{n+}]}{m}=s^0+\frac{[A^{m-}]}{n} \tag{9-4}$$

或

$$s=\frac{[M^{n+}]}{m}=\frac{[A^{m-}]}{n} \tag{9-5}$$

但也有少数化合物具有较大的固有溶解度，如 25℃时 $HgCl_2$ 在水中实际测得的溶解度约为 0.25mol/L，而按其溶度积（2×10^{-14}）计算，$HgCl_2$ 的理论溶解度仅为 2.7×10^{-5} mol/L。这说明在 $HgCl_2$ 的饱和溶液中有大量的中性 $HgCl_2$ 分子存在，只有很少一部分解离为 Hg^{2+} 和 Cl^-，计算该类物质的溶解度时，则应该包括固有溶解度在内。

2. 溶度积与条件溶度积

(1) 活度积与溶度积

当微溶化合物 MA 溶解于水中时，如果除简单的水合离子外其他各种形式的化合物均可忽略，则根据 MA 在水溶液中的平衡关系，得到 $MA_{(固)} \rightleftharpoons MA_{(水)} \rightleftharpoons M^{+}+A^{-}$。

$$K=\frac{a_{M^+}\,a_{A^-}}{a_{MA(水)}}$$

中性分子的活度系数视为1，则根据式(9-1)，$a_{MA(水)}=s^0$，故

$$a_{M^+}\,a_{A^-}=Ks^0=K_{sp}^{\ominus} \tag{9-6}$$

$K_{sp}^{\ominus}$ 为离子的活度积常数（简称活度积）。$K_{sp}^{\ominus}$ 仅随温度变化。若引入活度系数，则由式(9-6）可得

$$a_{M^+}\,a_{A^-}=\gamma_{M^+}[M^{+}]\gamma_{A^-}[A^{-}]=K_{sp}^{\ominus}$$

即

$$[M^{+}][A^{-}]=\frac{K_{sp}^{\ominus}}{\gamma_{M^+}\,\gamma_{A^-}}=K_{sp}$$

式中，K_{sp} 为溶度积常数（简称溶度积），它是微溶化合物饱和溶液中各种离子浓度的乘积。K_{sp} 的大小不仅与温度有关，而且与溶液的离子强度大小有关。在重量分析中大多是加入过量沉淀剂，一般离子强度较大，引用溶度积计算比较符合实际，仅在计算水中的溶解度时才用活度积。

对于 M_mA_n 型微溶化合物，其溶解平衡如下：

$$M_mA_n(固) \rightleftharpoons mM^{n+}+nA^{m-}$$

因此其溶度积表达式为

$$K_{sp}=[M^{n+}]^m[A^{m-}]^n \tag{9-7}$$

(2) 条件溶度积

在沉淀溶解平衡中，除了主反应外，还可能存在多种副反应。例如，对于 1∶1 型沉淀 MA，除了溶解为 M^+ 和 A^- 这个主反应外，阳离子 M^+ 还可能与溶液中的配位剂 L 形成配合物 ML、ML_2、…（略去电荷，下同），也可能与 OH^- 生成各级羟基配合物；阴离子 A^- 还可能与 H^+ 形成 HA、H_2A、…。可表示为

主反应 $MA(固) \rightleftharpoons M^{+} + A^{-}$

副反应：$M^{+} \xrightarrow{L} ML \cdots ML_n$；$M^{+} \xrightarrow{OH^{-}} MOH \cdots M(OH)_n$；$A^{-} \xrightarrow{H^{+}} HA \cdots H_nA$

此时，溶液中金属离子总浓度 $[M']$ 和沉淀剂总浓度 $[A']$ 分别为

$$[M'] = [M] + [ML] + [ML_2] + \cdots + [MOH] + [M(OH)_2] + \cdots$$

$$[A'] = [A] + [HA] + [H_2A] + \cdots$$

同配位平衡的副反应计算相似，引入相应的副反应系数 α_M、α_A，则

$$K_{sp} = [M][A] = \frac{[M'][A']}{\alpha_M \alpha_A} = \frac{K'_{sp}}{\alpha_M \alpha_A}$$

即

$$K'_{sp} = [M'][A'] = K_{sp}\alpha_M \alpha_A \quad (9\text{-}8)$$

K'_{sp}只有在温度、离子强度、酸度、配位剂浓度等一定时才是常数，即 K'_{sp}只有在反应条件一定时才是常数，故称为条件溶度积常数，简称条件溶度积。因为 $\alpha_M > 1$、$\alpha_A > 1$，所以 $K'_{sp} > K_{sp}$，即副反应的发生使溶度积常数增大。

对于 $m : n$ 型的沉淀 M_mA_n，则

$$K'_{sp} = K_{sp}\alpha_M^m \alpha_A^n \quad (9\text{-}9)$$

由于条件溶度积 K'_{sp}的引入，使得在有副反应发生时的溶解度计算大为简化。

二、影响沉淀溶解度的因素

影响沉淀溶解度的因素很多，如同离子效应、盐效应、酸效应、配位效应等。此外，温度、介质、沉淀结构和颗粒大小等对沉淀的溶解度也有影响。现分别进行讨论。

1. 盐效应

沉淀反应达到平衡时，由于强电解质的存在或加入其他强电解质，使沉淀的溶解度增大，这种现象称为盐效应。产生这种现象的原因主要是因为加入强电解质引起了离子强度的增大，从而减少了由沉淀溶解所产生的相关离子的有效浓度，促使沉淀平衡向着溶解的方向进行。例如，在 $NaNO_3$、KNO_3 等强电解质存在的情况下，AgCl、$BaSO_4$ 的溶解度比在纯水中大，而且溶解度随强电解质的浓度增大而增大。

另外，如果沉淀本身的溶解度很小，则盐效应的影响一般很小，可以忽略不计。只有当沉淀的溶解度比较大，而且溶液的离子强度很高时，才考虑盐效应的影响。

2. 同离子效应

组成沉淀晶体的离子称为构晶离子。为了减少沉淀的溶解损失，在进行沉淀时，应向溶液中加入适当过量的含有某一构晶离子的试剂或溶液，从而减小沉淀的溶解度，这一效应称为同离子效应。

例如，25℃时，$BaSO_4$ 在水中的溶解度为：

$$s = [Ba^{2+}] = [SO_4^{2-}] = \sqrt{K_{sp}} = \sqrt{1.1 \times 10^{-10}}\ mol/L = 1.0 \times 10^{-5}\ mol/L$$

此时溶解损失已超出重量分析的要求。如果使溶液中的 $[SO_4^{2-}]$ 增至 0.10mol/L，此

时 $BaSO_4$ 的溶解度为

$$s=[Ba^{2+}]=K_{sp}/[SO_4^{2-}]=[(6\times10^{-10})/0.10]mol/L=6\times10^{-9}mol/L$$

溶液中溶解的 $BaSO_4$ 减少至原来的1/10000。

则200mL溶解中溶解 $BaSO_4$ 的量为

$$m=(6\times10^{-9}\times233.39\times0.2)g=0.00000028g$$

可见，由于同离子效应抑制了沉淀的溶解，溶液中溶解损失的 $BaSO_4$ 已远小于重量分析所允许的损失质量。

但沉淀剂若过量太多，可能引起盐效应、酸效应及配位效应等副反应，反而会增大沉淀的溶解度。

在沉淀重量分析中，大多沉淀剂是强电解质，所以在进行沉淀反应时，沉淀剂不要过量太多。通常情况下，若沉淀剂易挥发除去，一般过量50%～100%；对非挥发性沉淀剂，则以过量20%～30%为宜。

3. 酸效应

溶液的酸度对沉淀溶解度的影响称为酸效应。酸效应产生的原因主要是组成沉淀的构晶离子（弱酸根）与溶液中的 H^+ 或 OH^- 反应，使构晶离子的浓度降低，导致沉淀溶解度增大。若沉淀是强酸盐（如 $BaSO_4$、AgCl 等），其沉淀受酸度影响不大，但弱酸盐就很显著。以草酸钙 CaC_2O_4 为例讨论酸度的影响。其饱和溶液存在下列平衡：

$$CaC_2O_4 \rightleftharpoons Ca^{2+}+C_2O_4^{2-}$$

$$-H^+ \Big\Updownarrow +H^+$$

$$HC_2O_4^- \underset{-H^+}{\overset{+H^+}{\rightleftharpoons}} H_2C_2O_4$$

当酸度较高时，沉淀溶解平衡向右移动，从而增加了沉淀的溶解度。若知平衡时溶液的pH，就可以计算酸效应系数，得到条件溶度积，从而计算溶解度。

$$K_{sp,CaC_2O_4}=[Ca^{2+}][C_2O_4^{2-}] \tag{9-10}$$

由物料平衡可知

$$[C_2O_4^{2-}]_{总}=[C_2O_4^{2-}]+[HC_2O_4^-]+[H_2C_2O_4]$$

而能与 Ca^{2+} 形成沉淀的是游离 $C_2O_4^{2-}$，则

$$\frac{[C_2O_4^{2-}]_{总}}{[C_2O_4^{2-}]}=\alpha_{C_2O_4^{2-}(H)} \tag{9-11}$$

式中，$\alpha_{C_2O_4^{2-}(H)}$ 是草酸的酸效应系数，其意义和EDTA的酸效应系数完全一样。将式(9-11)代入式(9-10)即得

$$[Ca^{2+}][C_2O_4^{2-}]_{总}=K_{sp,CaC_2O_4}\alpha_{C_2O_4^{2-}(H)}=K'_{sp,CaC_2O_4} \tag{9-12}$$

式中，K'_{sp,CaC_2O_4} 是在一定酸度下草酸钙的溶度积，称为条件溶度积。利用条件溶度积可以计算不同酸度下的草酸钙溶解度。

$$s_{CaC_2O_4}=[Ca^{2+}]=[C_2O_4^{2-}]_{总}=\sqrt{K'_{sp}}=\sqrt{K'_{sp,CaC_2O_4}\alpha_{C_2O_4^{2-}(H)}} \tag{9-13}$$

【例9-1】 以 $(NH_4)_2C_2O_4$ 与 Ca^{2+} 生成沉淀 CaC_2O_4 为例，比较pH=2.0、pH=4.0和pH=5.0时溶液中的溶解度。（已知 $H_2C_2O_4$ 的 $K_{a1}=5.9\times10^{-2}$，$K_{a2}=6.4\times10^{-5}$，

$K_{sp,CaC_2O_4}=2.0\times10^{-9}$）

解：pH=2.0时$H_2C_2O_4$的酸效应系数为

$$\alpha_{C_2O_4^{2-}(H)}=1+\frac{[H^+]}{K_{a2}}+\frac{[H^+]^2}{K_{a1}K_{a2}}=1+\frac{1\times10^{-2}}{6.4\times10^{-5}}+\frac{(1\times10^{-2})^2}{5.9\times10^{-2}\times6.4\times10^{-5}}\approx183.74$$

此时沉淀CaC_2O_4的溶解度为

$$s_{C_2O_4^{2-}(H)}=[Ca^{2+}]=[C_2O_4^{2-}]_{总}=\sqrt{K'_{sp}}=\sqrt{K_{sp,CaC_2O_4}\alpha_{C_2O_4^{2-}(H)}}$$

$$=\sqrt{2.0\times10^{-9}\times183.74}\,mol/L=6.1\times10^{-4}\,mol/L$$

同理可得 pH=4.0时，$\alpha_{C_2O_4^{2-}(H)}\approx2.56$，$s_{C_2O_4^{2-}(H)}=7.2\times10^{-5}\,mol/L$

pH=5.0时，$\alpha_{C_2O_4^{2-}(H)}\approx1.16$，$s_{C_2O_4^{2-}(H)}=4.8\times10^{-5}\,mol/L$

通过计算可知，沉淀的溶解度随溶液的酸度增加而增加，在pH=2.0时CaC_2O_4的溶解损失已超出重量分析要求，若要符合允许误差，则沉淀反应需在pH=4.0～6.0的溶液中进行。为了防止沉淀溶解损失，对于弱酸盐沉淀，如碳酸盐、草酸盐、磷酸盐等，通常应在较低的酸度下进行沉淀。如果沉淀本身是弱酸，如硅酸（$SiO_2\cdot nH_2O$）、钨酸（$WO_3\cdot nH_2O$）等，易溶于碱，则应在强酸性介质中进行沉淀。如果沉淀是强酸盐，如AgCl等，在酸性溶液中进行沉淀时，溶液的酸度对沉淀的溶解度影响不大。对于硫酸盐沉淀，如$BaSO_4$、$SrSO_4$等，由于H_2SO_4的K_{a2}不大，当溶液的酸度太高时，沉淀的溶解度也随之增大。

4. 配位效应

进行沉淀反应时，若溶液中存在能与构晶离子生成可溶性配合物的配位剂，则可使沉淀溶解度增大，甚至完全溶解，这种现象称为配位效应。

配位剂主要来自两方面：一是沉淀剂本身就是配位剂，二是加入的其他试剂。

例如，用HCl或NaCl作沉淀剂沉淀Ag^+时：

$$Ag^++Cl^-\longrightarrow AgCl\downarrow$$

如果向该沉淀溶液中加入氨水，则沉淀会部分溶解；如果氨水浓度足够大，甚至沉淀会全部溶解消失。原因如下：

$$AgCl+2NH_3\rightleftharpoons[Ag(NH_3)_2]^++Cl^-$$

如果向该沉淀溶液中加入过量的沉淀剂Cl^-时，则沉淀也会逐步溶解。原因如下：

$$Ag^++Cl^-\longrightarrow AgCl\downarrow$$

$$AgCl+Cl^-\rightleftharpoons[AgCl_2]^-$$

$$[AgCl_2]^-+Cl^-\rightleftharpoons[AgCl_3]^{2-}$$

$$[AgCl_3]^{2-}+Cl^-\rightleftharpoons[AgCl_4]^{3-}$$

AgCl在不同浓度NaCl溶液中的溶解度变化情况如表9-1。

表9-1 AgCl在不同浓度NaCl溶液中的溶解度

过量NaCl浓度 c/(mol/L)	AgCl溶解度 c/(mol/L)	过量NaCl浓度 c/(mol/L)	AgCl溶解度 c/(mol/L)
0	1.3×10^{-5}	8.8×10^{-2}	3.6×10^{-6}
3.9×10^{-3}	7.2×10^{-7}	3.5×10^{-1}	1.7×10^{-5}
9.2×10^{-3}	9.1×10^{-7}	5.0×10^{-1}	2.8×10^{-5}
3.6×10^{-2}	1.9×10^{-6}		

从表 9-1 中的 AgCl 在不同浓度 NaCl 溶液中的溶解度情况可以看出，当过量 NaCl 浓度很小时，随 NaCl 溶液的加入 AgCl 溶解度逐渐减小，即过量 $[Cl^-]<0.01mol/L$ 时，AgCl 溶解度逐渐减小并且小于纯水的溶解度，此时同离子效应占主导地位；当过量 $[Cl^-]>0.01mol/L$ 时，AgCl 溶解度逐渐增大，过量 $[Cl^-]=0.5mol/L$ 时，AgCl 溶解度逐渐超过在纯水中的溶解度，若过量 $[Cl^-]$ 更大，AgCl 沉淀就完全溶解。因此在用 Cl^- 沉淀 Ag^+ 时必须严格控制 Cl^- 的浓度。

配位效应使沉淀的溶解度增大的程度与沉淀的溶度积、配位剂的浓度和形成配合物的稳定常数有关。沉淀的溶度积越大，配位剂的浓度越大，形成的配合物越稳定，沉淀就越容易溶解。

综上所述，在实际工作中应根据具体情况考虑哪种效应是主要的。对无配位反应的强酸盐沉淀，主要考虑同离子效应和盐效应。对弱酸盐或难溶盐的沉淀，多数情况主要考虑酸效应。对于有配位反应且沉淀的溶度积又较大，易形成稳定配合物时，应主要考虑配位效应。

5. 其他影响因素

除上述因素外，温度和其他溶剂的存在、沉淀颗粒大小和结构等，都对沉淀的溶解度有影响。

(1) 温度的影响

沉淀的溶解一般是吸热过程，其溶解度随温度升高而增大。因此，对于一些在热溶液中溶解度较大的沉淀，在过滤洗涤时必须在室温下进行，如 $MgNH_4PO_4$、CaC_2O_4 等。对于一些溶解度小、冷时又较难过滤和洗涤的沉淀，则采用趁热过滤，并用热的洗涤液进行洗涤，如 $Fe(OH)_3$、$Al(OH)_3$ 等。温度对沉淀的溶解度的影响如图 9-1。

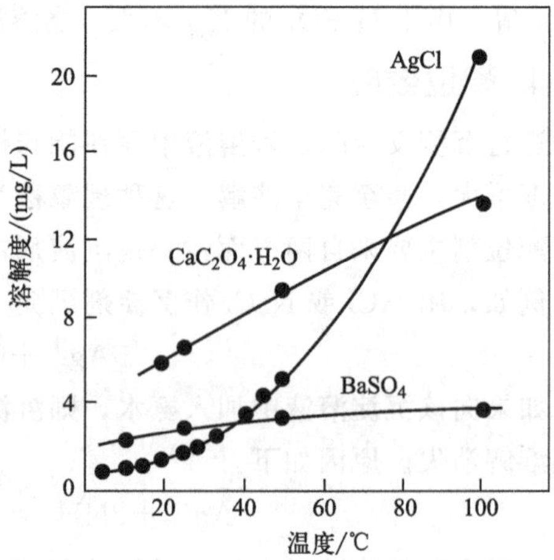

图 9-1 温度对沉淀溶解度的影响

(2) 溶剂的影响

无机物沉淀大部分是离子型晶体，它们在有机溶剂中的溶解度一般比在纯水中小。例如，$PbSO_4$ 沉淀在水中的溶解度为 $1.5\times10^{-4}mol/L$，而在 50% 乙醇溶液中的溶解度为 $7.6\times10^{-6}mol/L$。

(3) 沉淀颗粒大小和结构的影响

同一种沉淀，在质量相同时，颗粒越小，其总比表面积越大，溶解度越大。由于小晶体比大晶体有更多的角、边和表面，处于这些位置的离子受晶体内离子的吸引力小，又受到溶剂分子的作用，容易进入溶液中。因此，小颗粒沉淀的溶解度比大颗粒沉淀的溶解度大。在沉淀形成后，常将沉淀和母液一起放置一段时间进行陈化，使小晶体逐渐转变为大晶体，有利于沉淀的过滤与洗涤。陈化还可使沉淀结构发生转变，由初生成时的结构转变为另一种更稳定的结构，溶解度就大为减小。例如，初生成的 CoS 是 α 型，$K_{sp,CoS(\alpha)}=4\times10^{-21}$，放置后转变成 β 型，$K_{sp,CoS(\beta)}=2\times10^{-25}$。

第三节
沉淀的形成和影响沉淀纯度的因素

研究沉淀的类型和沉淀的形成过程，主要是为了选择适宜的沉淀条件，以获得纯净且易于分离和洗涤的沉淀。

一、沉淀的类型

按照沉淀颗粒的大小将沉淀分为三种类型：晶形沉淀、无定形沉淀和凝乳状沉淀。

1. 晶形沉淀

晶形沉淀颗粒最大，其直径为0.1～1μm。在晶形沉淀内部，离子按晶体结构有规则地排列，因而结构紧密，整个沉淀所占体积较小，极易沉降于容器的底部。例如，$BaSO_4$、$MgNH_4PO_4$ 等属于晶形沉淀。

2. 无定形沉淀

无定形沉淀又称为非晶形沉淀或胶状沉淀，颗粒最小，其直径在0.02μm以下。无定形沉淀的内部离子排列杂乱无章，并且包含有大量水分子，因而结构疏松，整个沉淀所占体积较大。例如，$Fe(OH)_3$、$Al(OH)_3$ 等就属于无定形沉淀，因此也常写成 $Fe_2O_3 \cdot nH_2O$ 和 $Al_2O_3 \cdot nH_2O$。

3. 凝乳状沉淀

凝乳状沉淀沉淀颗粒大小介于晶形沉淀与无定形沉淀之间，其直径为0.02～1μm，因此它的性质也介于二者之间，属于二者之间的过渡型。微粒本身是结构紧密的微小晶体，如AgCl就属于凝乳状沉淀。从本质上讲，凝乳状沉淀也属于晶形沉淀，但也有与无定形沉淀的相似点，它的结构疏松，总比表面积较大。

以上三种沉淀最大的差别就是沉淀颗粒的大小不同。重量分析中最好能避免形成无定形沉淀，因为它的颗粒排列杂乱，其中还含有大量的水分子，体积特别庞大，过滤速度很慢，很容易堵塞滤纸的孔隙，而且由于总比表面积特别大，带有大量的杂质，很难洗净。相比之下，凝乳状沉淀在过滤时并不堵塞滤纸，过滤的速度比较快，洗涤液可以通过孔隙将沉淀内部的表面也洗干净。

二、沉淀的形成过程

沉淀的形成是一个复杂的过程。一般来讲，沉淀的形成要经过晶核形成和晶核长大两个过程，如下示意。

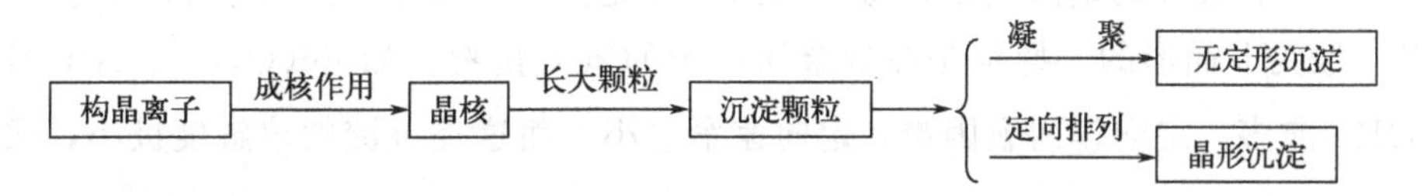

1. 晶核的形成

将沉淀剂加入待测组分的试液中，溶液是过饱和状态时，构晶离子由于静电作用而形成微小的晶核。晶核的形成可以分为均相成核和异相成核。

均相成核是指过饱和溶液中构晶离子通过缔合作用自发地形成晶核的过程。不同的沉淀组成晶核的离子数目不同。例如，$BaSO_4$ 的晶核由 8 个构晶离子（即 4 个离子对）组成，AgCl 的晶核由 6 个构晶离子（即 3 个离子对）组成。

异相成核是指在过饱和溶液中，外来固体微粒起着晶种的作用，构晶离子在这些外来固体微粒的诱导下，聚合形成晶核的过程。在进行沉淀的过程中，溶液及容器中不可避免地存在不同数量的固体微粒，如溶剂及试剂中的不溶微粒、空气中的尘埃、容器壁上的细小颗粒等，因此异相成核作用总是存在的。某些情况下，溶液中还可能只有异相成核作用，此时溶液中的“晶核”数目取决于溶液中混入固体微粒的数目，随着构晶离子浓度的增加，晶体将成长得大一些，而不形成新的晶核。但是，当溶液的相对过饱和程度较大时，构晶离子本身也可以形成晶核，此时异相成核与均相成核同时作用，使溶液中形成的晶核数目多，沉淀颗粒小。

2. 晶形沉淀和无定形沉淀的生成

晶核形成时，溶液中的构晶离子向晶核表面扩散，并沉积在晶核上，晶核逐渐长大形成沉淀微粒。在沉淀过程中，由构晶离子聚集成晶核的速率称为聚集速率，构晶离子按一定晶格定向排列的速率称为定向速率。如果定向速率大于聚集速率较多，溶液中最初生成的晶核不多，有更多的离子以晶核为中心，并有足够的时间依次定向排列长大，形成颗粒较大的晶形沉淀；反之，聚集速率大于定向速率，则很多离子聚集成大量晶核，溶液中没有更多的离子定向排列到晶核上，于是沉淀就迅速聚集成许多微小的颗粒，因而得到无定形沉淀。

聚集速率（或称为“形成沉淀的初始速率”）主要由沉淀时的条件所决定，其中最重要的是溶液中生成沉淀物质的过饱和度。聚集速率与溶液的相对过饱和度成正比，其经验公式表示如下：

$$v=\frac{K(Q-s)}{s} \tag{9-14}$$

式中，v 为形成沉淀的初始速率（聚集速率）；Q 为加入沉淀剂瞬间，生成沉淀物质的浓度；s 为沉淀的溶解度；$Q-s$ 为沉淀物质的过饱和度；$(Q-s)/s$ 为相对过饱和度；K 为比例常数，它与沉淀的性质、温度、溶液中存在的其他物质等因素有关。

从式(9-14) 可清楚看出，相对过饱和度越大，则聚集速率越大。若要聚集速率小，必须使相对过饱和度小，就是要求沉淀的溶解度（s）大，加入沉淀剂瞬间生成沉淀物质的浓度（Q）不太大，这样就可能获得晶形沉淀。反之，若沉淀的溶解度很小，瞬间生成沉淀物质的浓度又很大，则形成非晶形沉淀，甚至形成胶体。例如，在稀溶液中沉淀 $BaSO_4$ 通常都能获得细晶形沉淀；若在浓溶液（如 0.75～3mol/L）中，则形成胶状沉淀。

定向速率主要决定于沉淀物质的本性。一般极性强的盐类，如 $MgNH_4PO_4$、$BaSO_4$、CaC_2O_4 等，具有较大的定向速率，易形成晶形沉淀。而氢氧化物只有较小的定向速率，因此其沉淀一般为非晶形的。特别是高价金属离子的氢氧化物，如 $Fe(OH)_3$、$Al(OH)_3$ 等，结合的 OH^- 愈多，定向排列愈困难，定向速率愈小。而这类沉淀的溶解度极小，聚集速率很大，加入沉淀剂瞬间形成大量晶核，使水合离子来不及脱水，便带着水分子进入晶核，晶核又进一步聚集起来，因而一般形成质地疏松、体积庞大、含有大量水分的非晶形或胶状沉淀。二价金属离子（如 Mg^{2+}、Zn^{2+}、Cd^{2+} 等）的氢氧化物含 OH^- 较少，如果条件适当，可能形成晶形沉淀。金属离子的硫化物一般比其氢氧化物溶解度小，因此硫化物聚集速率很大，定向速率很小，即使二价金属离子的硫化物，大多数也是非晶形或胶状沉淀。

如上所述，如果在很浓的溶液中析出 $BaSO_4$ 时，可以得到非晶形沉淀；而在很稀的热溶液中析出 Ca^{2+}、Mg^{2+} 等二价金属离子的氢氧化物并经过放置后，也可能得到晶形沉淀。因此沉淀的类型，不仅决定于沉淀的本质，也决定于沉淀时的条件，若适当改变沉淀条件可能改变沉淀的类型。

三、影响沉淀纯度的因素

在重量分析中，要求获得的沉淀是纯净的。但是，沉淀从溶液中析出时总会或多或少地夹杂溶液中的其他组分。因此必须了解影响沉淀纯度的各种因素，找出减少杂质混入的方法，以获得符合重量分析要求的沉淀。影响沉淀纯度的主要因素有共沉淀现象和后沉淀现象。

1. 共沉淀

当沉淀从溶液中析出时，溶液中的某些可溶性组分也同时沉淀下来的现象称为共沉淀。共沉淀是引起沉淀不纯的主要原因，也是重量分析误差的主要来源之一。共沉淀现象主要有以下三类。

（1）表面吸附

由于沉淀表面离子电荷的作用力未达到平衡，因而产生自由静电力场。由于沉淀表面静电引力作用吸引了溶液中带相反电荷的离子，使沉淀微粒带有电荷，形成吸附层。带电荷的微粒又吸引溶液中带相反电荷的离子，构成电中性的分子。因此，沉淀表面吸附了杂质分子。例如，加过量 $BaCl_2$ 到 H_2SO_4 的溶液中，生成 $BaSO_4$ 晶形沉淀，沉淀表面上的 SO_4^{2-} 由于静电引力强烈地吸引溶液中的 Ba^{2+}，形成第一吸附层，使沉淀表面带正电荷，然后它又吸引溶液中带负电荷的离子，如 Cl^-，构成电中性的双电层，如图 9-2 所示。双电层能随颗粒一起下沉，因而使沉淀被污染。

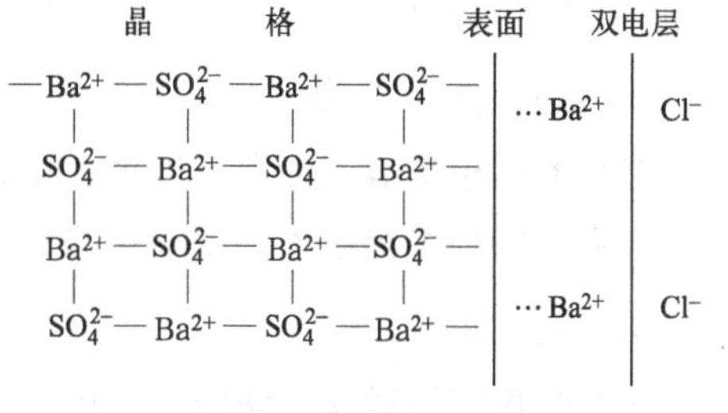

晶　格　　表面　双电层

—Ba^{2+}—SO_4^{2-}—Ba^{2+}—SO_4^{2-}—　…Ba^{2+}　Cl^-

SO_4^{2-}—Ba^{2+}—SO_4^{2-}—Ba^{2+}—

Ba^{2+}—SO_4^{2-}—Ba^{2+}—SO_4^{2-}—

SO_4^{2-}—Ba^{2+}—SO_4^{2-}—Ba^{2+}—　…Ba^{2+}　Cl^-

图 9-2　晶体表面吸附示意图

显然，沉淀的总比表面积越大，吸附杂质就越多；溶液中杂质离子的浓度越高，价态越高，越易被吸附。吸附作用是一个放热反应，升高溶液的温度可减少杂质的吸附。

（2）吸留和包藏

吸留是被吸附的杂质机械地嵌入沉淀中。包藏常指母液机械地包藏在沉淀中。这些现象的发生，是由于沉淀剂加入太快，使沉淀急速生长，沉淀表面吸附的杂质来不及离开就被随后生成的沉淀所覆盖，使杂质离子或母液被吸留或包藏在沉淀内部。这类共沉淀不能用洗涤的方法将杂质除去，可以借改变沉淀条件或重结晶的方法来减免。

(3) 混晶

当溶液中杂质离子与构晶离子半径相近，晶体结构相同时，杂质离子进入晶核排列中，形成混晶。例如，Pb^{2+} 和 Ba^{2+} 半径相近，电荷相同，在用 Ba^{2+} 沉淀 SO_4^{2-} 时，Pb^{2+} 能够取代 $BaSO_4$ 中的 Ba^{2+} 进入晶核，形成 $PbSO_4$ 与 $BaSO_4$ 的混晶共沉淀。又如 AgCl 和 AgBr、$MgNH_4PO_4 \cdot 6H_2O$ 和 $MgNH_4AsO_4 \cdot 6H_2O$ 等都易形成混晶。为了减免混晶的生成，最好在沉淀前先将杂质分离出去。

2. 后沉淀

在沉淀析出后，当沉淀与母液一起放置时，溶液中某些杂质离子可能慢慢地沉积到原沉淀上，放置时间越长，杂质析出的量越多，这种现象称为后（继）沉淀。例如，Mg^{2+} 存在时以 $(NH_4)_2C_2O_4$ 沉淀 Ca^{2+}，Mg^{2+} 易形成稳定的草酸盐过饱和溶液而不立即析出。如果把形成的 CaC_2O_4 沉淀过滤，则发现沉淀表面上吸附有少量镁。若将含有 Mg^{2+} 的母液与 CaC_2O_4 沉淀一起放置一段时间，则 MgC_2O_4 沉淀的量将会增多。

由后沉淀引入杂质的量比共沉淀多，且随沉淀在溶液中放置时间的延长而增多。因此，为防止后沉淀的发生，某些沉淀的陈化时间不宜过长。

四、减少沉淀沾污的方法

为了提高沉淀的纯度，可采用下列措施。

1. 采用适当的分析程序

当试液中含有几种组分时，首先应沉淀低含量组分，再沉淀高含量组分。反之，由于大量沉淀析出，会使部分低含量组分掺入沉淀，产生测定误差。

2. 降低易被吸附杂质离子的浓度

对于易被吸附的杂质离子，可采用适当的掩蔽方法或改变杂质离子价态来降低其浓度。例如，将 SO_4^{2-} 沉淀为 $BaSO_4$ 时，Fe^{3+} 易被吸附，可把 Fe^{3+} 还原为不易被吸附的 Fe^{2+}，或加酒石酸、EDTA 等使 Fe^{3+} 生成稳定的配离子，以减小沉淀对 Fe^{3+} 的吸附。

3. 选择沉淀条件

沉淀条件包括溶液浓度、温度、试剂的加入次序和速度、陈化与否等，对不同类型的沉淀应选用不同的沉淀条件，以获得符合重量分析要求的沉淀。

4. 再沉淀

必要时将沉淀过滤、洗涤、溶解后，再进行一次沉淀。再沉淀时，溶液中杂质的量大为降低，共沉淀和后沉淀现象自然减小。

5. 选择适当的洗涤液洗涤沉淀

吸附作用是可逆过程，用适当的洗涤液通过洗涤交换的方法可洗去沉淀表面吸附的杂质离子。例如，$Fe(OH)_3$ 吸附 Mg^{2+}，用 NH_4NO_3 稀溶液洗涤时，被吸附在表面的 Mg^{2+} 与洗涤液中的 NH_4^+ 发生交换，吸附在沉淀表面的 NH_4^+ 可在燃烧沉淀时分解除去。

为了提高洗涤沉淀的效率，同体积的洗涤液应尽可能分多次洗涤，通常称为“少量多次”的洗涤原则。

6. 选择合适的沉淀剂

无机沉淀剂选择性差，易形成胶状沉淀，吸附杂质多，难以过滤和洗涤。有机沉淀剂选择性高，常能形成结构较好的晶形沉淀，吸附杂质少，易于过滤和洗涤。因此，在可能的情况下，应尽量选择有机试剂作沉淀剂。

第四节 沉淀条件的选择和称量形物质的获得

一、沉淀条件的选择

在重量分析中，为了获得准确的分析结果，要求沉淀完全、纯净、易于过滤和洗涤，并减小沉淀的溶解损失。因此，对于不同的沉淀类型，应当选用不同的沉淀条件，以获得符合重量分析要求的沉淀。

1. 晶形沉淀的沉淀条件

为了形成易于过滤和洗涤的大颗粒晶形沉淀，沉淀过程中应采取以下沉淀条件。

① 沉淀应在适当稀的溶液中进行，以降低溶液的相对过饱和度，利于生成晶形沉淀。同时稀溶液中杂质浓度小，共沉淀现象相应减小，也有利于得到纯净的沉淀。但对于溶解度较大的沉淀，溶液不能太稀，否则沉淀溶解损失较多，影响结果的准确度。

② 应在不断搅拌的同时缓慢滴加沉淀剂，使沉淀剂迅速扩散，避免局部相对过饱和度过大而产生大量小晶粒，导致沉淀颗粒小，纯度差。

③ 沉淀过程应在热溶液中进行。升高溶液温度，可使沉淀的溶解度增大，溶液的相对过饱和度降低，有利于大结晶颗粒的生成，同时又可减少杂质的吸附。为防止因溶解度增大而造成的溶解损失，在沉淀完全后，应将溶液冷却至室温后再进行过滤。

④ 陈化。陈化是指沉淀完全后，将初生成的沉淀连同母液一起放置一段时间，使小晶粒变为大晶粒，不纯净的沉淀转变为纯净沉淀的过程。在相同条件下，小晶粒的溶解度比大晶粒大，小晶粒逐渐溶解，溶液中的构晶离子就不断在大晶粒上沉积，这样不但使大晶粒得以继续长大，还可以改变初生成的沉淀结构，由亚稳态转化为稳定态的沉淀，使不完整的小晶粒转化为完整的结晶。同时，随着小晶粒的溶解，原来吸附、吸留和包藏的杂质，也将重新进入溶液中，从而提高了沉淀的纯度。所以，经过陈化过程后，沉淀颗粒变大，溶解度变小，吸附杂质量减少，沉淀更为纯净和完整。此外，可以根据具体情况，采取加热或搅拌来缩短陈化时间。但是，对于伴随有混晶共沉淀的沉淀而言，陈化作用不一定能提高沉淀的纯度。对伴随有后沉淀的沉淀，不仅不能提高纯度，有时反而会降低纯度。因此，是否需要陈化，还应根据沉淀的类型和性质而定。

聚集速率和定向速率这两个速率的相对大小，直接影响沉淀的类型，其中聚集速率主要由沉淀的条件所决定。为了得到纯净而易于分离和洗涤的晶形沉淀，要求有较小的聚集速率，这就应选择适当的沉淀条件。

2. 无定形沉淀的沉淀条件

无定形沉淀如 $Fe_2O_3 \cdot nH_2O$ 和 $Al_2O_3 \cdot nH_2O$ 等，溶解度一般很小，很难通过减小溶液的相对过饱和度来改变沉淀的物理性质。无定形沉淀由许多沉淀微粒聚集而成，沉淀的颗粒小，其特点是结构疏松，总比表面积大，因而吸附杂质多，溶解度小，易形成胶体，不易过滤和洗涤。对于这类型沉淀，关键问题是创造适宜的沉淀条件来改善沉淀的结构，加速沉淀微粒的凝聚，使之不致形成胶体，并且有较紧密的结构，便于过滤和减小杂质吸附。无定形沉淀的沉淀条件是：

① 沉淀一般在较浓的溶液中进行。在浓溶液中进行沉淀，则离子水合程度减小，得到的沉淀含水量少，结构较紧密，体积较小，容易过滤和洗涤。同时，沉淀微粒也容易凝聚。但浓溶液也提高了杂质的浓度，增加了杂质被吸附的可能性。因此，在沉淀作用完全后，应立即加入热水适当稀释母液并搅拌，使被吸附的杂质离子转移到溶液中，从而减少杂质的吸附量。

② 沉淀在热溶液中进行。在热溶液中进行沉淀可防止生成胶体，减少杂质的吸附和含水量，还可以促进沉淀微粒的凝聚，使生成的沉淀紧密些。

③ 加入电解质促进沉淀凝聚。电解质的存在，能中和胶体微粒的电荷，降低其水化程度，可促使带电荷的胶体粒子相互凝聚沉降，加快沉降速度。电解质一般选用在灼烧时易挥发除去的铵盐，如 NH_4NO_3 或 NH_4Cl 等。有时在溶液中加入带相反电荷的胶体来代替电解质，可使被测组分沉淀完全。例如，测定 SiO_2 时，在硅酸水溶胶中加入适量的带正电荷的动物胶，因中和硅胶电荷而相互凝聚，从而使硅胶沉淀完全。

④ 不需陈化。沉淀完成后，应立即趁热过滤，不要陈化，因为该类沉淀放置后，将逐渐失去水分而聚集得更为紧密，使吸附的杂质更难洗去。

洗涤无定形沉淀时，一般选用热、稀的电解质溶液作洗涤液，主要是防止沉淀重新变为胶体，难以过滤和洗涤。常用的洗涤液有 NH_4NO_3、NH_4Cl 或氨水。

由于无定形沉淀吸附杂质较严重，一次沉淀很难保证纯净，必要时将洗涤过的沉淀重新溶解进行再沉淀。

3. 均匀沉淀法

为改善沉淀条件，避免因加入沉淀剂所引起的溶液局部相对过饱和的现象发生，采用均匀沉淀法。这种方法沉淀剂不是直接加入溶液中，而是通过某一化学反应使沉淀剂从溶液中缓慢地、均匀地产生出来，使沉淀在整个溶液中缓慢地、均匀地析出。这样可获得颗粒较大、结构紧密、纯净而易过滤的晶形沉淀。

例如，测定 Ca^{2+} 时，在中性或弱碱性溶液中加入 $(NH_4)_2C_2O_4$，得到颗粒细小的 CaC_2O_4 沉淀。若在含有 Ca^{2+} 的溶液中以 HCl 酸化，之后加 $(NH_4)_2C_2O_4$，溶液中主要存在的是 $HC_2O_4^-$ 和 $H_2C_2O_4$，此时向溶液中加入尿素，并加热至 90℃，尿素逐渐水解产生 NH_3。

$$CO(NH_2)_2 + H_2O \xrightarrow{90\sim100℃} CO_2\uparrow + 2NH_3$$

产生的 NH_3 中和溶液中的 H^+，溶液的酸度逐渐降低，$C_2O_4^{2-}$ 浓度渐渐增大，CaC_2O_4 均匀而缓慢地析出，形成颗粒较大的晶形沉淀。

均匀沉淀法还可以利用有机化合物的水解（如酯类水解）、配合物的分解、氧化还原反应等方式进行，如表 9-2 所示。

表 9-2　某些均匀沉淀法的应用

沉淀剂	加入试剂	反应	被测组分
OH^-	尿素	$CO(NH_2)_2+H_2O=CO_2\uparrow+2NH_3$	Al^{3+}、Fe^{3+}、Th(Ⅳ)等
OH^-	六亚甲基四胺	$(CH_2)_6N_4+6H_2O=6HCHO+4NH_3$	Th(Ⅳ)
PO_4^{3-}	磷酸三甲酯	$(CH_3)_3PO_4+3H_2O=3CH_3OH+H_3PO_4$	Zr(Ⅳ)、Hf(Ⅳ)
PO_4^{3-}	尿素＋磷酸盐		Be^{2+}、Mg^{2+}
$C_2O_4^{2-}$	草酸二甲酯	$(CH_3)_2C_2O_4+2H_2O=2CH_3OH+H_2C_2O_4$	Ca^{2+}、Th(Ⅳ)、稀土
$C_2O_4^{2-}$	尿素＋草酸盐		Ca^{2+}
SO_4^{2-}	硫酸二甲酯	$(CH_3)_2SO_4+2H_2O=2CH_3OH+SO_4^{2-}+2H^+$	Ba^{2+}、Sr^{2+}、Pb^{2+}
S^{2+}	硫代乙酰胺	$CH_3CSNH_2+H_2O=CH_3CONH_2+H_2S$	各种金属离子
Ba^{2+}	Ba-EDTA	$BaY^{2-}+4H^+\longrightarrow H_4Y+Ba^{2+}$	SO_4^{2-}
ZrO^{2+}	亚砷酸钠＋硝酸钠	$2AsO_3^{3-}+3ZrO^{2+}+2NO_3^-=(ZrO)_3(AsO_4)_2\downarrow+2NO_3^-$	ZrO^{2+}

二、称量形物质的获得

沉淀完毕后，还需经过滤、洗涤、烘干或灼烧，最后得到符合要求的称量形物质。

1. 沉淀的过滤和洗涤

沉淀常用定量滤纸（也称为无灰滤纸）或玻璃砂芯坩埚过滤。对于需要灼烧的沉淀，应根据沉淀的性状选用紧密程度不同的滤纸。一般无定形沉淀，如 $Fe(OH)_3$、$Al(OH)_3$ 等选用疏松的快速滤纸；粗粒的晶形沉淀，如 $MgNH_4PO_4\cdot 6H_2O$ 等选用较紧密的中速滤纸；颗粒较小的晶形沉淀，如 $BaSO_4$ 等选用紧密的慢速滤纸。

对于只需烘干即可作为称量形的沉淀，应选用玻璃砂芯坩埚过滤。

洗涤沉淀是为了洗去沉淀表面吸附的杂质和混杂在沉淀中的母液。洗涤时要尽量减小沉淀的溶解损失和避免形成胶体，因此需选择合适的洗涤液。选择洗涤液的原则是：对于溶解度很小又不易形成胶体的沉淀，可用蒸馏水洗涤；对于溶解度较大的晶形沉淀，可用沉淀剂的稀溶液洗涤。沉淀剂必须在烘干或灼烧时易挥发或易分解除去，如用 $(NH_4)_2C_2O_4$ 稀溶液洗涤 CaC_2O_4 沉淀；对于溶解度较小而又能形成胶体的沉淀，应用易挥发的电解质稀溶液洗涤，如用 NH_4NO_3 稀溶液洗涤 $Fe(OH)_3$ 沉淀。

用热洗涤液洗涤，则过滤较快，且能防止形成胶体，但溶解度随温度升高而增大较快的沉淀不能用热洗涤液洗涤。

洗涤必须连续进行，一次完成，不能将沉淀放置太久，尤其是一些非晶形沉淀，放置凝聚后，不易洗净。

洗涤沉淀时，既要将沉淀洗净，又不能增加沉淀的溶解损失。同体积的洗涤液，采用“少量多次”“尽量沥干”的洗涤原则，用适当少的洗涤液分多次洗涤，每次加洗涤液前使前次洗涤液尽量流尽，这样可以提高洗涤效果。

在沉淀的过滤和洗涤操作中，为缩短分析时间和提高洗涤效率，都应采用倾泻法。

2. 沉淀的烘干和灼烧

沉淀的烘干或灼烧是为了除去沉淀中的水分和挥发性物质，并转化为组成固定的称量形式。烘干或灼烧的温度和时间随沉淀的性质而定。

灼烧温度一般在 800℃以上，常用瓷坩埚盛放沉淀。若需用氢氟酸处理沉淀，则应用铂坩埚。灼烧沉淀前，应用滤纸包好沉淀，放入已灼烧至恒重的瓷坩埚中，先加热烘干、炭化后，再进行灼烧。沉淀经烘干或灼烧至恒重后，由其质量即可计算测定结果。

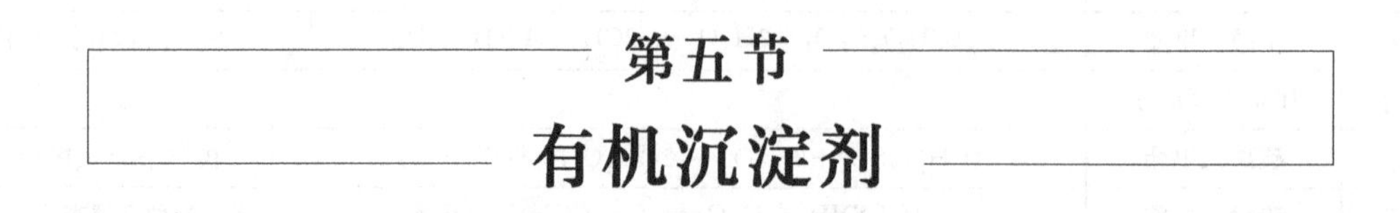

第五节 有机沉淀剂

前面探讨了利用无机沉淀剂进行沉淀的情况。总的来看，无机沉淀剂的选择性较差，产生的沉淀溶解度较大，吸附杂质较多。如果生成的是无定形沉淀时，不仅吸附杂质多，而且不易过滤和洗涤。因此近年来有机沉淀剂应用非常广泛。

一、有机沉淀剂的特点

① 选择性高。有机试剂品种多，性质各异，便于选择，一般只与少数离子起反应。

② 沉淀溶解度小。有机沉淀疏水性强，所以溶解度较小，有利于沉淀完全。

③ 沉淀吸附杂质少。沉淀表面不带电荷，所以吸附杂质离子少，易获得纯净沉淀。

④ 沉淀摩尔质量大。被测组分在称量形式中占的百分比小，有利于提高分析结果的准确度。

⑤ 多数有机沉淀组成恒定，经烘干后即可称量，简化了重量分析的操作。

但是，有机沉淀剂一般在水中的溶解度较小，有些沉淀的组成不恒定，这些缺点还有待今后继续改进。

二、有机沉淀剂的分类

有机沉淀剂和金属离子通常生成微溶性的螯合物或离子缔合物。因此，有机沉淀剂也分为生成螯合物的沉淀剂和生成离子缔合物的沉淀剂两类。

1. 生成螯合物的沉淀剂

作为沉淀剂的螯合剂，绝大部分是 HL 型或 H_2L 型（H_3L 型的较少）。能形成螯合物沉淀的有机沉淀剂至少应有下列两种官能团：一种是酸性官能团，如—COOH、—OH、═NOH、—SH、$—SO_3H$ 等，这些官能团中的 H^+ 可被金属离子置换；另一种是碱性官能团，如$—NH_2$、$>NH$、$—N<$、—C═O 及—C═S 等，这些官能团具有未共用电子对，可以与金属离子形成配位键而成为配位化合物。金属离子与有机螯合物沉淀剂反应，通过酸性基团和碱性基团的共同作用生成微溶性的螯合物。

例如，8-羟基喹啉与 Al^{3+} 配位时，酸性基团—OH 的氢被 Al^{3+} 置换，同时 Al^{3+} 又与碱

性基团 $—N\langle$ 以配位键相结合，形成五元环结构的微溶性螯合物，生成的8-羟基喹啉铝不带电荷，所以不易吸附其他离子，沉淀比较纯净，而且溶解度很小（$K_{sp}=1.0\times10^{-29}$）。

2. 生成离子缔合物的沉淀剂

有些摩尔质量较大的有机试剂在水溶液中以阳离子和阴离子形式存在，它们与带相反电荷的离子反应后，可能生成微溶性的离子缔合物（或称为正盐沉淀）。

例如，四苯硼酸钠［$NaB(C_6H_5)_4$］与 K^+ 有下列沉淀反应：

$$B(C_6H_5)_4^- + K^+ \longrightarrow [KB(C_6H_5)_4]\downarrow$$

［$KB(C_6H_5)_4$］溶解度小，组成恒定，烘干后即可直接称量，所以四苯硼酸钠是测定 K^+ 的较好沉淀剂。

例如，氯化四苯砷（C_6H_5）$_4$AsCl 在水溶液中以（C_6H_5）$_4As^+$ 及 Cl^- 形式存在，当溶液中含有某些含氧酸根或金属配阴离子时，体积庞大的有机阳离子和体积庞大的阴离子结合，析出缔合物沉淀。

$$(C_6H_5)_4As^+ + MnO_4^- \longrightarrow (C_6H_5)_4As\cdot MnO_4\downarrow$$

$$2(C_6H_5)_4As^+ + HgCl_4^{2-} \longrightarrow [(C_6H_5)_4As]_2\cdot HgCl_4\downarrow$$

三、有机沉淀剂应用示例

1. 丁二酮肟［$CH_3C(=NOH)C(=NOH)CH_3$］

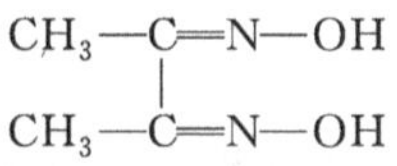

$$\begin{array}{l} CH_3—C=N—OH \\ \qquad\ \ | \\ CH_3—C=N—OH \end{array}$$

白色粉末，微溶于水，通常使用它的乙醇溶液或氢氧化钠溶液，是选择性较高的生成螯合物的沉淀剂。在金属离子中只有 Ni^{2+}、Pd^{2+}、Pt^{2+}、Fe^{2+} 能与它生成沉淀。

在氨性溶液中，丁二酮肟与 Ni^{2+} 生成鲜红色的螯合物沉淀，沉淀组成恒定，可烘干后直接称量，常用于重量法测定镍。Al^{3+}、Fe^{3+} 等在氨性溶液中能生成水合氧化物沉淀，干扰测定，可加入柠檬酸或酒石酸进行掩蔽。

2. 8-羟基喹啉

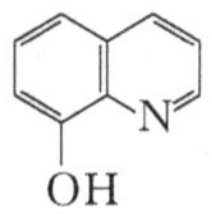

N
OH

白色针状晶体，微溶于水，一般使用它的乙醇溶液或丙酮溶液，是生成螯合物的沉淀剂。在弱酸性或碱性溶液中（pH＝3～9），8-羟基喹啉与许多金属离子发生沉淀反应。例如，Al^{3+} 与8-羟基喹啉反应：

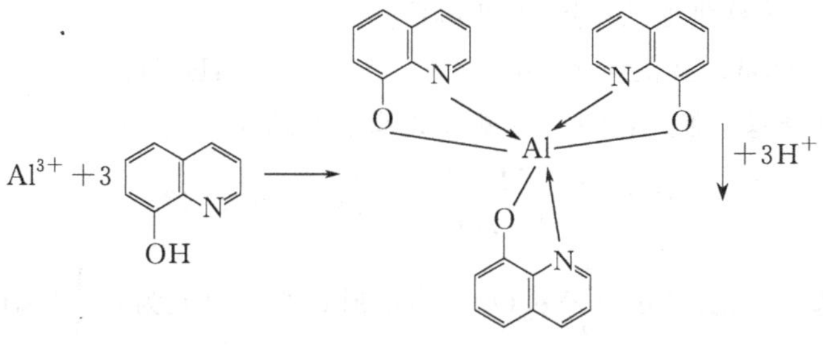

Al^{3+} + 3 (8-羟基喹啉: N, OH) ⟶ (Al 与三个8-羟基喹啉的 O、N 配位螯合物) ↓ + $3H^+$

生成的沉淀恒定，可烘干后直接称量。8-羟基喹啉的最大缺点是选择性较差，采用适当的掩蔽剂可以提高反应的选择性。例如，用 KCN、EDTA 掩蔽 Cu^{2+}、Fe^{3+} 等离子后，可在氨性溶液中沉淀 Al^{3+}，并用于重量法。

目前已经合成了一些选择性较高的 8-羟基喹啉衍生物。如 2-甲基-8-羟基喹啉，在 pH=5.5 时，沉淀 Zn^{2+}；pH=9 时，沉淀 Mg^{2+}，而不与 Al^{3+} 发生沉淀反应。

3. 四苯硼酸钠

白色粉末状结晶，易溶于水，是生成离子缔合物的沉淀剂。能与 K^+、NH_4^+、Rb^+、Cs^+、Tl^+、Ag^+ 等生成离子缔合物沉淀。易溶于水，是测 K^+ 的良好沉淀剂。由于一般试样中 Rb^+、Cs^+、Tl^+、Ag^+ 的含量极微，故此试剂常用于 K^+ 的测定。沉淀组成恒定，可烘干后直接称量。

第六节 重量分析计算和应用示例

一、重量分析结果的计算

1. 化学因数

在重量分析中，多数情况下称量形式与被测组分的形式不同，这就需要将称量形式的质量换算成被测组分的质量。被测组分的基本单元摩尔质量与称量形式的基本单元摩尔质量之比是常数，称为“化学因数”或“换算因数”，通常用 F 表示。书写化学因数时，要注意用适当的系数使被测组分化学式与称量形式化学式中的主要原子数目相等，即保持 1∶1。

$$F=\frac{M_{(\text{被测组分基本单元的摩尔质量})}}{M_{(\text{称量形式基本单元的摩尔质量})}} \tag{9-15}$$

为了简化计算和方便理解，本书作者规定：重量分析中主要原子（原子团）个数在被测组分化学式和称量形式化学式中始终为“1”，就是其基本单元。这样避免其他教材中烦琐的 a、b 系数计算。

【例 9-2】 计算化学因数：

① 以 AgCl 为称量形式测定 Cl^-。

② 以 Fe_2O_3 为称量形式测定 Fe 和 Fe_3O_4。

③ 以 $Mg_2P_2O_7$ 为称量形式测定 P 和 P_2O_5。

④ 以 $BaSO_4$ 为称量形式测定 $K_2SO_4 \cdot Al_2(SO_4)_3 \cdot 24H_2O$。

解： ① 被测组分基本单元：Cl；称量形式基本单元为：AgCl

$$F(\mathrm{Cl})=\frac{M(\mathrm{Cl})}{M(\mathrm{AgCl})}=\frac{35.45}{143.3}=0.2475$$

② 被测组分基本单元：Fe、$\frac{1}{3}Fe_3O_4$；称量形式基本单元为：$\frac{1}{2}Fe_2O_3$

$$F(Fe)=\frac{M(Fe)}{M\left(\frac{1}{2}Fe_2O_3\right)}=\frac{55.85}{\frac{1}{2}\times 159.7}=0.6994$$

$$F(Fe_3O_4)=\frac{M\left(\frac{1}{3}Fe_3O_4\right)}{M\left(\frac{1}{2}Fe_2O_3\right)}=\frac{\frac{1}{3}\times 231.5}{\frac{1}{2}\times 159.7}=0.9664$$

③ 被测组分基本单元：P、$\frac{1}{2}P_2O_5$；称量形式基本单元为：$\frac{1}{2}Mg_2P_2O_7$

$$F(P)=\frac{M(P)}{M\left(\frac{1}{2}Mg_2P_2O_7\right)}=\frac{30.97}{\frac{1}{2}\times 222.55}=0.2783$$

$$F(P_2O_5)=\frac{M\left(\frac{1}{2}P_2O_5\right)}{M\left(\frac{1}{2}Mg_2P_2O_7\right)}=\frac{\frac{1}{2}\times 141.94}{\frac{1}{2}\times 222.55}=0.6378$$

④ 被测组分基本单元：$\frac{1}{4}K_2SO_4\cdot Al_2(SO_4)_3\cdot 24H_2O$；称量形式基本单元为：$BaSO_4$

$$F=\frac{M\left[\frac{1}{4}K_2SO_4\cdot Al_2(SO_4)_3\cdot 24H_2O\right]}{M(BaSO_4)}=\frac{\frac{1}{4}\times 948.76}{233.39}=1.0163$$

由此可知被测组分质量的计算式：

被测组分的质量＝沉淀形式的质量×F

即

$$m_{测}=m_{称}F \tag{9-16}$$

【例 9-3】在镁的测定中，先将 Mg^{2+} 沉淀为 $MgNH_4PO_4$，再灼烧成 $Mg_2P_2O_7$ 称量。若 $Mg_2P_2O_7$ 质量为 0.3515g，则镁的质量为多少？

解：被测组分基本单元：Mg；称量形式基本单元为：$\frac{1}{2}Mg_2P_2O_7$，故得

$$F=\frac{M(Mg)}{M\left(\frac{1}{2}Mg_2P_2O_7\right)}=\frac{24.31}{\frac{1}{2}\times 222.55}=0.2185$$

$$m(Mg)=m(Mg_2P_2O_7)\times F=0.3515\times 0.2185=0.0768(g)$$

【例 9-4】分析某一化学纯 $AlPO_4$ 的试样，得到 0.1126g $Mg_2P_2O_7$，求可以得到多少克的 Al_2O_3？

解：按题意得：$\frac{1}{2}Mg_2P_2O_7\longrightarrow P\longrightarrow Al\longrightarrow\frac{1}{2}Al_2O_3$

被测物基本单元：$\frac{1}{2}Al_2O_3$；称量物基本单元：$\frac{1}{2}Mg_2P_2O_7$

$$F(Al_2O_3)=\frac{M\left(\frac{1}{2}Al_2O_3\right)}{M\left(\frac{1}{2}Mg_2P_2O_7\right)}=\frac{\frac{1}{2}\times 102.0}{\frac{1}{2}\times 222.55}=0.4583$$

$$m(Al_2O_3)=m(Mg_2P_2O_7)\times F=0.1126\times 0.4583=0.05160(g)$$

【例 9-5】 铵离子可用 H_2PtCl_6 沉淀为 $(NH_4)_2PtCl_6$，在灼烧为金属 Pt 后称重，反应式如下：

$$(NH_4)_2PtCl_6 \longrightarrow Pt+2NH_4Cl+2Cl_2\uparrow$$

若分析得到 0.1032g Pt，求试样中含 NH_3 的质量。

解：按题意得：$NH_4^+ \longrightarrow \frac{1}{2}(NH_4)_2PtCl_6 \longrightarrow \frac{1}{2}Pt \longrightarrow NH_3$

被测物基本单元：NH_3；称量物基本单元：$\frac{1}{2}Pt$

$$F=\frac{M(NH_3)}{M\left(\frac{1}{2}Pt\right)}=\frac{17.03}{\frac{1}{2}\times 195.1}=0.1746$$

$$m=m(Pt)F=0.1032\times 0.1746g=0.01802g$$

2. 求质量分数 w

由称量形式的质量 $m_{称}$，化学因数 F 以及所称试样质量 m_s，可求出被测组分的质量分数：

$$w=\frac{m_{称}\times F}{m_s}\times 100\% \tag{9-17}$$

【例 9-6】 测定四草酸钾的含量，用 Ca^{2+} 为沉淀剂，最后灼烧成 CaO 称量。称取样品质量为 0.5172g，最后得 CaO 为 0.2265g。计算样品中 $KHC_2O_4 \cdot H_2C_2O_4 \cdot 2H_2O$ 的质量分数。

解：按题意 $\frac{1}{2}KHC_2O_4 \cdot H_2C_2O_4 \cdot 2H_2O \longrightarrow CaC_2O_4 \longrightarrow CaO$，所以：

被测物基本单元：$\frac{1}{2}KHC_2O_4 \cdot H_2C_2O_4 \cdot 2H_2O$；称量物基本单元：CaO

$$F=\frac{M\left(\frac{1}{2}KHC_2O_4 \cdot H_2C_2O_4 \cdot 2H_2O\right)}{M(CaO)}=\frac{\frac{1}{2}\times 254.2}{56.08}=2.266$$

$$w=\frac{m_{称}F}{m_s}\times 100\%=\frac{0.2265\times 2.266}{0.5172}\times 100\%=99.24\%$$

【例 9-7】 测定某试样中铁的含量时，称取样品质量 m_s 为 0.2500g，经处理后其沉淀形式为 $Fe(OH)_3$，然后灼烧为 Fe_2O_3，称得其质量为 0.1245g，求此试样中铁（Fe）的质量分数。若以 Fe_3O_4 表示结果，其组成质量分数又为多少？

解：根据题意得相关的基本单元如下：

被测组分基本单元：Fe、$\frac{1}{3}Fe_3O_4$；称量形式基本单元为：$\frac{1}{2}Fe_2O_3$

$$F(Fe)=\frac{M(Fe)}{M\left(\frac{1}{2}Fe_2O_3\right)}=\frac{55.85}{\frac{1}{2}\times 159.7}=0.6994$$

$$F(Fe_3O_4)=\frac{M\left(\frac{1}{3}Fe_3O_4\right)}{M\left(\frac{1}{2}Fe_2O_3\right)}=\frac{\frac{1}{3}\times 231.5}{\frac{1}{2}\times 159.7}=0.9664$$

$$w(Fe)=w_{Fe}=\frac{m_{称}F_{Fe}}{m_s}\times 100\%=\frac{0.1245\times 0.6994}{0.2500}\times 100\%=34.83\%$$

$$w(Fe_3O_4)=w_{Fe_3O_4}=\frac{m_{称}F_{Fe_3O_4}}{m_s}\times 100\%=\frac{0.1245\times 0.9664}{0.2500}\times 100\%=48.13\%$$

用不同形式表示分析结果时，由于化学因数不同，所得结果也不同。

3. 称取试样量估算

重量分析实践中，对称量形式的质量大小有一定的要求，对晶形沉淀约为 0.3～0.5g，对非晶形沉淀为 0.1～0.3g。沉淀过多，难以过滤和洗涤，由杂质引入的误差较大；沉淀过少，则溶解损失及称量误差较大。大多数情况下，被测物质的组成是大体知道的，据此可以估算称取多少试样才最合适。

【例 9-8】 测定 $BaCl_2 \cdot H_2O$ 中 Ba^{2+} 的含量，使 Ba^{2+} 沉淀为 $BaSO_4$，应称取多少克 $BaCl_2 \cdot H_2O$ 试样？

解： 首先知道生成的 $BaSO_4$ 沉淀是晶形沉淀，然后根据晶形沉淀质量要求应在 0.3～0.5g，假如以 0.4g 为基准，设需 $BaCl_2 \cdot H_2O$ m(g)。

$$BaCl_2 \cdot H_2O \longrightarrow BaSO_4$$

$$\begin{array}{cc} 244.3 & 233.4 \\ m & 0.4 \end{array}$$

$$m=0.42g$$

应称取 $BaCl_2 \cdot H_2O$ 试样的质量为 0.42g 左右。

二、重量分析应用示例

重量分析法是定量分析的基本内容之一，目前对于某些常量元素、水分、灰分和挥发分等含量的精确测定应用较多，常用于标准分析及仲裁分析。

1. 硫酸钡重量法

该法一般是将试样预处理为 SO_4^{2-} 或 Ba^{2+}，将其沉淀成 $BaSO_4$，再进行灼烧称量。

硫酸钡重量法应用范围较广，测定煤中全硫量的标准方法就属于此法的范畴。煤中的硫元素一般分为无机硫和有机硫两大类。测定煤中全硫量有艾氏卡法、库仑滴定法和高温燃烧-酸碱滴定法。而艾氏卡法是世界公认的测定煤中全硫量的标准方法，在仲裁分析中，可采用艾氏卡法。将煤样与艾氏卡试剂（艾氏卡试剂：以两份质量的化学纯轻质氧化镁与一份质量的化学纯无水碳酸钠混合并研细至粒度小于 0.2mm 后保存在密闭容器中）混合灼烧，煤中硫生成硫酸盐，然后将硫酸根离子生成硫酸钡沉淀，根据硫酸钡的质量计算煤中全硫的含量。

此外，工业水体中、水泥中硫酸盐含量，某些原料矿石和炉渣中硫和钡，以及其他可溶性硫酸盐都可用该法测定。

2. 氯化铵重量法

该法主要用于测定硅酸盐中的二氧化硅，这是国家标准 GB/T 176—2017 中的基准法。硅酸盐是地壳的主要组成部分，分为天然硅酸盐和人造硅酸盐。传统的人造硅酸盐材料及其制品主要有硅酸盐水泥、玻璃、陶瓷及它们的制品和耐火材料等。采用氯化铵重量法测定 SiO_2 不但准确，而且沉淀作用完成后的滤液还可用作 Al、Fe、Ca、Mg 等元素的测定。利用过滤完 SiO_2 的滤液，不但消除了 Si 的干扰，提高了测定 Al、Fe、Ca、Mg 的准确度，并且大大节省了分析时间。

该法中试样先用无水 Na_2CO_3 烧结，使不溶的硅酸盐转化为可溶性的硅酸钠，用盐酸分解熔融块。再加入氯化铵固体，在蒸汽水浴上加热蒸发。由于氯化铵是强电解质，对硅酸胶体有盐析作用，从而加快了硅酸胶体的凝聚；同时由于 NH_4^+ 的存在，减少了硅酸胶体对其他阳离子的吸附，而被硅酸胶粒吸附的 NH_4^+ 在加热时即可挥发除去，从而可获得纯净的硅酸沉淀。沉淀经过滤灼烧后，得到含有铁、铝等杂质的不纯二氧化硅。用 HF 处理沉淀，使其中的 SiO_2 以 SiF_4 形式挥发，失去的质量即为纯二氧化硅的质量。

3. 磷肥中磷的测定

磷肥中的磷因为对象或目的的不同，常分别测定有效磷及全磷的含量，结果均用 P_2O_5 表示。测定方法通常有磷钼酸喹啉重量法、磷钼酸铵容量法和钒钼酸铵分光光度法。磷钼酸喹啉重量法为国家标准 GB/T 10512—2008 规定的仲裁分析方法，容量法和分光光度法主要用于日常生产的控制分析。

磷钼酸喹啉重量法中，先将磷酸盐用酸处理后，有效磷变为偏磷酸 HPO_3 或次磷酸 H_3PO_2 等形式存在。所以在沉淀前，再用硝酸处理，使其全部转变为正磷酸 H_3PO_4。磷酸在酸性溶液中（7%～10% HNO_3）与钼酸钠和喹啉作用形成磷钼酸喹啉沉淀：

$$H_3PO_4 + 3C_9H_7N + 12Na_2MoO_4 + 24H^+ \longrightarrow$$
$$(C_9H_7N)_3H_3[PO_4 \cdot 12MoO_3] \cdot H_2O \downarrow + 11H_2O + 24Na^+$$

沉淀经过滤、烘干、除去水分后称量。

沉淀剂用喹钼柠酮试剂（含有喹啉、钼酸钠、柠檬酸、丙酮）。柠檬酸的作用是在溶液中与钼酸配位，以降低钼酸浓度，避免沉淀出硅钼酸喹啉（它对测定有干扰），同时防止钼酸钠水解析出 MoO_3。丙酮的作用是使沉淀颗粒增大而疏松，便于洗涤，同时可增加喹啉的溶解度，避免其沉淀析出而干扰测定。

也可以将磷转化为磷钼酸铵沉淀，分离后，用 NaOH 溶解，以 HNO_3 回滴过量的 NaOH，锰铁中的磷即以此法测定磷含量。重量法精密度高，易获得准确结果。磷钼酸喹啉沉淀颗粒比磷钼酸铵沉淀颗粒粗些，较易过滤，但喹啉具有特殊气味，因此要求实验室通风良好。

4. 环境空气颗粒物 $PM_{2.5}$ 和 PM_{10} 的测定

PM 是指环境空气中可吸入颗粒物，也被称为“微粒物质”，是一种相当复杂的混合物。这种污染颗粒可分为两类：细颗粒和可吸入粗颗粒。细颗粒直径一般不大于 2.5μm，被称为 $PM_{2.5}$；可吸入粗颗粒直径在 2.5～10μm，被称为 PM_{10}，这是表征环境空气质量的两个重要污染物指标，细颗粒物所造成的“雾霾”已成为目前我国城市和区域性大气污染的热点问题。

国家环境保护部于2011年发布了《环境空气 PM_{10} 和 $PM_{2.5}$ 的测定 重量法》（HJ 618—2011），该标准规定了测定环境空气中 $PM_{2.5}$ 和 PM_{10} 的重量法。其方法原理为：分别通过具有一定切割特性的采样器，以恒速抽取定量体积空气，使环境空气中的 $PM_{2.5}$ 和 PM_{10} 被截留在已知质量的滤膜上，根据采样前后滤膜的质量差和采样体积，计算出 $PM_{2.5}$ 和 PM_{10} 的浓度：

$$\rho=\frac{w_2-w_1}{V}\times 1000 \tag{9-18}$$

式中，ρ 为 $PM_{2.5}$ 或 PM_{10} 的浓度，mg/m^3；w_2 为采样后滤膜的质量，g；w_1 为空白滤膜的质量，g；V 为已换算成标准状态（101.325kPa，273K）下的采样体积，m^3。

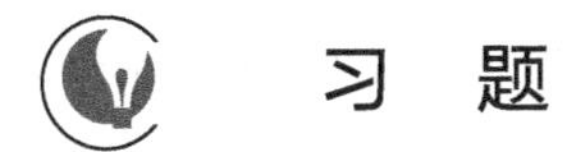

习 题

1. 计算 CaC_2O_4。

① 在纯水中的溶解度。

② 考虑同离子效应，在 0.010mol/L $(NH_4)_2C_2O_4$ 溶液中的溶解度。

2. 下列情况，有无沉淀生成？

① 0.001mol/L $Ca(NO_3)_2$ 溶液与 0.01mol/L NH_4HF_2 溶液以等体积相混合。

② 0.01mol/L $MgCl_2$ 溶液与 0.1mol/L NH_3-1mol/L NH_4Cl 溶液以等体积相混合。

3. 在下列情况下，求氟化钙的溶解度：

① 在纯水中（忽略水解）。

② 在 0.01mol/L $CaCl_2$ 溶液中。

③ 在 0.01mol/L HCl 溶液中。

4. 计算 pH=5.0，草酸总浓度为 0.05mol/L 时，草酸钙的溶解度。如果溶液的体积为 300mL，将溶解多少克 CaC_2O_4？

提示：$[Ca^{2+}][C_2O_4^{2-}]_{总}=K_{sp,CaC_2O_4}\alpha_{C_2O_4(H)}$

$$\alpha_{C_2O_4(H)}=1+\frac{[H^+]}{K_{a2}}+\frac{[H^+]^2}{K_{a1}\cdot K_{a2}}$$

5. 在25℃时，铬酸银的溶解度为每升 0.0279g，计算铬酸银的溶度积。

6. 为了使 0.2032g $(NH_4)_2SO_4$ 中的 SO_4^{2-} 沉淀完全，需要每升含 63g $BaCl_2\cdot 2H_2O$ 的溶液多少毫升？

7. 今有纯的 CaO 和 BaO 的混合物 2.212g，转化为混合硫酸盐后质量为 5.023g，计算原混合物中 CaO 和 BaO 的质量分数。

8. 称取 0.4670g 正长石试样，经熔样处理后，将其中 K^+ 沉淀为四苯硼酸钾 $K[B(C_6H_5)_4]$，烘干后，沉淀质量为 0.1726g，计算试样中 K_2O 的质量分数。

9. 称取纯的 $BaCl_2 \cdot 2H_2O$ 试样 0.367g，溶于水之后，加入稀 H_2SO_4 将 Ba^{2+} 沉淀为 $BaSO_4$。如果加过量 50% 的沉淀剂，需要 0.50mol/L 的 H_2SO_4 溶液多少毫升？

10. 称取某可溶性盐 0.1616g，用 $BaSO_4$ 重量法测定其含硫量，称得 $BaSO_4$ 沉淀 0.1491g，计算试样中 SO_3 的质量分数。

11. 称取过磷酸钙肥料试样 0.4891g，经处理后得到 0.1136g $Mg_2P_2O_7$，试计算试样中 P_2O_5 和 P 的含量。

12. 有含硫约 36% 的黄铁矿，用重量法测定硫，欲得 0.50g 左右的 $BaSO_4$ 沉淀，应称取试样的质量为多少克？

13. 某一含 K_2SO_4 及 $(NH_4)_2SO_4$ 的混合试样 0.6490g，溶解后加 $Ba(NO_3)_2$，使全部 SO_4^{2-} 都形成 $BaSO_4$ 沉淀，沉淀共 0.9770g，计算试样中 K_2SO_4 的质量分数。

14. 称取磷矿石试样 0.4530g，溶解后以 $MgNH_4PO_4$ 形式沉淀，灼烧后得 $Mg_2P_2O_7$ 0.2825g，计算试样中 P 和 P_2O_5 的质量分数。

参考答案

第十章

分析化学中的分离与富集方法

理想的化学分析方法应能直接从样品中定性或定量地检测出某种组分，即所选择的方法要有高度的专一性，其他共存成分不干扰测定。但是，在实际的分析工作中，试样组成往往较为复杂，在测定某一组分时通常会受到其他共存组分的干扰。为了消除干扰，可以采用较简便的方法，如掩蔽或控制分析条件等。但在很多情况下，使用上述方法不能消除所有干扰，这就需要在测定被测组分之前，预先将干扰组分与待测组分分离。并且，当被测组分含量极低，且测定方法的灵敏度不高时，可在分离干扰组分的同时富集被测组分，然后进行测定。因此分离往往也包括富集的意义在内。

分离完全是在定量分析中对分离的首要要求，即将干扰组分减少到不干扰测定；并且被测组分在分离过程中的损失要小到可以忽略不计。通常可用回收率来衡量分离效果的好坏。回收率表示被分离组分在分离后回收的完全程度。如对被分离的待测组分 A，回收率

$$R_A=\frac{\text{分离后测得的 A 的量}}{\text{分离前 A 的量}}$$

回收率越高，说明被测组分的损失越少，分离效果越好。理想的回收率应该是100%。但是，实际分离时总会造成被分离组分的某些损失。被测组分的含量不同，对回收率的要求也不相同。一般情况下，含量大于1%的组分，回收率应大于99.9%；含量为0.01%～1%的组分，回收率应大于99%；而对微量组分测定的回收率要求在85%～100%。

常用的分离方法主要有沉淀分离法、萃取分离法、色谱分析法、离子交换分离法等。本章将对这些分离方法分别进行简述。

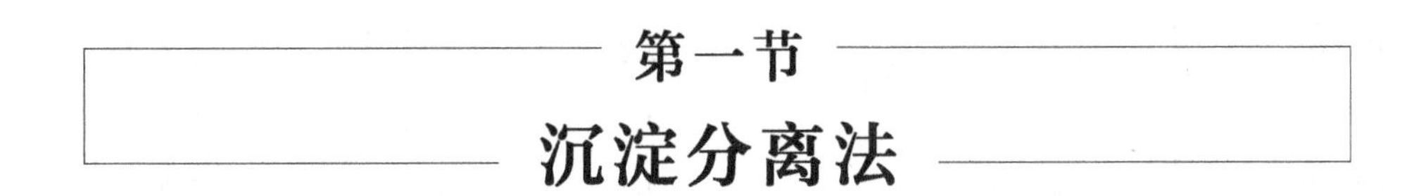

第一节 沉淀分离法

沉淀分离法是利用沉淀反应使被测组分与干扰组分分离的一种方法。其原理是基于不同物质溶解度的差异，这种分离方法属于固-液体系。在采用沉淀分离法时，通常向试液中加入适当的沉淀剂，使被测组分沉淀出来，或将干扰组分沉淀除去，以达到分离的目的。

沉淀分离法在定量分析中有三种类型的应用：①应用于重量分析——将被测组分以一定的形式沉淀，使之与干扰组分分离。②除去干扰组分——使干扰组分生成难溶的沉淀，过滤

使之与被测组分分离。③利用沉淀或共沉淀，使微量组分得以富集。

沉淀分离法主要可分为无机沉淀剂沉淀分离法、有机沉淀剂沉淀分离法和共沉淀分离法等几种。该法的缺点是操作烦冗、费时，但使用器皿简单，分析结果准确度较高，尤其是有机沉淀剂分离法具有选择性好，灵敏度高，沉淀易过滤、洗涤等优点。因此，沉淀分离法仍有广泛的应用。

一、无机沉淀剂沉淀分离法

无机沉淀剂的种类繁多，形成沉淀的类型也很多，如氢氧化物沉淀分离法和硫化物沉淀分离法及重量分析中常采用的碳酸盐、草酸盐、硫酸盐等成盐沉淀反应均属此类。

1. 氢氧化物沉淀分离法

由于大多数金属的氢氧化物的溶解度差异很大（碱金属和碱土金属除外），因此，可用控制溶液酸度的方法使某组分形成氢氧化物沉淀而另一组分不形成沉淀，从而达到分离的目的。

根据溶度积原理，金属离子 M^{n+} 生成氢氧化物的必要条件是

$$[M^{n+}][OH^-]^n > K_{sp,M(OH)_n}$$

反应达到平衡时，金属离子的浓度为

$$[M^{n+}]=\frac{K_{sp,M(OH)_n}}{[OH^-]^n}$$

由上式可知，被沉淀离子的浓度和 $[OH^-]^n$ 成反比关系，$[OH^-]$ 越高，则溶液中的 $[M^{n+}]$ 越低，沉淀越完全。因此，可以通过控制碱度即 $[OH^-]$，达到分离的目的。

不同的离子能否用该方法进行分离取决于其氢氧化物溶解度的相对大小。表 10-1 列出了一些常见金属离子氢氧化物开始沉淀和沉淀完全时的 pH 值。

表 10-1 各种金属离子氢氧化物开始沉淀和沉淀完全时的 pH 值

氢氧化物	溶度积 K_{sp}	开始沉淀时的 pH 值	沉淀完全时的 pH 值
		假定 $[M^{n+}]=0.01mol/L$	假定 $[M^{n+}]=0.01mol/L$
$Sn(OH)_4$	1×10^{-37}	0.5	1.3
$TiO(OH)_2$	1×10^{-29}	0.5	2.0
$Sn(OH)_2$	3×10^{-27}	1.7	3.7
$Fe(OH)_3$	3.5×10^{-38}	2.2	3.5
$Al(OH)_3$	2×10^{-32}	4.1	5.4
$Cr(OH)_3$	5.4×10^{-31}	4.6	5.9
$Zn(OH)_2$	1.2×10^{-17}	6.5	8.5
$Fe(OH)_2$	1×10^{-15}	7.5	9.5
$Ni(OH)_2$	6.5×10^{-18}	6.4	8.4
$Mn(OH)_2$	4.5×10^{-13}	8.8	10.8
$Mg(OH)_2$	1.8×10^{-11}	9.6	11.6

需要指出的是，表 10-1 所列的 pH 值只能作为参考，实际上，使某种金属离子沉淀完全所需的 pH 值，比表中所列的值往往要高，这是因为在溶液中 M^{n+} 还能生成一系列羟基配合物等。例如，使 $Fe(OH)_3$ 沉淀完全所需的 pH 值，并不是表中所列出的 3.5，而是在 4 以上。当然，使氢氧化物沉淀完全，并不是 pH 值越高越好，许多两性物质当 pH 值超过一定数值时会发生溶解。因此，利用氢氧化物沉淀分离，关键要根据实际情况，适当选择和严格控制溶液的 pH 值。金属离子分离的最佳 pH 值范围应由实验来确定。通常，沉淀分离法可采用 NaOH、$NH_3 \cdot H_2O$ 等控制溶液的 pH 值。

NaOH 溶液常用于分离两性金属离子与非两性金属离子。在一定 pH 值时，许多非两性金属离子生成氢氧化物沉淀，两性金属离子则以含氧酸阴离子的形式留在溶液中。溶解于过量 NaOH 溶液中的两性金属离子，降低溶液 pH 值，可重新析出沉淀。

氨和氯化铵缓冲溶液可以控制 pH＝8.0～10.0。在此范围内，可使高价金属离子 Th^{4+}、Fe^{3+}、Al^{3+} 等与大多数一、二价金属离子分离，这时 Ag^{+}、Cu^{2+}、Cd^{2+}、Co^{3+}、Ni^{2+}、Zn^{2+} 等以氨配合物形式存在于溶液中，而 Ca^{2+}、Mg^{2+} 因其氢氧化物溶解度较大也会留在溶液中。

利用难溶化合物的悬浮液也可以控制 pH 值，如 ZnO 悬浮液就是较常用的一种。ZnO 为难溶物，在水溶液中存在下列平衡：

$$ZnO + H_2O \rightleftharpoons Zn(OH)_2 \rightleftharpoons Zn^{2+} + 2OH^-$$

当将 ZnO 悬浊液加入酸性溶液中，ZnO 溶解使 $[Zn^{2+}]$ 达到一定值时，溶液的 pH 值为一定值，并且当 $[Zn^{2+}]$ 改变时，溶液 pH 值变化极缓慢，因此，可把溶液的 pH 值控制在某一范围内。$BaCO_3$、$CaCO_3$、MgO 等的悬浮液也可用来控制不同的 pH 值。

利用氢氧化物沉淀分离存在选择性较差、共沉淀现象较为严重等不足。为了改善沉淀性能，减少共沉淀现象，沉淀作用应在较浓的热溶液中进行，使生成的氢氧化物沉淀的含水量较少，结构较紧密，吸附杂质的机会减小。沉淀完毕后加入适量热水进行稀释，使吸附的杂质离开沉淀表面转入溶液，从而获得较纯净的沉淀。

2. 硫化物沉淀分离法

能形成硫化物沉淀的金属离子有 40 余种，由于它们的溶解度相差悬殊，因此可以通过控制溶液中 $[S^{2-}]$ 的方法使硫化物沉淀分离。

硫化物沉淀分离所用的主要沉淀剂是 H_2S，H_2S 是二元弱酸，在溶液中存在下列平衡：

$$H_2S \underset{K_{b2}}{\overset{-H^+}{\rightleftharpoons}} HS^- \underset{K_{b1}}{\overset{-H^+}{\rightleftharpoons}} S^{2-}$$

可见 $[S^{2-}]$ 与酸度有关，增大 $[H^+]$，则 $[S^{2-}]$ 减小，因此可通过改变酸度来控制 $[S^{2-}]$。

和氢氧化物沉淀法相似，硫化物沉淀法的选择性较差，硫化物系非晶形沉淀，吸附现象严重。如果改用硫代乙酰胺（CH_3CSNH_2）为沉淀剂，利用硫代乙酰胺在酸性或碱性溶液中水解产生的 H_2S 或 S^{2-} 来进行均相沉淀，可使沉淀性能和分离效果有所改善。硫代乙酰胺在酸性或碱性溶液中的水解反应如下：

$$CH_3CSNH_2 + 2H_2O + H^+ = CH_3COOH + H_2S + NH_4^+$$

$$CH_3CSNH_2 + 3OH^- = CH_3COO^- + S^{2-} + NH_3\uparrow + H_2O$$

在 $[H^+]=0.3mol/L$ 时，CH_3CSNH_2 用于沉淀 Pb^{2+}、As^{3+}、Sb^{3+}、Bi^{3+}、Sn^{4+}、

Cu^{2+}、Cd^{2+}、Hg^{2+}、Ag^{+}、Pd^{2+}、Os^{4+}、Ge^{4+}、Pt^{4+}、Au^{3+}、Se(Ⅳ)、Te(Ⅳ)、V(Ⅴ)、Mo(Ⅴ)、W(Ⅵ)等，其中砷、锑、锡、钒、锗、硒、碲、钼、钨、铂和金的硫化物能溶于硫化钠溶液。除上述离子外，还有 Zn^{2+}（pH＝2.0～3.0）、Co^{2+} 和 Ni^{2+}（pH＝5.0～6.0）、In^{3+} 和 Tl^{3+}（pH＝7.0）。在氨性溶液中 CH_3CSNH_2 用于沉淀银、汞、铅、铜、镉、铋、锌、镓、铟、铊、锰、铁、钴、镍、钍、铀、稀土等元素。

二、有机沉淀剂沉淀分离法

与无机沉淀剂相比，有机沉淀剂的选择性和灵敏度较高，溶解度较小，容易产生晶形沉淀，且很少产生共沉淀现象，具有特殊的优越性，在沉淀分离中应用更为广泛。

1. 形成螯合物沉淀

这种有机沉淀剂分子一般含有两种基团，一种为酸性基团—OH、—COOH、$—SO_3H$、—SH等，基团中 H^+ 可被金属离子置换；另一种是碱性基团$—NH_2$、═NH、═C═O、—C═S等，基团中的氮、氧和硫原子能与金属离子以配位键结合。故有机沉淀剂常为多基配体，能与金属离子形成稳定的五元环或六元环结构的螯合物。

8-羟基喹啉（8-hydroxyquinoline）及其衍生物：8-羟基喹啉又称喔星（oxine），是被研究较多的一类沉淀剂，溶于乙醇，难溶于水，易溶于无机酸和稀碱溶液，分别形成[结构式：质子化的8-羟基喹啉，N上带 +H，OH]和[结构式：8-羟基喹啉阴离子，O^-]。8-羟基喹啉可与许多二价、三价及少数四价阳离子反应，如与 Mg^{2+} 的反应如下：

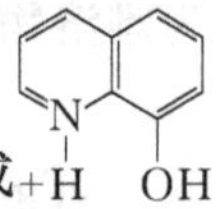

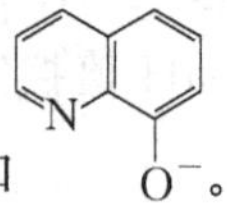

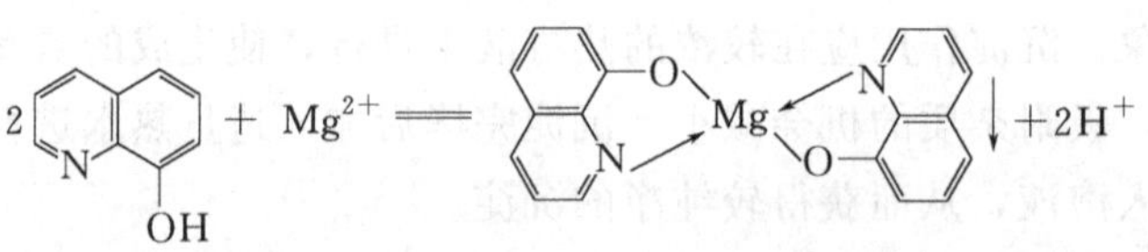

$$2\,\text{(8-羟基喹啉)} + Mg^{2+} = \text{(8-羟基喹啉镁螯合物)}\downarrow + 2H^+$$

此类螯合物分子中疏水基团较多，难溶于水，分子不带电荷，吸附杂质的能力低，所得沉淀较纯。因此，控制酸度或加入掩蔽剂或改变沉淀剂的疏水基团可以定量地沉淀某种离子。

2. 形成离子缔合物沉淀

阳离子和阴离子在溶液中通过静电引力缔合而形成的化合物称为离子缔合物。这类有机沉淀剂在水溶液中能解离成带正电荷或负电荷的大体积离子，这些离子与带异种电荷的金属离子或金属配离子缔合，可形成不带电荷的难溶于水的中性缔合分子而沉淀。例如四苯硼化钠易溶于水，是 K^+、Rb^+、Cs^+ 等的良好沉淀剂，反应为

$$B(C_6H_5)_4^- + K^+ \longrightarrow KB(C_6H_5)_4\downarrow$$

所得沉淀组成恒定，烘干后可直接称量。

与螯合物沉淀相似，离子缔合物沉淀的溶解度与试剂所含疏水基和亲水基有关。亲水基越多，溶解度越大；疏水基越多，溶解度越小。

3. 形成三元配合物沉淀

三元配合物泛指被沉淀的组分与两种不同的配位体形成三元混配配合物或三元离子缔合

物。例如在 HF 溶液中，硼与 F^- 和二安替比林甲烷及其衍生物所形成的三元离子缔合物就属于这一类。二安替比林甲烷及其衍生物在酸性溶液中呈现阳离子形式，可与 BF_4^- 配阴离子缔合成三元离子缔合物沉淀，如下所示：

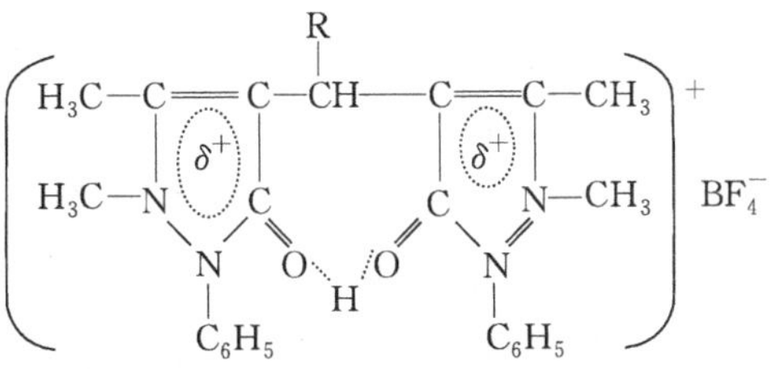

(R 可以是 H、C_3H_7、C_6H_5)

形成三元配合物的沉淀反应选择性好、灵敏度高，且生成的沉淀组成稳定、摩尔质量大，作为重量分析的称量形式较合适，因而近年来三元配合物的应用发展较快，不仅应用于沉淀分离中，也应用于分析化学的其他方面，如分光光度法等。

总之，有机沉淀剂与何种金属离子形成沉淀，主要取决于沉淀剂分子的官能团。如分子中含—SH，则易与生成硫化物的金属离子形成沉淀；如分子中含有氨基，则易与过渡金属离子形成螯合物沉淀；如含有—OH，则易与生成氢氧化物沉淀的金属离子形成沉淀。

三、共沉淀分离法

共沉淀现象是由沉淀的表面吸附作用、混晶或固溶体的形成、吸留或包藏等原因而引起的。可以利用共沉淀，对某些微量组分进行分离和富集。该方法即在溶液中加入一种载体，载体沉淀时，把微量组分共沉淀下来，从而达到分离和富集的目的。如测定水中痕量的 Pb^{2+}，若在水中加入适量的 Ca^{2+}，再加入沉淀剂 Na_2CO_3，生成 $CaCO_3$ 沉淀，则 Pb^{2+} 也同时共沉淀下来。然后用少量的酸将沉淀溶解，此时 Pb^{2+} 浓度大大提高，再用适当的方法进行测定。这里生成的 $CaCO_3$ 称为载体或共沉淀剂。对于载体或共沉淀剂的选择应注意三点：一是要能把微量元素定量地共沉淀下来，二是载体元素不干扰微量元素的测定，三是所得沉淀易溶于酸或其他溶剂中。

利用共沉淀进行分离富集，主要有三种情况。

1. 利用表面吸附进行共沉淀

即利用吸附作用进行共沉淀分离。如对于微量的稀土离子 (REEs)，用草酸难以使它沉淀完全，若先加入 Ca^{2+}，再用草酸作沉淀剂，则利用生成的 $Ca_2C_2O_4$ 作为载体，可将 REEs 的草酸盐吸附而共同沉淀下来。在这类共沉淀分离中，常用的载体有 $Fe(OH)_3$、$Al(OH)_3$、$MnO(OH)_2$ 及硫化物等。它们都是表面积很大的非晶形沉淀，由于表面积大，与溶液中微量组分接触机会多，容易发生吸附；又由于非晶形沉淀聚集速度快，吸附在沉淀表面的微量组分来不及离开沉淀表面，就被夹杂在沉淀中，即吸留，因此，富集效率较高。硫化物沉淀还易发生后沉淀，更有利于微量组分的富集。但是这种共沉淀分离方法的选择性不高，常引入较多的载体离子，给后续分析带来困难。

2. 利用生成混晶进行沉淀分离

如果欲测组分 M 与载体 NL 沉淀中 N 的半径相近，电荷相同，并且 NL 和 ML 晶形相同，则 ML 可以以混晶形式与 NL 共沉淀下来。如以 $BaSO_4$ 作为载体共沉淀 Ra^{2+}，以 Sr-

SO_4 作载体共沉淀 Pb^{2+} 和以 $MgNH_4PO_4$ 作载体共沉淀 AsO_4^{3-} 等，都以此为依据。此种共沉淀分离的选择性较好。

3. 利用有机共沉淀剂进行共沉淀分离

有机共沉淀的作用原理与无机共沉淀不同，后者利用共沉淀的表面吸附或形成混晶把微量元素带下来，有机共沉淀则是利用“固溶体”的作用。如在含有痕量 Zn^{2+} 的弱酸性溶液中，加入 NH_4SCN 并滴加甲基紫，这时 Zn^{2+} 先同 NH_4SCN 作用生成 $[Zn(SCN)_4]^{2-}$，此配离子可同甲基紫形成难溶的三元配合物，但因 Zn^{2+} 量太少，该难溶配合物沉淀不下来。而甲基紫与 SCN^- 所生成的化合物也难溶于水，是共沉淀剂，可以把此难溶三元配合物一并沉淀下来。该法可以分离 10ng/L 锌。这类共沉淀剂除甲基紫外，还有结晶紫、甲基橙、亚甲基蓝等。

有机沉淀剂一般都是大分子物质，其离子半径大，表面电荷密度较小，吸附杂质离子的能力较弱，因而选择性较好，又由于其分子体积大，形成沉淀的体积亦比较大，这有利于痕量组分的富集。此外，存在于沉淀中的有机共沉淀剂，在沉淀后可灼烧除去，不会影响后续分析结果。

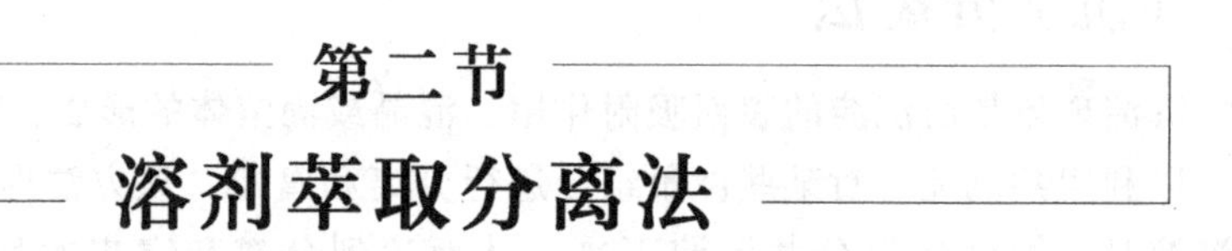

第二节 溶剂萃取分离法

在待分离物质的水溶液中加入与水互不相溶的有机溶剂，利用萃取剂的作用，使一些组分进入有机相，另一些组分仍然留在水相中，分离两相即达到分离目的，这样的分离过程叫溶剂萃取分离法，又称为液-液萃取法。

溶剂萃取分离法既可用于常量元素的分离，又适用于痕量元素的分离与富集，如果萃取的组分是有色化合物，可直接进行比色测定，称为萃取比色法。这种方法具有较高的灵敏度和选择性。

该法设备简单，分离效果好。其缺点是费时，工作量较大；萃取溶剂常是易挥发、易燃且有毒的物质，所以应用上受到一定的限制。尽管如此，该法的主要特点使其一直备受重视。至今为止研究了近百种元素的溶剂萃取体系。随着科学技术的发展，该法正以更快的速度继续发展。

一、相关参数简介

溶剂萃取分离方法是基于物质在不同溶剂中分配系数大小不等的规律上建立起来的。分离效果的好坏通常由以下几个参数来衡量：分配系数、分配比、萃取率、分离系数。

1. 分配系数

在一定温度下，某一溶质 A 与互不相溶的两个液相接触时，由于溶质 A 在两相中的溶解度不同，则溶质 A 分配于两相中的量不同。在无化学变化的情况下，溶质 A 在两相中的组成、结构相同。当分配达到平衡后，溶质 A 在两相中的浓度之比是一个常数，称为分配系数（K_D）。平衡时，若以 $[A]_o$ 表示有机相中溶质 A 的浓度，$[A]_w$ 表示水相中溶质 A 的浓度，则

$$K_D=\frac{[A]_o}{[A]_w} \tag{10-1}$$

式(10-1) 为分配定律，是溶剂萃取分离法的基本原理。分配系数大的物质，绝大部分进入有机相；分配系数小的物质，绝大部分留在水相，因而可将两种物质彼此分离。

2. 分配比

分配系数 K_D 仅适用于溶质在萃取过程中没有发生任何化学反应的情况，如 I_2 在 CCl_4 和水中均以 I_2 的形式存在。而在许多情况下，溶质在水和有机相中以多种形态存在。例如，用 CCl_4 萃取 OsO_4 时，水相中存在 OsO_4、OsO_5^{2-} 和 $HOsO_5^-$ 等三种形式，有机相中存在 OsO_4 和 $(OsO_4)_4$ 两种形式，此种情况不能简单地用分配系数来说明整个萃取过程的平衡问题。此时常用分配比（D）表示溶质在两相的分配情况：

$$D=\frac{c(A)_o}{c(A)_w}=\frac{[A_1]_o+[A_2]_o+\cdots+[A_n]_o}{[A_1]_w+[A_2]_w+\cdots+[A_n]_w} \tag{10-2}$$

当两相的体积相等时，若 D 大于 1，说明溶质进入有机相中的量比留在水相中的多。实际工作中，要使被萃取物质绝大部分进入有机相，一般要求 D 值大于 10。

分配比 D 和分配系数 K_D 不同，K_D 是常数，而 D 随实验条件而变。只有当溶质以单一形式存在于两相中时，才有 $D=K_D$。实际工作中常利用改变试样某一组分存在形式（如生成配合物）的方法，使其分配比增大，从而易于与其他组分分离。

3. 萃取率

萃取率用于表明物质被萃取到有机相中的完全程度，常用 E 来表示。

$$E=\frac{\text{A 在有机相中的总量}}{\text{A 在两相中的总量}} \tag{10-3}$$

$$E=\frac{c_oV_o}{c_oV_o+c_wV_w}\times 100\% \tag{10-4}$$

式(10-4) 中分子和分母同除以 c_wV_o，得

$$E=\frac{c_o/c_w}{c_o/c_w+V_w/V_o}\times 100\% \quad E=\frac{D}{D+(V_w/V_o)}\times 100\% \tag{10-5}$$

式中，c_o 和 c_w 分别为有机相和水相中溶质的浓度；V_o 和 V_w 分别为有机相和水相的体积，V_w/V_o 称为相比。当 $V_w/V_o=1$ 时

$$E=\frac{D}{D+1}\times 100\% \tag{10-6}$$

从式(10-6) 看出，若 $D=1$，一次萃取率为 50%；若 $D>10$ 时，则一次萃取率 $E>90\%$，若 $D>100$，则一次萃取率 $E>99\%$。这说明在有机相和水相的体积相等时，萃取率取决于分配比 D，当分配比 D 不高时，一次萃取不能达到分离要求，需要采用多次或连续萃取的方法以提高萃取率。

除了增大分配比，提高萃取率以外，通过增加有机相的体积也能提高萃取率，若 $V_o=10V_w$，即使 $D=1$，根据式(10-5)，E 也可达 99%，但经济方面不可行。

如果用 V_o(mL) 溶剂萃取含有 m_0(g) 溶质 A 的 V_w(mL) 试液，一次萃取后，水相中剩余 m_1(g) 的溶质 A，进入有机相的溶质 A 为 (m_0-m_1)(g)，此时分配比为

$$D=\frac{c(A)_o}{c(A)_w}=\frac{(m_0-m_1)/V_o}{m_1/V_w}$$

$$m_1=\frac{m_0V_w}{DV_o+V_w}$$

萃取两次后，水相中剩余物质 A 为 m_2(g)

$$m_2=m_0\left(\frac{V_w}{DV_o+V_w}\right)^2$$

萃取 n 次后，水相中剩余物质 A 为 m_n(g)

$$m_n=m_0\left(\frac{V_w}{DV_o+V_w}\right)^n \quad (10\text{-}7)$$

【例 10-1】 在 pH=7.0 时，用 8-羟基喹啉氯仿溶液从水溶液中萃取 La^{3+}。已知 La^{3+} 在两相中的分配比 $D=43.0$，今取 La^{3+} 含量为 2.00mg/mL 的水溶液 10.0mL，计算用 10.0mL 萃取液一次萃取和用同量萃取液分两次萃取的萃取率。

解： 一次萃取时

$$m_1=\frac{m_0V_w}{DV_o+V_w}=\frac{2.00\times10.0\times10.0}{43.0\times10.0+10.0}\text{mg}=0.454\text{mg}$$

$$E(\%)=\frac{20.0-0.454}{20.0}\times100\%=97.7\%$$

分两次萃取时

$$m_2=m_0\left(\frac{V_w}{DV_o+V_w}\right)^2=2.00\times10.0\times\left(\frac{10.0}{43.0\times5.0+10.0}\right)^2\text{mg}=0.0395\text{mg}$$

$$E(\%)=\frac{20.0-0.0395}{20.0}\times100\%=99.8\%$$

上例表明，用相同体积的有机溶剂，多次萃取比一次萃取效率高，但增加萃取次数会增大工作量和操作误差。因此，在实际工作中，有机相体积和萃取次数应酌情而定。

4. 分离系数

在萃取工作中，不仅要了解对某种物质的萃取程度如何，更重要的是必须掌握当溶液中同时含有两种以上组分时，通过萃取之后它们之间的分离情况如何。例如：A、B 两种物质的分离程度可用两者的分配比 D_A、D_B 的比值来表示。

$$\beta_{A/B}=\frac{D_A}{D_B}$$

式中，β 称为分离系数。D_A 与 D_B 数值相差越大，则两种物质之间的分离效果越好；如果 D_A 与 D_B 很接近，则 β 接近于 1，两种物质便难以分离。因此为了扩大分配比之间的差值必须了解各种物质在两相中的溶解机制，以便采取措施，改变条件，使欲分离的物质溶于一相，而使其他物质溶于另一相，以达到分离的目的。

二、萃取体系的分类和萃取条件的选择

无机物质中只有少数共价分子（如 HgI_2、$HgCl_2$、$GeCl_4$、$AsCl_3$、SbI_3 等）可以直接

用有机溶剂萃取。由于大多数无机物质在水溶液中易解离成离子，并可与水分子结合成水合离子，所以较易溶解于极性溶剂中。而萃取过程中采用非极性或弱极性的有机溶剂，很难将水合离子萃取出来。因此，为了使无机离子的萃取过程能顺利地进行，需在水中加入某种试剂，使被萃取物质与试剂结合成电中性的、难溶于水而易溶于有机溶剂的分子，这种试剂称为萃取剂。根据被萃取组分与萃取剂结合方式的不同，把萃取体系分为螯合物萃取、离子缔合物萃取、中性配合物萃取体系。

1. 螯合物萃取体系

将被萃取组分转化为疏水性螯合物而进入有机相进行萃取的体系，称为螯合物萃取体系。这种体系广泛应用于金属阳离子的萃取。

螯合萃取剂通常是有机弱酸，它含有可被置换 H^+ 的酸性基团（如—OH、—COOH）和可配位的官能团（如═C ═O、═N—等），萃取时，金属离子将酸性基团中的 H^+ 置换出来形成离子键，同时通过配位键与配位基团结合形成环状的疏水金属螯合物。

如用 1-苯基-3-甲基-4-苯甲酰基吡唑啉-5-酮（PMBP）的苯溶液萃取 Cu^{2+}，水相 pH 值大于 1.5，Cu^{2+} 几乎完全被萃取，从而与溶液中的 Zn^{2+} 分离。PMBP 具有二酮式和烯醇式两种互变异构体。萃取金属离子时是按烯醇式进行的。

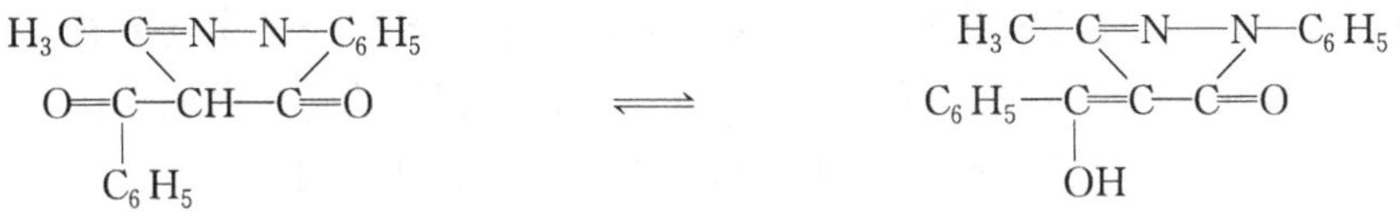

H_3C—C═N—N—C_6H_5
O═C—CH—C═O
C_6H_5

二酮式

⇌

H_3C—C═N—N—C_6H_5
C_6H_5—C═C—C═O
OH

烯醇式

H_3C—C═N—N—C_6H_5
C_6H_5—C═C—C═O
OH

$+1/2Cu^{2+}$ ⟶

H_3C—C═N—N—C_6H_5
C_6H_5—C═C—C
O O
$\frac{1}{2}$Cu

$+H^+$

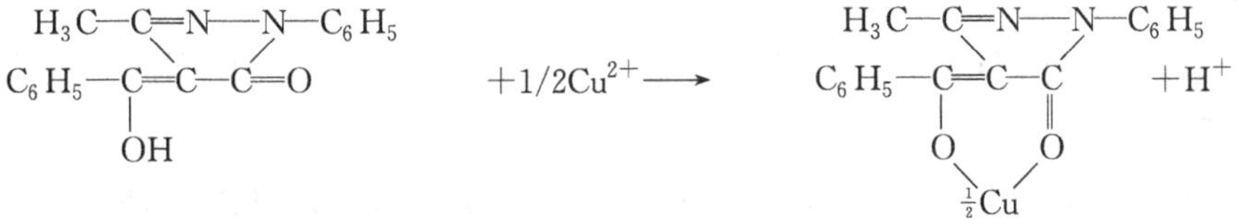

如 8-羟基喹啉可与 Pd^{2+}、Ti^{3+}、Fe^{3+}、Ga^{3+}、In^{3+}、Al^{3+}、Co^{2+}、Zn^{2+} 等离子螯合，形成螯合物（以 Me^{n+} 代表金属离子）N→Me/n ← O。生成的螯合物难溶于水，可用有机溶剂氯仿萃取。

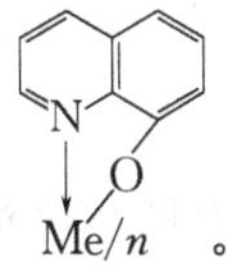

此外，铜铁试剂（*N*-亚硝基苯胲铵 $[C_6H_5$—N(N═O)—$O^-]NH_4^+$）、铜试剂（二乙基胺二硫代甲酸钠 C_2H_5—N(C_2H_5)—C(S—Na)═S）等都是常用的萃取剂。

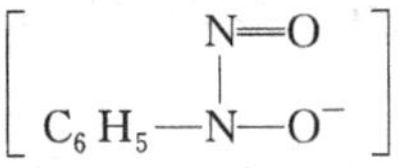

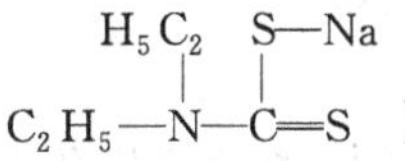

应该指出，萃取条件对萃取效率影响很大。影响萃取效率的因素主要有螯合剂的选择、萃取溶剂及溶液的 pH 值等。螯合剂与被萃取金属离子生成的螯合物越稳定，则萃取效率越高。此外，螯合剂应该具有一定的水溶性，以便在水溶液中与金属离子形成螯合物，但亲水性不能太强，否则生成的螯合物不易被萃取到有机相中。总的来讲，应根据“相似相溶”原理选择结构相似的溶剂。降低溶液酸度，被萃取物质的分配比增大，有利于萃取，但酸度过

低可能会引起金属离子水解，因此应根据不同的金属离子控制适宜的酸度。如果控制酸度不能消除干扰，则可加入掩蔽剂，使干扰离子生成亲水性化合物不被萃取。常用的掩蔽剂有EDTA、酒石酸盐等。

2. 离子缔合物萃取体系

将被萃取组分转化为疏水性的离子缔合物而进入有机相进行萃取的体系称为离子缔合物萃取体系。通常离子体积越大、电荷越低，越容易形成疏水性的离子缔合物。

含氧的有机萃取剂如醚类、醇类、酮类和酯类等，由于它们的氧原子具有孤对电子，因而能够与 H^+ 或其他阳离子结合而形成锌离子。它可以与金属配离子结合形成易溶于有机溶剂的锌盐而被萃取。

例如，在盐酸介质中，用乙醚萃取 Fe^{3+}，Fe^{3+} 与 Cl^- 生成配阴离子 $FeCl_4^-$：

$$Fe^{3+}+4Cl^- \longrightarrow FeCl_4^-$$

溶剂乙醚可与溶液中的 H^+ 结合成锌离子：

$$C_2H_5-O-C_2H_5+H^+ \longrightarrow (C_2H_5)_2OH^+$$

锌离子与配阴离子 $FeCl_4^-$ 缔合成中性分子锌盐：

$$(C_2H_5)_2OH^+ + FeCl_4^- \longrightarrow (C_2H_5)_2OH \cdot FeCl_4$$

锌盐是疏水性的，可被乙醚萃取。在这类萃取体系中，溶剂分子参与到被萃取的分子中去，因此它既是溶剂又是萃取剂。研究证明，含氧有机溶剂形成锌盐的能力依次为：

$$R_2O < ROH < RCOOH < RCOOR < RCOR$$

含氮的有机萃取剂多为碱性染料。它在酸性溶液中可以和 H^+ 结合成铵离子型阳离子，并能与金属配阴离子形成铵盐离子缔合物。

例如，三辛胺 $(C_8H_{17})_3N$(TOA) 在酸性溶液中生成阳离子 $(C_8H_{17})_3NH^+$，它能与 $CoCl_4^{2-}$ 缔合：

$$2(C_8H_{17})_3NH^+ + CoCl_4^{2-} \longrightarrow (C_8H_{17})_3NH \cdot CoCl_4 \cdot HN(C_8H_{17})_3$$

生成的离子缔合物不溶于水而溶于三辛胺中。三辛胺是 Zn^{2+}、Co^{2+}、Ni^{2+}、Pb^{2+}、Fe^{3+} 等常见元素以及铀和稀土元素等许多元素的优良萃取剂。

3. 中性配合物萃取体系

将被萃取金属离子的中性化合物与中性萃取剂（在水相和有机相都难解离）结合生成中性配合物而被有机相萃取的体系，称为中性配合物萃取体系。在中性配合物萃取中，最重要的萃取剂是中性含磷化合物，该类化合物的萃取活性基团是 $=P \rightarrow O$，如磷酸三丁酯（简称 TBP）与 $FeCl_3$ 反应：

$$Fe(H_2O)_2Cl_3 + 3TBP \longrightarrow FeCl_3 \cdot 3TBP + 2H_2O$$

生成的中性配合物 $FeCl_3 \cdot 3TBP$ 难溶于水，易被有机相萃取。

此外，还有一类萃取，被萃取物可以是单质分子（如卤素）或难电离的无机化合物型有机化合物。如用四氯化碳从水溶液中萃取溴；用三氯甲烷从水溶液中萃取 $HgCl_2$ 等。这类萃取属物理分配过程，被萃取物和有机溶剂不发生明显的化学反应。

第三节 色谱分析法

色谱分析法又称层析分离法或色层分离法，是分离、提纯和鉴定物质的重要方法之一。色谱分析法基于各组分在不相混溶并做相对运动的两相（流动相和固定相）中溶解度的不同，或在固定相上的物理吸附程度的不同而使各组分得以分离。

色谱分析法的最大特点是分离效率高，它能把性质极相似的各种组分彼此分离，而后分别加以测定，因而是一类重要且常用的分离手段。色谱分析法可分为纸色谱法、薄层色谱法和柱色谱法等。

一、纸色谱法

纸色谱法采用滤纸作为载体，滤纸中的纤维素通常吸收20%～25%的水分，其中约6%的水分子通过氢键与纤维素上的羟基结合，在分离过程中不随有机溶剂流动，形成纸色谱中的固定相；有机溶剂为流动相，又称展开剂。

纸色谱具体操作如下：先用毛细管将待分离的试样点在长条滤纸的一端，待晾干后将滤纸吊放在一个密闭、盛有有机溶剂的容器内，使滤纸被有机溶剂的蒸气所饱和。把点有试样的滤纸一端浸入有机溶剂中（图10-1）。由于滤纸的毛细作用，有机溶剂将不断沿滤纸向上移动。试样点样后，待分离的各组分将随着展开剂的上移而在固定相（水相）和流动相（有机相）之间不断地进行分配和再分配，相当于反复进行萃取和反萃取。分配比大的组分较易进入有机相而较难进入水相，故随流动相上升的速度较快；反之，分配比小的组分较易进入水相而较难进入有机相，故随流动相上升的速度较慢。经过一定时间，溶剂前沿到达滤纸上端时，试样中的不同组分就会在滤纸上得到分离。再根据组分的性质喷洒适宜的显色剂使这些组分显色，就会在滤纸上显现出若干个分开的色斑（图10-1）。晾干纸条，在纸条上找出各组分的斑点，然后再进行定性和定量分析。

在纸色谱中，常用比移值（R_f）来衡量各组分的分离情况，如图10-2所示。

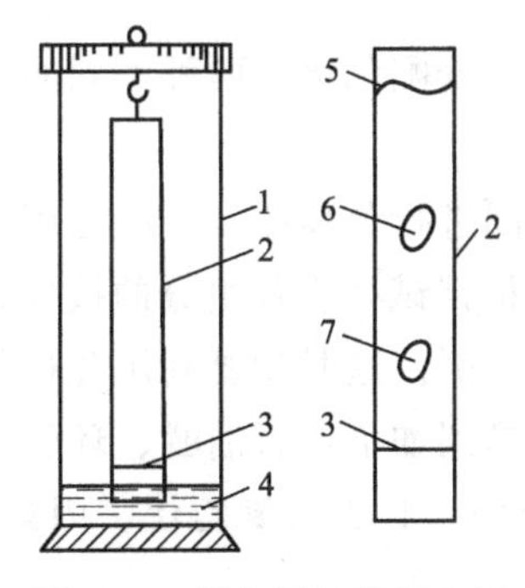

图10-1　纸色谱分离示意图

1—色谱筒；2—滤纸；3—试样原点；4—有机溶剂；5—溶剂前沿；6,7—组分斑点

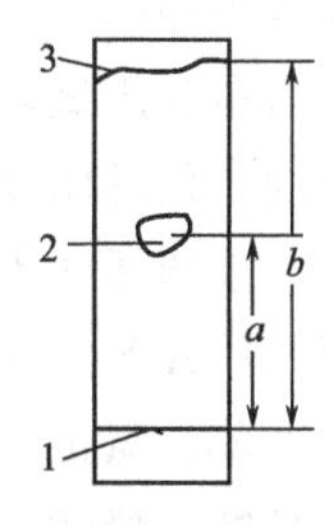

图10-2　比移值计算示意图

1—试样原点；2—组分斑点；3—溶剂前沿

$$R_f=\frac{原点至斑点的中心距离}{原点至溶剂前沿的距离}=\frac{a}{b}$$

若 $R_f=1$，表明该组分随溶剂一起上升，即待测组分在固定相中的浓度近似等于零。比移值最小等于 0，此时组分始终留在原点，不随展开剂上升，即根本不溶于流动相（有机溶剂）。通常情况下组分的 R_f 在 0 和 1 之间，表明它既有一定的亲水性，又有一定的疏水性。在所用滤纸和展开剂等条件都一定的情况下，R_f 是物质的特征值，可以利用 R_f 鉴定各种物质。影响 R_f 的因素很多，最好用已知的标准样品作对照。可以根据 R_f，判断彼此能否用色谱法分离。一般来说，R_f 只要相差 0.02 以上，就能彼此分离。

纸色谱法设备简单，易于操作，应用范围广，可用于有机物质、生化物质和药物的分离，也可用于无机物的分离，且该法需用的试样量极少（微克级），因而在各种贵金属和稀有元素的分离方面也得到了很好的应用。

二、薄层色谱法

薄层色谱法又叫薄层层析法（简称 TLC），是将柱色谱与纸色谱法结合而发展起来的一种分离方法。它将柱色谱分离效果好、适用范围广的优点与纸色谱设备简单、灵敏快速、显色方便等优点相结合，具有独特的优越性。

薄层色谱法是把固定相吸附剂（如硅胶、中性氧化铝、聚酰胺等）在玻璃板上铺成均匀的薄层（此处玻璃板又称薄层板），把试液点在薄层板的一端距边缘一定距离处，然后把薄层板放入色谱缸中，使点有试样的一端浸入流动相（展开剂）中，由于薄层的毛细作用，展开剂沿着吸附薄层上升，遇到样品时，试样就溶解在展开剂中并随着展开剂上升。在此过程中，试样中的各组分在固定相和流动相之间不断地发生溶解、吸附、再溶解、再吸附的分配过程。易被吸附的物质移动得慢些，较难吸附的物质移动得快些，经过一段时间后，不同物质上升的距离不一样而形成相互分开的斑点从而得到分离。样品各组分分离情况可用比移值 R_f 来衡量。

在薄层色谱中，为了获得良好的分离效果，选择适当的吸附剂和展开剂是至关重要的。固定相吸附剂必须具有适当的吸附能力，且与溶剂、展开剂及欲分离试样又不会发生化学反应。吸附剂直径一般为 10～40μm 较为合适。其吸附能力的强弱，往往和所含水分有关。含水较多，吸附能力就大为减弱，因此需把吸附剂在一定温度下烘焙以去除水分，进行“活化”，在薄层色谱中用得最广泛的吸附剂是氧化铝和硅胶。

薄层色谱法按其分离机制主要可分为两种：吸附色谱和分配色谱。两种不同的色谱法所用的展开剂也不相同。

吸附色谱是利用试样中各组分对吸附剂吸附能力的不同进行分离的，一般是用非极性或弱极性展开剂来处理弱极性化合物，如 1-氨基蒽醌。必须根据试样中各组分的极性、吸附剂的活化程度，来选择适当的弱极性的溶剂或混合溶剂作展开剂。这时就要利用各种不同极性的溶剂来配制展开剂。几种常用溶剂，按其极性增强次序排列如下：石油醚、环已烷、四氯化碳、苯、甲苯、氯仿、乙醚、乙酸乙酯、正丁醇、正丙醇、1,2-二氯乙烷、丙酮、乙醇、甲醇、水、吡啶、醋酸。

分配色谱一般采用极性展开剂处理极性化合物。例如，蒽醌磺酸薄层色谱中的展开剂，是用极性溶剂正丁醇、氨水（相对密度为 0.88）、水按 2∶1∶1 配成的。

吸附色谱展开速度较快，需 10～30min；分配色谱往往需 1～2h。吸附色谱受温度影响较小，分配色谱受温度影响较大。

色谱分离法已应用于染料、制药、抗生素、农药等化学工业，且发展极为快速，目前已广泛地应用在产品质量检验、反应终点控制、生产工艺选择、未知试样剖析等方面。此外，它在研究中草药的有效成分、天然化合物的组成，以及药物分析、香精分析、氨基酸及其衍生物的分析等方面应用也很广泛。

色谱法在无机离子的分离分析方面也有应用。例如，Cu^{2+}、Pb^{2+}、Cd^{2+}、Bi^{3+}、Hg^{2+}的分离，可在硅胶 G 板上，用正丁醇、1.5mol/L HCl 溶液和乙酰基丙酮按 100∶20∶0.5 混合作展开剂，展开后喷以 KI 溶液，待薄层干燥后以氨熏，再以 H_2S 熏，可得棕黑色 CuS 斑、棕色 PbS 斑、黄色 CdS 斑、棕黑色 Bi_2S_3 斑和棕黑色 HgS 斑，R_f 值依上述次序增加。

三、柱色谱法

柱色谱法是把吸附剂（如硅胶、氧化铝等）装在一支玻璃柱或不锈钢柱中，做成色谱柱（图 10-3）。将需要分离的溶液样品由柱顶加入，如溶液中含有 A、B 两种组分，则 A 和 B 便被吸附在柱上端的固定相上［图 10-3(a)］。然后从柱顶加入展开剂进行冲洗。随着展开剂自上而下地流动，被分离的组分将会在吸附剂表面不断发生吸附-解吸、再吸附-再解吸的过程。由于流动相与固定相二者对 A、B 的溶解能力和吸附能力不同，即 A、B 的分配系数不同，则 A、B 组分向下流动的速度也不相同。当冲洗到一定程度时，两者即可完全分开，形成两个带［图 10-3(b)］。再继续冲洗，A 物质便从柱中流出［图 10-3(c)］，B 物质后被洗脱下来，将 A、B 两种物质分离。

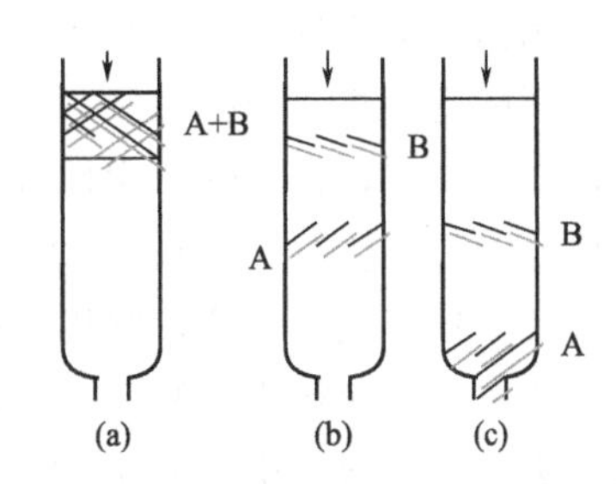

图 10-3　柱色谱分离过程示意图

柱色谱法能否有效分离各组分，主要取决于固定相和展开剂的选择。固定相吸附剂应具有较大的吸附表面和一定的吸附能力、与展开剂及试样不反应、在展开剂中不溶解、具有一定的细度且粒度均匀。

展开剂的选择与吸附剂吸附能力的强弱及被分离的物质极性有关。用吸附能力较强的吸附剂分离极性较强的物质时，应选择极性较大的展开剂（如醇类、酯类）；用吸附能力较强的吸附剂分离极性较弱的物质时，应选择极性较小的展开剂（如石油醚、环己烷等）。

第四节　离子交换分离法

利用离子交换剂与溶液中的离子发生交换作用而使离子分离的方法，称为离子交换分离法。该法主要依赖电荷间的相互作用，利用离子中电荷及分子结构的微小差异而进行分离，具有较高的分离容量。此方法分离效率高，广泛地应用于无机物质和有机物质的分析中，已成为分析化学中常用的重要分离手段。

离子交换分离法所用设备比较简单，操作比较容易，适用于实验室内小规模的分离和工业上的大规模分离。其主要缺点是分离时间较长，所耗费洗脱液的量也较多。所以分析化学中只用它解决某些比较困难的分离问题。

一、离子交换树脂

离子交换剂种类很多，主要分为无机离子交换剂和有机离子交换剂两大类。无机离子交换剂的交换能力低，化学稳定性和机械强度差，应用受到很大限制。目前应用较多的是有机离子交换剂，又称离子交换树脂。

离子交换树脂是一类具有网状结构的有机高分子聚合物。网状结构的骨架部分很稳定，不溶于酸、碱和一般溶剂，在网状结构的骨架上有许多可被交换的活性基团。根据活性基团的不同，将其分为阳离子交换树脂和阴离子交换树脂两大类。

阳离子交换树脂的活性交换基团是酸性的，它的 H^+ 可被阳离子交换。根据活性基团解离出 H^+ 能力的大小，阳离子交换树脂分为强酸型和弱酸型两种。例如，含—SO_3H 的为强酸型阳离子交换树脂，常用 R—SO_3H 表示（R 表示树脂的骨架），含—COOH 和—OH 的属于弱酸型阳离子交换树脂，分别用 R—COOH 和 R—OH 表示。强酸型树脂交换反应速率快，应用较广，在酸性、中性或碱性溶液中都能使用。弱酸型树脂对 H^+ 亲和力大，羧基在 pH＞4、酚羟基在 pH＞9.5 时才有交换能力，因此在酸性溶液中不能使用，但该型树脂选择性好，易于用酸洗脱，常用于分离不同强度的碱性氨基酸及有机碱。

阴离子交换树脂与阳离子交换树脂具有同样的有机骨架，只是活性基团为碱性基团，它的阴离子可被溶质中的其他阴离子交换，根据基团碱性的强弱，可分为强碱型和弱碱型两类。强碱型树脂含有季铵基［—$N(CH_3)_2Cl$］；弱碱型树脂含有氨基（—NH_2）、仲氨基［—$NH(CH_3)$］、叔氨基［—$N(CH_3)_2$］。强碱型树脂应用较广，在酸性、中性或碱性溶液中都能使用，对于强、弱酸根离子都能交换。弱碱型树脂对 OH^- 亲和力大，交换能力受溶液酸度影响较大，在碱性溶液中会失去交换能力，应用较少。

在离子交换树脂中引入某些能与金属离子螯合的活性基团，就成为螯合树脂。如含有氨基二乙酸基团的树脂，这种树脂对 Cu^{2+}、Co^{2+}、Ni^{2+} 有很好的选择性。可以预计，利用这种方法，同样可以制备含某一金属离子的树脂来分离含有某些官能团的有机化合物。例如，含汞的树脂可分离含有巯基的化合物，如半胱氨酸、谷胱甘肽等。这一设想可能对生物化学的研究有一定的意义。

在分析工作中，为了分离或富集某种离子，一般采用动态交换。这种交换方法在交换柱中进行，其操作过程如下：

① 树脂的选择和处理：化学分析中应用最多的为强酸型阳离子交换树脂和强碱型阴离子交换树脂。市售的交换树脂颗粒大小往往不够均匀，使用时应当先过筛以除去太大和太小的颗粒，也可用水泡涨后用筛在水中选取大小一定的颗粒备用。

商品树脂通常都含有一定量的杂质，在使用前必须进行净化处理。对强碱型和强酸型阴阳离子交换树脂，通常用 4mol/L HCl 溶液浸泡 1～2d，以溶解各种杂质，然后用蒸馏水洗涤至中性，浸泡于去离子水中备用。此时阳离子交换树脂已处理成 H^+ 型，阴离子交换树脂

已处理成 Cl^- 型。还可以用类似的方法处理成所需的形式，如 Na^+ 型或 OH^- 型。

② 装柱：离子交换通常在离子交换柱中进行。离子交换柱一般用玻璃制成（也可以用滴定管代替），装置交换柱时，先在交换柱的下端铺上一层玻璃丝，灌入少量水，然后倾入带水的树脂，树脂下沉形成交换层。装柱时应防止树脂层中存留气泡，以免交换时试液与树脂无法充分接触。树脂高度一般约为柱高的 90%。为防止加试液时树脂被冲起，在柱的上端亦应铺一层玻璃纤维。交换柱装好后，再用蒸馏水洗涤，关上活塞，以备使用。应当注意不能使树脂露出水面，因为树脂暴露于空气中，当加入溶液时，树脂间隙会产生气泡，从而使交换不完全。

③ 交换：将试液加到交换柱中，用活塞控制一定的流速进行交换。经过一段时间之后，上层树脂全部被交换，下层未被交换，中间则部分被交换，这一段称为“交界层”。随着交换的进行，交界层逐渐下移，直至交界层达到柱底部为止。如将试液继续加入交换柱中，则流出液中开始出现未被交换的离子，此时交换过程达到了“始漏点”。在这种情况下，交换到柱中的离子的量称为该交换柱在此条件下的始漏量。超过始漏量，该种离子将从交换柱中流出。由于在到达始漏点时，交界层的下端刚到达交换柱的底部，而交换层中尚有未被交换的树脂存在，所以始漏量总是小于总交换量。

④ 洗脱：用洗脱剂将交换到树脂上的离子置换下来。阳离子交换树脂常用 HCl 溶液作洗脱剂，阴离子交换树脂常用 NaCl 或 NaOH 溶液作为洗脱剂。洗脱过程的流速根据具体对象而定。洗脱下来的离子即可进行分析测定。

⑤ 再生：使经过交换-洗脱的树脂恢复到原来未交换时的形态的过程，叫作树脂的再生，即将柱内的树脂恢复到交换前的形式。一般用稀 HCl 淋洗阳离子交换柱，使之成为 H^+ 型。用稀 NaOH 淋洗阴离子交换柱，使之成为 OH^- 型，以备再用。

二、离子交换树脂分离法在分析化学中的应用

1. 水的净化

自来水含有许多杂质，可用离子交换法净化。可采用复合柱法净化水质，该法将强酸型阳离子交换树脂处理成 H^+ 型，强碱型阴离子交换树脂处理成 OH^- 型，将阳、阴离子交换树脂柱串联起来使用，将待净化的水依次通过两柱，即可得到所谓的“去离子水”。复柱法所用树脂再生简单，但柱上的交换产物会发生逆反应，得到的水纯度不高。若要求水的纯度更高，可再串联一个混合柱（阳、阴离子交换树脂按交换容量 1∶1 混合装柱），它相当于将阳、阴离子交换树脂柱多级串联起来使用，称为混合柱法。混合柱法消除了逆反应，但树脂再生复杂。

2. 干扰离子的分离

用离子交换法分离干扰离子较简便。例如，用重量法测定 SO_4^{2-} 时，试样中大量的 Fe^{3+} 会与之共沉淀，影响 SO_4^{2-} 的准确测定。可先将待测的酸性溶液通过阳离子交换树脂，把 Fe^{3+} 分离掉，然后测定流出液中的 SO_4^{2-}。

3. 微量组分的富集

离子交换是富集微量组分的有效方法。例如，测定矿石中痕量的铂，可将矿石溶解后加

入较浓的 HCl 溶液，使 Pt(Ⅳ) 转化为 $PtCl_6^{2-}$ 阴离子，再将试液通过装有 Cl^- 型强碱型阴离子交换树脂的交换柱，使 $PtCl_6^{2-}$ 交换到树脂上。取出树脂，高温灰化。再用王水浸取残渣，定容，之后采用分光光度法测定 Pt(Ⅳ)。

应该指出，由于新合成树脂的不断出现，离子交换分离法的应用日益广泛，如对于稀土元素的分离、同位素的分离和超铀元素的分离等，都可以采用离子交换法。

三、离子交换色谱法

在离子交换柱上，用洗脱液把各组分分别洗脱而相互分离的方法叫离子交换色谱法或离子交换层析法。这种方法可以分离性质相似的元素。例如，试液中含有 A、B、C 三种组分，它们对树脂的亲和力大小顺序为 A<B<C，当试液加入交换柱后，A、B、C 将被交换在柱顶端。由于 A、B、C 量少，将形成一条很窄的谱带，当用适当的洗脱液洗脱时，这一谱带向下迁移，同时又逐渐增宽，而后又在柱内形成彼此分开的三个谱带。随着洗脱的不断进行，它们依次从柱内流出。由此得到图 10-4 的洗脱曲线。

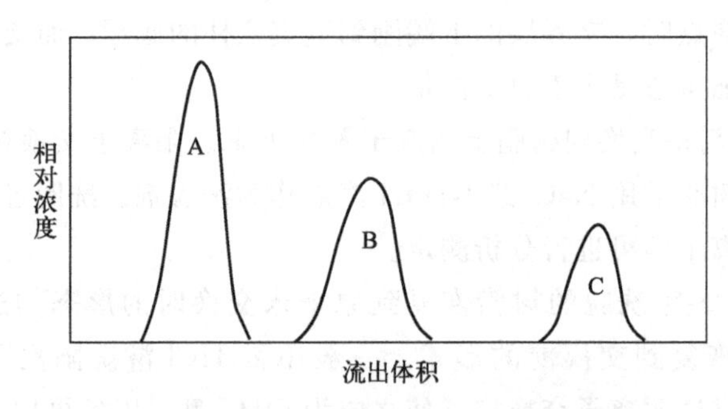

图 10-4 离子交换色谱法洗脱曲线示意图

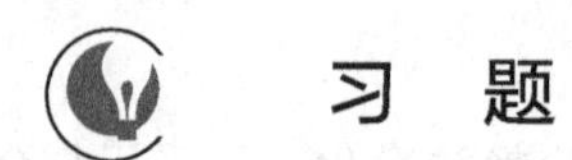

习 题

1. 向 0.01mol/L Fe^{2+} 溶液中加入 NaOH 要使沉淀达到 99.98%以上，溶液 pH 值至少是多少？

2. 某溶液含 Mn^{2+} 20.0mg，用有机溶剂萃取时，分配比为 99。用等体积溶剂萃取 1 次和 2 次后，剩余 Mn^{2+} 量各是多少？

3. 用己烷萃取稻草试样中的残留农药，并浓缩到 4.0mL，加入 4.0mL 90%的二甲基亚砜，发现在己烷相有 83%的农药残留量，它在两相中的分配比是多少？

4. 在一定温度下，I_2 在 CCl_4 和水中的分配比为 80，如果含 I_2 0.01g 的 50mL 水溶液，以 50mL CCl_4 萃取一次，有多少克碘进入有机相？

5. 现称取 KNO_3 试样 0.1393g，溶于水后让其通过强酸型阳离子交换树脂，流出液用 0.1075mol/L NaOH 溶液滴定，用甲基橙作指示剂，用去 NaOH 溶液 11.93mL，计算 KNO_3 的纯度。

6. 含有纯 NaCl 和 KBr 的混合物 0.1284g，溶解后使之通过 H^+ 型离子交换树脂，需要用 0.1023mol/L NaOH 溶液 17.28mL 滴定流出液至终点，混合物中各种盐的质量分数是多少？

7. 用纸色谱法分离 UO_2^{2+}-La^{3+} 混合离子组分时，以 95%乙醇-2mol/L HNO_3 为展开剂。实验得出：原点至溶剂前沿距离为 35.0cm，用偶氮胂（Ⅲ）显色后测出 UO_2^{2+} 的斑点中心与原点距离为 15.5cm，与 La^{3+} 的距离为 27.8cm。UO_2^{2+} 和 La^{3+} 的比移值为多少？这两种离子能否完全分离？

参考答案

附　录

附录一　弱酸弱碱在水中的电离常数（25℃）

弱酸

弱酸	分子式	K_a	pK_a
砷酸	H_3AsO_4	$6.3\times10^{-3}(K_{a1})$	2.20
		$1.0\times10^{-7}(K_{a2})$	7.00
		$3.2\times10^{-12}(K_{a3})$	11.50
亚砷酸	$HAsO_2$	6.0×10^{-10}	9.22
硼酸	H_3BO_3	5.8×10^{-10}	9.24
碳酸	$H_2CO_3(CO_2+H_2O)$	$4.2\times10^{-7}(K_{a1})$	6.38
		$5.6\times10^{-11}(K_{a2})$	10.25
氢氰酸	HCN	7.2×10^{-10}	9.14
氰酸	$HCNO$	1.2×10^{-4}	3.92
铬酸	$HCrO_4^-$	$3.2\times10^{-7}(K_{a2})$	6.50
氢氟酸	HF	7.2×10^{-4}	3.14
亚硝酸	HNO_2	5.1×10^{-4}	3.29
磷酸	H_3PO_4	$7.6\times10^{-3}(K_{a1})$	2.12
		$6.3\times10^{-8}(K_{a2})$	7.20
		$4.4\times10^{-13}(K_{a3})$	12.36
焦磷酸	$H_4P_2O_7$	$3.0\times10^{-2}(K_{a1})$	1.52
		$4.4\times10^{-3}(K_{a2})$	2.36
		$2.5\times10^{-7}(K_{a3})$	6.60
		$5.6\times10^{-10}(K_{a4})$	9.25
亚磷酸	H_3PO_3	$5.0\times10^{-2}(K_{a1})$	1.30
		$2.5\times10^{-7}(K_{a2})$	6.60
氢硫酸	H_2S	$5.7\times10^{-8}(K_{a1})$	7.24
		$1.2\times10^{-15}(K_{a2})$	14.92

续表

弱酸	分子式	K_a	pK_a
硫酸	H_2SO_4	$1.0\times10^{-2}(K_{a2})$	1.99
亚硫酸	$H_2SO_3(SO_2+H_2O)$	$1.3\times10^{-2}(K_{a1})$	1.90
		$6.3\times10^{-8}(K_{a2})$	7.20
硫氰酸	HSCN	1.4×10^{-1}	0.85
偏硅酸	H_2SiO_3	$1.7\times10^{-10}(K_{a1})$	9.77
		$1.6\times10^{-12}(K_{a2})$	11.8
甲酸(蚁酸)	HCOOH	1.8×10^{-4}	3.74
乙酸(醋酸)	CH_3COOH	1.8×10^{-5}	4.74
丙酸	C_2H_5COOH	1.34×10^{-5}	4.87
一氯乙酸	$CH_2ClCOOH$	1.4×10^{-3}	2.86
二氯乙酸	$CHCl_2COOH$	5.0×10^{-2}	1.30
三氯乙酸	CCl_3COOH	0.23	0.64
氨基乙酸盐	$^{+}NH_3CH_2COOH$	$4.5\times10^{-3}(K_{a1})$	2.35
		$2.5\times10^{-10}(K_{a2})$	9.60
抗坏血酸	O═C—C(OH)═C(OH)—CH—（O═C 与 CH 相连成环）	$5.0\times10^{-5}(K_{a1})$	4.30
	—CHOH—CH_2OH	$1.5\times10^{-10}(K_{a2})$	9.82
乳酸	$CH_3CHOHCOOH$	1.4×10^{-4}	3.86
苯甲酸	C_6H_5COOH	6.2×10^{-5}	4.21
草酸	$H_2C_2O_4$	$5.9\times10^{-2}(K_{a1})$	1.22
		$6.4\times10^{-5}(K_{a2})$	4.19
D-酒石酸	CH(OH)COOH | CH(OH)COOH	$9.1\times10^{-4}(K_{a1})$	3.04
		$4.3\times10^{-5}(K_{a2})$	4.37
酒石酸	$H_2C_4H_4O_6$	$1.04\times10^{-3}(K_{a1})$	2.98
		$4.55\times10^{-5}(K_{a2})$	4.34
邻苯二甲酸	$C_6H_4(COOH)_2$（苯环邻位两个 —COOH）	$1.1\times10^{-3}(K_{a1})$	2.95
		$3.9\times10^{-6}(K_{a2})$	5.41
柠檬酸	CH_2COOH | C(OH)COOH | CH_2COOH	$7.4\times10^{-4}(K_{a1})$	3.13
		$1.7\times10^{-5}(K_{a2})$	4.76
		$4.0\times10^{-7}(K_{a3})$	6.40
苯酚	C_6H_5OH	1.1×10^{-10}	9.95
乙二胺四乙酸	H_6Y^{2+}	$0.1(K_{a1})$	0.9
(EDTA)	H_5Y^{+}	$3\times10^{-2}(K_{a2})$	1.6

续表

弱酸	分子式	K_a	pK_a
	H_4Y	$1\times10^{-2}(K_{a3})$	2.0
	H_3Y^-	$2.1\times10^{-3}(K_{a4})$	2.67
	H_2Y^{2-}	$6.9\times10^{-7}(K_{a5})$	6.16
	HY^{3-}	$5.5\times10^{-11}(K_{a6})$	10.26
环己烷二胺四乙酸(CYDTA)	H_2C—CH_2—$CH(N(CH_2COOH)_2)$—$CH(N(CH_2COOH)_2)$—CH_2—CH_2 (环) H_2 C H_2C　CH—N(CH_2COOH)(CH_2COOH) H_2C　CH—N(CH_2COOH)(CH_2COOH) C H_2	$3.72\times10^{-3}(K_{a1})$ $3.02\times10^{-4}(K_{a2})$ $7.59\times10^{-7}(K_{a3})$ $2.0\times10^{-12}(K_{a4})$	2.43 3.52 6.12 11.70
乙二醇二乙醚二胺四乙酸(EGTA)	CH_2—O—$(CH_2)_2$—N(CH_2COOH)(CH_2COOH) | CH_2—O—$(CH_2)_2$—N(CH_2COOH)(CH_2COOH)	$1.0\times10^{-2}(K_{a1})$ $2.24\times10^{-3}(K_{a2})$ $1.41\times10^{-9}(K_{a3})$ $3.47\times10^{-10}(K_{a4})$	2.00 2.65 8.85 9.46
二乙三胺五乙酸(DTPA)	CH_2—CH_2—N(CH_2COOH)(CH_2COOH) | N—CH_2COOH | CH_2—CH_2—N(CH_2COOH)(CH_2COOH)	$1.29\times10^{-2}(K_{a1})$ $1.62\times10^{-3}(K_{a2})$ $5.13\times10^{-5}(K_{a3})$ $2.46\times10^{-9}(K_{a4})$ $3.81\times10^{-11}(K_{a5})$	1.89 2.79 4.29 8.61 10.42
水杨酸	$C_6H_4OHCOOH$	$1.0\times10^{-3}(K_{a1})$	3.00
		$4.2\times10^{-13}(K_{a2})$	12.38
磺基水杨酸	$C_6H_3SO_3HOHCOOH$	$4.7\times10^{-3}(K_{a1})$	2.33
		$4.8\times10^{-12}(K_{a2})$	11.32
邻硝基苯甲酸	$C_6H_4NO_2COOH$	6.71×10^{-3}	2.17
硫代硫酸	$H_2S_2O_3$	$5\times10^{-1}(K_{a1})$	0.3
		$1\times10^{-2}(K_{a2})$	2.0
苦味酸	$HOC_6H_2(NO_2)_3$	4.2×10^{-1}	0.38
乙酰丙酮	$CH_3COCH_2COCH_3$	1×10^{-9}	9.0
邻二氮菲	$C_{12}H_8N_2$	1×10^{-5}	4.96
8-羟基喹啉	C_9H_6NOH	$9.6\times10^{-6}(K_{a1})$	5.02
		$1.55\times10^{-10}(K_{a2})$	9.81

弱碱

弱碱	分子式	K_b	pK_b
氨水	$NH_3 \cdot H_2O$	1.8×10^{-5}	4.74
联氨	H_2NNH_2	$3.0\times10^{-6}(K_{b1})$	5.52
		$7.6\times10^{-15}(K_{b2})$	14.12
羟氨	NH_2OH	9.1×10^{-9}	8.04
		(1.07×10^{-8})	(7.97)
甲胺	CH_3NH_2	4.2×10^{-4}	3.38
乙胺	$C_2H_5NH_2$	5.6×10^{-4}	3.25
二甲胺	$(CH_3)_2NH$	1.2×10^{-4}	3.93
二乙胺	$(C_2H_5)_2NH$	1.3×10^{-3}	2.89
乙醇胺	$HOCH_2CH_2NH_2$	3.2×10^{-5}	4.50
三乙醇胺	$(HOCH_2CH_2)_3N$	5.8×10^{-7}	6.24
六次甲基四胺	$(CH_2)_6N_4$	1.4×10^{-9}	8.85
乙二胺	$H_2NCH_2CH_2NH_2$	$8.5\times10^{-5}(K_{b1})$	4.07
		$7.1\times10^{-8}(K_{b2})$	7.15
吡啶	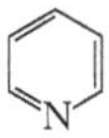 N	1.7×10^{-9}	8.77

附录二　金属配合物的稳定常数

金属离子	离子强度	n	$\lg\beta_n$
氨配合物			
Ag^+	0.1	1,2	3.40,7.40
Cd^{2+}	0.1	1,2,3,4,5,6	2.60,4.65,6.04,6.92,6.6,4.9
Co^{2+}	0.1	1,2,3,4,5,6	2.05,3.62,4.61,5.31,5.43,4.75
Cu^{2+}	2	1,2,3,4	4.13,7.61,10.48,12.59
Ni^{2+}	0.1	1,2,3,4,5,6	2.75,4.95,6.64,7.79,8.50,8.49
Zn^{2+}	0.1	1,2,3,4	2.37,4.81,7.31,9.46
羟基配合物			
Ag^+	0	1,2,3	2.3,3.6,4.8
Al^{3+}	2	4	33.3
Bi^{3+}	3	1	12.4
Cd^{2+}	3	1,2,3,4	4.3,7.7,10.3,12.0
Cu^{2+}	0	1	6.0

续表

金属离子	离子强度	n	$\lg\beta_n$
Fe^{2+}	1	1	4.5
Fe^{3+}	3	1,2	11.0,21.7
Mg^{2+}	0	1	2.6
Ni^{2+}	0.1	1	4.6
Pb^{2+}	0.3	1,2,3	6.2,10.3,13.3
Zn^{2+}	0	1,2,3,4	4.4,10.1,14.4,15.5
Zr^{4+}	4	1,2,3,4	13.8,27.2,40.2,53
氟配合物			
Al^{3+}	0.53	1,2,3,4,5,6	6.1,11.15,15.0,17.7,19.4,19.7
Fe^{3+}	0.5	1,2,3	5.2,9.2,11.9
Th^{4+}	0.5	1,2,3	7.7,13.5,18.0
TiO^{2+}	3	1,2,3,4	5.4,9.8,13.7,17.4
Sn^{4+}	*	6	25
Zr^{4+}	2	1,2,3	8.8,16.1,21.9
氯配合物			
Ag^{+}	0.2	1,2,3,4	2.9,4.7,5.0,5.9
Hg^{2+}	0.5	1,2,3,4	6.7,13.2,14.1,15.1
碘配合物			
Cd^{2+}	*	1,2,3,4	2.4,3.4,5.0,6.15
Hg^{2+}	0.5	1,2,3,4	12.9,23.8,27.6,29.8
氰配合物			
Ag^{+}	0～0.3	1,2,3,4	—,21.1,21.8,20.7
Cd^{2+}	3	1,2,3,4	5.5,10.6,15.3,18.9
Cu^{+}	0	1,2,3,4	—,24.0,28.6,30.3
Fe^{2+}	0	6	35.4
Fe^{3+}	0	6	43.6
Hg^{2+}	0.1	1,2,3,4	18.0,34.7,38.5,41.5
Ni^{2+}	0.1	4	31.3
Zn^{2+}	0.1	4	16.7
硫氰酸配合物			
Fe^{3+}	*	1,2,3,4,5	2.3,4.2,5.6,6.4,6.4
Hg^{2+}	1	1,2,3,4	—,16.1,19.0,20.9

注：* 代表离子强度不定。

续表

金属离子	离子强度	n	$\lg\beta_n$
硫代硫酸配合物			
Ag^+	0	1,2	8.82,13.5
Hg^{2+}	0	1,2	29.86,32.26
磺基水杨酸配合物			
Al^{3+}	0.1	1,2,3	12.9,22.9,29.0
Fe^{3+}	3	1,2,3	14.4,25.2,32.2
乙酰丙酮配合物			
Al^{3+}	0.1	1,2,3	8.1,15.7,21.2
Cu^{2+}	0.1	1,2	7.8,14.3
Fe^{3+}	0.1	1,2,3	9.3,17.9,25.1
邻二氮菲配合物			
Ag^+	0.1	1,2	5.02,12.07
Cd^{2+}	0.1	1,2,3	6.4,11.6,15.8
Co^{2+}	0.1	1,2,3	7.0,13.7,20.1
Cu^{2+}	0.1	1,2,3	9.1,15.8,21.0
Fe^{2+}	0.1	1,2,3	5.9,11.1,21.3
Hg^{2+}	0.1	1,2,3	—,19.65,23.35
Ni^{2+}	0.1	1,2,3	8.8,17.1,24.8
Zn^{2+}	0.1	1,2,3	6.4,12.15,17.0
乙二胺配合物			
Ag^+	0.1	1,2	4.7,7.7
Cd^{2+}	0.1	1,2	5.47,10.02
Cu^{2+}	0.1	1,2	10.55,19.60
Co^{2+}	0.1	1,2,3	5.89,10.72,13.82
Hg^{2+}	0.1	1,2	14.30,23.42
Ni^{2+}	0.1	1,2,3	7.66,14.06,18.59
Zn^{2+}	0.1	1,2,3	5.71,10.37,12.08
柠檬酸配合物			
Al^{3+}	0.5	1	20.0
Cu^{2+}	0.5	1	18
Fe^{3+}	0.5	1	25
Ni^{2+}	0.5	1	14.3
Pb^{2+}	0.5	1	12.3
Zn^{2+}	0.1	1	11.4

附录三　金属离子与氨羧配位剂形成的配合物的稳定常数（lgK_{MY}）

金属离子	EDTA	EGTA	DCTA	DTPA	HEDTA	NTA	
						$lg\beta_1$	$Lg\beta_2$
Ag^+	7.32				6.71	5.16	
Al^{3+}	16.3		17.6	18.6	14.3	11.4	
Ba^{2+}	7.86	8.4	8.0	8.87	6.3	4.82	
Be^{2+}	9.2					7.11	
Bi^{3+}	27.94		24.1	35.6	22.3	17.5	
Ca^{2+}	10.69	11.0	12.5	10.83	8.3	6.41	
Ce^{3+}	15.98						
Cd^{2+}	16.46	15.6	19.2	19.2	13.3	9.83	14.61
Co^{2+}	16.31	12.3	18.9	19.27	14.6	10.38	14.39
Co^{3+}	36				37.4	6.84	
Cr^{3+}	23.4					6.23	
Cu^{2+}	18.8	17	21.3	21.55	17.6	12.96	
Fe^{2+}	14.33		18.2	16.5	12.3	8.33	
Fe^{3+}	25.1		29.3	28.0	19.8	15.9	
Hg^{2+}	21.8	23.2	24.3	26.70	20.30	14.6	
La^{3+}	15.50	15.6					
Mg^{2+}	8.69	5.2	10.3	9.3	7.0	5.41	1.22
Mn^{2+}	13.87	10.7	16.8	15.60	10.9	7.44	16.42
Na^+	1.66						
Ni^{2+}	18.60	17.0	19.4	20.32	17.3	11.53	
Pb^{2+}	18.04	15.5	19.7	18.80	15.7	11.39	
Pt^{3+}	16.31						
Sn^{2+}	22.1						
Sr^{2+}	8.73	6.8	10.0		6.9	4.93	
Th^{4+}	23.2		23.2	28.78			
Ti^{3+}	21.3						
TiO^{2+}	17.3						
U^{4+}	25.8						
VO_2^+	18.1						
VO^{2+}	18.8						
Y^{3+}	18.09			22.13	14.78	11.41	20.43
Zn^{2+}	16.50	14.5		18.40	14.7	10.67	14.29

附录四　一些金属离子的 $\lg\alpha_{M(OH)}$ 值

金属离子	离子强度	pH 值													
		1	2	3	4	5	6	7	8	9	10	11	12	13	14
Al^{3+}	2					0.4	1.3	5.3	9.3	13.3	17.3	21.3	25.3	29.3	33.3
Bi^{3+}	3	0.1	0.5	1.4	2.4	3.4	4.4	5.4							
Ca^{2+}	0.1													0.3	1.0
Cd^{2+}	3									0.1	0.5	2.0	4.5	8.1	12.0
Co^{2+}	0.1								0.1	0.4	1.1	2.2	4.2	7.2	10.2
Cu^{2+}	0.1								0.2	0.8	1.7	2.7	3.7	4.7	5.7
Fe^{2+}	1									0.1	0.6	1.5	2.5	3.5	4.5
Fe^{3+}	3			0.4	1.8	3.7	5.7	7.7	9.7	11.7	13.7	15.7	17.7	19.7	21.7
Hg^{2+}	0.1			0.5	1.9	3.9	5.9	7.9	9.9	11.9	13.9	15.9	17.9	19.9	21.9
La^{3+}	3										0.3	1.0	1.9	2.9	3.9
Mg^{2+}	0.1											0.1	0.5	1.3	2.3
Mn^{2+}	0.1										0.1	0.5	1.4	2.4	3.4
Ni^{2+}	0.1									0.1	0.7	1.6			
Pb^{2+}	0.1							0.1	0.5	1.4	2.7	4.7	7.4	10.4	13.4
Th^{4+}	1				0.2	0.8	1.7	2.7	3.7	4.7	5.7	6.7	7.7	8.7	9.7
Zn^{2+}	0.1									0.2	2.4	5.4	8.5	11.8	15.5

附录五　金属指示剂的 $\lg\alpha_{In(H)}$ 值和理论变色点的 pM_{ep} 值

1. 铬黑 T

pH 值	6.0	7.0	8.0	9.0	10.0	11.0	12.0	13.0	稳定常数
$\lg\alpha_{In(H)}$	6.0	4.6	3.6	2.6	1.6	0.7	0.1		$\lg K^{H}_{HIn}=11.6$，$\lg K^{H}_{H_2In}=6.3$
pCa_{ep}（至红）			1.8	2.8	3.8	4.7	5.3	5.4	$\lg K_{CaIn}=5.4$
pMg_{ep}（至红）	1.0	2.4	3.4	4.4	5.4	6.3			$\lg K_{MgIn}=7.0$
pMn_{ep}（至红）	3.6	5.0	6.2	7.8	9.7	11.5			$\lg K_{MnIn}=9.6$
pZn_{ep}（至红）	6.9	8.3	9.3	10.5	12.2	13.9			$\lg K_{ZnIn}=12.9$

2. 二甲酚橙

pH 值	0.0	1.0	2.0	3.0	4.0	4.5	5.0	5.5	6.0	6.5	7.0
$\lg\alpha_{In(H)}$	35.0	30.0	25.1	20.7	17.3	15.7	14.2	12.8	11.3		
pBi_{ep}（至红）		4.0	5.4	6.8							
pCd_{ep}（至红）						4.0	4.5	5.0	5.5	6.3	6.8
pHg_{ep}（至红）									7.4	8.2	9.0

续表

pH 值	0.0	1.0	2.0	3.0	4.0	4.5	5.0	5.5	6.0	6.5	7.0
pLa_{ep}(至红)						4.0	4.5	5.0	5.6	6.7	
pPb_{ep}(至红)				4.2	4.8	6.2	7.0	7.6	8.2		
pTh_{ep}(至红)		3.6	4.9	6.3							
pZn_{ep}(至红)						4.1	4.8	5.7	6.5	7.3	8.0
pZr_{ep}(至红)	7.5										

3. PAN

pH 值	4.0	5.0	6.0	7.0	8.0	9.0	10.0	11.0	稳定常数(20%二烷)
$\lg\alpha_{In(H)}$	8.2	7.2	6.2	5.2	4.2	3.2	2.2	1.2	$\lg K_{HIn}^{H}=2.2$, $\lg K_{H_2In}^{H}=1.9$
pCo_{ep}(至红)	3.8	4.8	5.8	6.8	7.8	8.8	9.8	10.8	$\lg K_{CoIn}=12.15$
pCu_{ep}(至红)	7.8	8.8	9.8	10.8	11.8	12.8	13.8	14.8	$\lg K_{CuIn}=16.0$
pMn_{ep}(至红)		1.3	2.3	3.3	4.3	5.5	7.0	9.0	$\lg K_{MnIn}=8.5$
pNi_{ep}(至红)	4.5	6.0	7.9	9.9	11.9	13.9	15.9	17.9	$\lg K_{NiIn}=12.7$
pZn_{ep}(至红)	3.0	4.0	6.0	8.0	8.3	10.3	12.3	14.3	$\lg K_{ZnIn}=11.2$

附录六　标准电极电位（18～25℃）

半反应	$\varphi^{\ominus}$/V
$Li^{+}+e^{-} \rightleftharpoons Li$	−3.045
$K^{+}+e^{-} \rightleftharpoons K$	−2.924
$Ba^{2+}+2e^{-} \rightleftharpoons Ba$	−2.90
$Sr^{2+}+2e^{-} \rightleftharpoons Sr$	−2.89
$Ca^{2+}+2e^{-} \rightleftharpoons Ca$	−2.76
$Na^{+}+e^{-} \rightleftharpoons Na$	−2.711
$Mg^{2+}+2e^{-} \rightleftharpoons Mg$	−2.375
$Al^{3+}+3e^{-} \rightleftharpoons Al$	−1.706
$ZnO_2^{2-}+2H_2O+2e^{-} \rightleftharpoons Zn+4OH^{-}$	−1.216
$Mn^{2+}+2e^{-} \rightleftharpoons Mn$	−1.18
$Sn(OH)_6^{2-}+2e^{-} \rightleftharpoons HSnO_2^{-}+3OH^{-}+H_2O$	−0.96
$SO_4^{2-}+H_2O+2e^{-} \rightleftharpoons SO_3^{2-}+2OH^{-}$	−0.92
$TiO_2+4H^{+}+4e^{-} \rightleftharpoons Ti+2H_2O$	−0.89
$2H_2O+2e^{-} \rightleftharpoons H_2+2OH^{-}$	−0.828
$HSnO_2^{-}+H_2O+2e^{-} \rightleftharpoons Sn+3OH^{-}$	−0.79
$Zn^{2+}+2e^{-} \rightleftharpoons Zn$	−0.763
$Cr^{3+}+3e^{-} \rightleftharpoons Cr$	−0.74
$AsO_4^{3-}+2H_2O+2e^{-} \rightleftharpoons AsO_2^{-}+4OH^{-}$	−0.71

续表

半反应	$\varphi^{\ominus}$/V
$S+2e^- \rightleftharpoons S^{2-}$	−0.508
$2CO_2+2H^++2e^- \rightleftharpoons H_2C_2O_4$	−0.49
$Cr^{3+}+e^- \rightleftharpoons Cr^{2+}$	−0.41
$Fe^{2+}+2e^- \rightleftharpoons Fe$	−0.409
$Cd^{2+}+2e^- \rightleftharpoons Cd$	−0.403
$Cu_2O+H_2O+2e^- \rightleftharpoons 2Cu+2OH^-$	−0.361
$Co^{2+}+2e^- \rightleftharpoons Co$	−0.28
$Ni^{2+}+2e^- \rightleftharpoons Ni$	−0.246
$AgI+e^- \rightleftharpoons Ag+I^-$	−0.15
$Sn^{2+}+2e^- \rightleftharpoons Sn$	−0.136
$Pb^{2+}+2e^- \rightleftharpoons Pb$	−0.126
$CrO_4^{2-}+4H_2O+3e^- \rightleftharpoons Cr(OH)_3+5OH^-$	−0.12
$Ag_2S+2H^++2e^- \rightleftharpoons 2Ag+H_2S$	−0.036
$Fe^{3+}+3e^- \rightleftharpoons Fe$	−0.036
$2H^++2e^- \rightleftharpoons H_2$	0.000
$NO_3^-+H_2O+2e^- \rightleftharpoons NO_2^-+2OH^-$	0.01
$S_4O_6^{2-}+2e^- \rightleftharpoons 2S_2O_3^{2-}$	0.09
$TiO^{2+}+2H^++e^- \rightleftharpoons Ti^{3+}+H_2O$	0.10
$AgBr+e^- \rightleftharpoons Ag+Br^-$	0.10
$S+2H^++2e^- \rightleftharpoons H_2S$(水溶液)	0.141
$Sn^{4+}+2e^- \rightleftharpoons Sn^{2+}$	0.15
$Cu^{2+}+e^- \rightleftharpoons Cu^+$	0.158
$BiOCl+2H^++3e^- \rightleftharpoons Bi+Cl^-+H_2O$	0.158
$SO_4^{2-}+4H^++2e^- \rightleftharpoons H_2SO_3+H_2O$	0.20
$AgCl+e^- \rightleftharpoons Ag+Cl^-$	0.22
$IO_3^-+3H_2O+6e^- \rightleftharpoons I^-+6OH^-$	0.26
$Hg_2Cl_2+2e^- \rightleftharpoons 2Hg+2Cl^-$ (0.1mol/L NaOH)	0.268
$Cu^{2+}+2e^- \rightleftharpoons Cu$	0.340
$VO^{2+}+2H^++e^- \rightleftharpoons V^{3+}+H_2O$	0.36
$Fe(CN)_6^{3-}+e^- \rightleftharpoons Fe(CN)_6^{4-}$	0.36
$2H_2SO_4+6H^++8e^- \rightleftharpoons S_2O_3^{2-}+5H_2O$	0.40
$Cu^++e^- \rightleftharpoons Cu$	0.522
$I_3^-+2e^- \rightleftharpoons 3I^-$	0.534
$I_2+2e^- \rightleftharpoons 2I^-$	0.535
$IO_3^-+2H_2O+4e^- \rightleftharpoons IO^-+4OH^-$	0.56
$MnO_4^-+e^- \rightleftharpoons MnO_4^{2-}$	0.56
$H_3AsO_4+2H^++2e^- \rightleftharpoons HAsO_2+2H_2O$	0.56

续表

半反应	$\varphi^{\ominus}$/V
$MnO_4^- + 2H_2O + 3e^- \rightleftharpoons MnO_2 + 4OH^-$	0.58
$O_2 + 2H^+ + 2e^- \rightleftharpoons H_2O_2$	0.682
$Fe^{3+} + e^- \rightleftharpoons Fe^{2+}$	0.77
$Hg_2^{2+} + 2e^- \rightleftharpoons 2Hg$	0.796
$Ag^+ + e^- \rightleftharpoons Ag$	0.799
$Hg^{2+} + 2e^- \rightleftharpoons Hg$	0.851
$2Hg^{2+} + 2e^- \rightleftharpoons Hg_2^{2+}$	0.907
$NO_3^- + 3H^+ + 2e^- \rightleftharpoons HNO_2 + H_2O$	0.94
$NO_2^- + 2H^+ + e^- \rightleftharpoons NO + H_2O$	0.96
$HNO_2 + H^+ + e^- \rightleftharpoons NO + H_2O$	0.99
$VO_2^+ + 2H^+ + e^- \rightleftharpoons VO^{2+} + H_2O$	1.00
$N_2O_4 + 4H^+ + 4e^- \rightleftharpoons 2NO + 2H_2O$	1.03
$Br_2 + 2e^- \rightleftharpoons 2Br^-$	1.08
$IO_3^- + 6H^+ + 6e^- \rightleftharpoons I^- + 3H_2O$	1.085
$IO_3^- + 6H^+ + 5e^- \rightleftharpoons \frac{1}{2}I_2 + 3H_2O$	1.195
$MnO_2 + 4H^+ + 2e^- \rightleftharpoons Mn^{2+} + 2H_2O$	1.23
$O_2 + 4H^+ + 4e^- \rightleftharpoons 2H_2O$	1.23
$Au^{3+} + 3e^- \rightleftharpoons Au$	1.29
$Cr_2O_7^{2-} + 14H^+ + 6e^- \rightleftharpoons 2Cr^{3+} + 7H_2O$	1.33
$Cl_2 + 2e^- \rightleftharpoons 2Cl^-$	1.358
$BrO_3^- + 6H^+ + 6e^- \rightleftharpoons Br^- + 3H_2O$	1.44
$Ce^{4+} + e^- \rightleftharpoons Ce^{3+}$	1.443
$ClO_3^- + 6H^+ + 6e^- \rightleftharpoons Cl^- + 3H_2O$	1.45
$PbO_2 + 4H^+ + 2e^- \rightleftharpoons Pb^{2+} + 2H_2O$	1.46
$MnO_4^- + 8H^+ + 5e^- \rightleftharpoons Mn^{2+} + 4H_2O$	1.491
$Mn^{3+} + e^- \rightleftharpoons Mn^{2+}$	1.51
$BrO_3^- + 6H^+ + 5e^- \rightleftharpoons \frac{1}{2}Br_2 + 3H_2O$	1.52
$HClO + H^+ + e^- \rightleftharpoons \frac{1}{2}Cl_2 + H_2O$	1.63
$MnO_4^- + 4H^+ + 3e^- \rightleftharpoons MnO_2 + 2H_2O$	1.679
$H_2O_2 + 2H^+ + 2e^- \rightleftharpoons 2H_2O$	1.776
$Co^{3+} + e^- \rightleftharpoons Co^{2+}$	1.842
$S_2O_8^{2-} + 2e^- \rightleftharpoons 2SO_4^{2-}$	2.00
$O_3 + 2H^+ + 2e^- \rightleftharpoons O_2 + H_2O$	2.07
$F_2 + 2e^- \rightleftharpoons 2F^-$	2.87

附录七 条件电极电位 $\varphi^{\ominus\prime}$

半反应	$\varphi^{\ominus\prime}$/V	介质
$Ag(II)+e^- \rightleftharpoons Ag^+$	1.927	4mol/L HNO_3
$Ce(IV)+e^- \rightleftharpoons Ce(III)$	1.70	1mol/L $HClO_4$
	1.61	1mol/L HNO_3
	1.44	0.5mol/L H_2SO_4
	1.28	1mol/L HCl
$Co^{3+}+e^- \rightleftharpoons Co^{2+}$	1.85	4mol/L HNO_3
$Co(乙二胺)_3^{3+}+e^- \rightleftharpoons Co(乙二胺)_3^{2+}$	−0.2	0.1mol/L KNO_3+0.1mol/L 乙二胺
$Cr(III)+e^- \rightleftharpoons Cr(II)$	−0.40	5mol/L HCl
$Cr_2O_7^{2-}+14H^++6e^- \rightleftharpoons 2Cr^{3+}+7H_2O$	1.00	1mol/L HCl
	1.025	1mol/L $HClO_4$
	1.08	3mol/L HCl
	1.05	2mol/L HCl
	1.15	4mol/L H_2SO_4
$CrO_4^{2-}+2H_2O+3e^- \rightleftharpoons CrO_2^-+4OH^-$	−0.12	1mol/L NaOH
$Fe(III)+e^- \rightleftharpoons Fe(II)$	0.73	1mol/L $HClO_4$
	0.71	0.5mol/L HCl
	0.68	1mol/L H_2SO_4
	0.68	1mol/L HCl
	0.46	2mol/L H_3PO_4
	0.51	1mol/L HCl+ 0.25mol/L H_3PO_4
$H_3AsO_4+2H^++2e^- \rightleftharpoons H_3AsO_3+H_2O$	0.557	1mol/L HCl
	0.557	1mol/L $HClO_4$
$Fe(EDTA)^-+e^- \rightleftharpoons Fe(EDTA)^{2-}$	0.12	0.1mol/L EDTA pH 4～6
$Fe(CN)_6^{3-}+e^- \rightleftharpoons Fe(CN)_6^{4-}$	0.48	0.01mol/L HCl
	0.56	0.1mol/L HCl
	0.71	1mol/L HCl
	0.72	1mol/L $HClO_4$
$I_2(水)+2e^- \rightleftharpoons 2I^-$	0.628	1mol/L H^+
$I_3^-+2e^- \rightleftharpoons 3I^-$	0.545	1mol/L H^+
$MnO_4^-+8H^++5e^- \rightleftharpoons Mn^{2+}+4H_2O$	1.45	1mol/L $HClO_4$
	1.27	8mol/L H_3PO_4
$Os(VIII)+4e^- \rightleftharpoons Os(IV)$	0.79	5mol/L HCl
$SnCl_6^{2-}+2e^- \rightleftharpoons SnCl_4^{2-}+2Cl^-$	0.14	1mol/L HCl
$Sn^{2+}+2e^- \rightleftharpoons Sn$	−0.16	1mol/L $HClO_4$
$Sb(V)+2e^- \rightleftharpoons Sb(III)$	0.75	3.5mol/L HCl

续表

半反应	$\varphi^{\ominus\prime}$/V	介质
$Sb(OH)_6^- + 2e^- \rightleftharpoons SbO_2^- + 2OH^- + 2H_2O$	−0.428	3mol/L NaOH
$SbO_2 + 2H_2O + 4e^- \rightleftharpoons Sb + 4OH^-$	−0.675	10mol/L KOH
$Ti(IV) + e^- \rightleftharpoons Ti(III)$	−0.01	0.2mol/L H_2SO_4
	0.12	2mol/L H_2SO_4
	−0.04	1mol/L HCl
$Pb(II) + 2e^- \rightleftharpoons Pb$	−0.05	1mol/L H_3PO_4
	−0.32	1mol/L NaAc
	−0.14	1mol/L $HClO_4$
$UO_2^{2+} + 4H^+ + 2e^- \rightleftharpoons U(IV) + 2H_2O$	0.41	0.5mol/L H_2SO_4

附录八 难溶化合物的溶度积常数 K_{sp}（18℃）

难溶化合物	化学式	溶度积 K_{sp}	温度
氢氧化铝	$Al(OH)_3$	2×10^{-32}	
溴酸银	$AgBrO_3$	5.77×10^{-5}	25℃
溴化银	$AgBr$	4.1×10^{-13}	
碳酸银	Ag_2CO_3	6.15×10^{-12}	25℃
氯化银	$AgCl$	1.77×10^{-10}	25℃
铬酸银	Ag_2CrO_4	1.12×10^{-12}	25℃
氢氧化银	$AgOH$	1.52×10^{-8}	20℃
碘化银	AgI	1.5×10^{-16}	25℃
硫化银	Ag_2S	1.6×10^{-49}	
硫氰酸银	$AgSCN$	4.9×10^{-13}	
碳酸钡	$BaCO_3$	8.1×10^{-9}	
铬酸钡	$BaCrO_4$	1.6×10^{-10}	
草酸钡	$BaC_2O_4 \cdot 3\frac{1}{2}H_2O$	1.62×10^{-7}	
硫酸钡	$BaSO_4$	1.1×10^{-10}	
氢氧化铋	$Bi(OH)_3$	4.0×10^{-31}	
氢氧化铬	$Cr(OH)_3$	5.4×10^{-31}	
硫酸镉	$CdSO_4$	3.6×10^{-29}	
碳酸钙	$CaCO_3$	8.7×10^{-9}	25℃
氟化钙	CaF_2	3.4×10^{-11}	
草酸钙	$CaC_2O_4 \cdot H_2O$	2×10^{-9}	
硫酸钙	$CaSO_4$	2.45×10^{-5}	25℃
硫化钴	CoS_α	4×10^{-21}	
	CoS_β	2×10^{-25}	
碘酸铜	$Cu(IO_3)_2$	1.4×10^{-7}	25℃
草酸铜	CuC_2O_4	2.87×10^{-8}	25℃

续表

难溶化合物	化学式	溶度积 K_{sp}	温度
硫化铜	CuS	8.5×10^{-45}	
溴化亚铜	$CuBr$	4.15×10^{-8}	18～20℃
氯化亚铜	$CuCl$	1.02×10^{-6}	18～20℃
碘化亚铜	CuI	1.1×10^{-12}	18～20℃
硫化亚铜	Cu_2S	2×10^{-47}	16～20℃
硫氰酸亚铜	$CuSCN$	4.8×10^{-15}	
氢氧化铁	$Fe(OH)_3$	3.5×10^{-38}	
氢氧化亚铁	$Fe(OH)_2$	1.0×10^{-15}	
草酸亚铁	FeC_2O_4	2.1×10^{-7}	25℃
硫化亚铁	FeS	3.7×10^{-19}	
硫化汞	HgS	$4\times10^{-53}\sim2\times10^{-49}$	
溴化亚汞	Hg_2Br_2	5.8×10^{-23}	25℃
氯化亚汞	Hg_2Cl_2	1.3×10^{-18}	25℃
碘化亚汞	Hg_2I_2	4.5×10^{-29}	
磷酸铵镁	$MgNH_4PO_4$	2.5×10^{-13}	25℃
碳酸镁	$MgCO_3$	2.6×10^{-5}	25℃
氟化镁	MgF_2	7.1×10^{-9}	
氢氧化镁	$Mg(OH)_2$	1.8×10^{-11}	
草酸镁	MgC_2O_4	8.57×10^{-5}	
氢氧化锰	$Mn(OH)_2$	4.5×10^{-13}	
硫化锰	MnS	1.4×10^{-15}	
氢氧化镍	$Ni(OH)_2$	6.5×10^{-18}	
碳酸铅	$PbCO_3$	3.3×10^{-14}	
铬酸铅	$PbCrO_4$	1.77×10^{-14}	
氟化铅	PbF_2	3.2×10^{-8}	
草酸铅	PbC_2O_4	2.74×10^{-11}	
氢氧化铅	$Pb(OH)_2$	1.2×10^{-15}	
硫酸铅	$PbSO_4$	1.06×10^{-8}	
硫化铅	PbS	3.4×10^{-28}	
碳酸锶	$SrCO_3$	1.6×10^{-9}	25℃
氟化锶	SrF_2	2.8×10^{-9}	
草酸锶	SrC_2O_4	5.61×10^{-8}	
硫酸锶	$SrSO_4$	3.81×10^{-7}	17.4℃
氢氧化锡	$Sn(OH)_4$	1×10^{-57}	
氢氧化亚锡	$Sn(OH)_2$	3×10^{-27}	
氢氧化钛	$Ti(OH)_2$	1×10^{-29}	
氢氧化锌	$Zn(OH)_2$	1.2×10^{-17}	18～20℃
草酸锌	ZnC_2O_4	1.35×10^{-9}	
硫化锌	ZnS	1.2×10^{-23}	

参考文献

[1] 路纯明．分析化学．郑州：河南科学技术出版社，2014.
[2] 武汉大学．分析化学．7版．北京：高等教育出版社，2018.
[3] 黄一石，乔子荣．定量化学分析．2版．北京：化学工业出版社，2009.
[4] 师兆忠．工业分析实战教程．北京：化学工业出版社，2006.
[5] 华东理工大学分析化学教研组，四川大学工科化学基础课程教学基地．分析化学．7版．北京：高等教育出版社，2011.
[6] 胡育筑．分析化学．4版．北京：科学出版社，2015.
[7] 李克安．分析化学教程．北京：北京大学出版社，2005.
[8] 李龙泉，朱玉瑞，金谷．定量化学分析．2版．合肥：中国科学技术大学出版社，2005.
[9] 柴逸峰，邸欣．分析化学．8版．北京：人民卫生出版社，2016.
[10] 李发美．分析化学．4版．北京：人民卫生出版社，2011.
[11] GB/T 6682—2008.
[12] GB/T 601—2016.
[13] GB/T 534—2014.
[14] HJ 618—2011.
[15] 曾鸽鸣，李庆宏．化验员必备知识与技能．北京：化学工业出版社，2011.
[16] 高职高专化学教材编写组．分析化学．5版．北京：高等教育出版社，2020.
[17] 张锦柱．分析化学简明教程．北京：冶金工业出版社，2006.
[18] 南京大学《无机及分析化学》编写组．无机及分析化学．5版．北京：高等教育出版社，2015.
[19] 华中师范大学，东北师范大学，陕西师范大学．分析化学．4版．北京：人民教育出版社，2011.
[20] 薛华，李隆弟，郁鉴源，等．分析化学．2版．北京：清华大学出版社，1994.
[21] 王芬，孙太凡．分析化学．北京：中国农业出版社，2006.